中国科协学科发展研究系列报告

中国科学技术协会 / 主编

2016—2017 稀土科学技术学科发展报告

中国稀土学会 | 编著

REPORT ON ADVANCES IN RARE EARTH SCIENCE AND TECHNOLOGY

中国科学技术出版社

· 北 京 ·

图书在版编目（CIP）数据

2016—2017 稀土科学技术学科发展报告 / 中国科学技术协会主编；中国稀土学会编著．—北京：中国科学技术出版社，2018.3

（中国科协学科发展研究系列报告）

ISBN 978-7-5046-7934-5

Ⅰ. ①2… Ⅱ. ①中… ②中… Ⅲ. ①稀土族—学科发展—研究报告—中国— 2016—2017 Ⅳ. ① O614.33-12

中国版本图书馆 CIP 数据核字（2018）第 044702 号

策划编辑	吕建华　许　慧
责任编辑	高立波
装帧设计	中文天地
责任校对	杨京华
责任印制	马宇晨

出　　版	中国科学技术出版社
发　　行	中国科学技术出版社发行部
地　　址	北京市海淀区中关村南大街16号
邮　　编	100081
发行电话	010-62173865
传　　真	010-62179148
网　　址	http://www.cspbooks.com.cn

开　　本	787mm × 1092mm　1/16
字　　数	500千字
印　　张	21.75
版　　次	2018年3月第1版
印　　次	2018年3月第1次印刷
印　　刷	北京盛通印刷股份有限公司
书　　号	ISBN 978-7-5046-7934-5 / O · 194
定　　价	98.00元

2016—2017

稀土科学技术学科发展报告

首席科学家　黄小卫

专 家 组

组　　长　李春龙

成　　员　（按姓氏笔画排序）

干　勇　于敦波　王　涛　王　静　王良士
王晓铁　牛京考　方以坤　闫阿儒　闫慧忠
朱明刚　庄卫东　刘　英　刘荣辉　刘鹏宇
关成君　池汝安　许　涛　孙　伟　孙良成
严纯华　李　卫　李发伸　李红卫　李宗安
李星国　李振民　杨　坚　杨金波　杨占峰
杨主明　何　洪　沈保根　沈美庆　张玉玺
张安文　张国成　张洪杰　陈仁杰　陈占恒
陈传东　苑慧萍　周　栋　孟　健　赵　跃
赵　震　郝　茜　胡凤霞　郭　耘　黄小卫
屠海令　蒋成保　蒋利军　解荣军　廖春生
潘裕柏　薛冬峰

学术秘书　李振民　王良士　赵　娜

序
FOREWORD

党的十八大以来，以习近平同志为核心的党中央把科技创新摆在国家发展全局的核心位置，高度重视科技事业发展，我国科技事业取得举世瞩目的成就，科技创新水平加速迈向国际第一方阵。我国科技创新正在由跟跑为主转向更多领域并跑、领跑，成为全球瞩目的创新创业热土，新时代新征程对科技创新的战略需求前所未有。掌握学科发展态势和规律，明确学科发展的重点领域和方向，进一步优化科技资源分配，培育具有竞争新优势的战略支点和突破口，筹划学科布局，对我国创新体系建设具有重要意义。

2016 年，中国科协组织了化学、昆虫学、心理学等 30 个全国学会，分别就其学科或领域的发展现状、国内外发展趋势、最新动态等进行了系统梳理，编写了 30 卷《学科发展报告（2016—2017）》，以及 1 卷《学科发展报告综合卷（2016—2017）》。从本次出版的学科发展报告可以看出，近两年来我国学科发展取得了长足的进步：我国在量子通信、天文学、超级计算机等领域处于并跑甚至领跑态势，生命科学、脑科学、物理学、数学、先进核能等诸多学科领域研究取得了丰硕成果，面向深海、深地、深空、深蓝领域的重大研究以“顶天立地”之态服务国家重大需求，医学、农业、计算机、电子信息、材料等诸多学科领域也取得长足的进步。

在这些喜人成绩的背后，仍然存在一些制约科技发展的问题，如学科发展前瞻性不强，学科在区域、机构、学科之间发展不平衡，学科平台建设重复、缺少统筹规划与监管，科技创新仍然面临体制机制障碍，学术和人才评价体系不够完善等。因此，迫切需要破除体制机制障碍、突出重大需求和问题导向、完善学科发展布局、加强人才队伍建设，以推动学科持续良性发展。

近年来，中国科协组织所属全国学会发挥各自优势，聚集全国高质量学术资源和优秀人才队伍，持续开展学科发展研究。从 2006 年开始，通过每两年对不同的学科（领域）分批次地开展学科发展研究，形成了具有重要学术价值和持久学术影响力的《中国科协学科发展研究系列报告》。截至 2015 年，中国科协已经先后组织 110 个全国学会，开展了 220 次学科发展研究，编辑出版系列学科发展报告 220 卷，有 600 余位中国科学院和中国工程院院士、约 2 万位专家学者参与学科发展研讨，8000 余位专家执笔撰写学科发展报告，通过对学科整体发展态势、学术影响、国际合作、人才队伍建设、成果与动态等方面最新进展的梳理和分析，以及子学科领域国内外研究进展、子学科发展趋势与展望等的综述，提出了学科发展趋势和发展策略。因涉及学科众多、内容丰富、信息权威，不仅吸引了国内外科学界的广泛关注，更得到了国家有关决策部门的高度重视，为国家规划科技创新战略布局、制定学科发展路线图提供了重要参考。

十余年来，中国科协学科发展研究及发布已形成规模和特色，逐步形成了稳定的研究、编撰和服务管理团队。2016—2017 学科发展报告凝聚了 2000 位专家的潜心研究成果。在此我衷心感谢各相关学会的大力支持！衷心感谢各学科专家的积极参与！衷心感谢编写组、出版社、秘书处等全体人员的努力与付出！同时希望中国科协及其所属全国学会进一步加强学科发展研究，建立我国学科发展研究支撑体系，为我国科技创新提供有效的决策依据与智力支持！

当今全球科技环境正处于发展、变革和调整的关键时期，科学技术事业从来没有像今天这样肩负着如此重大的社会使命，科学家也从来没有像今天这样肩负着如此重大的社会责任。我们要准确把握世界科技发展新趋势，树立创新自信，把握世界新一轮科技革命和产业变革大势，深入实施创新驱动发展战略，不断增强经济创新力和竞争力，加快建设创新型国家，为实现中华民族伟大复兴的中国梦提供强有力的科技支撑，为建成全面小康社会和创新型国家做出更大的贡献，交出一份无愧于新时代新使命、无愧于党和广大科技工作者的合格答卷！

2018 年 3 月

目录
CONTENTS

ABSTRACTS

Comprehensive Report

Reports on Special Topics

综合报告

稀土科学技术学科研究进展和发展趋势

一、引言

稀土是世界公认的发展高新技术、国防尖端技术、改造传统产业不可或缺的战略资源。我国稀土储量居世界第一，60多年来，我国针对国内稀土资源特点，开发了一系列先进的稀土采选冶工艺技术，并在工业上广泛应用，建立了较完整的稀土工业体系，成为世界稀土生产、出口和消费大国，在世界上具有举足轻重的地位。稀土磁性材料、发光材料、催化材料及储氢材料等稀土功能材料的开发与应用研究不断取得重大突破，稀土材料的应用越来越广，稀土材料产业的发展日益蓬勃，稀土材料科学技术取得了长足的进步，部分技术已达到或超过世界先进水平，有力地推动了相关行业和相关产业的进步。

本学科发展报告旨在回顾、总结和科学评价2016—2017年中国稀土科学技术学科的重要进展和成果，着重介绍中国学者在稀土地采选技术、稀土冶金技术、稀土分析化学与检测评价、稀土永磁材料、特种稀土磁性材料、稀土催化材料、稀土光功能材料、稀土储氢材料、稀土玻璃陶瓷材料、稀土超导材料、稀土铸铁材料、稀土在有色金属中的应用研究、特殊稀土化合物材料等方面所取得的重要成果和进展，与国际相关领域发展水平的比较，以及本学科发展的趋势与展望。

二、近年的最新研究进展

（一）稀土地采选技术

全球已发现的稀土资源主要分布在少数几个国家。中国是已探明稀土资源储量最多的国家，其次是美国和俄罗斯，再就是印度、澳大利亚和加拿大等国。

稀土元素在矿石中的赋存主要有独立矿物，诸如氟碳铈矿和独居石等，其次是以水合或羟基水合的稀土离子吸附在黏土矿物上形成一种准矿物。这两种赋存形式的矿石都能形成工业矿床，分别为矿物型稀土矿和风化型稀土矿，它们的物相及组成存在明显差别，稀土分选富集工艺截然不同。

1. 矿物型稀土矿

最重要的矿物型稀土矿主要有我国的白云鄂博矿混合型稀土矿（又称包头稀土矿）、四川攀西氟碳铈矿、山东微山氟碳铈矿以及美国的芒廷帕斯氟碳铈矿。白云鄂博稀土矿是由两种最重要的稀土矿物氟碳铈矿和独居石组成的混合型稀土矿，也是世界上最大的轻稀土矿，而且富含钍资源。矿物型稀土矿有一个共同特点就是强烈选择轻稀土配分型，以白云鄂博稀土矿为例，La+Ce+Pr+Nd 等 4 个轻稀土的配分之和超过 98%，它们是轻稀土的主要来源。

白云鄂博矿是一个铁 – 稀土 – 铌共生的复杂矿床，长期以铁矿开采为主，稀土作为副产品回收，稀土利用率不足 10%，绝大部分稀土矿都堆存在尾矿库，已达 2 亿吨，所含稀土（以 REO 计）达 1400 万吨，未来可作为稀土资源回收利用。白云鄂博稀土矿采用弱磁 – 强磁 – 浮选工艺，分选出氟碳铈矿与独居石的混合型稀土精矿，稀土 REO 品位以 50% 精矿为主。

四川攀西和山东微山的单一氟碳铈矿，其分选工艺已很成熟，近期的改进主要集中在伴生有价矿物重晶石和萤石回收及稀土回收率提高等方面。

另外，独居石也是轻稀土型稀土矿，主要以利用海滨砂中矿石的密度差设计分选流程，以重选为主。中国、澳大利亚和印度等都有大型的海滨砂矿分选厂，主要是回收锡石、锆英石、钨矿、金红石和独居石。

2. 风化型稀土矿

风化壳淋积型稀土矿（稀土行业内称为离子吸附型稀土矿）是我国最早发现和工业利用的一种富含中重稀土的矿种，是中重稀土的主要来源，广泛分布在我国江西、广东、福建、广西、云南、湖南和海南等七省区，最近在巴西、智利、马达加斯加、越南和缅甸等国相继发现。稀土以水合离子或羟基水合离子吸附在黏土矿物上，可用盐类浸取剂通过离子交换过程将稀土浸出，再采用碳酸氢铵或草酸沉淀富集等方法回收稀土。

风化壳淋积型稀土矿的开采利用已有近 50 年的历史，自主开发出池浸工艺、堆浸工艺和原地浸出三代浸取工艺，目前以原地浸出工艺为主。

在稀土浸出的化学基础研究方面，当原矿中加入电解质溶液时，吸附在黏土矿物活性中心上的稀土离子和杂质离子，就会与电解质溶液中的阳离子发生交换反应，此过程遵循离子交换规律。实际上吸附稀土离子的黏土矿物 $[Al_2Si_2O_5(OH)_4]_m \cdot nRE^{3+}$ 可看作固定相，用电解质作交换剂把已富集负载在黏土矿物上的稀土交换下来，就是风化壳淋积型稀土矿化学提取稀土的理论基础。

以铵盐为浸取剂为例，其化学反应方程式可表示为：

$$[Al_4(Si_4O_{10})(OH)_8]_m \cdot nRE_{(s)}^{3+} + 3nNH_4^+{}_{(aq)} \rightleftharpoons [Al_4(Si_4O_{10})(OH)_8]_m \cdot (NH_4^+)_{3n(S)} + nRE^{3+}_{(aq)}$$

该化学反应方程式代表了浸取过程中浸取剂与矿石稀土离子发生离子交换反应。

在稀土浸取剂的筛选方面，前期针对单一硫酸铵、氯化铵和硝酸铵作浸取剂已做了大量的工作，目前主要采用硫酸铵原地浸取技术。但由于浸矿过程消耗大量铵盐，导致矿区地表水、地下水氨氮大幅超标，影响生态环境。我国科技工作者近 10 年来，为了解决环境问题，在新型浸取剂及浸取技术方面开展了的大量研究工作，根据土壤营养学提出了以镁 / 钙盐替代传统的硫酸铵浸取，从源头消除氨氮废水污染。

稀土浸出动力学和传质过程，如果把风化壳淋积型稀土矿看成是一个球型粒子，模拟得出稀土的浸出反应过程符合“收缩未反应芯模型”，受内扩散的控制，并计算出稀土浸出活化能在 4 ~ 12kJ/mol 范围内，属于一级反应。将稀土和杂质的浸出过程作为一个化工过程，运用色层塔板理论系统地考察稀土和铝的浸取传质过程，结果表明浸取流速与理论塔板高度（HETP）之间的关系符合 Van Deemter 方程，溶质从浸取剂溶液向矿粒表面的扩散速率，HETP 随流速的增大而增大，存在最佳流速（0.5mL/min）使 HETP 最小，该结果能指导浸出过程参数的优化。

风化壳淋积型稀土矿采选工艺主要是原地浸出工艺，一直在不断地完善，重点是解决浸取剂及稀土浸出液的渗漏等问题，进一步提高稀土的浸取率，减少生态环境污染。

（1）注液井的布置与注液方式

风化壳淋积型稀土矿原地浸出注液井的布置，早期的注液孔直径约为 20cm，现在通常缩小至 10cm，用人工凿井，深度直达半风化层。在凿井过程中，根据凿井样判断腐殖层、全风化层和半风化层，以便指导注液深度及范围。

通过探索风化壳淋积型稀土矿矿体不同层中可交换稀土离子和铝离子的含量，以及不同层中稀土配分的变化规律，对矿体不同层中黏土矿物的膨胀性能进行研究，提出一种新的风化壳淋积型稀土矿原地浸出注液新工艺。在风化壳淋积型稀土矿原地浸出过程中，将氯化铵或硫酸铵浸取剂溶液直接注入稀土含量较高的全风化层，避免了浸取剂溶液与含杂质铝离子较多和黏土矿物含量高的腐殖层的接触，可有效降低稀土浸出液中铝离子的含量，扩宽了氯化铵作为浸取剂的选择，有效地降低了原地浸出过程中发生山体滑坡的地质灾害。

（2）原地浸出过程矿体稳定性消减及滑坡地质灾害控制

矿体稳定性与造成滑坡的主要原因是矿体经浸取剂溶液渗流后，矿体中的黏土矿物膨胀，黏结力下降，剪切力上升，最终造成矿体稳定性下降。

矿体不同矿层黏土矿物含量不同，因此不同矿床矿石的膨胀系数有所差别，矿体腐殖层矿石颗粒细，黏土矿物含量高，吸水性强、易膨胀，当浸取剂溶液加入矿体时，矿体最上层的腐殖层吸水膨胀，当重量增加到一定时，腐殖层上植被无法固定矿体时，矿体失稳，导致滑坡。

减少和消除滑坡主要采用三种办法：一是注液时将注液面控制在腐殖层以下，不仅可以有效减少浸出液中铝离子的含量，便于后续处理，而且可以避免矿体失稳滑坡的发生；二是添加少量有机羧酸类防膨剂，诸如柠檬酸等可减少黏土矿物膨胀，从而减少滑坡产生的概率；三是监测矿石含水量，调整浸取剂溶液的浓度。矿石湿度大就需加注高浓度的浸取液，矿石湿度小就加注低浓度浸取剂溶液，保持浸取过程矿石润湿性和基本固定的浓度梯度，以减少因矿石本身湿度大还过量注液而导致的矿体失稳，引起滑坡等地质灾害的发生。

（二）稀土冶金技术

我国在稀土资源提取、稀土分离提纯技术及产业规模方面在世界上具有绝对优势。近几年来，主要针对稀土冶金过程存在的三废污染、资源综合回收利用率较低等问题，在稀土绿色分离化学基础研究、稀土冶炼分离新方法、新技术、新工艺及装备等方面开展了大量研究工作，取得了长足的进步。

在新型萃取和分离体系基础研究方面，对稀土萃取剂分子结构与萃取性能之间的关系进行了定量研究：①利用密度泛函（DFT）方法获取了萃取剂结构参数，并用多元线性回归（MLR）方法建立了萃取剂结构与 pKa 的数值方程，可准确计算出酸性磷类萃取剂分子的 pKa 值，为低反萃酸度稀土萃取剂的分子设计奠定基础。②研究了具有低反萃酸度的双烷基次磷酸类萃取剂空间位阻效应对分离系数的影响。利用萃合物逐级稳定常数与总稳定常数的关系简化了萃取反应，通过计算化学研究了 α 及 β 位取代基的空间位阻对稀土分离性能的影响。③采用隐形溶剂化模型（SMD）将溶解过程的热力学能简化为从本体相转移至溶剂相的转移能，用转移能衡量它们的溶解性，从而揭示萃取剂结构对饱和容量的影响规律。提出在中性磷萃取剂中引入氮元素以增强萃取剂和 4 价铈离子配位能力，通过理论计算对比 N- 取代的中性磷萃取剂在硫酸介质中与 4 价铈的反应能，N- 取代有利于萃取反应进行，设计、合成了一系列含氮中性磷萃取剂，筛选出新型萃取剂 Cextrant 230。发展了基于联动萃取工艺形式的基础理论，进一步丰富了稀土的串级萃取理论，并进行了联动萃取分离技术和工艺计算与优化，主要包括联动萃取分离单元的最小萃取量和最小洗涤量，最小消耗的联动萃取分离流程设计，以及联动萃取流程最小萃取量的经验计算方法。

在稀土绿色提取分离技术开发方面，针对传统的离子型稀土原矿提取工艺存在大量氨氮污染环境，以及伴生的微量镭、钍、铀等放射性核素富集进入酸溶渣而须建立含放射性废渣专用库，从而存在严重安全隐患等问题，研发成功离子型稀土原矿浸萃一体化新技术，并在中铝崇左矿山建成 1200m^3/d（约 40 万立方米 / 年）稀土浸出液浸萃一体化示范线，流程缩减 5 道工序；氯化稀土溶液浓度 REO 约 230g/L，稀土富集 500 倍以上，回收率提高 8% 以上，无氨氮排放、不产生含放射性废渣。

针对稀土分离提纯过程消耗大量液氨、碳铵、盐酸、液碱等未循环利用，存在化工材料消耗高、资源综合利用率低、三废污染重等问题，研发成功碳酸氢镁溶液皂化萃取分离稀土的原创性技术，以及稀土在分离过程中产生的镁盐废水和 CO_2 温室气体低成本回收利用技术。通过技术与装备耦合创新，获得了具有原始知识产权的低碳低盐无氨氮分离提纯稀土成套新工艺，实现了氨氮零排放、镁盐废水和 CO_2 的闭路循环利用，降低消耗和生产成本，提高了稀土资源利用率。针对南方离子型稀土矿氯化物分离体系，目前已经在江苏省国盛稀土有限公司、中铝广西国盛稀土开发有限公司分别建成高效清洁萃取分离生产线。成果获得 2016 年中国有色金属科技奖一等奖，核心专利获得第十八届中国专利奖优秀奖。

在火法冶金方面，开展了超高纯稀土金属制备技术研究，系统研究了不同杂质在不同提纯方法中的引入、分布、迁移及脱除规律：首次采用 O^{18} 示踪方法揭示稀土金属的氧化机理；建立了稀土金属 - 氢二元相图，发展了原位吸氢及氢等离子电弧熔炼提纯技术，阐明了吸氢除气的机理；首次将凝固前沿的溶质再分配理论引入稀土金属的蒸馏提纯后蒸馏产物中杂质浓度分布的研究中，获得了杂质在蒸馏产物分布的数学模型；为高纯度稀土金属的高效制备提供了理论依据，并开发出高纯稀土金属高效制备技术路线，获得了绝对纯度 >99.99%，气体杂质总量 <50ppm 的 Gd、Tb 和 Dy 等 10 多种高纯稀土金属。

开发成功板式并联多阴极稀土电解槽，将传统的棒状阴极改为平板式阴极，在 10000A 镧、铈电解槽上成功运行，电解槽电压小于 7.5V，每吨金属直流电耗降低 880kW・h，料比、阳极单耗、氟化锂单耗显著降低，电流效率提高约 5%。成功研制了工业规模新型节能稀土金属电解槽及其尾气处理配套技术，并开发了高温氟盐腐蚀条件下具有稳定性能的绝缘材料，实现了新槽型工业规模稳定运行，电解过程平均电流效率 90% 以上，综合电耗降低 10% 以上；利用新型节能电解槽及其工艺生产的金属在质量方面较传统槽型工艺有较大提升，金属碳含量可稳定在 0.01%wt 以下，铁含量可稳定在 0.1%wt 以下，金属纯度≥ 99.5%；电解尾气中烟尘含量 30mg/m^3 以下，氟含量 3mg/m^3 以下。

（三）稀土分析化学与检测评价

近 5 年来，我国稀土分析化学学科在稀土冶金分析中新型质谱技术的应用、稀土在线检测、稀土固体废物分析、分析标准、生物环境样品的前处理方法和稀土元素分析、稀土元素与精神疾病的关系、疾病生物标志物的稀土元素标记等方面的研究有了较大进展。

为解决应用过程中的一些技术问题，为满足由于稀土提纯工艺提升而产生的更高纯度的分析需求，一些基于质谱原理的联用技术、固体进样技术以及新型仪器逐步发展起来，成为研究和应用的前沿领域。LA-ICP-MS 具有高空间分辨率、低检出限、宽动态范围和多元素同时检测的优势，可用于固体样品原位微区分析。应用此技术，中国地质大学胡圣虹课题组建立了富稀土矿物中 REEs 直接测定方法，中山大学孙晓明教授课题组测定了云南北衙天然白钨矿中 REEs 的浓度。北京有色金属研究总院刘鹏宇等，将氧化镧粉末与微晶纤维素研磨均匀后压片，应用 LA-ICP-MS 法进行了氧化镧中 REEs 的定量分析。ICP-

MS/MS 仪是在 ICP-MS 仪的八极杆反应池系统前面，增加了一个主四极杆以控制进入反应池的离子种类，因此可以直接测定一些原本基体干扰复杂的样品。江西工大学吴伟明等采用氧气和氨气反应池 - 串联质谱 MS/MS 模式，有效克服了基体对待测元素的干扰，满足纯度为 5N 及以上的高纯钕中 14 种 REEs 的直接测定；江西省分析测试中心童迎东等利用此技术，对高纯氧化铈中钆和铽杂质、高纯氧化铕中钆杂质进行了直接测定。GDMS 是利用辉光放电源作为离子源与质谱仪连接进行测定，适用于 >5N 的高纯稀土分析。北京有色金属研究总院李继东等利用钨粉作为导电介质，与高纯氧化钇粉末混合均匀并压片，对其中杂质进行定量分析。北京有色金属研究总院刘鹏宇等采用 GD-MS 法，利用控制样品研究了钕铁硼合金中 13 种元素的定量分析方法。

在稀土冶炼分离环节，发展完备的稀土冶炼分离在线监测系统，可实现稀土在萃取分离工艺过程中元素配分的实时监测，及时反映萃取槽体内稀土配分变化情况，提升工艺控制水平，提高稀土回收率和产品质量，为自动化仪表传感器在线调控提供数据支撑和调整依据。钢研纳克检测技术有限公司根据稀土配分在线检测的现场需求，研发了高分辨能量色散 X 射线荧光光谱仪（稀土配分在线分析仪），由自动进样系统、X 射线荧光分析系统、数据处理系统和自动控制系统组成。仪器对 REEsL 系谱线进行分析，实现了对稀土萃取分离过程中元素的准确在线测定。该技术具有无须样品前处理、稀土配分料液直接进样、检测无损快速、测试成本低、多元素同时分析等优点。稀土冶炼现场在线检测数据与 ICP-AES 方法测得结果比对结果良好。

国内研究较早的稀土固体废料是钕铁硼废料，只有钕铁硼废料在回收与再利用方面形成规模。在研究其回收与再利用的同时，包头稀土研究院、北京工业大学也充分研究了钕铁硼废料的检测方法；相关行业标准已于 2009 年发布实施。针对荧光粉废料的分析方法标准，经过研制于 2016 年发布实施。包头稀土研究院研究了关于抛光粉固体废料的检测方法，但未形成相应的产品与检测标准。

我国稀土标准化工作始于 20 世纪 70 年代初，经过近 30 年的发展，我国稀土标准体系已经形成，包括文字类标准和实物类标准两大类。截至 2016 年 3 月底，已发布实施的文字类稀土标准共计 249 项，包括 3 项基础标准、98 项产品标准、148 项方法标准；其中国家标准 176 项、行业标准 73 项。文字类稀土标准内容全面、体系框架结构完整，包含了基础标准、产品标准及检测方法标准。基础标准有稀土术语、稀土牌号表示方法及稀土冶炼加工企业单位产品能耗限额。产品标准和配套的检测方法标准涵盖了稀土矿产品、稀土冶炼分离产品、稀土合金以及部分稀土功能材料。稀土标准样品用于检测质量控制、校准仪器设备，目前种类和数量都比较缺乏，共有 52 个稀土标准样品。其中用于元素化学分析检测的固体标准样品 22 个、液体标准样品 20 个、荧光粉相对亮度标准样品 10 个，以及单一 REEs、混合 REEs 以及阴离子标准溶液等。

为了降低或消除基体效应，实现实际样品中痕量、超痕量 REEs 的高灵敏检测，分析工作者们探索和发展了一系列适用于环境及生物样品中痕量REEs分离和富集的样品前处理方法，用于后续ICP-OES和ICP-MS分析。武汉大学胡斌课题组制备了磁性材料Fe_3O_4@SiO_2@聚苯胺-氧化石墨烯复合物（Fe_3O_4@SiO_2@PANI-GO），并将其用于茶叶和环境水样中的痕量/超痕量REEs的萃取。该课题组还建立了血清中甲胎蛋白（AFP）的高灵敏检测方法。该课题组还制备了CR-SWCNT涂层毛细管柱，建立了CME-FETV（氟化辅助电热蒸发）-ICP-OES测定生物样品中痕量REEs的新方法。制备了IDA改性的聚甲基丙烯酸缩水甘油酯整体柱poly（IDA-GMA-TRIM），建立了CME-微同心雾化器（MCN）-ICP-MS在线联用分析人血清和尿样中痕量REEs的新方法。该课题组合成了TiO_2NPs包埋的poly（MAA-EDMA）整体柱，建立了poly（MAA-EDMA-TiO_2NPs）整体柱CME-ICP-MS在线联用体系，实现了生物样品中钆及钆造影剂的形态分析。采用化学键合法制备了纳米金改性的甲基丙烯酸缩水甘油酯整体柱poly（GMA-EDMA-AuNPs），建立了在线CME-ICP-MS分析海水样品和血样中痕量/超痕量的REEs的新方法。陈世忠等建立了SFODME-ETV-ICP-MS分析人发和植物样品中痕量REEs的方法。武汉大学胡斌课题组将分散固相萃取与分散相液液微萃取（D-SPE-DLLME）相结合，建立了双萃取技术与ETV-ICP-MS联用分析环境水样和沉积物中痕量REEs的新方法。

水样、土壤、大气、化石及生物样品中REEs的分析研究主要集中在溶样方法、联用技术、预分离富集等方面。武汉大学胡斌课题组采用悬浮体制样氟化辅助ETV-ICP-MS技术，分析了土壤中、陶瓷、大气颗粒物及古人牙中痕量REEs；采用P350-PMBP协同萃取-低温ETV-ICP-MS技术分析了环境中痕量REEs。中国地质大学胡圣虹课题组采用$Fe(OH)_3$共沉淀法对模拟地下水中的REEs进行分离与富集，解决了高盐地下水REEs测定中REEs浓度低和基体盐分高的难题；采用了气溶胶在线稀释技术，将多原子离子干扰降低了近十分之一。该课题组还建立了牙形石和结石样品中REEs浓度定量分析方法，在此基础上开展了牙形石中REEs定量成像分析。厦门大学王秋泉课题组利用疾病生物标志物与相应的抑制剂分子间的生物特异性相互作用，对抑制剂分子进行必要的化学修饰，使其可与REEs配合物发生选择性化学反应，以实现疾病生物标志物的REEs标记。

稀土元素配合物作为元素标签被逐渐应用于生物分子（特别是疾病生物标志物）的电感耦合等离子体质谱（ICP-MS）定量检测，为稀土的生物分析应用开辟了新途径。通过ICP-MS对所标记的稀土元素进行同位素稀释定量分析，进而实现疾病生物标志物分子的定量，灵敏度达到fmol水平。

（四）稀土永磁材料

稀土永磁材料的开发与应用体现了我国战略新兴产业领域的重大发展需求方向，是我国高技术产业的发展重点之一。稀土永磁产业不仅是稀土应用领域发展最快、规模最大的产业，也是最大的稀土消耗领域。近年来，随着我国稀土永磁材料的产能快速增长，以及国外对稀土永磁材料需求量的迅速增加，导致稀土资源和需求极度不均衡，高效、合理、均衡利用稀土资源是我国稀土产业可持续发展战略的重中之重，而开发资源节约型超高性能稀土材料则成为我国稀土永磁材料行业实现快速发展的关键。依据我国资源特色和优势，开发的高丰度稀土元素替代钕技术目前也呈现快速发展势头，在浙江宁波地区已初具规模。据统计，2016 年稀土永磁材料中含铈磁体产量约 3.5 万吨。

随着烧结钕铁硼磁体在风力发电、混合动力汽车 / 纯电动汽车和节能家电及低碳经济等领域中的应用需求飞速增加，双高磁体（高磁能积和高矫顽力）和低成本磁体是研发的主要方向，满足稀土永磁材料在新兴领域的应用要求和原材料价格上涨的新形势，同时也促进稀土资源的高效应用。近年来，我国在高性能稀土永磁材料、重稀土减量化技术、新型热压 / 热变形技术、废旧磁体回收利用等方面均取得较大的进展。

在烧结钕铁硼领域，高丰度稀土的规模化利用和重稀土的高效利用与减量化是近年来的研究焦点。研究者们对高丰度稀土元素在 2 : 14 : 1 化合物的占位及价态进行了系统的研究，近年来发展的双主相合金工艺被用于高丰度含 Ce 烧结磁体制备。浙江大学和中科院宁波材料所对双合金工艺制备的磁体 $ReFe_2$ 相作用进行研究，解释了双合金工艺制备磁体磁性能优异的原因。在热变形磁体中通过扩散 Nd–Cu 低熔点合金相形成富 Nd 的“壳层”，有效地提升了磁体矫顽力。中科院宁波材料所利用 $Y_2Fe_{14}B$ 高温下内禀磁性能稳定的特点，提升了 Nd–Ce–Fe–B 磁体的温度稳定性。在低重稀土减量化方面进展明显，发展了新型电泳沉积重稀土扩散技术，解决了涂层厚度控制与均匀性的难题。2016 年韩国学者研究发现重稀土沿磁体取向方向的扩散效率更高，并建立了相应的扩散物理模型。在晶粒细化技术方面，中科院宁波材料所在磁粉细化的基础上，利用电磁感应涡流回火处理，获得高性能的无重稀土烧结磁体。日本 TDK 公司通过新的成分设计，在未细化晶粒的前提下开发出矫顽力 20kOe 左右的无重稀土烧结磁体。

在纳米晶磁粉与黏结磁体研究方面，日本通过晶粒细化技术获得高性能高矫顽力的 Sm–Fe–N 磁粉，北矿磁材通过二次 HDDR 工艺细化晶粒，得到了高矫顽力的各向异性钕铁硼磁粉。燕山大学采用 3D 自组装的方法制备了核壳结构的 $Nd_2Fe_{14}B/\alpha$ –Fe 磁体，磁能积达到 25MGOe。北京大学、中国石油大学在 $Nd_2Fe_{14}B/\alpha$ –Fe、$Nd_2Fe_{14}B/Fe_3B$ 磁体研究方面获得进展。Sepehri–Amin 等人在 HDDR 磁粉中扩散稀土合金，实现矫顽力的显著增加。由于 $Ce_2Fe_{14}B$ 较高的内禀性能，内蒙古科技大学研究了快淬 Ce–Fe–B 的相组成及磁性能变化。美国 Ames 实验室发现（$Nd_{1-x}Ce_x$）$_2Fe_{14}B$ 矫顽力异常提高与相分离现象。中科院物理所、内蒙古科技大学对 MM–Fe–B 快淬磁粉研究取得进展。Zhou C 等人用快淬方法研究了 $ThMn_{12}$ 结构的 Ce–Fe–Mo、Ce–Fe–Si 磁体。在黏结磁体的制备方面，Kelhar 等人在成型技术和黏接剂方面进行了研究。在复合磁体方面，厦门双瑞研究了各向异性钕铁硼磁粉、各向异性钐钴磁粉和各向异性锶铁氧体磁粉的复合磁体制备方法。最近美国德州大学阿灵顿分校研究了 MnBi+ 各向异性 NdFeB 磁粉的混合磁体。

在高性能钐钴永磁材料研究方面，薛智琴等人研究了 2 : 17 型钐钴组织结构演变，阐明了胞状结构的形成过程。Yosuke Horiuchi 等人在铁含量约为 31at.% 的钐钴磁体中获得 $(BH)_{max}$=35MGOe 的磁性能。国内，Wei Sun、李明等都对高性能钐钴磁体进行了研究，并获得 $(BH)_{max}$=32.1MGOe 的磁性能。在耐高温磁体方面，Tianli Zhang、俞能君获得了使用温度超过 500℃的磁体。刘雷等人通过在 Sm_2Co_{17} 中添加重稀土 Dy，制备出了正矫顽力温度系数钐钴磁体。

新型的热压 / 热变形制备技术也是近年来的研究热点，S.Sawatzki、K.Hono 等人扩散低熔点合金使热变形磁体矫顽力得到有效提高。H.T.Kwon 课题组采用混粉方法扩散了稀土氟化物，研究矫顽力增强机制。H.R.Cha 等人采用 NdH_x 和 Cu 粉的混合粉末作为晶界扩散原料，对比分析了与 Nd-Cu 直接扩散的异同。中科院宁波材料所通过扩散 Nd-Cu 合金将磁体矫顽力提高至 27kOe，并采用晶界注入 Dy-Cu 高温退火方法获得高磁能积。E. Onal、E.Castle 发展了径角挤压技术和 Flash-SPS 技术。Tereshina 等人发展 Ho 元素添加改善 NdFeB 热变形磁体方形度。岳明课题组研究了 $PrCo_5$ 和 $SmCo_5$ 热变形磁体。G.Hadjipanayis 课题组还开发了 Mn-Al-C 热变形磁体这一新材料体系，宁波材料所、四川大学等单位对（Nd，MM）-Fe-B 和 Ce-Fe-B 热变形磁体进行了较为详细的研究。

在 Nd-Fe-B 单相薄膜中，借鉴于相应块体中晶界扩散思路，2015 年日本学者通过研究将室温 μ_0H_c 提升至 26.2kOe。$NdFe_{12}N_x$ 作为一种具有高饱磁和高 μ_0H_A 的永磁相，相应薄膜也受到人们关注。Hirayama 等人利用溅射技术制备了成分为 $NdFe_{12}$ 的薄膜并在氮气气氛中氮化，获得了饱磁为 16.6 ± 0.8kOe 和 $\mu_0H_A \approx$ 80kOe 的性能。由于 $SmCo_5$ 具有六方对称性的晶格，利用 Al_2O_3（0001）单晶基片通过 Ru（0001）外延生长实现了良好的矩形度和 μ_0H_c=13.5kOe 的室温矫顽力。Ni-W、Ni-Ta 等缓冲层都被尝试用作缓冲层在 Si 基片上实现了 Sm-Co 薄膜的垂直生长。通过形貌控制和晶粒细化，在具有垂直取向的 $SmCo_5$ 中实现了室温高达 35.6kOe 的矫顽力。

提升永磁体的电阻率是降低稀土永磁体涡流损耗的有效途径。Marinescu M 等在 Pr-Fe-B 热压热变形永磁体中添加 NdF_3、DyF_3 等添加剂，使磁体电阻率提高了约 2 倍。钢铁研究总院采用高能球磨法，制备了无机绝缘纳米材料掺杂改性的 $Nd_2Fe_{14}B/Dy_2O_3$ 和 $Nd_2Fe_{14}B/CaF_2$ 等复合磁体，电阻率大幅提升。Zheng L Y 等采用两步液相化学包覆技术制备了 $Nd_2Fe_{14}B/CaF_2$ 等复合磁体，电阻率提高到 847μΩcm。

稀土永磁材料的大量生产与应用产生的废料与废弃磁体的回收再利用逐渐引起大家的关注。针对油泥废料的回收，主要采用湿法冶金法提取其中的稀土元素。岳明等人对油泥预处理后，通过钙还原扩散法和添加稀土纳米颗粒进行烧结制得再生烧结磁体的磁能积为 35.26MGOe。Zakotnik 等通过晶界扩散法大批量回收废旧电子产品中的磁体获得的再生磁体。Walton 等采用氢气回收电子废弃物中的磁体，制得各向异性的磁粉。张雪峰、Sepehri-Amin、季维骁等人也通过掺杂稀土化合物粉末或晶界扩散法获得高矫顽力的再生磁体。

李超等采用氢爆法回收磁体废料制造黏结磁体。刘卫强等人采用氢爆和掺杂纳米 NdH 颗粒法回收边角料磁体。李现涛等采用 HD 法大批量回收 35SH 镀镍的次品。

在稀土永磁材料表面防护研究方面，陈娥、许伟、冒守栋等人采用磁控溅射和离子束辅助沉积技术在钕铁硼磁体表面沉积致密的 Al 薄膜。ChengY.Y. 等人则利用射频磁控溅射技术沉积得到 Ti/TiN 复合层，表现出良好的耐腐蚀性能。丁雪峰等人通过磁控溅射技术在钕铁硼磁体表面获得了陶瓷类 CrAlN 薄膜。Wu H. 等人通过等离子注入技术沉积类金刚石的薄膜。Xu J.L. 等人在铝酸盐溶液中通过微弧氧化（MAO）在烧结钕铁硼磁体上制备氧化铝陶瓷涂层。Zheng J.W. 等人在钕铁硼磁体上进行磷化处理和镀铜的双涂层保护技术，以提高烧结钕铁硼磁体的耐腐蚀性。王向东、陈小平等人研制出磁体表面的电镀 Zn–Fe 合金工艺技术。还有文献报道了改进传统磁体表面环氧树脂涂层耐磨性能的技术。冷喷涂的涂层气孔率很低，致密度非常高，Ma C. 等人采用冷喷涂技术在烧结钕铁硼磁体表面沉积一层致密的 Al 涂层。Ma J.C. 等人采用爆炸喷涂工艺在烧结钕铁硼表面沉积 Al 涂层，涂层中性盐雾试验时间超过 200h。

（五）特种稀土磁性材料

特种稀土材料主要分为磁致伸缩材料、磁制冷材料和微波磁性材料等。

1. 稀土磁致伸缩材料

磁致伸缩效应是指铁磁材料在施加磁场后的弹性形变现象。近年来磁致伸缩材料受到人们的广泛关注，作为一种关键的能量转换材料用于传感器、发生器、线性马达、作动器、泵阀器件、位移器件和水下扫描声呐等。目前的研究热点主要是超磁致伸缩材料的性能改进与应用，开发低场下大磁致伸缩，同时具有高的机械强度、窄滞后的新型磁致伸缩材料。

稀土磁致伸缩材料 TbDyFe 合金的磁致伸缩性能，与准同型相界、材料的取向密切相关。研究了 $Tb_{0.3}Dy_{0.7}Fe_2$ 合金在准同型相界（MPB）温度附近的局域对称性和磁畴结构，发现在 $Tb_{0.3}Dy_{0.7}Fe_2$ 中的准同型相界附近存在四方至菱形结构的转变，该转变过程可以在 238 ~ 293K 的较宽温度范围内发生。磁力显微镜观察结果表明，在准同型相界处具有的高磁致伸缩性能可能与其微米畴内存在大量自发磁化强度方向一致的纳米畴有关。纳米畴具有低对称性结构，使其更易随着低磁场的作用而转动，从而产生高的磁致伸缩效应。

Zr 添加会对通过微拉拔法制备的 TbDyFe 合金磁致伸缩性能的影响，基体中 Zr 含量的增加及（Tb，Dy）Fe_3 相的缺失，使材料饱和磁致伸缩提高。但是随着 Zr 的比例的进一步提高，材料晶粒数量也提高，$(Fe_{1.9}Tb_{0.27}Dy_{0.73})_{1-x}Zr_x$ 晶体的 λ–H 曲线整体变得更低。通过研究定向生长过程中的宏观固液界面形态，获得了定向生长固液宏观界面形态控制方程；继而通过控制固液界面形态，可以进一步影响径向成分分布以及相分布，通过理论推导获得了定向生长径向成分分布控制方程，最终获得了 TbDyFe 无孪晶单晶。

Chelvane 等对布里奇曼法制备的 $Ho_{0.85}Tb_{0.15}Fe_{1.95}$ 合金的织构及磁致伸缩性能进行了研究。Song 等将 Pr 和 Nd 元素引入到（Tb，Dy）Fe_2 体系中，并且选择组分为（$Tb_{0.3}Dy_{0.7}$）$_{1-x}$（$Pr_{0.5}Nd_{0.5}$）$_x$$Fe_{1.93}$ 的合金，寻找其各向异性补偿点。研究发现：V、Cr、Mn、Mo、Rh、Si 和 Ge 的添加对于 Fe-Ga 合金的磁致伸缩性能不利，少量 Co、Sn 或 Al 原子取代 Fe 原子以及间隙元素（C、B、N）能有限提高磁致伸缩，而大量添加导致合金的磁致伸缩性能下降，Fe-Ga 合金的磁致伸缩性能没有获得显著提高。Jiang 等人在定向凝固的 $Fe_{83}Ga_{17}$ 中掺杂了 0.2% 的 Tb，获得了 160ppm 的磁致伸缩，比二元 FeGa 合金提高了 2.5 倍。Wu 等人通过甩带的方法添加了 0.23% 的 Tb，垂直甩带样品施加磁场，并测量了平行带面方向的磁致伸缩，最高值达 -886ppm，磁致伸缩系数提高了 4 倍。Meng 通过亚快速定向凝固的方法制备了含 Tb 0.05% 的单晶，磁致伸缩获得了 4.5 倍的提升。

2. 稀土磁制冷材料

La（Fe，Si）$_{13}$- 基化合物的最大磁熵变大于或至少相当于先前报道的 Gd_5（Si_xGe_{1-x}）$_4$ 系化合物，这一发现引起了人们对这类材料的研究兴趣。对于 $LaFe_{13-x}Si_x$ 化合物，Si 含量的变化直接影响着 $NaZn_{13}$ 型 1∶13 相结构的形成，Si 的含量 x 值越大，越容易形成完全的 1∶13 相。但随着 Si 含量的增加，材料饱和磁化强度下降，居里温度上升。在低 Si 含量时（$1.4 \leqslant x \leqslant 2.4$），呈现立方 $NaZn_{13}$ 型结构，表现为铁磁性行为，同时观察到巡游电子变磁转变和大的磁体积效应，从而可以产生巨大的磁熵变。研究表明，低 Si 含量的 $LaFe_{13-x}Si_x$ 化合物表现出一级磁相变特征，居里温度以上存在从顺磁到铁磁的磁场诱发的巡游电子变磁（IEM）转变，伴随变磁转变晶胞参数产生一个不连续的收缩，$LaFe_{11.4}Si_{1.6}$ 化合物在相变温度 T_C 附近晶胞参数呈现约 0.4% 的负热膨胀。磁有序伴随的晶胞负热膨胀是导致 $LaFe_{13-x}Si_x$ 化合物呈现大磁熵变的原因。

虽然 $LaFe_{13-x}Si_x$ 化合物具有较高磁熵变，但其相变温度在约 200K 附近，因此给室温下的应用造成了很大的障碍。引入过渡族元素 Co 能够提高材料的相变温度，但 Co 的引入在使相变温度升高的同时也削弱了一级相变性质，导致磁熵变的下降。实际上，增加 Co 和降低 Si 对化合物居里温度和相变性质的影响恰好相反，因而通过调节两者比例有可能得到性能优良的材料。除了元素替代，引入间隙原子也可显著提高居里温度。

美、日、欧等多国将 La（Fe，Si）$_{13}$- 基磁制冷材料用于样机试验，取得良好效果。中国科学院物理研究所团队研究了粉末黏结技术制备 La（Fe，Si）$_{13}$ 基磁制冷材料，克服了一级相变材料循环过程容易开裂、粉化的缺点，大幅改善了力学性能，抗压强度达到 192MPa。中国科学院理化技术研究所利用黏结技术制备了薄片状 $La_{0.85}Ce_{0.15}Fe_{11.25}Mn_{0.25}Si_{1.5}H_y$ 磁制冷材料，和丹麦技术大学合作在样机上测量了制冷效果，室温附近 1T 磁场下获得的冷、热端最大温跨达到 6.4K。包头稀土研究院在 2015 年设计、研发出了新型一体式室温磁制冷冰箱，该制冷机磁场系统采用双环双组 Halbach 阵列磁场，最大磁场强度为 1.5T。

3. 稀土微波磁性材料

高频软磁材料是一类重要的功能材料，在信息技术领域有广泛的应用。随着信息技术的飞速发展，对高频软磁材料使用频率的要求已从几千赫兹拓展至上百兆赫兹，甚至是吉赫兹以上，对材料的要求也从传统块体延伸到薄片化、结构化及磁性 / 非磁性复合材料。但高频软磁材料诞生至今，主要使用的材料仍为铁氧体，不能满足当今电子信息技术高频化、高性能发展的要求，因此软磁学科领域亟待发展具备优异的综合软磁性能的高电阻低功耗软磁材料，并解决在发展此类软磁材料过程中面临的重要科学问题。

近期，研究提出了磁性材料高频磁性的双各向异性模型，并指导开发在高频下具有高磁导率的新型磁性材料。具有平面各向异性的稀土 –3d 金属间化合物，饱和磁化强度可以达到 1.5T，且相比于传统材料，这类材料能在更高的频率下保持高的磁导率。随着 Fe 元素替代量的增加，$Y_2Fe_{14-x}Co_xB$（X=6–14）的饱和磁化强度呈现逐渐增大的趋势。Fe 原子对 Co 原子替代后，改变了某些晶位原子的局域环境，增强了 3d 过渡族原子之间的铁磁耦合作用，从而提高了样品的饱和磁化强度。此外，通过对成分的调整，可以实现对材料易磁化方向的调控。

对于易平面型的 $Y_2Co_{14}B$ 来说，它的起始磁化率与自然共振频率的乘积是 Snoek 常数的 5.3 倍，说明这种易平面型材料的高频磁性明显突破了 Snoek 极限的限制。与 X=6–8 的单轴型材料相比，易平面型 $Y_2Co_{14}B$ 在更高的频率下仍然保持很高的磁导率。

Nd_2Co_{17} 化合物在室温区为平面各向异性材料，其居里温度都在 1200K 左右，有利于高温应用。利用 Fe 元素对 Co 元素的替代，可调节材料内禀的磁晶各向异性场，从而实现材料高频磁性的可调。研究表明 $Nd_2(Co_{1-x}Fe_x)_{17}$ 样品在整个成分变化范围内都具有平面各向异性，其中 Nd_2Fe_{17} 微粉复合物具有最高的截止频率和起始磁导率。

北京大学研究了间隙型稀土 – 过渡族金属间化合物材料高频磁性研究，通过化学反应加入氮原子，没有改变原有的晶体结构，且氮原子都是进入晶体特定的间隙位置。间隙原子不仅能够大幅度提高原母合金的居里温度 T_C 和饱和磁化强度 M_S，最重要的是，还能引起稀土离子的磁晶各向异性发生显著变化。

（六）稀土催化材料

催化技术可以产生巨大的经济效益和社会效益，据估计催化直接或间接贡献了世界 GDP 的 20% ~ 30%。欧盟“地平线 2020”计划列出的七大社会挑战中，有四项的应对策略都要用到催化剂技术。稀土元素具有独特的 4f 电子层结构，使其在石油裂化、机动车尾气净化等催化剂表现出良好的助催化性能与功效，起到降低贵金属用量并改善催化剂性能的作用。加强稀土催化作用机理研究，拓展镧、铈等轻稀土在石油化工、环境治理中的应用，不仅有利于我国稀土资源的高效利用和稀土产业结构的优化调整，而且还有利于减缓日益突出的贵金属资源供需矛盾，给新型催化材料带来了转机。

随着石油加工、环境保护和化学品生产等技术水平的提高，所涉及反应日趋复杂，对催化剂的性能也提出了更高的要求。充分发挥稀土的催化作用，发展以催化剂为核心的催化技术，提高相关反应过程的效率，是稀土催化的发展方向和趋势。同时，发现和发展新结构、新功能的稀土催化材料，扩展其应用领域，是稀土催化材料发展的机遇。加强稀土催化作用机理研究，拓展镧、铈等轻稀土氧化物在能源、环境催化领域的应用，有利于我国稀土资源的高效利用和稀土产业结构的优化调整，促进稀土催化材料的可持续发展。

近年来我国针对移动源排放出台了系列新规，使催化剂单元设计及整合技术面临升级挑战，根据发动机类型、燃料类型、应用环境的变化，需要新的技术突破来优化催化剂，实现移动源发动机在复杂运行条件下尾气排放的高效净化。稀土和贵金属是汽油车催化剂的关键组成。因此充分发挥稀土与贵金属协同作用，提高稀土的助催化能力，对突破国六技术难点、开发出高性能的汽油车尾气催化剂。为应对更高耐久性和瞬态工况应变能力，对催化剂热稳定性和氧传输能力提出了更高的要求。未来发展方向，通过工艺调整和添加（第三、第四、第五）改性元素，提高涂层材料（铈锆储氧材料、氧化铝材料）的稳定性。在复合稀土氧化物方面，国内高校、科研院所在铈锆储氧材料、铈铝复合材料及贵金属与稀土氧化物相互作用等方面进行了系统深入的研究，在铈基汽车催化材料学术领域占据了制高点。在活性氧化铝研究方面，稀土、硅、磷改性方面，国内处于领先地位。

对于柴油车催化剂，国五仍以钒基SCR催化剂为主，但当与CDPF催化剂组合应用时，由于高温钒易挥发，导致催化活性降低以及二次污染问题，钒基催化剂终将被分子筛催化剂所取代。分子筛催化剂发展经历了由Cu-ZSM5到Fe-BEA再到Cu-CHA的发展历程，Cu-ZSM5研究了近30年，但由于其高温水热稳定性差一直未能商业化，Fe-BEA商业化应用不足5年还未全面推广就被Cu-CHA所全面扼杀。天津大学、清华大学与国际同步开展了Cu/SAPO-34的研究；浙江大学与生态中心合作开展了低成本Cu/SSZ-13合成的探索；中国石油大学开展了四效催化剂的研究。

随着清洁油品标准的不断提高，以及劣质重质原油的加工利用需求，炼油过程的复杂性不断提高，现代炼油工业包括催化裂化、加氢裂化、催化重整等。炼油工业中FCC催化剂早期使用的是天然白土，后来发展为无定形硅酸铝催化剂，20世纪60年代后使用高活性分子筛裂化催化剂，稀土作为一个组分引入催化剂中。运用稀土分子筛催化剂进行石油裂化催化，具有原油处理量大、轻质油收率高、产品质量高、活性高、生焦率低、催化剂损耗低、选择性好等优点。

工业VOCs的年排放量大概为2000万吨，涉及的行业众多。VOCs污染源分布广泛，已成为区域、城市主要污染源之一。催化氧化技术是VOC排放控制达标的重要技术手段，稀土氧化物在某些反应中表现出与贵金属相当的活性。针对现有VOCs净化催化剂制备成本高、普适性和抗中毒能力较低等方面的不足，通过催化剂组分调节、载体优化及形貌设计，降低干扰组分在催化剂表面的沉积速率，提升催化剂的耐受性；通过不同催化模块的组合，优化配置 C–H 和 C–Cl 断链初级氧化及高效氧化等功能模块，降低贵金属使用量、提高催化剂的使用效率和对多污染物体系的适应性。

除了在机动车尾气净化、石油化工、VOCs 催化脱除等领域，国内在其他新领域也取得了长足的进步，如稀土催化材料在固体氧化物燃料电池的应用、稀土材料用于掺杂钛酸钡基纳米介电陶瓷材料、稀土元素在陶瓷墨水中的应用、稀土催化材料在生物质高效转化、CO_2 捕集与利用等新兴领域中的应用。开拓稀土催化材料的应用新领域，对于实现高丰度轻稀土资源的高质化利用，推进我国稀土材料产业结构调整和技术升级，促进稀土材料产业的可持续发展具有重要的战略意义。

（七）稀土光功能材料

稀土光功能材料是稀土应用的主要领域之一，广泛应用于照明、显示、医疗、生物荧光标记、农业、太阳能电池、激光器、传感器等等领域。近年来，新研究成果、新技术和新应用不断涌现，技术革新与更替速度尤为快，不仅带动了传统稀土光功能材料及其终端产业的更替与升级，也推动了新的稀土光功能材料及其新产业的出现。

目前，白光 LED 已经成为市场主流照明方式。在新材料研发方面，氮化物荧光粉仍然是基础和应用研究的主要热点和前沿。其中，新材料探索方法如单晶生长法、固态组合化学法以及单颗粒诊断法，极其有效地保证了发现了众多具有新型晶体结构的氮化物发光材料，极大地了丰富了氮化物发光材料体系。在产业化制备技术方面，通过稀土 Eu 源的引入方式、优化基质组成及反应历程，实现了发光中心 Eu 的有效溶入，突破了高光效 β–sialon：Eu 绿粉产业化制备技术。在器件方面，高光效与高显色并行的全光谱高品质白光成为主流追求，采用氮化物红色荧光粉 $CaAlSiN_3$：Eu^{2+} 并结合其他绿色荧光粉可以制备显色指数大于 90 的白光 LED，而且通过调控 $CaAlSiN_3$：Eu^{2+} 的光谱，可同时解决光效和显色指数不能兼顾的问题，获得了 Ra 和 R9 均大于 95 的超高显色白光 LED。采用短波长的 β–sialon：Eu^{2+} 或者 γ–alon：Mn^{2+} 并结合 K_2SiF_6：Mn^{4+} 可以制备色域超过 95（CIE1931）的 LED 背光源，极大地改善了器件的性能。大功率 LED 芯片发展，带动了稀土荧光陶瓷成为发光材料研究的另一个热点，系列光色可调的材料体系被研发出来。其中，PiG 技术成为稀土荧光微晶玻璃的主流烧结技术；与传统白光 LED 封装材料荧光粉胶相比，稀土玻璃陶瓷整体表现出性能优异的透过率、耐热、耐光及耐湿性能。利用稀土微晶玻璃研制的白光 LED 器件性能达到实用化水平。宽色域 LED 显示带动了具有发射光谱更窄、发射峰位更为合理的新型稀土发光材料研究。其中，短波长的 β–sialon：Eu^{2+} 和更窄带的 γ–alon：Mn^{2+} 绿色发光材料，以及红色发光材料 Sr［$LiAl_3N_4$］：Eu^{2+}，使制备超宽色域白光 LED 的背光源成为可能。此外，非稀土窄带发光材料研究也成为研究热点，高性能 K_2（Si，Ge）F_6：Mn 系列氟化物红粉实现了产业化，促进了广色域 LED 背光显示技术发展；以 Mn^{4+} 的可溶配合物溶液和氟氢化钾 KHF_2 等简单易得的试剂作为原料，在没有 HF 添加的情况下成功制备了较高发光效率的 KSFM，有效解决了非高浓度 HF 溶液中，Mn^{4+} 遇水分解导致 KSFM 发光效率低下的技术难题，实现了氟化物系列荧光粉的绿色制备。

基于稀土长余辉发光的交流 LED 是具有我国原创性知识产权的研究领域，近年来取得了进一步突破，研发出了红色和绿色交流 LED 稀土长余辉荧光粉，开发出了光效 100.3lm/W 的交流 LED 灯具，频闪深度 62.5%，实现了批量生产 5000 只交流 LED 灯产品。

诺贝尔物理学奖得主、蓝光 LED 发明者中村修二先生认为激光 LD 照明与显示是继白光 LED 之后的下一代照明与显示技术。激光 LD 具有大注入电流密度特点，然而，目前市售白光 LED 发光材料无法承受其高热冲击密度和高光激发密度，这促使了新型稀土发光材料的研发。近年来，晶体、陶瓷等形态的稀土发光材料不断被研发报道。YAG 单晶及其在激光照明的应用研究，结果表明：在输入电流 1.4A 和电压 4.24V 时，器件峰值光效达到 86.7lm/W，而在输入电流 3A 和电压 4.85V 时，器件峰值光效达到 75.6lm/W，亮度达到 1100lm；而 Al_2O_3–YAG：Ce 陶瓷具有高达 18.5W/（m · K）的热导率，在激光功率密度高达 $50Wmm^{-2}$ 时，仍未表现出明显的发光饱和现象；蓝光激光激发下，材料光效达到 370lm/W，而 YAG 荧光粉则在 107lm/W 最高流明效率后即出现发光饱和现象；此外，不同发光颜色和玻璃基质的稀土陶瓷及其合成方法包括放电等离子烧结炉和 PiG 工艺被报道。在产业化方面，深圳光峰光电成为激光稀土荧光显示行业领域的领头羊，创新性地开发出高频转动荧光膜片，有效解决了光源热效应的难题，同时，突破激光显示高可靠、低成本、长寿命三大技术难题，拥有近千项国内外核心专利为基础的知识产权体系，研发出了一系列对显示行业产生了深远影响的产品，先后开发出全球首款 100 英寸激光电视、20000lm 符合 DCI 标准的激光电影放映机以及 1000lm 激光微型智能投影仪等。

近些年，从微米降到纳米尺度，长余辉发光材料这个古老的传统领域被科学家赋予了全新的生物荧光探针的使命。与传统的光学成像探针，近红外长余辉发光纳米材料具有更深的组织成像能力，更少的背景干扰和更高的信噪比，迅速吸引了国内外研究者的广泛注意和研究。系列新型稀土掺杂纳米长余辉发光材料被报道，研究重点放在可控合成、形貌与尺寸单分散、余辉性能优化和生物应用探索等方面。

如何设计合成具有高发光效率、光稳定、热稳定的稀土配合物发光材料并拓展其在生物成像、传感、固态照明、显示、太阳能电池及农用转光膜等领域的应用，是当前稀土配合物研究领域的热点。其中，设计、合成特定性质的配体及其配合物是稀土配合物研究的重要基础工作，系列新型稀土配合物，如基于新型二齿阴离子配体羟基萘啶的配合物的光致发光量子产率可高达 84%，且此类配合物光稳定性和热稳定非常优异，以及敏化效率达 100%，CD_2Cl_2 中量子产率达 63% 的 Yb 配合物等等。而在应用领域，稀土配合物作为 OLED 电致发光材料取得了突破性进展。通过设计阶梯能级的器件结构，以 $Eu(TTA)_3phen$ 为发光材料，最终优化的器件最大亮度为 $3278cd/m^2$，最大电流效率为 12.45cd/A，功率效率为 11.50lm/W，外量子效率（EQE）6.6%，100cd/m^2 实用亮度下，电流效率为 9.10cd/A。新型基于 β－二酮类阴离子配体的可见光激发稀土配合物 NBu_4［LnL_4］（Ln=Sm^{3+}，Eu^{3+}），其量子发光产率最高可达 80 ± 8%。基于绿光配合物 Tb（PMIP）$_3$ 的新颖电致发光器件，优化的器件的启亮电压为 3.4V，最大电流效率为 57cd/A，功率效率为 52lm/W；100cd/m^2 实用亮度下，电流效率仍为 30cd/A，功率效率为 11.50lm/W，最大 EQE 为 14.8%。此为目前基于铽配合物电致发光器件的最好表现。同时，稀土配合物在太阳能电池实际应用研究方面也取得了重要进展，将稀土有机光转换材料和稀土无机光转换材料与高分子材料结合制备一定厚度的膜用于太阳能电池，经权威评价机构的多次测试评价（太阳能电池组件大小为 1484mm × 669mm），可以提高太阳能电池的组件功率 2.4%，达到同行业先进水平。研究开发的兼具光转换、减反射和自清洁于一体的膜，在多晶、单晶和异质结太阳能电池组件上均取得了功率提升的效果，尤其在异质结太阳能单体电池组件上获得了功率提升 3.5% 的效果。并正在屋顶太阳能测试电站，开展发电评估工作。

稀土激光晶体领域在生长技术、功能复合、激光输出性能、器件设计等等研究方向均取得了可喜进展，其中，研制了口径 150mm 以上 Nd，Y：SrF_2 激光晶体，峰值发射截面 $5.3 \times 10^{-20}cm^2$，小信号增益系数达到 2.1 倍，高于同等条件下 N3122 钕玻璃的 1.8 倍，并基于 Nd，Y：SrF_2 晶体建立了二极管直接泵浦的重频啁啾脉冲放大系统，5Hz 重频工作条件下获得了 5.1mJ 的脉冲能量输出。在中红外激光晶体方面，首次在 4at.%Er：CaF_2 晶体中实现超宽带调谐中红外激光输出，调谐范围为 2692 ~ 2820nm（128nm）；在 3%Er：SrF_2 晶体中实现了高效率的中红外激光输出：斜效率达到 30.7%、输出功率 1.06W；在 Er，Pr：CaF_2 晶体中，首次实现了 2.8μm 自调 Q 脉冲激光输出。

（八）稀土储氢材料

稀土储氢材料经过多年的体系创制、成分优化、结构调制和表面改性研究，性能逐年提高，在电化学储氢和气固相储氢等方面得到大量应用，已成为第二大稀土功能材料，在新能源、新能源汽车和节能环保领域受到人们的日益关注。

AB_5 型稀土储氢合金具有易活化、储氢容量较高（理论容量为 372mAh/g）、动力学性能好等优点，是目前镍氢二次电池生产中被广泛采用的负极材料，占商业化储氢材料的主体地位。为了拓宽镍氢电池的应用领域提高其竞争力，国内外科学家在改善负极用 AB_5 型稀土储氢合金的性能和降低成本方面做了大量的研究。除了在 B 侧采用低钴、无钴配方和应用廉价过渡金属替代 Ni 以外，在 A 侧采用 La/Ce 来代替 Pr/Nd，不但较大程度上降低合金的成本，在改善倍率性能方面也具有较好效果。为了提高合金耐高温特性通常在电极或者合金中加入抗腐蚀的元素，如采用 Al、Fe 替代 Ni，采用 Y、Ce 等替代 La。除了合金成分的优化，在镍氢动力电池用 AB_5 型稀土储氢合金方面，通过表面处理获得具有高活性的富 Ni/Co 表面层，在负极合金中添加具有高导电性的碳材料，对改善合金电极的倍率性能都具有较好的作用。

近年来，高容量 RE-Mg-Ni 系稀土储氢合金（理论容量超过 400mAh/g）的研究获得了许多有价值的成果。通过成分设计和控制制备工艺能够极大地改善合金的循环稳定性和自放电性能，对其结构与性能关系的认识也越来越深入。相界面为氢提供了扩散的通道，并且作为缓冲区域释放了晶格的应力，从而改善合金的储氢性能。多相 RE-Mg-Ni 系稀土储氢合金可提高合金的放电容量和循环寿命，改善其自放电和低温性能，成为未来的研究方向。RE-Mg-Ni 系稀土储氢合金目前仅在 AA 型和 AAA 型低自放电镍氢二次电池中得到应用，为了使合金具有较好的耐腐蚀性，A 侧含有较多的稀土 Nd 元素，基于稀土元素的平衡利用、降低合金成本和保证合金性能，对合金进行了替代 Nd 元素的相关研究及产业化推进。Y、Sm 元素替代有利于降低 $CaCu_5$ 型相的含量，增加 Ce_2Ni_7 相的含量，合金容量和循环稳定性明显提升。

不同应用方向需要差异化的稀土储氢材料以及对应的应用技术，需要在偏重某一实用性能指标（如高容量、长寿命、高功率、宽温区、低自放电）的前提下，平衡其他性能，保证材料的高性价比，提高市场竞争力。同时，开发新组分、新结构的稀土储氢材料是扩大材料应用范围的重要途径。

为了避免含 Mg 合金熔炼难度大和耐腐蚀性差等缺点，国内的一些研究单位开始探索不含镁的稀土储氢合金。对 La-Fe-B 三元金属间化合物进行进一步元素替代和热处理研究，以期提高其储氢性能。采用 Y 元素替代 Mg 元素减少 AB_3 型稀土储氢合金非晶化，提高循环寿命。非镍基稀土系合金研究较多的是镁基稀土储氢合金。镁基稀土储氢合金通过合金成分优化、纳米化等方法可提高合金储氢密度及改善动力学性能。研究新结构的 Y-Fe 系列合金，采用 Al、Ce 等元素进行替代，可改善合金容量和循环稳定性，为开发出具有我国自主知识产权、以高丰度稀土为主要原料的非镍基稀土系储氢合金探索一条新路径。

近年来，可替代一次电池的低自放电镍氢二次电池技术逐年进步，混合动力汽车销量的增长带动了稀土储氢材料产销量的增长，风能等间歇性新能源的储存、燃料电池的高密度氢源，太阳能光热发电储热正逐渐成为稀土储氢材料的应用重点。为满足这些新的应用需求，稀土储氢材料的研发向高性能化和低成本化的方向发展。

通过化学镀包覆金属和氧化物，采用酸碱等化学试剂对合金表面进行侵蚀处理，合金的活化性能、高倍率放电性能、低自放电性能和循环稳定性可以得到不同程度的提高。在镍氢动力电池负极方面，AB_5 型稀土储氢合金应用已非常成熟，国内 $AB_{3\sim3.8}$ 型稀土镁基储氢合金的研究旨在突破国外专利限制，克服低循环寿命、高粉化率、高自放电等问题，以期应用于动力电池市场。此外，将新型稀土镁基储氢合金与 AB_5 型稀土储氢合金混合应用，也为稀土镁基储氢合金的应用提供可能性。将镍氢电池和超级电容器一体化的电容型镍氢动力电池具有安全、环保、耐低温、大功率、寿命长和价格适中等优点，推动了镍氢二次电池在纯电动车上的应用。

对于以氢的储存、输送及利用为宗旨的技术对储氢合金性能有如下要求：①高的储氢容量；②合适的平衡压力，尽可能在室温下吸放氢操作；③易于活化；④吸放氢速度快；⑤良好的抗气体杂质中毒特性和长期循环稳定性。AB_5 型稀土储氢合金在储氢罐中的应用，重点研究了应用环境对储氢材料性能的要求。AB_3 型稀土镁基储氢合金在气固态储氢领域应用为克服其循环稳定性较差的影响，采用 Mg、Ca 替代 La 可制备高容量的稀土储氢合金。新型 Mg–RE–Ni 基 A_2B 型储氢合金通过元素替代，可获得具有较高的储氢容量和较快的吸放氢动力学和热力学的储氢材料。镁－稀土系金属氢化物材料的储热密度可达 2MJ/kg 以上，研发具有高容量、高热焓的 Mg–Re–Ni 基和 Mg–Re 基氢化物材料，在太阳能光热发电储热应用方面具有显著优势。

（九）稀土陶瓷材料

现代稀土陶瓷材料体系就是以稀土离子的光学和磁学为主的各种性质作为出发点，利用材料基因设计、材料计算、新型表征技术等先进手段，其内涵既包括结构—性能关系，还涉及陶瓷制备工艺以及陶瓷表征技术。光功能晶态材料是通过微结构调控和稀土离子（或过渡离子）掺杂实现单晶或多晶陶瓷体系高透光性及光学功能的结构功能一体化材料，它的出现不仅丰富了材料科学的研究内涵，更拓展了光功能晶态材料在信息、能源、医疗、先进制造和国家安全等高技术领域的应用。激光材料和闪烁材料作为光功能材料的典型代表，在高端装备制造、高能激光武器、激光核聚变点火、核医学成像、高能物理探测和国家安全检测等应用领域的具有不可替代作用。

随着高端稀土陶瓷性能的不断提升和新型功能稀土陶瓷的开发力度不断加强，对稀土陶瓷粒径分布、晶粒尺寸、产品一致性差提出了更高的要求。在稀土陶瓷材料及应用方面，美国和日本走在世界前列，其中日本依靠其超大规模生产和先进制备技术在世界陶瓷市场中占主导地位，占有 60% 以上的市场份额。美国研究力量雄厚，在基础研究和新材料开发方面领先，其产品侧重于高技术和军事工程。

随着材料研究与应用的竞争日益激烈，尤其是美国材料基因计划的实施，材料计算在材料的设计、制备及材料服役行为的模拟正体现出巨大的潜力。将计算材料科学引入稀土陶瓷的研究中，将极大地提高研究的理论水平，加快新材料研发速度。目前石榴石闪烁陶瓷的研究和应用成为主流而受到各国的关注，国际上的研究主要集中发光机理，尤其在多种稀土离子光谱能量传递方面近期的工作比较集中和突出。

（十）稀土超导材料

在第二代高温超导工业化长带制备方面，以单根长度、77K 下的单位宽度临界电流值为生产水平的主要标志。已有多家公司先后成功研制出长度超过 100m，最长达到 1000m

且能够传输数百安培以上超导电流（在77K自场条件下，每厘米宽度）的第二代高温超导带材。

日本的Fujikura公司制备出长度为1040m、超导电流为582A/cm GdBCO超导带材，美国的SuperPower公司制备出长度为1065m、超导电流为282A/cmYBCO超导带材，韩国的SuNAM公司2015年制备出长度为1000m、超导电流为625A/cm GdBCO超导带材。日本Showa公司2008年制备出500m长、超导电流为310A/cm的钇系涂层导体长带，美国AMSC公司制备出500m长、超导电流为300A/cm的钇系涂层导体。

在高温超导带材短样的研究方面，这些技术发达国家也取得了重大进展，如日本的Fujikura公司制备出6μm厚、能传输超导电流为1003A/cm GdBCO超导样品，德国的图宾根大学和Theva合作制备出5.9μm厚、能传输超导电流为1018A/cm的GdBCO，美国橡树岭国家实验室制备出2μm厚、能传输超导电流为1010A/cm的GdBCO超导样品。韩国的SuNAM公司2016年底制备出长度为1000m、平均超导电流大于800A/cm以上GdBCO超导带材。

上海超导科技股份有限公司在产品研发方面，采用磁控溅射+离子束辅助沉积（IBAD）+脉冲激光沉积（PLD）技术，可在哈氏合金C276基带上制备出具有良好织构的隔离层。目前在IBAD基带上，可重复制备出每厘米宽超导临界电流高达780A（77K，0T）的第二代高温超导带材短样。上海超导采用上述工艺技术与材料匹配结构，研发生产了不同规格的超导带材。

上海上创超导科技有限公司采用化学溶液沉积法（MOD），实现了氧化物缓冲层和高温超导层的高度定向生长和连续化稳定制备，超导带材单根长度达到1050m，缓冲层面外织构半高宽达到1.6°，超导层面外织构半高宽小于1.5°，低于俄罗斯SuperOx公司采用PLD方法制备的带材；超导层面内织构半高宽到达3°，远低于韩国SUNAM、美国Super Power、美国AMSC等国外公司生产的超导带材。上创超导生产的第二代高温超导带材临界电流达到423.5A，接近美国AMSC生产的超导带材，超过日本SWCC。

苏州新材料研究所有限公司以MOCVD技术路线为主，其高温超导带材制备技术主要包含高强镍合金基带抛光、隔离层薄膜沉积、高温超导（YBCO）薄膜外延生长、后期加工及测试等工艺流程。最新成果于2017年3月，制备出4mm宽、1130m长REBCO超导带材，带材双面锡焊覆铜，总宽度即铜稳定层宽度为5mm；77K自场平均临界电流244A，均匀程度好于3.6%。

采用顶部籽晶熔融织构生长法（TSMTG）制备高温超导单畴是国际上的惯用方法。这一制备方法具有工艺过程相对简单、可实现批量化制备且单畴块材成品率较高等优点。TSMTG法制备的30mm直径YBCO单畴块材，77K下的磁通俘获场达到0.7 ~ 0.9T，少数可以达到1.2T。这类超导单畴材料已经实现商用化。诸如日本新日铁公司（Nippon Steel）生产的钇系、钆系单畴块材、德国ATZ公司和德国德累斯顿固体研究所制备的实用化钇系单畴、美国波音飞机公司飞轮储能实验室制备的钇系单畴材料等，均采用了 TSMTG 制备方法。日本国际超导技术研究中心（ISTEC）采用热籽晶 TSMTG 法生长出的 60mm 直径 GdBCO 单畴能够俘获 3.0T（77K）的磁通密度。这是目前在液氮温度下实现的最高俘获磁通密度。

我国实用化高温超导单畴的主要研制单位北京有色金属研究总院和上海大学也基本采用 TSMTG 制备方法，在直径 30 ~ 50mmY-Ba-Cu-O 超导单畴的批量化制备方面具有一定特色。高温超导单畴内部的微裂纹是影响超导环流通道的重要因素，多年来一直没有得到解决。北京有色院对单畴生长过程中微裂纹的形成机理进行了研究，寻找到了抑制微裂纹的有效方法。上海大学在大尺寸、高性能超导单畴方面开展了深入的研究。利用顶部籽晶熔融织构生长技术，成功制备了直径 75mm 单籽晶 YBaCuO 单畴块材，直径 93mm 多籽晶 YBaCuO 单畴块材。最近，该课题组在冷籽晶熔融织构生长机制下利用前驱坯体分层技术，将直径 30mmYBaCuO 单畴的俘获磁通密度提高到 1.2T（77K）、批量化直径 25mm 单畴的平均俘获磁通密度达到 0.9T（77K），均已进入国际先进水平行列。上海交通大学在薄膜籽晶诱导技术及其籽晶的热稳定性机理开展了深入研究，取得了一定的研究成果。

（十一）稀土铸铁材料

稀土在铸铁中的应用，在技术上具有不可替代的作用。稀土具有一定的球化作用和良好的抗微量反球化元素的干扰作用，故是球墨铸铁生产使用的球化剂中的重要组成元素；以稀土作为主要成分的蠕化剂，利用稀土元素的弱球化作用原理，拓宽了获得蠕墨铸铁的工艺范围，使之在工程条件下也能稳定地获得蠕墨铸铁件。此外，在灰铸铁中采用稀土硅铁孕育剂、在白口合金铸铁中加入稀土变质剂，均可有效地改善组织，提高性能。

稀土球墨铸铁方面。我国球墨铸铁生产所用稀土主要为轻稀土，近年来研究表明以钇为主的重稀土元素也有很好的球化效果，并具有球化反应平稳、抗衰退能力强等优点。采用适量的钇基重稀土复合球化剂、相应的强制冷却、顺序凝固、延后孕育等生产工艺措施，以及必要时添加微量锑、铋元素等，解决了大断面（壁厚≥ 120mm）球铁件中心部位的石墨畸变和组织疏松等问题，成功地制作了各种重、大、特型球铁件。另外，近年来，镧系球化剂也有较大的发展，它具有白口倾向小、收缩倾向小、石墨球细小的特点。近年来，采用钇基重稀土制造厚大断面球墨铸铁件成功应用于球墨铸铁曲轴、球墨铸铁轧辊、镗铣床的固定横梁、注塑机模板等。我国在研制厚大断面的大型球墨铸铁曲轴时，存在着废品率高（曾高达 15% ~ 35%），力学性能低、波动大、不稳定，有较多缩松、夹渣、石墨漂浮等问题。经过多年的努力，已基本上解决了上述问题，铸件质量有了明显的改善，废品率已降低到 10% 以下。采用钇基重稀土制作断面为 805mm 的球墨铸铁薄板轧辊，可以提高使用寿命 50%，这是由于钇基重稀土改善了轧辊芯部的组织，白口倾向小，石墨变得细小，均匀分布，球化级别得到了提高，从而提高了综合力学性能，因而轧辊的折断率显著降低。数控桥式双龙门镗铣床的固定横梁，其毛坯重量达 123t，该球铁件的本体球化率为 80% ~ 90%，球化级别为 2.5 级，石墨大小 7 ~ 8 级，石墨球数≥ 130 个 /mm^2，抗拉强度达 677MPa。QT450–10 注塑机模板，该铸件最重达 70t，最厚处 900mm，芯部性能可达到 QT350–7 水平，且无异型石墨出现，组织均匀性好。

我国研究成功具有高强度（Rm ≥ 1000MPa，最高可达≥ 1600MPa）、高韧性（A ≥ 11%）的奥铁体球铁（ADI），具有动载性能高（弯曲疲劳强度达 420 ~ 500MPa、接触疲劳强度达 1600 ~ 2100MPa），已在汽车、柴油机、拖拉机和工程机械的齿轮、曲轴和各种结构件中应用。在 ADI 的基础上，添加碳化物形成元素，适当降低硅元素，使之在奥铁体的基体上形成一定数量的碳化物，称之为 CADI。河北工业大学研究的 CADI 材料已经在磨球产品上得到成功应用。近些年我国离心球墨铸铁管也得到迅猛发展，2016 年产量达到 695 万吨，连续多年居世界第一，目前我国离心球铁管装备水平国际领先，技术水平国际先进。轨道交通用低温铁素体球墨铸铁件在我国已经开始大量使用，并在进行了许多基础性研究和工业化生产基础上，制订了“轨道交通用低温铁素体球墨铸铁件”行业标准：在 –50 ± 2℃低温条件下，最小冲击功 AKV 为 12J（三个试样平均值）。

硅强化铁素体球墨铸铁具有铸造充型性能良好、切削性能好、机加工成本可大幅度降低等优点，被德国铸造杂志评为“21 世纪德国铸造材料排位第一的新成果”。国内共享集团已对“硅强化铁素体球墨铸铁”进行系统了试验研究，也有企业用高硅来生产 QT500–7 牌号的球墨铸铁：当抗拉强度达 509 ~ 540MPa 时，伸长率都在 12% ~ 14% 之间。

厚大断面球墨铸铁件在代替铸钢件和锻钢件：风力发电机主轴对材料性能要求极高，常规材料为锻钢。中信重机采用 QT400–18L 代替通用的锻钢件，成功地制造出 2MW 风力发电机 16t 球墨铸铁空心主轴。降低了生产成本，大大缩短了生产周期。

蠕墨铸铁方面。蠕墨铸铁具有优越的耐热疲劳性能，但是工艺范围窄，以稀土作为主要成分的蠕化剂，利用稀土元素的弱球化作用原理，拓宽了获得蠕墨铸铁的工艺范围，使之在工程条件下也能稳定地获得蠕墨铸铁件。近年来，我国采用稀土蠕化剂制造高端蠕墨铸铁件成功应用以下方面：生产柴油机的蠕墨铸铁缸盖，利用蠕墨铸铁良好的力学性能和高热导率等材质特点，较大幅度地提高了缸盖的耐热疲劳性能；在温度（热）交变工况下工作的零件，如汽车排气管、增压器壳体、钢锭模、焦炉配件、制动零件和玻璃模具等；应用于要求致密性很高的铸件，如液压元件等。而在蠕墨铸铁的常温和高温性能、处理工艺、铁液熔炼和炉前质量控制等方面也进行了广泛而深入的研究，不少工厂在冲天炉熔炼条件下，也能稳定地生产蠕墨铸铁。

（十二）稀土在有色金属中的应用

稀土在有色合金中的应用分散在金属加工与制造的各个领域。稀土镁合金主要应用于航空航天、军事工业等领域，并用作飞机、导弹、卫星上的重要部件。可降解医用镁合金被誉为“革命性的金属生物材料”，是许多发达国家竞相发展的研究方向，稀土在其中发挥着重要的作用。近些年快速发展起来的能源汽车产业，也是将稀土镁合金产品的重要应用领域。稀土在铝合金中主要用于微合金化和变质处理，应用在新型的电工铝合金和过共晶型铝硅合金中。我国研制含稀土的钛合金包括 Ti-55，7715C，Ti633G，Ti-60，Ti600 等，已经形成一系列具有中国特色的高温钛合金。稀土钼合金既可用作结构材料，又可用作新型功能材料。稀土在钼合金中以氧化物的形式存在，目前稀土氧化物掺杂是钼合金主要的强韧化技术之一。

1. 稀土镁合金

德国 Biotronik 公司最先在 WE43 基础上开发的新型稀土镁合金支架 Absorbable Metal Stent（AMS），经过十几例临床实验证明了可降解镁合金的可行性。上海交通大学开发了 Mg-3Nd-0.2Zn-0.4Zr 等系列合金，包括针对骨内植物研发的中等塑性生物镁合 JDBM-1 和针对可降解血管类支架研发的高塑性生物镁合金 JDBM-2。郑州大学采用亚快速凝固技术制备 Mg-2Zn-0.46Y-0.5Nd 合金，该合金具有较低的腐蚀速率和较好的力学性能，能够满足血管支架的力学要求，经过大量的体内外生物相容性实验检验确认了合金的安全性和有效性。

2. 稀土镁合金的变形机制

高强度的稀土镁合金往往常温塑性较低并且难于变形加工，为了克服强度与塑性之间的矛盾，研究人员对稀土与镁合金变形机制进行了深入的研究发现：①稀土可以减弱镁合金形变织构。加入稀土后镁合金变形组织的织构得到改善，基面极图的单极结构被分裂成两极，总体织构强度下降。在纯镁中加入 3% 的 Y，合金的延伸率提高近 5 倍。孟健等人发明了一种高强高韧可焊的稀土镁合金，陈荣石等人开发的 Mg-3Gd-1Zn 合金具有非常好的常温塑性，采用常规轧制技术生产的板材伸长率可达 43%。②稀土可以影响镁合金再结晶。稀土在镁合金中具有较大原子尺寸失配度，稀土元素容易产生偏析。在 400℃时，这些稀土元素在晶界的浓度处至少是基体的两倍。加入轻稀土 Ce 的镁合金，再结晶晶粒取向与母相基本一致，生长阻力小，高温时晶粒很快长大；加入重稀土 Gd 的镁合金，再结晶晶粒的取向随机分布，由于 Gd 原子在晶界处的偏聚，产生一个溶质拖曳阻力。高温时晶粒长大相对缓慢。③稀土沉淀相可以抑制孪晶。孪晶很难通过高密度分布的稀土沉淀相来迁移孪晶界面。稀土镁合金固溶时效后有大量片状 β′析出，晶粒内部很难发现孪晶，位错滑移成为主要的变形机制。

3. 稀土铝合金

稀土一般采用微量方式加入到铝合金中，为了提高微合金化的效果，通常采用复合添加的方法。Riddle Y.W. 等人将 Sc 和 Zr 复合添加到 Al-Mg 合金中，基体中形成的 $Al_3(ScZr)$ 相是一种核壳结构，核心为 Sc 原子，外层为 Zr 原子。由于 Zr 的扩散系数比 Sc 的小，Zr 与基体的错配度比 Al_3Sc 小，表面能低，第二相的界面更稳定，合金的抗蠕变性能有较大提高。文胜平等在 Al–Mg–Mn–Er–Zr 合金中也发现了核壳结构的 Al_3（ErZr）粒子。

为了满足高性能发动机的要求，共晶型活塞逐渐被过共晶型活塞代替，稀土是过共晶型铝硅合金的高效变质剂。Q Li 等采用稀土 Ce 将 Al–20%Si 合金中初级 Si 颗粒的尺寸从 94μm 变质到 33μm，形态从粗星状和多边形状转变为细杆状。由于晶粒细化和组织改性使合金的拉伸强度和延伸率都有明显的提高。

4. 稀土钛合金

少量稀土元素可以细化钛合金的微观组织，通过内氧化来净化基体，稀土氧化物在高温下稳定，可以阻碍晶界长大和提高合金的蠕变性能。稀土还能够改善钛合金的耐腐蚀性能，在 Ti–Nb–Ta–Zr 合金中添加不同含量的稀土 Y_2O_3，弥散分布 Y_2O_3 作为阴极耐蚀相可以起到保护基体的作用。Y 的添加有效细化了 TiAl 基合金树枝晶尺寸，提高了合金抗氧化性能。稀土元素促使在疏松的 TiO_2 表层下形成一层连续致密的 $A1_2O_3$ 层，即防止氧的内扩散又阻碍 Ti 的外扩散，具有很好防止氧化的能力。添加纳米 Y_2O_3 颗粒的 TiAl 基合金的强度和塑性改性效果更佳。稀土对钛合金的表面渗硼技术也有帮助。

5. 稀土钼合金

稀土在钼合金中可以细化晶粒并起到第二相强化作用。但采用固 – 固掺杂和固 – 液掺杂的稀土氧化物易偏聚在晶界上，引起裂纹的萌生，对合金的塑性不利。采用液 – 液掺杂可以有效解决这些问题。液 – 液掺杂的方法制成纳米稀土氧化物掺杂细晶钼合金（NS 钼合金），La_2O_3 相同时分布在晶界上和晶粒内部，可防止第二相在晶界处过度偏聚带来的危害。稀土氧化物液 – 液掺杂技术使得钼合金的塑性大幅度提高，有效改善了钼合金的深加工能力，但成本较高。

（十三）特殊稀土化合物材料

稀土发热材料、稀土助剂、稀土基靶材和稀土抛光材料是近年来研究与应用较广泛的特殊稀土化合物材料。

1. 稀土发热材料

稀土发热材料包含铁铬铝合金、镍铬合金和铬酸镧三种。其中铬酸镧稀土发热材料大气中最高使用温度可达 1900℃，稳定炉温可达 1800℃，是一种新型的高温电炉用加热元件。1973 年日本工业技术研究院用铬酸镧电热元件组装成高温电炉，能够在 1800 ~ 1850℃的氧化介质中使用。我国自 20 世纪 80 年代起研究与应用铬酸镧电热材料，工艺技术方面经历了跟踪国外先进技术到自主研发，最终性能超越国外产品；在产业方面，我国经历了从工艺基础研究发展到小试、中试，最后至产业化应用的产业链全过程。近年来包头稀土研究院采用涂覆扩散技术制备出各种形状的铬酸镧发热材料，该工艺可根据需求在铬酸镧毛坯上的任意位置制造冷端和热端，工艺简单高效，省去了以往铬酸镧发热材料制备工艺中冷端和热端分别制备及冷端与热端的连接工序，元件长度可以增加到

3000mm。

2. 稀土助剂

稀土助剂是指在高分子材料中能够起到某些功能性作用或在某些性能方面具有协同效应的一种稀土化合物或稀土复合物。近年来以镧、铈等轻稀土为主要原料的新型稀土功能助剂在聚氯乙烯、天然橡胶、聚氨酯橡胶、尼龙、涂料等高分子材料中获得多项具有中国特色的原创性自主知识产权，有的研究成果已经实现产业化，打破了某些高端化工助剂由国外垄断的局面，有望形成具有鲜明中国特色的稀土精细化工新材料产业链，为相关行业提供技术支撑。包头稀土研究院近年来在稀土 PVC 热稳定剂、稀土 PVC 改性剂和稀土橡胶助剂等方面做了大量工作。其中镧、铈稀土 PVC 热稳定剂应用于板材、管材中可不同程度地提高 PVC 制品性能；稀土橡胶助剂，不仅能够提高轮胎橡胶的热老化性能，还能够降低轮胎橡胶的磨耗量。

3. 稀土基靶材

由于稀土元素在电学、磁学、热学、光学等方面的独特性能，广泛应用于高性能功能薄膜的制备，如大规模集成电路、信息记录与存储、表面防护、平板显示及材料的表面包覆改性等领域都用到稀土基靶材。近年来包头稀土研究院相继进行了 La，Ce，Pr，Nd，Gd，Dy，Tb，Yb，Y_2O_3，La_2O_3，Gd_2O_3 等稀土靶材，YSZ，Ln_2O_3–Ta_2O_5–Y_2O_3–ZrO_2，$LaMgAl_{11}O_{19}$ 等热障涂层陶瓷靶材，Al–Zn–Si–La 防腐涂层用靶材和 Ni–Cr–Si–RE 高阻合金靶材的试制工作，靶材品质好，无明显缺陷。有研稀土新材料股份有限公司和有研亿金新材料有限公司共同开发了 Zr–Co–RE 吸气薄膜用靶材、铝 – 高熔点稀土合金（Al–Sc、Al–Y、Al–Er 等）靶材、300mm 晶圆制造用高纯 La_2O_3 靶材等。有研稀土新材料股份有限公司与湖南稀土金属材料研究院等单位共同开发出 Dy、Tb、La、Y、Gd、Yb、Sc 等靶材。部分产品实现规模化应用，高端靶材产品应用于手机、智能穿戴类电子产品生产。

4. 稀土抛光材料

稀土抛光材料广泛应用于玻璃饰品、液晶显示玻璃、触控玻璃、光学玻璃和电子元器件等领域。纳米 CeO_2 磨料因对抛光表面具有高表面光洁度、平整粗糙度和明显降低表面损伤的优势，故合成小粒径、窄粒径分布、均匀且有规则形貌的纳米 CeO_2 是当前新型抛光材料研究的一个重要方面。同时国内外学者近年在稀土抛光液、硅 – 铈复合磨料和含镁稀土抛光粉及绿色环备技术等领域也做了大量工作。

三、国内外研究进展比较

我国稀土矿种多，且稀土矿床也多，稀土矿物加工分选水平居世界第一。矿物型稀土矿白云鄂博混合稀土矿仅我国拥有，其稀土选矿工艺均是我国选矿科学家和工程技术人员独立完成，并且取得很好的经济技术指标。中国四川攀西稀土矿和山东微山稀土矿，以及美国芒廷帕斯稀土矿都是单一氟碳铈矿稀土矿，闭矿多年的芒廷帕斯稀土矿，21 世纪新增投资 10 亿美元，投产半年后就因与中国稀土矿的生产技术和经济指标相差甚远，不得不停产。而海滨砂和重砂开采回收独居石，印度和澳大利亚发展较快，主要在大型分选设备上有很大改进，增加了处理量并提高了重矿物的回收率，此外俄罗斯在生产磷肥时综合回收磷灰石伴生的微量稀土也值得借鉴。风化型稀土矿是我国最早工业利用的离子型稀土矿，近几年来，国外相继在缅甸、巴西、智利和马达加斯加发现，但国外尚无完整的开采技术，即便缅甸、越南境内开采的离子型稀土矿也是中国的矿老板带技术和资金进行的小规模开采。

我国是世界最大的稀土供应国，稀土产品年产量占世界稀土生产总量的 90% 以上，满足全球绝大部分的应用需求。我国在稀土湿法冶炼分离工艺技术优势明显，围绕包头混合型稀土矿、氟碳铈矿、南方离子吸附型稀土矿和伴生独居石矿，形成了特色湿法冶炼分离生产工艺，特别是近几年在稀土资源高效绿色提取分离新技术方面取得较大进展，并在行业获得应用，从源头解决废水、废渣污染问题，大幅提高资源利用率。同时，为了保护稀土资源，减少环境污染，我国出台了一系列政策和管理规定，稀土价格大幅度提升，引起了美国和日本等主要稀土消费国的“恐慌”，国际上掀起了稀土资源开发热潮，停产的国外企业纷纷恢复或扩大生产，并启动一大批稀土资源勘探、开采项目。目前，国外已经恢复生产的稀土冶炼分离项目主要是澳大利亚 Lynas 在马来西亚关丹的冶炼分离项目，其在矿物资源综合利用、清洁化生产及环境保护方面等方面投入较大；在稀土化合物高纯化、分离提纯过程在线实时监测反馈调控等方面发展较为领先。2013 年 Molycorp 公司的凤凰稀土一期项目已实现 19050t 的稀土氧化物的年生产能力。但由于稀土价格的下降，开采稀土的利润也随之下降，Molycorp 公司因为经营状况问题于 2015 年 6 月申请破产，2017 年 6 月 MP MINE OPERATIONS LLC 以 2050 万美元成功竞购芒廷帕斯（Mountain Pass）矿。全球第二大的稀土消费国日本，由于本土没有稀土资源，原料全部依赖进口，近年来正逐步推进海底矿产资源开发利用计划及开展稀土替代材料和稀土金属回收研究。由于国外对环保的要求普遍高于我国，对稀土冶炼分离行业特征污染物氨氮、氟化物等的排放限值远低于我国标准。国外稀土冶炼分离企业在环保的投入比国内高 10 倍以上，因此国外的稀土生产运行成本高，缺乏竞争优势。但随着我国环保要求的不断提高，稀土生产成本也将不断上升，稀土企业将面临更加复杂的国内外竞争环境。

稀土化合物和金属是支撑稀土功能材料发展的关键基础材料，高纯化是该领域的发展需求与方向，但目前我国在高纯稀土制备机理方面的理论基础研究不够，高纯化技术及核心装备也落后于美、日、英、德等国家，且缺乏完善的稀土材料综合性能测试和应用技术评价体系，致使我国在此类高端市场基本上是空白，其核心知识产权被国外企业掌控，仍需要“反进口”。同时也限制了相关高性能稀土功能材料的研究，制约了我国相关高新技术领域的发展。

总体来看，近10多年来，国外在冶炼分离工艺方面的研究投入相应很少，缺乏冶炼分离方面的人才队伍和开发能力，主要从中国寻求技术支持，而在稀土化合物材料高端市场则掌握着核心知识产权。

近年来，国内质谱技术在稀土分析领域的应用增长迅速；国外与稀土相关的质谱应用领域则是自然界水样、海水中痕量REEs的检测，几乎没有涉及稀土冶金分析的相关文献报道。在世界范围的质谱仪器研发方面，除了主流产品ICP–MS仪，基于质谱技术的其他新型仪器相继投入市场，如：双聚焦质谱（ICP–SFMS）、ICP–MS/MS（串联质谱）、激光剥蚀－电感耦合等离子体质谱（LA–ICP–MS）等等。自20世纪90年代以来，中国ICP–MS市场一直被国外品牌占据，国内质谱仪器研发起步缓慢。但近年来，我国政府对高端仪器设备研发加大投入力度，自2012年以来已有多个国内厂商推出国产ICP–MS仪；提升国产仪器性能将是未来的重点发展方向。

近年来，国际上检测工业稀土废料中稀土的检测方法包括：采用电感耦合等离子发射光谱法（ICP–OES）测定稀土熔渣中化学组成；采用X射线荧光分析仪（XRF）测定镍氢电池电极废料中Ni、Co、TRE等化学成分；电子探针显微分析（EMPA）、背散射显微分析（BSE）研究稀土熔渣相组成情况；X射线衍射仪（XRD）进行稀土熔渣微区分析；电子探针显微分析（EMPA）、扫描电子显微镜电子背散射分析（EBSD）进行稀土熔渣结构分析；光电子能谱法（XPS）研究渣中REEs价态变化，以上检测都处于研究阶段。

在现行的ISO国际标准和美国ASTM标准中，仅有一些含REEs的其他产品的分析方法标准涉及REEs分析，所使用的检测设备主要是ICP–MS仪、ICP–AES仪以及X衍射仪。除中国外，其他国家的稀土产量一直以来远低于中国，未形成产业，因此还没有建立针对稀土产品及检测的文字标准或实物标准。目前在国际贸易中，贸易双方多采用我国现行国家或行业标准分析方法，进行相关检测。由我国担任秘书国的ISO/TC298稀土国际标准化技术委员会于2015年9月15日正式成立。这是我国在国际标准化领域的又一重大突破，意味着我国成为稀土国际标准化工作的领跑者，对我国稀土产业发展具有重要意义。2016年10月11和12日，ISO/TC298的首届会议在中国北京成功举行。

稀土永磁材料，国内外相关的工作均集中在高综合性能烧结钕铁硼以及重稀土减量化、高性能粘接磁体、新型热压／热变形磁体等面向产业应用的研究方向。近年来，世界主要科技强国都加快了高性能稀土永磁材料的研究进度。日本自2006年起以低镝和无镝为目标，发展出晶界扩散技术、细化晶粒工艺，从而在不显著影响剩磁的情况下，提高矫顽力。美国于2008年启动了500万美元的磁能积大于或等于90MGOe的新型永磁材料研究项目。由于具有获得高性能高矫顽力磁体的潜力，新型的热变形技术已成为国内外关注的焦点。近年来，该技术与晶界扩散技术、混合稀土利用技术的结合被大量报道。上述研究方向也基本是我国研究的重点方向，另外高丰度稀土的平衡利用技术主要是结合我国独特的稀土资源优势，符合我国国情，自然成为我国的重点方向之一。

随着稀土永磁的广泛应用，废弃磁体以及生产过程中的残次品数量巨大。合理的循环利用废弃永磁体，具有巨大的经济价值。英国伯明翰大学的研究人员利用氢破碎或 HDDR 技术对废旧器件中的磁体进行处理，得到了可直接用于粘接或烧结的稀土永磁粉末。我国对于废弃永磁材料的回收利用技术的研究和开发，主要是采用酸处理的方法从废弃磁体中提取稀土氧化物，已成功用于产业化。北京工业大学等单位最近也开展了相关的研究工作，利用废弃磁体制备再生稀土永磁体获得较高的磁性能，接近国际水平。

目前，国外研究主要围绕以 TbDyFe 为代表的稀土超磁致伸缩材料的应用研究，国内还对 TbDyFe 材料的磁致伸缩机理及取向进行了更为深入的探索，并在新材料体系的开发方面，走到了国际前沿，如微量稀土添加的 FeGaR 新型大磁致伸缩材料等。

国际上相继发现的几类新型巨磁热效应材料大大推动了高温乃至室温磁制冷技术的发展。这些材料包括：美国 Ames 实验室报道的 Gd-Si-Ge、南京大学报道的 $LaCaMnO_3$、中科院物理所报道的 Ni-Mn-Ga、La（Fe，Si）13 基化合物、日本京都大学报道的 $MnAs_{1-x}Sb_{x}$、荷兰 Amsterdam 大学报道的 $MnFeP_yAs_{1-y}$ 以及多个研究小组报道的六角 MM' X 体系等。La-Fe-Si 系列是国际上普遍认为具有重要应用前景的磁制冷工质之一，也是我国具有自主知识产权的材料。

稀土高频软磁材料由我国科研人员最先开始研究并具有自主知识产权，未见到国外关于易面型稀土磁性材料作为微波磁性材料的研究和应用的报道。

汽车催化剂行业具有高技术（且技术更新频繁）、高投入、高风险、高收益的特点；经过 50 多年的发展，形成了行业寡头垄断化、高度专业化分工的局面。国际汽车催化剂市场长期被巴斯夫、庄信万丰、优美科等国际公司把控。1999 年，我国开始按照欧盟标准体系制定中国的排放法规，经过十多年的发展，法规的实施对控制我国汽车排放和提高汽车催化技术水平等方面起了积极的推动作用。2004 年，昆贵研、无锡威孚等中国自主汽车催化剂生产企业开始批量配套后，跨国催化剂公司逐步放弃高额垄断利润，相同规格汽车催化剂采购价格下降了 60% 左右。2013 年无锡威孚获得通用汽车催化剂配套供应商资格，2015 年开始批量匹配，完成了自主汽车催化剂走向国际市场参与国际竞争的破冰之举。中国汽车催化剂产业经过 10 多年的努力取得了长足进步，大大缩短了与国际的差距，但在技术积淀、品牌知名度及前瞻性技术开发等方面与国际水平还有较大差距。

我国 FCC 催化剂的研究从 20 世纪 60 年代开始起步，经过四十多年的努力取得了长足的进展。为进一步适应重质油的催化裂化和增产化工原料的需要，先后开发 CHZ 系列、LCH 系列、Orbit 系列和 DVR-l 等重油 FCC 催化剂。目前，我国在重质油 FCC 催化剂的研究开发方面已处于世界领先地位。Grace-Davison、BASF、Akzo-Nobel 等公司在降低 FCC 汽油硫含量催化剂方面具有一定的优势，无论是高岭土基质或分子筛活性组分都有很大进展。我国催化裂化催化剂和国外产品相比，经过跟踪、模仿、二次创新、技术创新等阶段后，目前国产催化裂化催化剂的活性、选择性、水热稳定性等性质均在同一水平，并结合我国的实际情况形成了自己的特点。

国外用于VOCs净化的催化剂技术相对成熟，知名供应商包括庄信万丰、托普索、日挥－环球和克莱恩等。催化燃烧净化技术研究始于20世纪80年代，在催化剂的活性方面国内与国外产品并无显著的差别，但从催化剂制备所需的关键材料、催化剂制备装置的自动化程度和精确控制等方面国内外存在较大的差距。同时，国内VOCs催化燃烧催化剂的应用分类、抗杂质稳定性的评价、特殊有机物（如二噁英等）的催化燃烧等方面与国外存在较大的差距。

稀土发光材料总体研究水平整体上升明显，部分领域仍以跟踪仿制为主，研究水平与国外同步；另外一部分领域已初步实现超越，拥有原创性和自主核心知识产权，处于共同领跑水平。围绕白光LED用发光材料、大功率及激光用光功能材料等领域不断推出市场化产品，然而，在具有良好应用前景的OLED材料、稀土激光晶体等领域，发展相对缓慢，部分原始专利仍然被发达国家所掌控，对我国稀土光功能材料产业转型升级和后续发展带来潜在风险。而围绕稀土纳米发光材料（包括上转换发光和长余辉发光）及其生物应用，稀土配合物及其在太阳能电池应用等领域，相关基础和应用基础研究工作，与国外同步。

国内对于AB_5型稀土储氢合金和$AB_{3\sim3.8}$型稀土镁基储氢合金，主要向高性能化和低成本化方向发展。近两年，稀土镁基储氢合金的研发方面虽然取得较大进展，合金性能优异，但鉴于日本专利的限制在生产和应用上受到了阻碍。在稀土储氢合金研发方面，国外主要是日本，公开的专利多涉及材料结构，限定的范围较宽。且近年来已将重点转移至$AB_{3.5}$型合金的开发利用，产业化较为成熟，并实现了较大的销量。而我国研究领域还主要局限在合金组分的控制上，研发进度落后于日本。对$AB_{3.5}$型稀土镁基储氢合金在镍氢电池中的应用技术方面虽然国内也不乏研究，但主要为研究院所和高校，还属于探索阶段，企业在这方面研究和应用较少。近两年，国内对新型稀土储氢合金的探索工作逐渐增多，希望能扩大稀土储氢合金的应用领域，同时跳出日本对于AB_3型稀土镁基储氢合金专利的限制。

发达国家在稀土光功能材料方面的领先地位很大程度上取决于其创立的先进研究模式，其中高通量计算已成为研究新型光功能材料不可或缺的手段。目前美国、欧洲、日本方面在材料计算中均取得了快速进展，并开发出第一性原理计算等相关的软件包，极大地促进了材料设计及性能预测。同时基于“能带工程”的材料计算设计与性能预测也加速了新型高性能闪烁材料及长寿命节能白光LED荧光材料的研发进程。2015年起安装有发光陶瓷材料的激光照明灯具已在宝马和奥迪等品牌的高端系统车型中得到应用，与传统的车灯相比，消耗功率有所下降，亮度提高。近些年，我国稀土光功能材料研究也取得了长足发展，且有较多创新性成果。尤其是在闪烁晶体及陶瓷制备和产业化（如稀土掺杂含氧酸盐、卤化物等）方面已在国际上占有一席之地，但新材料体系创新设计与国际先进水平仍有相当大的差距。目前我国部分研究机构已可实现通过第一性原理对闪烁材料进行能级设计与导带结构性能调控，并获得了能实现闪烁性能提升的最佳稀土掺杂的方案。同时利用组合材料芯片技术对计算得出的掺杂方案进行最佳组分的快速实验筛选及验证，由此制备了性能优异的闪烁材料及白光 LED 荧光材料。2014—2016 年石榴石体系材料的材料研究及其应用申请数量在 500 项左右，授权在 400 项以上。中国在石榴石体系材料及其应用中专利数量在美国与日本之后占据第三位。

在二代高温超导带材的主要研究机构中，采用金属有机物化学气相沉积（MOCVD）技术路线的主要有美国 SuperPower 公司和日本 Chubu 公司，其中以美国 SuperPower 公司最具代表，其磁场下综合性能最佳，已具备二代高温超导带材商业化生产能力；采用金属有机物化学溶液沉积（MOD）技术路线的主要有美国超导公司和日本 SWCC 公司，其中以美国超导公司最具代表，年产能处于世界先列，已具备二代高温超导带材商业化生产能力；采用脉冲激光沉积（PLD）路线的主要有德国 Bruker 公司和日本 Fujikura 公司，虽然都还没有形成商业化生产能力，但也具备 100 ~ 500m 长度带材的生产能力。二代高温超导带材中自场载流性能最优的是韩国 SuNAM 公司采用的反应共蒸发（RCE）技术路线，技术发展较快。国内二代高温超导带材发展也可分为 MOD、MOCVD 和 PLD 三种技术路线，并且都得到了较快发展。MOD 技术路线的典型代表企业是上海上创超导科技有限公司，2013 年 3 月建成了拥有自主知识产权的两条千米级带材生产线，百米级单根带材临界电流达到 250 ~ 300A/cm（77K，自场），并已实现产品销售。MOCVD 技术路线的典型代表企业是苏州新材料研究所，其高温超导带材制备技术主要包含高强镍合金基带抛光、隔离层薄膜沉积、高温超导（YBCO）薄膜外延生长、后期加工及测试等工艺流程；目前已成功制备出临界电流大于 300A（77K，自场,12mm 带宽）或 100A（4mm 宽度）的超导长带，初步实现了二百米级带材的量产化。国内 PLD 技术路线的典型代表企业是上海超导科技，该公司是世界上具有年生产 100km 以上高性能二代高温超导带材能力的五家生产商之一（其他四家分别为美国 SuperPower 和 AMSC、日本 Fujikura、韩国 SuNAM），同时也是世界上唯一能够自主设计和制造全部二代高温超导带材千米级生产装备的企业。而在稀土超导块材研究方面，国内超导单畴的应用研究相对滞后。

稀土铸铁材料方面，国外已成功地解决了大断面（壁厚≥ 120mm）球铁件中心部位的石墨畸变和组织疏松等问题，成功地制作了包括重达百吨的大型球墨铸铁核燃料储运器在内的各种重、大、特型球铁件。我国应用钇基重稀土与计算机凝固模拟技术已经成功生产多种大型球墨铸铁件，但是，大型核燃料储运器尚未有产品问世。目前国外奥铁体球铁产量和应用领域迅速增加和扩大，已广泛地应用于汽车、柴油机、拖拉机和工程机械的齿轮、曲轴和各种结构件。国外已采用先进的 ADI 专业热处理装备，组成专业热处理生产线（中心），使 ADI 生产控制更加精确方便、稳定可靠，产量迅速增加。德国等一些国家已经把蠕墨铸铁应用在发动机缸体这样的高端产品上进行批量生产，如：奥迪、宝马、大众等品牌汽车的气缸体，并获得巨大成功。“轨道交通用低温铁素体球墨铸铁件”国外已大量使用，且质量十分优良、可靠。硅强化铁素体球墨铸铁，欧盟已经在 2013 年修改 DIN EN1563 球墨铸铁标准时，将其列入，它有 EN–GJS–450–18、EN–GJS–500–14、EN–GJS–600–10 三个牌号。稀土的基础性应用研究在我国主要集中在“六五”、“七五”期间，近些年一些稀土进口国分别开展了稀土减量化应用的研究，取得了一些基础性的结果，对稀土的合理应用具有一定意义。先进的监测和控制手段。一些先进国家在熔炼装备和检测控制手段方面优于我们大部分铸铁企业，增强了稀土应用的效果，如瑞典的欣特卡斯特（Sintercast）法。国内河北工业大学进行了相应研究工作，在预测和调控蠕化率方面获得了较好的进展。

生物全降解支架（BDS）属于第四代血管支架。德国 Biotronik 公司是最早研发的金属可降解支架的企业。我国镁合金支架材料有上海交通大学开发的 JDBM。目前，在国家重点研发计划的推动下，赛诺医疗科技公司与上海交通大学、北京大学、郑州大学等单位合作，开发新型全降解镁合金药物洗脱支架，解决镁合金降解过快的问题。近期，美国联邦航空管理局（FAA）取消了飞机上不准使用镁合金的禁令，允许商用运输机使用镁合金座椅，下一步测试在飞机内饰上的应用。我国高铁产业具有发展优势，许多企业和研究单位准备将镁合金应用到高铁列车上，并且为中车集团提供样品测试，产品包括座椅臂、阅读灯支架、座椅骨架等。用作航空航天材料的高性能稀土镁合金，其开发模式正在发生转变。研发不再是某个研究机构的单独工作，而被整合进入更大的研究发展框架。例如美国建立了国家制造创新网络（NNMI），并成立了美国轻质材料制造创新研究所（ALMMII），研究所利用各种行业之间的协同效应，增加产品创新的机会，为商业部门提供服务，并与国家和高校实验室合作，共同开发各种项目。我国也在加大资源整合，把研究、生产、市场调研和使用部门联合起来，完成镁合金从初级产品到应用，从废品回收到循环再利用，实现全周期绿色开发。稀土镁合金的发展，不仅要从原料价格考虑，更要从节能减排、材料回收、环境治理等多方面综合考虑材料使用成本，这样才能降低使用门槛。

在特殊稀土化合物方面，主要包含稀土发热材料、稀土助剂、稀土基靶材、稀土抛光材料等。①稀土发热材料。铬酸镧发热元件问世以来，先后经历了哑铃型、螺纹型等直径型的换代过程。作为一种电热材料，铬酸镧在使用性能方面有很大潜力，无论工艺还是组织结构都有待于进一步提高。日本及俄罗斯等国在 20 世纪 90 年代就已能批量生产铬酸镧直棒式发热体，产品一致性很好，其性能可以满足电炉生产技术的要求。国内铬酸镧电热元件的产量和销量最大的单位是包头稀土研究院。该院起草了我国首部关于铬酸镧电热材料的国家标准（GB/T 18113–2010《铬酸镧高温电热元件》），产品的性能及生产工艺技术水平居于国内领先。②稀土助剂。近年来，国内外关于这方面的技术成果和产品应用成果不断涌现。中科院化学所、清华大学等单位的技术成果处于国际先进或领先的地位，但主要是针对聚烯烃、工程塑料体系开展工作。包头稀土研究院近年在 PVC、橡胶等高分子材料中的应用研究已收到初步成效，正在进行扩大试验及规模化应用试验。③稀土基靶材。随着相关应用领域的不断延伸，稀土基靶材的市场规模日益扩大，对其性能要求也提出更高要求，靶材尺寸要求越来越大，这就对大尺寸块体材料组织均匀性控制、高精密加工成型技术提出挑战。全球高端稀土基靶材制造商主要集中于美国、日本、德国等地，所制造靶材纯度高、密度大、微观组织结构精细、批次一致性好，可靠性高，占领着全球相关行业用稀土基靶材的主要市场。国内稀土资源丰富，稀土元素分离、提纯具备一定基础，但稀土基靶材开发滞后于产业发展需求，迫切需要开展稀土基靶材的精细化加工技术，实现大尺寸稀土基靶材微观组织精细化调控，提升整体品质。④稀土抛光材料。国外稀土抛光材料的生产厂家主要集中在日本、美国、英国、法国等，产能达到10000t左右。日本是目前稀土抛光粉生产和应用技术水平最高的国家，同时也具备用于半导体晶片、高精密光学镜头、电子显示面板及硬盘驱动器等抛光的纳米半导体抛光液产业化技术，其中，稀土抛光粉占到其消费总量的90%左右。我国从1958年开始研制氧化铈抛光粉，包头稀土研究院、北京有色金属研究总院和上海光学等单位都进行了研究，并取得了一些成果，为国内稀土抛光粉的产业化与应用奠定了基础。从2010年以后，随着显示技术的发展，市场对小粒径、窄分布的高端粉体需求旺盛，同时，满足3D抛光需求的稀土抛光液也逐渐增加，包头稀土研究院在此方面进行了系统的研究和产业化开发，目前取得了较好的进展。

四、发展趋势与展望

稀土地采选。提高稀土资源综合利用率、减少环境污染仍是我国稀土工业未来发展的永恒目标。白云鄂博矿选矿工艺设计以生产铁矿为主，重点提高稀土回收率，力争稀土回收率提高至20%；加强伴生矿物铌矿、重晶石、萤石和钍的综合回收，进一步加强新型选矿药剂的筛选，设计优化药剂制度，开发新的选矿工艺，提高稀土回收率和伴生有价矿物的综合利用率；深入研究风化壳淋积型稀土矿成矿规律，丰富稀土地球化学和无机化学理论；研发生态环境友好型浸取剂、浸取工艺及浸矿工程技术，尽快解决原地浸出工艺存在三大难题：一是滑坡地质灾害，毁坏农田，二是浸液的泄漏，污染地下水源；三是浸取盲区，浸取液不能很好地充分与矿石接触，稀土回收率有待提高。

稀土冶金。重点研发经济型的稀土资源高效清洁冶炼分离技术，注重从源头减少消耗和三废排放，化工原料和水资源的循环利用，实现污染物近零排放。①重点开展稀土选冶过程多元多相复杂体系反应机理研究。开展稀土绿色冶金过程物理化学特性与传质动力学研究；开展稀土冶金过程数字模拟与智能控制方法的研究，为稀土冶炼分离提纯新方法、新技术、新工艺研究开发提供理论指导。②重点研发稀土高效提取分离技术、稀土材料绿色制备技术、超高纯稀土金属提纯技术、节能环保制备技术和装备，通过工程化、产业化技术开发，解决材料制备过程中存在的资源浪费、环境污染等问题。实现材料制备过程中化工材料的循环利用技术，从源头减少三废排放，降低消耗和成本，提高稀土资源综合回收利用水平。③建立规范的评价标准及评价体系，解决应用评价手段落后影响科技发展的问题。针对我国稀土材料产品特色以及国际稀土材料发展趋势，坚持稀土材料专利布局和标准体系建设相结合，建立具有世界先进水平的研发、检测评价平台和标准、认证体系，创新稀土材料科技研发和管理体系，解决稀土材料应用评价手段落后影响科技发展的问题。建立共性关键技术研发、材料检测评价基地或平台，强化上下游合作，全面提升行业整体竞争力。④启动稀土资源的国际化战略，积极开发海外稀土资源。应充分利用我国稀土矿物处理及冶炼分离方面的技术领先优势，鼓励以国家科研或生产单位为主体，以专利技术出口、技术合作入股或资金投入等方式积极参与国外稀土资源的开发利用，走出国门，培养、建立大型跨国集团，在国际上争夺话语权。

稀土分析化学与检测评价。环境中 REEs 的检测研究会向着分离富集手段与 ICP–MS 技术结合的超痕量分析的方向持续下去。串联质谱技术解决了部分多原子离子的干扰问题，未来是稀土仪器分析的重要应用方向。GDMS、LA–ICP–MS、ETV–ICP–MS 等固体进样的分析技术是另一个稀土超痕量分析的方向，但需要配套标准样品的研制同步跟进。国产 ICP–MS 仪器需要在仪器性能方面有长足的进步，才能在未来打破国外品牌独占国内稀土分析市场的局面。基于监测数据的稀土分离过程反馈调节系统、高纯稀土配分含量的检测以及稀土分离过程中非 REEs 追踪检测等，将是稀土在线检测领域的发展方向。稀土固体废料检测方面，应扩展研究范围，形成成熟的技术、装备及产业示范，建立废料评价与检测、再生利用技术和污染防控等方面较为统一的标准规范。

稀土产品标准、化学成分分析和性能检测标准将向具有高附加值的应用型产品、稀土新材料方向迈进。随着固体直接进样技术（如 GDMS）的推广，相关标准也将逐步建立，完善稀土检测标准体系。团体标准将是对国内现有标准的重要补充。在稀土国际标准平台上，将建立我国主导的检测标准，在国际贸易中发挥更重要作用。与稀土文字标准相比较，稀土实物标准总体数量和品种少，这对稀土检测的质量控制和固体进样检测技术在稀土检测领域的应用不造成困难。

提升各种功能化的纳米材料对痕量 REEs 的选择性、吸附容量及其化学稳定性是未来发展方向。在液相萃取中，萃取装置将趋向于微型化、自动化和集成化，以减少对环境及操作者的危害，提高分析效率。随着稀土元素化学和分析科学的发展，预计今后生命科学领域的稀土元素分离检测技术研究将会集中在以下几个方面：生物样本中稀土元素形态分析；用于具有复杂基体的生物样品中痕量稀土元素总量及形态分析的前处理方法学研究（包括：简便、快速、环境友好的微型化分离富集技术以及吸附棒萃取、浊点萃取、液相微萃取、毛细管微萃取等）；细胞、蛋白质（酶）的稀土元素标记与分析技术；超高灵敏的检测技术和高效进样技术。

稀土永磁材料。新能源汽车、高速和磁悬浮列车、风力和潮汐发电、节能家电等新兴领域的快速发展对稀土磁性材料以及稀土永磁材料的性能及稳定性提出了更高的要求，对稀土磁性材料的需求不断增长；军事科技和尖端高科技领域的发展对超高性能稀土永磁材料的依赖性与日俱增。基于我国稀土资源特色以及当前生产和应用大国的现状，从稀土永磁材料的可持续发展角度，稀土资源的高效平衡利用、近终形热变形磁体制备技术、新型高性能磁体及其表面防护技术等研究方向自然成为今后我国稀土永磁材料的重点发展方向。在高丰度稀土永磁材料方面，近期发展的低温烧结技术和短流程热处理工艺的应用，磁体的生产能耗和生产周期同步降低，生产的高丰度稀土永磁体同时具有良好耐蚀性、加工性能等，证明了高丰度稀土永磁体的广阔应用前景。从产业发展的角度看，我国稀土永磁材料产业仍处于高速发展阶段，稀土永磁产品的生产技术、装备、研究水平以及产品的种类、质量等都有了很大的提高及改善，并逐步接近世界同行先进水平。但仍存在一些问题，如产品的性能与国外发达国家仍具有一定的差距，产业发展模式不完善，管理工作比较薄弱等问题。因此，加强自主创新能力，完善产学研推动创新机制，鼓励企业与研究机构、高等院校的合作研发，实现技术研发产业化等是我国稀土永磁产业可持续发展的必由之路。

稀土超磁致伸缩材料。在全球节能减排的大环境下，要求电力和电子器件必须向高频化、微型化和低能耗方向发展。稀土超磁致伸缩材料也面临着一个应用大发展阶段。在应用研究方面，需要大力拓广该类材料的应用领域，根据不同的应用背景，对相应器件进行优化设计，解决磁场均匀性、长时间工作发热等问题，以及满足苛刻工况环境的服役要求。在新材料体系方面，微量稀土添加的铁基大磁致伸缩合金具有重要应用前景，对于其大应变机理的研究是个值得关注的方向。

稀土磁热效应材料。基于磁热效应不断发展起来的磁制冷技术具有绿色环保、高效节能、稳定可靠等特点，从而引起全球范围的广泛兴趣。近 20 年来，国际上相继发现的几类新型巨磁热效应材料大大推动了高温乃至室温磁制冷技术的发展。

平面型稀土化合物相比于平面型铁氧体材料具有明显优越性。采用近年来发展的微粉（纳米）制备技术和粉末冶金技术，制备微米和亚微米量级磁粉复合材料。这可以在保持其优异内禀磁性及高频微波磁性的前提下，极大地提升复合材料的电阻率，使其性能得到提升，减少微波器件的体积和重量，并对我国稀土资源的综合开发利用和资源节约具有非常重要的意义。

稀土催化材料。汽车尾气净化催化剂行业受法规驱动、市场导向的特点决定了全球范围内技术创新异常活跃，形成了寡头垄断化、高度专业化的发展格局。未来发展趋势包括汽车催化剂受法规驱动带来的行业规模爆发式增长，以及催化剂制造商向上游关键材料行业延伸所带来的产业格局重新洗牌。以 BASF 为代表的国际垄断寡头长期占据技术制高点并引领行业技术发展，几乎所有原创性成果及里程碑性的技术革新均主要由 BASF 完成，技术积淀深厚、研发实力超强的 BASF 公司在激烈竞争中已占得先机。技术竞争焦点集中在：通过先进关键材料的应用及制造技术的优化，提高催化剂使用寿命，实现与车辆同等使用寿命；通过优化贵金属与载体之间的相互作用，提高贵金属利用效率，有效降低贵金属用量；CGPF、SCRF 等先进的催化剂优化技术，有效节省车辆底盘安装空间及系统成本。

石油裂解用 FCC 分子筛催化剂未来发展方向，一是研发催化裂解用特定形貌分子筛催化新材料并对其进行稀土改性以及分子筛与稀土改性金属之间的协同作用、稀土组合改性或其与过渡金属组合改性之间的作用机制；二是改进与优化含稀土分子筛催化剂的制备工艺，开发具有自主知识产权的催化裂化催化剂节能降耗成套生产技术，降低三废排放。拓展稀土催化材料在石油化工中应用的新领域，开发相关的深度脱硫技术，满足国内炼油企业需求。针对天然气、VOCs 等的催化燃烧，开发具有高活性、高稳定性、广谱性、低贵金属含量的催化燃烧催化剂及制备技术；开发可用于难降解、高毒性 VOCs 净化的稀土型催化燃烧催化剂；针对大风量、低浓度的工况条件下，开发高效、节能、环保的 VOCs 催化净化技术和设备等；开发以蓄热催化燃烧技术为核心的中小型发电系统、分布式能源热电冷系统等。

稀土光功能材料。主要发展方向：根据稀土发光中心 – 基质结构 – 光色性能之间的关系，开发新型高端显示与全光谱照明用白光 LED 发光材料；提升太阳能电池用上转换发光材料、环境探测发光材料等的发光性能；进一步探索和建立医疗用稀土纳米发光材料的制备和应用理论体系；探索稀土氧化物、卤化物闪烁晶体与闪烁性能之间的内在关系和科学规律，开发稀土闪烁晶体高通量制备、表征新技术、新方法，从而获得并开发新一代信息技术、节能环保等领域所需的、具有自主知识产权的稀土光功能材料及其关键制备技术，并满足其应用需求。

稀土储氢材料。民用及高技术产品配套设备的更新换代，对高性能镍氢电池仍有一定量的需求。在小型镍氢电池应用领域的发展方向是差异化和高性价比。作为负极材料的储氢合金的研发需要在偏重某一实用性能指标的前提下，平衡其他性能，保证材料的高性价比。①镍氢动力电池是新能源乘用车发展不能忽视的阶段。虽然我国镍氢动力电池技术正日趋成熟，但发展速度和技术落后于日本、欧美等发达国家，尤其是在先进技术的研发和应用方面与国外有一定的差距。镍氢动力电池材料、应用技术、成套工程化技术以及回收技术的研发，是我国镍氢电池研究开发的重点方向。②金属氢化物储氢最适用于大规模的风电储能，但金属氢化物储氢质量密度低，进一步提高合金的储氢密度是今后研究开发的重点。此外，高储氢量的稀土储氢材料的应用还需要对坪台压、PCT 特性、滞后性、吸氢量、反应热、活化特性、寿命、膨胀率等进行综合考虑，以实现与制氢和用氢设备的良好匹配。开发新组分、新结构的稀土储氢材料是扩大材料应用范围的重要途径，也是拥有该领域原创知识产权的必由之路。③开发利用高丰度稀土、并采用 Fe 等廉价金属替换减少 Ni 用量的储氢材料，不但有利于储能成本降低，促进规模化应用，并促进稀土资源平衡利用。

稀土陶瓷材料。先进闪烁陶瓷领域国际上处于快速发展的初期，在高光产额、快衰减石榴石基闪烁透明陶瓷方面的研究基础中国与国际上同步，部分研究达到国际领先。因此，及早布局不但可以使中国在此领域占有一席之地，同时为新型、高性能闪烁稀土陶瓷奠定基础。中国的科研水平在稳步提升的同时应该重视对材料及应用技术的研发，石榴石结构体系的材料组成非常丰富，在材料研究应结合材料计算与性能预测开展有针对性的研究工作，注重材料的应用专利申请，研究所与大学的科研机构与企业相结合，重视材料综合性能与服役行为、应用领域的结合的研究。重视对石榴石结构材料的研究与应用上游创新技术的专利状况的分析与了解，以促进其基础研发和原始重大技术创新。

稀土超导材料。目前我国稀土超导材料大规模应用面临的挑战是降低制备成本以降低材料价格。这就需要进一步提高技术成熟度、提升规模产业化能力，进一步改善材料综合性能，从而提高材料性价比。研发出公里级传输 1000A 以上临界电流的（77K，自场）的第二代稀土超导长带材，解决公里级成膜工艺技术的稳定性、产品重复性和性能均匀性，大幅降低生产成本。同时加大力度开展长带上简单有效且易于工业化生产的引入有效钉扎中心技术的研究。针对超导磁体、超导限流器、超导电缆、超导变压器、超导电机等超导电力产品对高温超导带材性能的不同要求，建立起相应的工艺流程，提高成品率，使其具备规模化生产能力。生产出一系列满足各类超导电力器件不同要求的多规格第二代高温超导带材。争取超导带材年产量达到 1000km，超导带材载流能力达到 500 ~ 1000A，全面实现超导带材产业化，并实现装备完全自主化。

稀土铸铁材料。球墨铸铁清洁生产技术将受到高度关注和大力发展：冲入球化法将受到限制，转包法、盖包法、喷镁法、喂丝法等清洁球化技术将得到大力研究和推广。随着资源循环再利用趋势的加大，铁液成分将更加复杂化，铸铁生产中稀土的作用将不可或缺，含稀土球化剂将继续发挥不可替代的重要作用。钇基重稀土球化剂以及 La 作为单一稀土球化剂的研究和应用有待进一步加强。鉴于 CADI 的抗磨性能和 ADI 优秀的综合机械性能，其应用将会进一步增加，预计到 2030 年 ADI 将占到球墨铸铁总量的 15%，同时无公害的绿色等温淬火技术和淬火介质将得到高度关注和发展。2025 年我国蠕墨铸铁年产量将从现在的 30 万 ~ 40 万吨上升到 140 万吨，与此相适应，蠕墨铸铁的熔炼技术、在线检测技术和蠕化控制技术在现有的基础上会有进一步的发展。硅强化铁素体球墨铸铁的应用研究将进一步加强，产品应用领域进一步扩大，优化孕育技术、适当控制碳当量等配套技术研究也将得到加强。

稀土在有色金属中的应用。生物可降解合金、汽车用压铸合金、高塑性合金等的设计和开发已经成为稀土镁合金的重要研究方向，其发展的关键在寻找有效的稀土强韧化相、利用稀土改善和控制镁合金的变形机制、降低合金的腐蚀速率等基础性关键问题上。微合金化是研发新一代铝合金的重要手段，通过添加微量稀土元素改善铝合金性能是提高铝合金综合性能的有效途径。但随着对微合金化机制认识的愈加深入，众多的稀土元素让研究者有更多的选择机会改进传统铝合金的性能，开发出更先进的铝合金产品。高温钛合金中，稀土氧化物在分布不均聚集成团的情况下，会降低钛合金可焊性和疲劳强度。因此，研究稀土元素加入方式和在基体中的分散效果对疲劳裂纹萌生和扩展行为具有十分重要的意义。

根据国家去落后产能和产品产业转型升级的时代要求，铬酸镧电热材料将着重从以下三个方面发展：①工业化生产铬酸镧元件，并投入到电热市场批量应用。提高生产效率，简化了操作工序，降低了生产成本，拓宽稀土元素镧（La）的应用领域；②进一步提高铬酸镧电热元件的使用温度，拓展至 1900℃温区附近，满足超高温电加热领域需求，整体提升我国电加热设备的烧结与测试能力；③铬酸镧电热元件的产品一致性和稳定性进一步提高，中低温区（1500℃以下）能够超长寿命使用，与传统电热元件碳化硅（SiC）和二硅化钼（$MoSi_2$）相比性价比更高，逐步占领中低温电热材料市场。

特殊稀土化合物材料。稀土化合物不仅具有热稳定剂的作用，而且还表现出偶联剂、加工改性剂等作用，基于稀土助剂对高分子材料优异的多功能性，表现出其极大的市场潜力。随着更多的稀土无机、有机化合物的合成，稀土助剂必将在高分子材料中显示出更大的效能，因此应进一步加快轻稀土多功能改性材料的研发并实现了产业化的应用。

稀土基靶材因其独特的理化性能，广泛应用在功能薄膜器件中，是保证薄膜器件性能稳定及相关产业技术发展和升级换代的关键材料。稀土基靶材的发展趋势在于：①研究制造稀土基靶材用超高纯稀土材料特定痕量元素控制技术，突破超高纯稀土材料制备技术及装备；②研究稀土基靶材坯料超纯净加工成型及微观组织控制技术，保证靶材微观特征；③开发超高纯大尺寸稀土基靶材精密加工及表面磨抛等关键技术，保证靶材宏观品质。

稀土抛光材料的发展趋势在于：①发展满足高精度光学镜头、精密电子元器件、集成电路、LED 芯片等细分领域市场需求的稀土抛光材料；②纳米二氧化铈抛光液（CMP）的国产化，伴随着 2.5D、3D 玻璃盖板的持续应用和集成电路国产化步伐的加快，与之相配套的抛光液的需求急剧增加，开发具有自主知识产权的铈基抛光液迫在眉睫。

参考文献

[1] Huang Xiaowei, Long Zhiqi, Wang Liangshi, et al. Technology development for rare earth cleaner hydrometallurgy in China [J]. Rare Metals, 2015, 34 (4): 215–222.

[2] 项目编写组. 稀土资源可持续开发利用战略研究 [M]. 北京：冶金工业出版社，2015.

[3] Kanazawa Y, Kamitani M. Rare earth minerals and resources in the world [J]. Journal of Alloys and Compounds, 2006, 408: 1339–1343.

[4] 池汝安，王淀佐. 稀土矿物加工 [M]. 北京：科学出版社，2014.

[5] Nesbitt H W. Mobility and fractionation of rare earth elements during weathering of a granodiorite [J]. Nature,

1979, 279: 206–210.
[6] Chi R, Tian J. Weathered crust elution–deposited rare earth ores [M]. New York: Nova Science Publishers, 2008.
[7] Tian J, Yin J, Chen K, et al. Optimization of mass transfer in column elution of rare earths from low grade weathered crust elution–deposited rare earth ore [J]. Hydrometallurgy, 2010, 103 (1–4): 211–214.
[8] Tian J, Tang X, Yin J, et al. Process optimization on leaching of a lean weathered crust elution–deposited rare earth ores [J]. International Journal of Mineral Processing, 2013, 119: 83–88.
[9] He Z, Zhang Z, Yu J, et al. Kinetics of column leaching of rare earth and aluminum from weathered crust elution–deposited rare earth ore with compound ammonium salt [J]. Hydrometallurgy, 2016, 163: 33–39.
[10] Zhang Z, He Z, Yu J, et al. Novel solution injection technology for in–situ leaching of weathered crust elution–deposited rare earth ores [J]. Hydrometallurgy, 2016, 164: 248–256.
[11] Cheng F X, Wu S, Wang S L, et al. Minimum amount of extracting solvent of ($A_1A_2 \cdots A_{t-1}$) / ($A_2A_3 \cdots A_t$) countercurrent extraction separation [J]. Advances in Materials Physics and Chemistry, 2015, 5: 325–336.
[12] Cheng F X, Wu S, Zhang B, et al. Minimum amount of extracting solvent of two–component extraction separation in a complex feeding pattern [J]. Separation and Purification Technology, 2015, 142: 162–167.
[13] 黄小卫，于瀛，冯宗玉，等. 一种从离子型稀土原矿回收稀土的新方法：中国，ZL 201010128302.9 [P].
[14] 黄小卫，冯宗玉，王良士，等. 一种用于浸取离子型吸附矿中稀土的浸取剂和浸取方法：PCT/CN2015/088300 [P].
[15] 黄小卫，王良士，冯宗玉，等. Method for recovering rare earths through fractional extraction：PCT/CN2014/096023 [P].
[16] Huang Xiaowei, Dong Jinshi, Wang Liangshi, et al. Selective recovery of rare earth from ion–adsorption rare earth ores by stepwise extraction with HEH (EHP) and HDEHP [J]. Green Chemistry, 2017, DOI: 10.1039/C6GC03388A.
[17] Xiao Yanfei, Feng Zongyu, Huang Xiaowei, et al. Recovery of rare earths from weathered crust elution–deposited rare earth ore without ammonia–nitrogen pollution: I. leaching with magnesium sulfate [J]. Hydrometallurgy, 2015, 153: 58–65.
[18] Xiao Yanfei, Feng Zongyu, Huang Xiaowei, et al. Recovery of rare earths from weathered crust elution–deposited rare earth ore without ammonia–nitrogen pollution: Ⅱ. Compound leaching [J]. Hydrometallurgy, 2016, 163: 83–90.
[19] 黄小卫，龙志奇，彭新林，等. 碳酸氢镁或/和碳酸氢钙水溶液在金属萃取分离提纯过程中的应用：中国，ZL 201080000551.8 [P].
[20] G. Li, L. Li, J. Hao, et al. Investigation of oxygen diffusion behavior in terbium using $^{18}O_2$ isotopic tracking by high resolution SIMS [J]. Materials Letters, 2016, 176: 253–256.
[21] G. Li, H. Guo, L. Li, et al. Purification of terbium by means of argon and hydrogen plasma arc melting [J]. Journal of Alloys and Compounds, 2016, 659: 1–7.
[22] 吴伟明，刘和连，郑腾飞. 三重串联电感耦合等离子体质谱法直接测定高纯氧化钕中 14 种稀土杂质元素 [J]. 分析化学，2015 (5)：697–702.
[23] 聂帅，刘鹏宇，李宝城，等. 钕铁硼合金中 13 种元素辉光放电质谱法定量分析研究 [J]. 稀有金属，2016, 40 (8)：756–762.
[24] 高兰，龚斌，樊玉川. 中国稀土标准汇编 –2016 [M]. 北京，中国标准出版社.
[25] Liang Yong, Yang Limin, Wang Qiuquan. An ongoing path of element–labeling/tagging strategies toward quantitative bioanalysis using ICP–MS [J]. Appl. Spectrosc. Rev, 2016, 51: 117–128.
[26] B. Peng T M, Y. Zhang, J. Jin, M. Yan.Improved thermal stability of Nd–Ce–Fe–B sintered magnets by Y substitution [J]. Scripta Materialia, 2017, 131: 11–14.

［27］Cao X J，Chen L，Guo S，et al. Coercivity enhancement of sintered Nd–Fe–B magnets by efficiently diffusing DyF_3 based on electrophoretic deposition［J］. Journal of Alloys and Compounds，2015，631：315–320.

［28］Cao X，Chen L，Guo S，et al. Impact of TbF_3 diffusion on coercivity and microstructure in sintered Nd–Fe–B magnets by electrophoretic deposition［J］. Scripta Materialia，2016，116：40–43.

［29］Kim T–H，Lee S–R，Yun S J，et al. Anisotropic diffusion mechanism in grain boundary diffusion processed Nd–Fe–B sintered magnet［J］. Acta Materialia，2016，112：59–66.

［30］Li H，Li X，Guo D，et al. Three–Dimensional Self–Assembly of Core/Shell–Like Nanostructures for High–Performance Nanocomposite Permanent Magnets［J］. Nano Letters，2016，16：5631–5638.

［31］Yu L Q，Zhang Y P，Yang Z，et al. Chemical synthesis of $Nd_2Fe_{14}B/Fe_3B$ nanocomposites［J］. Nanoscale，2016，8：12879–12882.

［32］Pathak A K，Khan M，Gschneidner K A，et al. Cerium：An Unlikely Replacement of Dysprosium in High Performance Nd–Fe–B Permanent Magnets［J］. Advanced Materials，2015，27：2663–2667.

［33］Zhou C，Pinkerton F E，Herbst J F. High Curie temperature of Ce–Fe–Si compounds with $ThMn_{12}$ structure［J］. ScriptaMaterialia，2015，95：66–69.

［34］Kelhar L，Zavasnik J，McGuiness P，et al. The impact of processing parameters on the properties of Zn–bonded Nd–Fe–B magnets［J］. Journal of Magnetism and Magnetic Materials，2016，419：171–175.

［35］Xue Z Q，Liu L，Liu Z，et al. Mechanism of phase transformation in 2：17 type SmCo magnets investigated by phase stabilization［J］. ScriptaMaterialia，2016，113：226–230.

［36］Sun W，Zhu M，Fang Y，et al. Magnetic properties and microstructures of high–performance Sm_2Co_{17} based alloy［J］. Journal of Magnetism and Magnetic Materials，2015，378：214–216.

［37］李明. 高铁含量 2：17 型 SmCo 合金的组织演变与氢破技术研究［D］. 宁波：中国科学院大学，2016.

［38］Cha H–R，Jeon K–W，Yu J–H，et al. Coercivity enhancement of hot–deformed Nd–Fe–B magnet by grain boundary diffusion process using the reaction of NdHX and Cu nanopowders［J］. Journal of Alloys and Compounds，2017，693：744–748.

［39］Ma Q，Yue M，Lv W C，et al. Effect of Deformation Temperature on Crystal Texture Formation in Hot Deformed Nanocrystalline SmCo5 Permanent Magnets［J］. Journal of Magnetics，2016，21：25–28.

［40］Zhang L N，Hu J F，Chen J S，et al. A study on magnetic properties and structure of $SmCo_5$ thin films on Ni–W underlayers［J］. Journal of Magnetism and Magnetic Materials，2010，322：3737–3741.

［41］Cheng W，Liu W，Wang X，et al. A new TiW seed layer for $SmCo_5$ films with perpendicular magnetic anisotropy［J］. Journal of Magnetism and Magnetic Materials，2012，324：3658–3661.

［42］Cui W B，Ma L，Sepehri–Amin H，et al. The influence of grain morphology and easy axis orientation on the coercivity of Sm（$Co_{0.9}Cu_{0.1}$）（5）thin films［J］. ActaMaterialia，2016，107：49–58.

［43］许伟代，胡芳. NdFeB 永磁体表面磁控溅射铝防护镀层性能研究［J］. 表面技术，2014，43：77–80.

［44］Cheng Y，Pang X，Gao K，et al. Corrosion resistance and friction of sintered NdFeB coated with Ti/TiNmultilayers［J］. Thin Solid Films，2014，550：428–434.

［45］Wu H，Xiao S，Chen D，et al. Effects of diamond–like carbon film on the corrosion behavior of NdFeB permanent magnet［J］. Surface & Coatings Technology，2017，312：66–74.

［46］Xu J L，Xiao Q F，Mei D D，et al. Microstructure，corrosion resistance and formation mechanism of alumina micro–arc oxidation coatings on sintered NdFeB permanent magnets［J］. Surface & Coatings Technology，2017，309：621–627.

［47］Xu J L，X Q F，Mei D D，et al. Preparation and characterization of amorphous SiO_2 coatings deposited bymirco–arc oxidation on sintered NdFeB permanent magnets［J］. Journal of Magnetism and Magnetic Materials，2017，462：361–368.

[48] Zheng J, Chen H, Qiao L, et al. Double coating protection of Nd–Fe–B magnets: Intergranular phosphating treatment and copper plating [J]. Journal of Magnetism and Magnetic Materials, 2014, 371: 1–4.
[49] Xu J L, Huang Z X, Luo J M, et al. Effect of titania particles on the microstructure and properties of the epoxy resin coatings on sintered NdFeB permanent magnets [J]. Journal of Magnetism and Magnetic Materials, 2014, 355: 31–36.
[50] 张鹏杰. 用于烧结钕铁硼（NdFeB）表面防护的新型涂层的制备及其性能研究 [D]. 合肥：合肥工业大学, 2016.
[51] Ma C, Liu X, Zhou C. Cold–Sprayed Al Coating for Corrosion Protection of Sintered NdFeB [J]. Journal of Thermal Spray Technology, 2014, 23: 456–462.
[52] T. Ma, X. Liu, X. Pan, et al. Local rhombohedral symmetry in $Tb_{0.3}Dy_{0.7}Fe_2$ near the morphotropic phase boundary[J]. Applied Physics Letters, 2014, 105 (19): 545.
[53] X. H. Song, J. J. Liu, S. H. Wei, et al. Enhanced magnetoelastic effect in Laves (Tb, Dy) Fe_2 alloys with the joint introduction of Pr and Nd [J]. Applied Physics A., 2016, 122 (6): 1–6.
[54] L. P. Jiang, J. D. Yang, H. B. Hao, et al. Giant enhancement in the magnetostrictive effect of FeGa alloys doped with low levels of terbium [J]. Appl. Phys. Lett., 2013, 102: 222409.
[55] T. I. Fitchorov, S. Bennett, L. P. Jiang, et al. Thermally driven large magnetoresistance and magnetostriction in multifunctional magnetic FeGa–Tb alloys [J]. Acta Mater. 2014, 73: 19–26.
[56] C. Z. Meng, C. B. Jiang, Magnetostriction of a $Fe_{83}Ga_{17}$ single crystal slightly doped with Tb [J]. Scripta Mater, 2016, 114: 9–12.
[57] T. Y. Jin, W. Wu, C. B. Jiang.Improved magnetostriction of Dy–doped $Fe_{83}Ga_{17}$ melt–spun ribbons [J]. Scr. Mater, 2014, 74: 100–103.
[58] Y. K. He, C. B. Jiang. Giant heterogeneous magnetostriction in Fe–Ga alloys: effect of trace element doping [J]. Acta Mater, 2016, 109: 177–186.
[59] 胡凤霞，陈岭，包立夫，等. Bonded La (Fe, Si) 13–based magnetocaloric materials, preparation method and uses thereof.PCT/CN2012/078609, 2017.03.08.
[60] 2016 年中国半导体照明产业发展白皮书, 2016.
[61] Chen Lei, Liu Ronghui, Zhuang Weidong, et al. Structure, photoluminescence, and thermal quenching properties studies for Eu^{2+} doped $Sr_2Al_xSi_5$–xN_8–x/3 red phosphor [J]. Cry Eng Comm, 2015, 17: 3687–3694.
[62] Chen Lei, Liu Ronghui, Zhuang Weidong, et al. A study on photoluminescence and energy transfer of $SrAlSi_4N_7$: Eu^{2+}, Ce^{3+} phosphors for application in white–light LED [J]. Journal of Alloys and Compounds, 2015, 627: 218–221.
[63] Lihong Jiang, Ran Pang, Da Li, et al. Tri–chromatic white–light emission from a single–phase Ca_9Sc (PO_4) 7: Eu^{2+}, Tb^{3+}, Mn^{2+} phosphor for LED applications [J]. Dalton Trans, 2015, 44: 217–241.
[64] YongleiJia, Wenzhi Sun, Ran Pang, et al. Sunlight activated new long persistent luminescence phosphor BaSiO3: Eu^{2+}, Nd^{3+}, Tm^{3+}: Optical properties and mechanism [J]. Materials and Design, 90 (2016) 218–224.
[65] Yiwen Zhu, Lin Huang, Rui Zou, et al. Hydrothermal synthesis, morphology andphotoluminescent properties of an Mn^{4+}–dopednovel red fluoride phosphor elpasolite K_2LiAlF_6 [J]. Mater. Chem. C, 2016, 4: 5690–5695.
[66] Liang Zhou, Yunlong Jiang, Rongzhen Cui, et al. Efficient red organic electroluminescent devices based on trivalent europium complex obtained by designing the device structure with stepwise energy levels [J]. Journal of Luminescence, 2016, 170: 692–696.
[67] Rongzhen Cui, Weiqiang Liu, Liang Zhou, et al. Highly Efficient Green Phosphorescent Organic Electroluminescent Devices with a Terbium Complex as the Sensitizer [J]. Dyes and Pigments, 2017, 136: 361–367.
[68] Wei, C, Wei, H, Yan, W, et al. Water–Soluble and Highly Luminescent Europium (III) Complexes with

Favorable Photostability and Sensitive pH Response Behavior [J]. Inorganic Chemistry, 2016, 55, 10645–10653.

[69] Wei, H, Zhao, Z, Wei, C, et al. Antiphotobleaching: A Type of Structurally Rigid Chromophore Ready for Constructing Highly Luminescent and Highly Photostable Europium Complexes [J]. Advanced Functional Material, 2016, 26: 2085–2096.

[70] Du Fu, Zhuang Weidong, Liu Ronghui, et al. Effect of Y^{3+} on the local structure and luminescent properties of $La_{3x}Y_xSi_6N_{11}$: Ce^{3+} phosphors for high power LED lighting [J]. RSC Advances, 2016, 6: 77059–77065.

[71] Du Fu, Zhuang Weidong, Liu Ronghui, et al. Site occupancy and photoluminescence tuning of $La_3Si_{6x}Al_xN_{11-x/3}$: Ce^{3+} phosphors for high power white light–emitting diodes. Cryst Eng Comm, 2017, 19, 2836–2843.

[72] Lihong Jiang, Ran Pang, Da Li, et al. Tri–chromatic white–light emission from a single–phase $Ca_9Sc(PO_4)7$: Eu^{2+}, Tb^{3+}, Mn^{2+} phosphor for LED applications [J]. Dalton Trans, 2015, 44: 17241.

[73] Xuesong Zhai, Pengpeng Lei, Peng Zhang, et al. Growth of lanthanide–doped $LiGdF_4$ nanoparticles induced by $LiLuF_4$ core as tri–modal imaging bioprobes [J]. Biomaterials, 2015, 65: 115–123.

[74] Yinghui Wang, Shuyan Song, Jianhua Liu, et al. ZnO–Functionalized UpconvertingNanotheranostic Agent: Multi–Modality Imaging–Guided Chemotherapy with On–Demand Drug Release Triggered by pH [J]. Angew. Chem. Int. Ed., 2015, 54: 536–540.

[75] Zhou W, Zhu D, Wang Q, et al. Effects of Al content on the electrochemical properties of $La_{0.78}Ce_{0.22}Ni_{3.95-x}Co_{0.65}Mn_{0.3}Si_{0.1}Al_x$ alloys at 20–80℃ [J]. International Journal of Hydrogen Energy, 2015, 40 (32): 10200–10210.

[76] Zhou Y, Noreus D. Metal hydride electrodes: The importance of surface area [J]. Journal of Alloys & Compounds, 2015, 664: 59–64.

[77] Cui R C, Yang C C, Li M M, et al. Enhanced high–rate performance of ball–milled $MmNi_{3.55}Co_{0.75}Mn_{0.4}Al_{0.3}$ hydrogen storage alloys with graphene nanoplatelets [J]. Journal of Alloys & Compounds, 2016, 693: 126–131.

[78] Li Y, Ren H, Zhang Y, et al. Hydrogen induced amorphization behaviors of multiphase $La_{0.8}Mg_{0.2}Ni_{3.5}$alloy [J]. International Journal of Hydrogen Energy, 2015, 40 (22): 7093–7102.

[79] Zhong H, Wang H, Liu J W, et al. Enhanced hydrolysis properties and energy efficiency of MgH_2 base hydrides [J]. Journal of Alloys & Compounds, 2016, 680: 419–426.

[80] Zhang H, Zheng X, Wang T, et al. Significantly improved hydrogen desorption property of La_2Mg_{17} alloy modified with Ni–Al nanocrystalline [J]. Intermetallics, 2016, 70: 29–32.

[81] 胡学超，闫慧忠，熊玮，等．退火热处理对快淬态 $La_{(15-x)}Sm_xFe_2Ni_{(76)}Mn_5B_2$ 储氢合金组织结构及电化学性能的影响 [J]．稀土，2015,（4）：20–26.

[82] Li Z, Wang H, Ouyang L, et al. Reversible hydriding in $YFe_{2-x}Al_x$, (x= 0.3, 0.5, 0.7) intermetallic compounds [J]. Journal of Alloys & Compounds, 2016, 689: 843–848.

[83] Molinas B, Pontarollo A, Scapin M, et al. The optimization of $MmNi_{5-x}Al_x$, hydrogen storage alloy for sea or lagoon navigation and transportation [J]. International Journal of Hydrogen Energy, 2016, 41 (32): 14484–14490.

[84] Xin G, Yuan H, Yang K, et al. Promising hydrogen storage properties of cost–competitive La (Y) –Mg–Ca–Ni AB_3 type alloys for stationary applications [J]. Rsc Advances, 2016, 6 (26): 21742–21748.

[85] Yuan Z M, Yang T, Bu W G, et al. Structure, hydrogen storage kinetics and thermodynamics of Mg–base Sm_5Mg_{41} alloy [J]. International Journal of Hydrogen Energy, 2016, 41 (14): 5994–6003.

[86] C. Hu, S. Liu, M. Fasoli, et al. ESR and TSL study of hole and electron traps in LuAG: Ce, Mg ceramic scintillator [J]. Opt. Mater, 2015, 45 (c): 252–257.

[87] 胡辰，刘书萍，冯召东，等．LuAG：Ce，Mg 闪烁陶瓷的 X 射线平板探测器成像研究 [J]．无机材料学报，2015，30（8）：814–818.

[88] S. Liu, X. Feng, Y. Shi, et al. Fabrication, microstructure and properties of highly transparent Ce^{3+}: $Lu_3Al_5O_{12}$

scintillator ceramics [J]. Optical Materials, 36(2014): 1973–1977.

[89] S. Liu, X. Feng, M. Nikl, et al. Fabrication and Scintillation Performance of Nonstoichiometric LuAG: Ce Ceramics, Journal of the American Ceramic Society, 98(2015): 510–514.

[90] S. Liu, X. Feng, J.A. Mares, et al. Optical, luminescence and scintillation characteristics of non-stoichiometric LuAG: Ce ceramics [J]. Journal of Luminescence, 169, Part A(2016): 72–77.

[91] Shuping Liu, Xiqi Feng, Yun Shi, et al. Fabrication, microstructure and properties of highly transparent Ce^{3+}: $Lu_3Al_5O_{12}$ scintillator ceramics [J]. Optical Materials, 2014, 36: 1973–1977.

[92] Yiqiang Shen, Xiqi Feng, Yun Shi, et al. The radiation hardness of Pr: LuAG scintillating ceramics [J]. Ceramics International, 2014, 2 (40): 3715–3719.

[93] Chuanwei Cui, Zhiyong Liu, Jianxin Lin, et al. Thick DyBCO/YBCO Multilayer Films on $LaMnO_3$ Substrate Derived by Metal Organic Deposition Method [J]. J. Supercond. Nov. Magn, 2016 29 (6): 1611–1616.

[94] Y. Q. Guo, C. W. Cui, C. B. Cai. Artificial Multilayers of REBaCuO/YBaCuO and YBCO/CuO (Y_2O_3) for High-Performance Long Tapes of Coated Conductors Derived by Metal Organic Solution Deposition [J]. IEEE Transactions on Applied Superconductivity, 2017, 27 (4): 1–4.

[95] Volochjova D, Kavecansky V, Yao X, et al. Thermal stability of NdBCO/YBCO/MgO thin film seeds [J]. Supercond. Sci. Technol, 2016, 29 (4): 044004.

[96] Tang Tianwei, WuDongjie, XuKexi. Enhancement of trapped field in single grain Y-Ba-Cu-O bulk superconductors by a modified top-seeded melt-textured growth [J]. Supercond. Sci. Technol, 2016, 29 (8): 085009.

[97] Wang Miao, Yang Pengtao, Yang Wanmin, et al. The fabrication process of a high performance and purec-axis grown GdBCO bulk superconductor with the TSMT-IG technique [J]. Supercond. Sci. Technol., 2015, 28 (10): 105011.

[98] LiGuozheng, LiJiawei, YangWanmin. A combined powder melt and infiltration growth technique for fabricating nano-composited Y-Ba-Cu-O single-grain superconductor [J]. Supercond. Sci. Technol., 2015, 28 (10), 105002.

[99] YangW. M, ChenL. P, WangX. J. A new RE 3+ 011 TSIG method for the fabrication of high quality and large size single domain YBCO bulk superconductors [J]. Supercond. Sci. Technol. 2016, 29 (2): 024004.

[100] 刘庆．镁合金塑性变形机理研究进展 [J]．金属学报, 2010, 46 (11): 1458–1472.

[101] Hu WW, Yang ZQ, Ye HQ. Dislocations and their interactions with other crystal defects in a Mg alloy [J]. ActaMaterialia, 2017, 124: 372–382.

[102] Wu Z, Curtin WA. The origins of high hardening and low ductility in magnesium [J]. Nature, 2015, 526(7571): 62–67.

[103] Sandlöbes S, Zaefferer S, Schestakow I, et al. On the role of non-basal deformation mechanisms for the ductility of Mg and Mg-Y alloys [J]. ActaMaterialia, 2011, 59 (2): 429–439.

[104] Barnett MR. Twinning and the ductility of magnesium alloys : Part I: "Tension" twins [J]. Materials Science & Engineering A, 2007, 464 (1-2): 1–7.

[105] Cepeda-Jim é nez CM, Molina-Aldareguia JM, P é rez-Prado MT. Origin of the twinning to slip transition with grain size refinement, with decreasing strain rate and with increasing temperature in magnesium [J]. ActaMaterialia, 2015, 88: 232–244.

[106] Guan D, Rainforth WM, Ma L, et al. Twin recrystallization mechanisms and exceptional contribution to texture evolution during annealing in a magnesium alloy [J]. Acta Materialia, 2017, 126: 132–144.

[107] Basu I, Al-Samman T. Twin recrystallization mechanisms in magnesium-rare earth alloys [J]. ActaMaterialia, 2015, 96: 111–132.

[108] Basu I, Al-Samman T, Gottstein G. Shear band-related recrystallization and grain growth in two rolled magnesium-

rare earth alloys [J]. Materials Science & Engineering A, 2013, 579 (9): 50–56.

[109] 陈伟庆. 冶金工程实验技术 [M]. 北京：冶金工业出版社，2004.

[110] Ponce–Ibarra V H, Benavides R, Cadenas–Pliego G, et al. Thermal degradation of poly (vinyl chloride) synthesized with a titanocenecatalyst [J]. Polymer Degradation and Stability, 2006, 91: 499–503.

[111] 赵峰，张玉玺，等. PVC 稀土改性剂的研究与应用 [J]. 聚氯乙烯，2016，(2)：27–32.

[112] 杨树颜，贾志欣，等. 多功能稀土促进剂（La–GDTC）的制备及其硫化性能研究 [J]. 中国稀土学报，2014，(5)：611–618.

[113] 林国良，郑玉婴. 柠檬酸镧的合成及其对 SBR 橡胶硫化性能的影响 [J]. 中国稀土学报，2015，(1)：101–105.

[114] 杨昌金，罗勇悦，等. 硬脂酸镧作为防老剂的 ENR 硫化胶的热稳定性 [J]. 中国稀土学报，2015，(4)：475–479.

[115] J. Gao, G. He, Z.B. Fang, et al. Interface quality modulation, band alignment modification and optimization of electrical properties of HfGdO/Ge gate stacks by nitrogen incorporation [J]. Journal of Alloys and Compounds, 2017, 695: 2199–2206.

[116] D.Q. Xiao, G. He, J.G. Lv, et al. Interfacial modulation and electrical properties improvement of solution–processed ZrO_2 gate dielectrics upon Gdincorporation [J]. Journal of Alloys and Compounds, 2017, 699: 415–420.

[117] C. Zimmermann, O. Bethge, K. Winkler, et al. Improving the ALD–grown Y_2O_3/Ge interface quality by surface and annealing treatments [J]. Applied Surface Science, 2016, 369: 377–383.

[118] B. Yao, Y.Y. Zhu, Z.B. Fang, et al. Energy band diagram of metal/Tm_2O_3/Si stack structure acquired from the study of leakage current mechanisms [J]. Thin Solid Films, 2016, 611: 52–55.

[119] 吴建生，毛大立，王家敏. 含混合稀土元素的高阻溅射靶材及其生产工艺 . 中国：CN 1121507C [P]. 2003.

[120] 刘树峰，鲁飞，李慧，等. 一种高阻靶材制造方法 . 中国：CN 106244988A [P]. 2016.

[121] M. Ismail, A.M. Rana, I. Talib, et al. Room–temperature fabricated, fully transparent resistive memory based on ITO/CeO_2/ITO structure for RRAM applications [J]. Solid State Communications, 2015, 202: 28–34.

[122] F.Z. Zhou, Y. Wang, Z.Y. Cui, et al. Thermal cycling behavior of nanostructured 8YSZ, SZ/8YSZ and 8CSZ/8YSZ thermal barrier coatings fabricated by atmospheric plasma spraying [J]. Ceramics International, 2017, 43: 4102–4111.

[123] L. Guo, M.Z. Li, S.X. He, et al. Preparation and hot corrosion behavior of plasma sprayed nanostructured Gd2Zr2O7–LaPO4thermal barrier coatings [J]. Journal of Alloys and Compounds, 2017, 698, 13–19.

[124] X. Zhou, L.M. He, X.Q. Cao, et al. $La_2(Zr_{0.7}Ce_{0.3})_2O_7$thermal barrier coatings prepared by electron beam–physical vapor deposition that are resistant to high temperature attack by molten silicate [J]. Corrosion Science, 2017, 115: 143–151.

[125] J.J. Cui, J.H. Ouyang, Z.G. Liu, et al. Hot corrosion behavior of $LaMgAl_{11}O_{19}$ ceramic coated with molten CMAS deposits at temperature of 1250℃ in air [J]. Journal of Alloys and Compounds, 2016, 685: 316–321.

[126] 曹学强. 热障涂层材料 [M]. 北京：科学出版社，2007.

[127] 李海晞，丁勇，吕向科，等. 一种提高烧结钕铁硼薄片磁体性能的方法. 中国：CN103366943B [P]. 2013.

[128] 徐锋，陈光，卢国文，等. 一种低镝含量高性能烧结钕铁硼的制备方法. 中国：CN102280240B [P]. 2011.

[129] Feng X D, Sayle D C, Wang Z L, etal. Converting ceria polyhedral nanoparticles into Single–rystalnanosPheres [J]. Scienee, 2006, 312 (5779): 1504–1508.

[130] Andrew F, Derya K. Determination of rare earth elements in natural water samples–A review of sample separation, preconcentration and direct methodologies [J]. Anal. Chimica Acta, 2016, 935 (7): 1–29.

[131] Kim NJ., Kore' S R&D. Activities Towards The Application Of Wrought Mg Alloys [M]. Magnesium Technology, 2016, John Wiley & Sons, Inc. 2016: 9–10.

[132] Davis B. The Application of Magnesium Alloys in Aircraft Interiors Changing the Rules [M]. Magnesium Technology, John Wiley & Sons, Inc. 2015: 5–5.

[133] Nyberg E, Peng J, Neelameggham NR. Development of Magnesium Alloys For High Speed Trains in China [M]. Magnesium Technology, John Wiley & Sons, Inc. 2016: 7–8.

[134] Ogata, M, Matsue, H, Yamashita, T, et al. Test equipment for a flywheel energy storage system using a magnetic bearing composed of superconducting coils and superconducting bulks [J]. Supercond. Sci. Technol., 2016, 29 (5), 054002.

[135] Nie JF, Wilson NC, Zhu YM, et al. Solute clusters and GP zones in binary Mg–RE alloys [J]. Acta Materialia, 2016, 106: 260–271.

[136] Zheng JX, Li Z, Tan LD, et al. Precipitation in Mg–Gd–Y–Zr Alloy: Atomic–scale insights into structures and transformations [J]. Materials Characterization, 2016, 117: 76–83.

[137] Zheng J, Xu X, Zhang K, et al. Novel structures observed in Mg–Gd–Y–Zr during isothermal ageing by atomic–scale HAADF–STEM [J]. Materials Letters, 2015, 152: 287–289.

[138] Gavras S, Zhu SM, Nie JF, et al. Onthe microstructural factors affecting creep resistance of die–cast Mg–La–Rare Earth (Nd, Y or Gd) alloys [J]. Materials Science & Engineering A, 2016, 675: 65–75.

撰稿人：黄小卫　池汝安　闫阿儒　王良士　刘　英　李发伸　胡凤霞　蒋成保
沈美庆　王　静　蒋利军　潘　裕　杨　坚　关成君　孟　健　孙良成

专题报告

稀土地采选技术研究

一、引言

全球已发现的稀土资源主要分布在少数几个国家[1-2]。中国是已发现稀土资源最多的国家，其次是美国和俄罗斯，再就是印度、澳大利亚和加拿大等国。

稀土元素在矿石中赋存的独立矿物主要有氟碳铈矿和独居石等，其次是以水合或羟基水合的稀土离子吸附在黏土矿物上形成一种准矿物。这两种赋存形式的矿石都能形成工业矿床，然而它们的物相和支持存在明显的差别，稀土分选富集工艺截然不同。因此，池汝安等[4]提出将稀土矿分为矿物型稀土矿和风化型稀土矿。

二、本学科领域近年的最新研究进展

（一）重要稀土矿床的成因和预测

1. 内蒙古白云鄂博铌－稀土－铁矿床成因研究

白云鄂博铌－稀土－铁矿床是世界上已知的最大的稀土矿床，其矿床类型特殊，具有十分重要的意义。矿床成因问题长期仍存在很大争议，争论的焦点是该矿床同时具有火成碳酸岩的地球化学特征和典型的沉积特征，并有明显的交代作用的特点。针对已获得大量岩石化学、稳定和放射成因同位素数据及相关研究成果基础上，提出了以下三种主要白云鄂博矿床成因模式。

（1）单一期次与单一来源成因模式

白云鄂博稀土的成矿时代约为1.3Ga，与碳酸岩墙的形成时间一致，成矿物质来源于地幔。加里东期的热事件（约0.44Ga）导致了白云鄂博矿床晚期稀土矿脉的形成和原有矿体中部分稀土矿物的重结晶，但成矿物质主要来源于矿体内部的稀土再循环，外源物质的贡献不明显。约1.3Ga到约0.44Ga间的一系列中间年龄为后期热扰动的结果，并不代表成矿事件。简言之，白云鄂博矿床只在中元古代发生过一次实质性的稀土矿化作用，地幔是稀土物质的单一源区。

（2）多阶段成矿模式

认为白云鄂博赋矿白云岩是沉积碳酸盐受地幔碳酸岩浆及其派生的流体交代的产物，碳酸岩浆及其派生的富稀土流体在地壳深部与沉积碳酸盐产生强烈交代，导致稀土元素在H8白云岩及其他地层的第一次富集。后来经加里东时期的板块聚合过程中的流体改造，使得稀土元素二次运移富集，形成了白云鄂博独特的铁－铌－稀土矿床及区域性的大规模稀土矿化。年代学研究成果表明，矿石年龄主要落在400 ~ 600Ma和1000 ~ 1600Ma两个区间内，表明白云鄂博地区可能存在早古生代和中元古代两期成矿作用。成矿模型大体认为：

1）白云鄂博群形成于中元古代，为一套海相沉积，在13亿年前后，华北克拉通北缘一带如同北美地区一样，处于地壳大规模拉张时期，于狼山－白云鄂博地区普遍发育裂谷系，导致地幔碳酸岩及其他碱性岩浆上涌，局部侵入到白云鄂博群，带来大规模的碱质热液蚀变（如霓长岩化作用），导致稀土的第一次预富集作用。

2）在加里东时期的中亚造山事件，由于西伯利亚板块向华北陆块的俯冲，导致古亚洲洋消失，致使区深部富稀土的碳酸岩及其他碱性岩中稀土元素的大规模活化迁移，连同早先在白云鄂博群中富集的稀土物质一道，形成大规模的稀土矿化，最终形成世界级的白云鄂博铌－稀土－铁矿床。

（3）成矿流体交代模式

白云鄂博超大型矿床的形成与火成碳酸岩有密切关系，同时测定其成矿时代在350 ~ 750Ma之间有多个峰值，成矿过程跨越4亿年的漫长历史，与古亚洲洋闭合时间吻合，远远年轻于其周围的13亿年形成的火成碳酸岩墙；利用同位素地球化学限定成矿与富稀土、铌、铁、镁、硅的流体交代沉积碳酸岩有关，进而提出了新的成因模式：蒙古洋板块向华北克拉通俯冲，板块脱水形成的富硅流体与地幔楔橄榄岩发生蛇纹石化等相互作用，镁和铁组分进入流体，此类流体沿断裂带继续上升，与方解石型火成碳酸岩发生反应，从中不断提取稀土、铌、钍等组分，并上升至沉积白云岩层位发生热液交代作用，形成白云鄂博超大型稀土矿床。白云鄂博矿体附近出露大规模的二叠—三叠纪花岗岩类，其对成矿的贡献也存在一定的争议。系统的年代学和元素地球化学研究表明，它们形成于后碰撞构造环境，部分岩体具有A型花岗岩形成于后碰撞构造环境的特点，指示与古亚洲洋闭合期间的板块俯冲有关。这些花岗岩类对稀土成矿没有贡献，但是花岗岩浆侵入时，部分受到了矿体的一些影响。

2. 稀土矿物的发现

（1）白云鄂博铌－稀土－铁矿床、辽宁凤城赛马碱性岩和冕宁牦牛坪稀土矿中发现6种新矿物[5]

张培善石（Zhangpeishanite），化学式为BaFCl。四方晶系，空间群P_4/nmm，a=0.43951

（8）nm，c=7223（2）nm，V=0.13952（7）nm^3，Z=2。矿物大小达100μm。作为包裹体产出于白云鄂博矿床的萤石中，共生矿物有重晶石、赤铁矿和菱钡镁石。

丁道衡矿－（Ce）（Dingdaohengite-（Ce））：化学式为 $Ce_4FeTi_4Si_4O_{22}$。单斜晶系，空间群 $P2_1/a$，a=1.34656（15）nm，b=0.57356（6）nm，c=1.10977（12）nm，β=100.636（2）°，V=0.84239（46）nm^3，Z=2。作为硅钛铈矿族矿物的新成员，它产于白云鄂博铁－稀土－铌矿床镁矽卡岩中，多数单晶体长012 ~ 110cm，最大者长大于115cm。共生矿物有透辉石、透闪石、钠透闪石、褐帘石－（Ce）、磁铁矿、尖晶石、烧绿石、氟金云母、氟磷灰石、石英和萤石等。

何作霖矿（Hezuolinite），化学式为 $(Sr,REE)_4Zr(Ti,Fe)_2Ti_2O_8(Si_2O_7)_2$，单斜晶系，空间群C2/m，a=1.33973（3）nm，b=0.56974（11）nm，c=1.1988（2）nm，β=114.10（1）°，V=0.8713（3）nm^3，Z=2。产于我国辽宁凤城碱性岩体中，共生矿物有微斜长石、霞石、霓霞石、黑云母、异性石、层硅铈钛矿和榍石。

杨主明云母（Yangzhumingite），化学式为 $KMg_{2.5}Si_4O_{10}F_2$，单斜晶系，空间群C2/m，a=0.5249（4）nm，b=0.9095（5）nm，c=1.0142（5）nm，β=99.96（6）°，V=0.44769（5）nm^3，Z=2。产于白云鄂博铁－稀土－铌矿床东矿区的变质碳酸岩中，共生矿物有白云石、方解石、透闪石、块硅镁石、黄河矿、少量金云母、重晶石、氟碳铈矿、氟碳钙铈矿和萤石。

氟木下云母（Fluorokinoshitalite），化学式为 $BaMg_3Al_2Si_2O_{10}F_2$，单斜晶系，空间群C2/m，a=0.53161（11）nm，b=0.92082（15）nm，c=1.0044（2）nm，β=100.158（18）°，V=0.48397（17）nm^3，Z=2。产于白云鄂博铁－稀土－铌矿床东矿区的变质碳酸岩中，共生矿物有氟碳铈矿、白云石、石英、萤石、氟碳钙铈矿、重晶石、独居石、氟磷灰石、镁闪石、钠角闪石、金云母、赤铁矿等。

氟铁金云母（Fluotetraferriphlogopite），化学式为 $KMg_3Fe_3Si_3O_{10}F_2$，单斜晶系，空间群C2/m，a=0.5325（3）nm，b=0.9217（5）nm，c=1.0192（7）nm，β=100.03（5）°，V=0.4926（5）nm^3，Z=2。产于白云鄂博铁－稀土－铌矿床东矿区的变质碳酸岩中，与黄河矿成带状结构分布。共生矿物有氟硅钛铈矿、块硅镁石、镁闪石和蛇纹石。

牦牛坪矿－（Ce）[Maoniupingite-（Ce）]，化学式为单斜晶系，空间群C2/m，a=1.3385（2）nm，b=0.5742（1）nm，c=1.1059（2）nm，β=100.60（1）°，V=0.8355（2）nm^3，Z=2。产于四川省冕宁牦牛坪矿中，穿插于英碱正长岩和碱长花岗斑岩内的伟晶状氟碳铈矿－霓辉石－萤石－重晶石脉、细粗粒氟碳铈矿－霓辉石－萤石－重晶石网脉、伟晶状氟碳铈矿－萤石－重晶石－方解石脉、细粗粒氟碳铈矿－萤石－重晶石－方解石网脉和伟晶状含氟碳铈矿的霓辉石－微斜长石脉中，并多呈单体状零星分布于霓辉石、方解石、萤石、重晶石、石英和碱性长石粒间。

（2）内蒙古白云鄂博铌－稀土－铁矿床中的含钪矿物

矿物学研究表明，霓石（Aegirine）的 Sc_2O_3 含量为0.34wt% ~ 1.81wt%（最高值为3.45%），

平均值为 1.19wt%。珀硅铈钛矿［perrierite-（Ce）］的 Sc_2O_3 含量为 2.82wt% ~ 3.64wt%。铌铁矿（ferrocolumbite）的 Sc_2O_3 含量为 0.20 ~ 1.04wt%。含钪矿物的详细研究，为钪的综合利用提供基础资料。

3. 深海稀土资源的发现

2011 年日本通过对太平洋 78 个站位的柱状沉积物（长度 0.72 ~ 80m）进行稀土元素含量分析，数据结果表明 2m 以内沉积物的 Σ REY（REE 加 Y 元素）平均含量为 1000×10^{-6} ~ 2230×10^{-6}，其中 Σ HREY 平均含量为 200×10^{-6} ~ 430×10^{-6}，与中国南方铁吸附类型矿床中 REY 含量（500×10^{-6} ~ 2000×10^{-6}）相当，HREE 含量则是中国南方铁吸附类型矿床含量（50×10^{-6} ~ 200×10^{-6}）的 2 倍。2012 年日本发现南鸟岛附近海域采集的深海泥存在高浓度稀土矿床；并于 2013 年 1 月继续取样分析，进一步确认了南鸟岛附近海域深海泥存在高浓度的稀土含量（平均浓度 1100×10^{-6}，最高浓度 6500×10^{-6}）。2013 年 5 月，日本又在印度洋东部海底发现了海底泥含有高浓度的稀土含量（平均浓度 700×10^{-6}，最高浓度 1113×10^{-6}）。这是在太平洋之外的海域首次发现含有稀土的海底泥。但这意味着稀土资源不仅存在于太平洋的深海泥，还可能存在于全球其他海域的深海泥。中国在多金属结核和富钴结壳资源调查里，曾对所在海域的柱状沉积物稀土元素化学特征进行过分析。2013—2014 年，科考船“海洋六号”在大洋第 29 航次和大洋第 32 航次中，均在太平洋进行了深海柱状泥的稀土资源勘查。稀土不仅蕴含于深海泥中，还蕴含于海底多金属结核和富钴结壳。富钴结壳的稀土元素平均含量为 1854×10^{-6}；多金属锰结核的稀土元素平均含量为 978×10^{-6}。富钴结壳的稀土平均含量比多金属锰结核高，约为其 1.9 倍。深海稀土资源可能会引发未来除多金属结核、富钴结壳和多金属硫化物以外的新一轮的国际海底稀土争夺大战。

（二）风化壳淋积型稀土矿的成矿规律和矿床特征

1. 矿床特征

Nesbitt H.W.[6] 在 1979 年首次发表论文，阐明花岗岩经风化作用形成黏土矿物时，其中的稀土元素将发生迁移、分馏和富集，并指出该风化过程有可能形成一类新的矿床。然而早在 1969 年，我国江西赣南地区就已发现了经风化作用形成的该类矿床，并实现了工业回收。它是中国最早发现和工业利用的一种新型稀土矿床，是由富含稀土矿物的花岗岩和火山岩，在亚热带温暖湿润的气候条件下，经化学和物理风化作用，原岩风化形成黏土矿物，诸如埃洛石（多水高岭石）和高岭石等，原岩中通常含有较易风化的稀土元素矿物，如氟碳钙钇矿、硅铍钇矿和褐帘石等，稀土榍石也风化解离出稀土离子。这些离子以水合阳离子或羟基水合阳离子的形式吸附在黏土矿物上使稀土富集成矿。

Ruan Chi 和 Jun Tian 等[7-9] 在探讨稀土元素在风化体系中的迁移富集规律过程中，总结归纳了风化壳淋积型稀土矿（又称离子型稀土矿）形成必须具备以下三个条件：①原岩含有稀土，这可为风化体系矿床提供稀土，这是充分条件；②稀土以可风化的稀土矿物赋存，原岩的稀土可风化形成稀土离子，这是内在条件；③原岩处在温暖湿润气候区，使得原岩可被风化形成风化壳矿体，这是外在条件。

矿石的稀土品位一般为0.05% ~ 0.15%，局部矿石甚至可高达0.3%。矿石品位在横向上的变化呈跳跃形态，但变化局限在一定范围内，表明其很想变化具有相对稳定性。矿石品位随矿体深度变化，具有一定的规律[10]，主要有以下三种形式：潜伏式、深潜式和表露式。

无论稀土以哪种形式分布，稀土均具有上贫、中富和下贫的特征，即主要赋存在全风化层。就大部分稀土矿而言，矿体可明显地分为腐殖层、全风化层、半风化层和基岩，它们在各层中的分布很有规律。各层稀土含量的大小顺序：全风化层 > 半风化层≌腐殖层（含残坡积层）> 基岩。

2. 矿床稀土配分变化规律

在风化壳淋积型稀土矿中，稀土元素配分通常是指除钷和钪以外的15个稀土元素各自氧化物的百分含量。稀土元素配分类型主要取决于原岩的稀土配分类型，此外风化过程中稀土的分馏作用对其也有一定的影响。由于内生作用阶段经过各种分馏作用，形成稀土含量高低不同，且配分多样的成矿母岩，故导致风化壳淋积型稀土矿的稀土配分也多种多样。风化过程中稀土的分馏作用使离子相稀土与原岩相比，相对富集中、重稀土。且全风化层中重稀土元素的富集程度大于轻稀土元素。风化壳整体稀土配分与原岩有一定的继承性，但在风化壳垂直剖面上具有分带性，不同分层具有不同的稀土配分类型，在全风化层富集成矿[10, 11]，具有显著富集重稀土的特征。

池汝安等[12]对收集到的风化壳淋积型稀土矿近400个提取产品稀土元素配分进行相关分析，得出离子相稀土元素氧化物之间的相关矩阵，离子相稀土配分之间存在如下的相关关系：①轻稀土组和重稀土组内各元素配分一般呈正相关，两组间的稀土配分和呈负相关；②在稀土配分中，氧化稀土配分高的元素之间相关性较好，配分低的组分反之；③中稀土元素与其他元素之间相关关系较差；④钇元素和轻稀土组（除铈外）的负相关关系表现得特别突出；⑤轻稀土元素之间（除铈外）正相关关系较好。

稀土配分分析得出，在风化体系中稀土迁移富集可形成四大效应：

（1）分馏效应

原矿风化解离出的稀土离子形成水合或羟基水合的稀土离子，然后随地下水负载下在矿体中的黏土矿物吸附和脱附，不断地进行交换，导致了稀土在不同深度的矿层其稀土的提取配分存在差别，最后形成了风化壳矿体稀土配分随矿体深度加深而重稀土富集加大，即出现了上层轻稀土含量高，下层重稀土含量高的现象。这表明在矿石的风化发育形成风化壳矿时，风化解离出的稀土离子在随地下水迁移富集的过程中发生了分馏。

（2）铈亏效应

铈是地壳中丰度最高的稀土元素。在大部分岩石中，其铈元素也是丰度最高的稀土元素。铈元素的稳定态化合价为四价。在矿物相中 Ce^{4+} 一般以 CeO_2 或氟碳铈矿物相存在，胶态相中以难溶的 $Ce(OH)_4$ 存在，故在离子相中 CeO_2 含量偏低，导致稀土提取产品中铈严重偏低，形成了稀土配分的铈亏效应。这可能是因为原岩在风化体系中，来自原岩稀土矿物，诸如氟碳铈矿等风化解离的稀土，其中铈被氧化为 Ce^{4+}，很容易与 HCO_3^- 配合形成稳定的可溶性配合物，而其他的稀土元素则不易形成较稳定的可溶性配合物。因此，被地下水带走才是铈真正亏损的主要原因。

（3）富铕效应

从原岩到风化壳矿石，再从风化壳矿石到风化壳淋积型稀土矿的提取产品，它们的配分值呈现出铕的配分增加现象。在地质上将风化壳矿石和风化壳淋积型稀土矿的提取产品与陨石的稀土元素的配分值相比，铕的配分值明显增高，表明原岩在风化过程中铕能明显的富集，这就是富铕效应。

（4）钆断效应

当稀土元素分为轻重两组时应以钆为界，这与稀土离子的电子构型，光谱相及稀土离子颜色的变化是惊人的相似，都以钆为界，钆之前的元素 La ~ Eu 为轻稀土组元素，钆之后含钆 Gd ~ Lu、Y 为重稀土组元素，这种稀土在地壳中的赋存丰度与稀土电子构型有关的现象被称作钆断效应。

值得一提的是在风化壳淋积型稀土矿的稀土配分研究中，从稀土相关分析得到的稀土元素之间存在"钆断效应"和"半正相关性"的结论是非常有意义的，可丰富稀土元素地球化学理论。同时总结出的重稀土配分型稀土矿形成的必要条件，可望为寻找新的重稀土资源提供理论依据，今后仍要继续研究，以进一步揭示稀土矿在岩石风化体系中的迁移富集规律。

3. 稀土矿床分带与预测

基于中南地区——湖南、湖北、广西、广东和海南五省区的地质背景对该区与花岗岩有关的稀土矿床成矿条件进行了分析，采用已知矿床（化）点或矿集区、花岗岩出露条件、地形因素结合气候等因素作为预测依据，对中南地区与花岗岩有关的离子吸附型稀土矿床成矿区带进行了预测，划分出 5 个 I 级成矿区带、6 个 Ⅱ 级成矿区带和 9 个 Ⅲ 级成矿区带。中南五省区稀土矿床分布较广，各自均有不同类型的矿产开采和出露。其中风化壳淋积型稀土矿床主要分布在湖南南部、广西东部和广东大部分地区。按照已知矿床和矿点的地理分布，可将其划分为两个超大型矿集区带，分别是湘南粤北桂东北矿集区带和环佛冈岩体成矿区带。湘南粤北桂东北矿集区带：该成矿带是南岭造山带的一部分，主要集中在湖南南部、广东北部和广西东北部。矿带向东延伸进入江西境内，向西延伸到桂西北地区，呈东西向，范围广、覆盖面积大，矿床主要分布在燕山中晚期花岗岩出露和隐伏区。

该区带岩浆岩发育，主要有加里东、印支、燕山期的花岗岩类，其中燕山期花岗岩与成矿有关，具多期次活动性。该成矿带有大量的花岗岩型稀土矿床出露，典型的有湖南－广西交界处的姑婆山－华山稀土矿集区、广西钟山稀土矿集区、湖南蓝山－灵武稀土矿集区、湖南汝城稀土矿集区、广东乐昌－仁化风化壳稀土矿集区、始兴－南雄花岗岩型稀土矿集区等。在一些较大的花岗岩体，如九峰岩体、贵东岩体、姑婆山岩体边缘和周边也发现了稀土矿化。环佛冈岩体矿集区带：该成矿带内有雪山矿集区、来石（回龙）矿集区、沙田－遥田矿集区、云鬓山矿集区、广宁高销重稀土矿集区、河源重稀土矿集区、紫金稀土矿集区、丰顺稀土矿集区等。矿床多分布在海拔 400 ~ 600m 的山区和丘陵地区，广泛出露中粒花岗岩，岩石节理与断裂构造发育，易形成风化壳。

三、国内外研究进展比较

（一）矿物型稀土矿的分选

1. 混合稀土矿选矿工艺发展

白云鄂博稀土共生矿床发现于 1927 年，1935 年在铁矿石标本中找到了稀土矿物。白云鄂博稀土共生矿是世界上罕见的富含稀土、铁、铌、钍、萤石等多元素共生大型矿床。矿体中的铁是前寒武纪海相沉积的，在海西时期与黑云母花岗岩有关的大量的钠、氟、稀土和铌的热液重叠其上，使原始沉积的铁矿遭受热液交代蚀变作用，形成沉积－热液交代的综合性矿床，其中稀土矿物有十几种之多，主要为氟碳铈矿和独居石轻稀土混合矿，比例为 7∶3 或 6∶4。

白云鄂博矿，曾详细研究过 20 多种选矿工艺流程，其中具有代表性的或应用于工业生产的工艺有浮选－重选－浮选流程、浮选－选择性团聚选矿工艺、弱磁选－强磁选－浮选等工艺[13-18]。

（1）浮选－重选－浮选选矿工艺流程

原矿磨至 –0.074mm 85% ~ 90%，分别采用两种不同的原则流程进行分选。流程Ⅰ：先采用弱磁选获得磁铁矿精矿，随后进行部分萤石浮选，再进行稀土粗选和精选，获得含 REO15% ~ 17% 的稀土泡沫送重选处理，稀土粗选尾矿与精选中矿合并送选铁作业；流程Ⅱ：为了降低铁精矿中的氟、磷含量，先采用浮选法浮出部分萤石之后，再进行稀土粗选和精选，获得含 REO 15% ~ 17% 的稀土泡沫送重选，稀土粗选尾矿与稀土精选中矿合并送去选铁作业。用重选稀土精矿作入选原料分别选得含 REO 60% 的稀土精矿和含 REO 30% 的稀土次精矿。

（2）弱磁选－强磁选－浮选工艺流程

长沙矿冶研究院余永富院士等通过弱磁－强磁选别将原矿按矿物磁性强弱进行分组，使进一步需要深选的矿物成分简单化，提高其分选效果，提出了弱磁－强磁－浮选工艺流程[19–21]。

在磨矿粒度达到 –0.074mm 占 90% ~ 92% 时，采用弱磁选回收磁铁矿等磁性铁矿物，弱磁尾矿在强磁选机磁感应强度 1.4T 条件下粗选，将赤铁矿及大部分稀土矿物选入强磁粗精矿中，粗精矿经一次强磁精选（0.6 ~ 0.7T），丢弃大量含铁硅酸盐等脉石矿物，并使稀土矿物，铌矿物在强磁中矿中得以初步富集，强磁精选铁精矿和弱磁铁精矿合并送去反浮选脱除随磁选带入的萤石、稀土等脉石矿物得到合格铁精矿，再从强磁中矿中以浮选法分别回收稀土矿物及铌矿物，以达到综合回收铁、铌，稀土的目的，分别得到含稀土氧化物 61.44%，回收率 18.81% 的混合稀土精矿，含稀土氧化物 39.01%，回收率 16.70% 的稀土次精矿。

（3）氟碳铈矿与独居石矿的分离

浮选分离氟碳铈矿和独居石的工艺[22]，其特征在于采用羟肟酸捕收剂、硅酸钠和起泡剂酮醇油，以低品位氟碳铈矿和独居石矿物为原料，经过一次粗选，三次精选，获得高品位氟碳铈矿和独居石（3∶2）混合精矿，然后用苯酐加热水解或邻苯二甲酸半皂化产物作为氟碳铈矿捕收剂，铝盐作为独居石抑制剂，经过一次分离粗选，二次精选和二次扫选，分别获得氟碳铈矿精矿和独居石精矿。

试验中采用水玻璃、H205、H103 药剂组合，在碱性介质中获得 REO>60% 的混合稀土精矿，混合稀土精矿经脱泥、脱药后，以明矾作独居石矿物抑制剂，H103 为起泡剂，采用 H894 作为捕收剂在弱酸介质中优先浮选氟碳铈矿，经分离粗选作业，将混合稀土精矿分为两部分，一部分为泡沫产品，另一部分为槽底沉砂。泡沫产品经两次精选可获得氟碳铈矿精矿，粗选槽内沉砂产品经两次扫选可获得独居石精矿。

张国成院士发明了氟碳铈矿和独居石的混合稀土矿直接分解，因此混合稀土矿中的氟碳铈矿与独居石分离的需求就不大了。

2. 氟碳铈矿选矿

（1）四川攀西稀土矿

攀西地区稀土资源主要分布在冕宁县牦牛坪和德昌稀土矿区，稀土矿物主要是氟碳铈矿，有用矿物主要是重晶石和萤石，脉石矿物主要钙类矿物等[23]。

氟碳铈矿［（Ce，La）FCO_3］是一种典型的半溶盐矿物，矿物表面动电行为会对捕收剂吸附产生极大影响。对氟碳铈矿而言，影响矿物表面电位的离子仅包括 H^+，OH^- 和 CO_3^{2-}，因此矿浆 pH 值对氟碳铈矿的浮选有极大的影响。但是同时需要注意的是，对不同产地的氟碳铈矿，矿物表面零电点差异较大，这可能是由不同产地的氟碳铈矿中晶格离子和晶体结构的差异造成的，同时杂质元素含量也会导致矿物表面零电点的差异。

油酸钠[24–27]和羟肟酸是[28，29]目前稀土矿常用的浮选捕收剂，H205 和水杨羟肟酸是最有代表性的两种羟肟酸类捕收剂，在试验研究和工业生产中均表现出对稀土矿物良好的捕收性和选择性[30–32]。

四川攀西地区稀土矿属于易选稀土矿[33, 34]，具有代表性的选矿工艺流程有以下几种。

1）单一重选工艺流程。原矿石磨至 –0.074mm 占 62%，经水力分级箱分成 4 级，分别在刻槽矿泥摇床上分选，可得到 REO 为 30%、50%、60% 的三种氟碳铈矿精矿，重选总的作业回收率为 75%。

2）磁选 – 重选联合工艺流程。原矿品位为 3.2% 的原矿石磨矿后先经弱磁选，再采用 Slon–1000 磁选机一粗一扫二次磁选得到 REO 为 5.64% 的磁性产品，磁选作业回收率为 74.2%（产率 42%），磁选粗精矿经水力分级箱分为 4 级，分别摇床重选，重选总精矿 REO 为 52.3%，产率为 3.56%，稀土回收率 55% 左右。

3）重选 – 磁选工艺流程。原矿石经过磨矿分级后，用刻槽摇床选别，摇床稀土粗精矿进行干燥，再采用干式强磁选机选别，在原矿品位 5.30% REO 条件下，采用重 – 磁选矿工艺流程可达到稀土精矿品位 51.50% REO，回收率 52.00% 的流程工艺指标。

4）重选 – 浮选工艺流程。原矿石第一段磨至 –0.074mm 占 50%，经水力分级箱分为 4 级，分别经摇床重选（脱除矿泥及部分轻比重脉石）得到 REO 为 30% 的重选粗精矿，稀土回收率 74.5%。该粗精矿再磨至 –0.074mm 占 70%，用碳酸钠、水玻璃、C5 ~ 9 羟肟酸组合药剂浮选，经一粗、一扫、一精闭路流程浮选，获得含 REO 50% ~ 60% 的稀土精矿，稀土回收率 50% ~ 60%。

曾将重选粗精矿浮选药剂改为水玻璃、H205 和磷苯二甲酸 1 : 1 混合使用的组合药剂在矿浆 pH8 ~ 9 条件下浮选，得到稀土精矿品位 69.09%，浮选作业回收率 89.82%，重选—浮选流程稀土回收率为 66.92%，选矿技术指标有了明显提高[37]。

5）重选 – 磁选 – 浮选工艺流程。重选 – 磁选 – 浮选联合流程可获得 REO ≥ 62%，回收率 80% ~ 85% 的工业规模试验指标，其中浮选作业只需一次选别则可获得 REO 62% ~ 67%，浮选作业回收率 85% ~ 90% 的浮选精矿。

工艺流程简述：原矿磨至 –0.15mm 占 65%，送入摇床重选，分选出粗粒氟碳铈矿精矿、摇床中矿和尾矿。摇床中矿经烘干或晒干后进行磁选，得到三种产品：中粒氟碳铈矿精矿、磁选尾矿和铁质矿物（作为废弃尾矿）。磁选尾矿与摇床尾矿合并进行筛分分级，除去粗粒脉石，连生体中矿进行二次磨矿（细度为 –0.074mm 占 75%），磨细后的矿浆与筛下产品合并进行选择性脱泥，脱泥后的沉砂进行浮选。浮选得到精矿和尾矿两种产品：精矿为微细粒氟碳铈矿，尾矿含重晶石和萤石，可作为下一步综合利用的原料。

（2）山东微山稀土矿

山东微山稀土矿长期采用全浮选工艺进行生产，在较长时间里实行两产品方案，即得到一部分 REO>65% 的高品位稀土精矿和一部分 REO 约 40% 的低品位稀土精矿[38, 39]。近年，微山稀土矿处理矿石中氟碳铈钠矿比重逐渐增加，而该类型矿石可浮性和磁性均与脉石相近，且矿物中稀土理论品位较低，导致微山稀土矿难以得到高品位稀土精矿，且稀土回收率逐年降低。

1）地表矿选别流程。初期选矿工艺流程以脂肪酸为捕收剂（油酸和煤油组合），硫酸为介质调整剂。在 pH 值 5.5 ～ 6.0 时采用一粗一扫三精的流程配置，中矿循序返回。此流程获得的稀土精矿品位较低。成功地选出了 REO ≥ 68% 的高品位稀土精矿，生产实践中取得了较好的经济效果。

2）原生矿选别流程。山东省冶金设计研究院与微山稀土矿共同进行的“微山稀土矿原生矿可选性试验研究”流程，选用了 H205 作捕收剂，在碱性介质中，用碳酸钠、水玻璃、氟硅酸钠作调整剂和抑制剂，用 PF–100 为起泡剂，小型闭路试验结果：原矿 REO 含 5%，中品位精矿 REO=38.60%，回收率为 33.18%；高品位精矿 REO 68.40%，回收率 48.47%，总收率为 82.65%。采用稀土捕收剂 L102（$C_6H_4OHCONHOH$），氢氧化钠作调整剂，水玻璃作抑制剂，铝盐作活化剂，L101（起泡剂）组合药剂，在弱碱性（pH=8 ～ 8.5）矿浆中优先浮选稀土矿物，生产 REO 为 45% ～ 50%，回收率为 80% ～ 85% 的稀土精矿。

（3）美国芒廷帕斯稀土矿

美国芒廷帕斯稀土矿是以氟碳铈矿为工业矿物，属于美国钼公司，20 世纪 80 年代是主要的稀土矿产品供应商。90 年代后，中国稀土矿业快速发展，迫使芒廷帕斯矿停产闭矿，2009 年稀土矿产品暴涨，刺激了钼公司，融资 10 亿美元，重新技术改造准备生产，直到 2016 年上半年投产，半年后有不得不停产关闭，其产品无法与中国竞争，这再次表明中国的稀土矿的分选水平处于世界领先。该选矿厂的步骤如下：原矿石，经两段一闭路破碎送磨浮，将矿石磨至 –0.149mm 占 80% 旋流器分级溢流送浮选作业。浮选前采用 6 个搅拌槽，在通蒸气加温（矿浆温度 85 ～ 90℃）的条件下搅拌，在第一个搅拌槽添加调整剂碳酸钠和氟硅酸钠，在第三个搅拌槽添加抑制剂木素磺酸铵，在第六个搅拌槽添加捕收剂 C–30 塔尔油，在 pH 为 8.8 的条件下，进行一次粗选、一次扫选、四次精选获得含稀土氧化物 60% ～ 63% 的稀土精矿，稀土回收率为 65% ～ 70%。稀土浮选精矿用酸进一步处理，可获得含 REO 68% ～ 72% 的稀土产品；再经焙烧处理，可获得含 REO 85% ～ 90% 的稀土产品。

3. 独居石矿选矿

海滨砂矿中典型的独居石矿，其选矿技术独具特点。独居石的选矿可以采用重选、磁选、浮选方法以及联合技术，其中浮选技术应用的较广，更有利于细粒独居石的选矿。

（1）澳大利亚凯佩尔海滨砂矿

1）粗选厂：送进粗选厂的原矿经三段筛分：第一段双层筛用高压水喷射矿石团块，第二段、第三段筛上产品再用圆筒擦洗筛筛分，以便使包裹在黏土里的重矿物解离出来，筛下产品经振动筛除去 +2mm 的废石，–2mm 产品经旋流器浓缩后送进圆锥选矿机，经一粗、一扫、两次精选的闭路流程获得粗精矿。

2）精选厂：西澳矿砂公司凯佩尔精选厂流程主要包括：首先采用磁选方法分离出钛铁矿；随后用电选和风力摇床分选出蚀变钛铁矿；弱磁性产物与非导体产品合并，经螺旋、擦洗、分级后，堆存、脱水干燥，并作为下一阶段分离的给矿。这种给矿经一次高压辊式电选、两次筛板式电选除去导体矿物；非导体产物经感应辊式磁选和风力摇床分离出锆英石；另一种强场的感应辊式磁选分离出非磁性产品，其磁性产品再经风力摇床选别获得独居石精矿；导体矿物再经感应辊式磁选和高压辊式电选和筛板式电选获得金红石精矿。

（2）广东南山海海滨砂矿

南山海稀土矿位于广东省境内，是中国大型含独居石的海滨砂矿矿床之一。

南山海稀土矿系含独居石、磷钇矿的海滨砂矿。矿石中所含的主要矿物有：独居石、磷钇矿、锆英石、金红石、白钛石和钛铁矿及少量的锡石；主要脉石矿物有石英、长石和云母；并含有少量的电气石、黄玉和十字石等。

1）粗选厂：南山海稀土矿原设计粗选使用跳汰机、摇床设备。后来，为了节省能耗和便于搬迁，已改为可移动式的组合螺旋流程。

2）精选厂：南山海稀土矿的精选流程是以重选开始，首先按密度不同分类，随后根据矿物的性质不同，分别采用磁选、电选、浮选联合流程进行分离，分别获独居石、磷钇矿、钛铁矿，锆英石、金红石、磁铁矿精矿。南山海稀土矿的精选选别指标列于表 1。

表 1　南山海稀土矿选别指标

原矿品位，REO 百分比（%）	粗选		精选作业回收率，百分比（%）
	品位，REO 百分比（%）	回收率，百分比（%）	
0.0417	1.81	64.04	81.18
0.0433	1.78	61.38	84.19
0.0397	1.49	60.00	78.65
0.0429	1.52	59.44	82.23

（二）风化壳淋积型稀土矿

1. 风化壳淋积型稀土矿的浸取过程

风化壳淋积型稀土矿是我国最早发现和工业利用的一种富含中重稀土的矿种，广泛分布在我国的南方江西、广东、福建、广西、云南，湖南和海南等七省区。最近在巴西、智利、马达加斯加，缅甸、印度尼西亚和马来西亚等国相继发现，因此，风化壳淋积型稀土矿已不再是我国独有稀土矿种。稀土以水合离子或羟基水合离子吸附在黏土矿物上，可用盐类浸取剂通过离子交换过程将稀土交换于溶液中，再通过草酸和碳酸氢铵沉淀回收稀土。

（1）稀土浸出的化学基础

当原矿中加入电解质溶液时，吸附在黏土矿物活性中心上的稀土离子和杂质离子，就会与电解质溶液中的阳离子发生交换反应，此过程遵循离子交换规律。实际上吸附稀土离子的黏土矿物［$Al_2Si_2O_5(OH)_4$］m · nRE^{3+} 可看作固定相，用电解质作交换剂把已富集负载在黏土矿物上的稀土交换下来，就是风化壳淋积型稀土矿化学提取稀土的理论基础[35-37]。

以铵盐为浸取剂为例，其化学反应方程式可表示为：

$$[Al_4(Si_4O_{10})(OH)_8]_m \cdot nRE_{(s)}^{3+} + 3nNH_{4\ (aq)}^{+} = [Al_4(Si_4O_{10})(OH)_8]_m \cdot (NH_4^{+})_{3n(S)} + nRE^{3+}_{(aq)}$$

就是这个通用的化学反应方程式，代表了浸取过程中浸取剂与矿石稀土离子发生离子交换反应，稀土进入浸出液再回收稀土。

（2）稀土浸取剂的筛选

单一硫酸铵、氯化铵和硝酸铵作浸取剂，已做了大量的工作[38-40]。特别是贺伦燕等[41]教授发明的硫酸铵工艺已广泛使用，是目前最主要的浸取剂。Moldoveanu 等[42]以硫酸铵为浸取剂，考察了硫酸铵浓度、温度、pH 和搅拌速度对稀土解吸附速率和稀土提取率的影响，发现硫酸铵从风化壳淋积型稀土矿中提取稀土的最佳浸取条件为 pH 值 3 ~ 4，温度需低于 50℃，以避免镧的沉淀或损失。而浸取剂浓度和搅拌速度在所研究的范围内对稀土提取率均无影响。硝酸铵也是一种很好的浸取剂，硝酸铵生物降解后多可以转变成可被植物吸收的氮源，然而硝酸铵与硫酸铵和氯化铵比更贵，更重要的是硝酸铵可作为生产炸药原料，受到储存和运输及持有的管控，不便大量购买用作浸取剂。氯化铵也是很好的浸取剂，且在矿体中的渗透速率快，它是氯碱工业大量产出的副产品，价格很低，但缺点是杂质的浸出率很高，对后续处理回收稀土不利。

（3）镁盐浸取剂

随着铵盐作为浸取剂不仅带来氨氮污染问题，而且使植物需要的离子态钙、镁流失。黄小卫等[43]率先开展了非铵浸取剂的研究，考虑到价格低廉、环境友好和引进的阳离子易分离等因素，因此选择碱土金属盐代替铵盐浸矿，并以硫酸镁为主要成分对其浸取离子型稀土矿进行了研究，稀土的回收率与铵盐相对，杂质铝浸出率减少 13% 以上，实现了稀土的无铵浸出，从源头消除了离子型稀土矿开采的氨氮废水污染，具有很高的工业应用价值。虽然钙、镁是植物需要的营养元素，但过量也会对环境造成影响，不过地下水国家标准对钙、镁等离子的限值（Ca/Mg：450 ~ 600mg/L）比氨氮（1.5mg/L）高数百倍，很容易达标，而且钙镁在浸矿结束后，也容易被固化在土壤中，并可以调节钙镁比例，使其达到土壤养分比值要求。

（4）稀土浸出动力学

田君等[44-48]认为，如果把风化壳淋积型稀土矿看成是一个球型粒子，模拟得出稀土的浸出反应过程符合“收缩未反应芯模型”，受内扩散的控制，并计算出稀土浸出活化能在 4 ~ 12 kJ/mol 范围内，属于一级反应。

（5）稀土浸出的传质过程

何正艳等[49]将稀土和杂质的浸出过程作为一个化工过程，运用色层塔板理论系统地考察了硫酸铵、氯化铵和硝酸铵分别作浸取剂时，稀土和铝的浸取传质过程，结果表明浸取流速与理论塔板高度（HETP）之间的关系符合 Van Deemter 方程，存在最佳流速（0.5 mL/min）使 HETP 最小。

何正艳等[50]还研究氯化铵和硝酸铵组成的复合浸取剂浸取风化壳淋积型稀土矿过程，探索稀土和杂质铝的浸出传质过程，发现流速与 HETP 之间的关系符合 Van Deemter 方程，存在一最佳流速（0.5 mL/min）使稀土和铝浸取 HETP 最小。当浸取剂流速小于 0.5 mL/min（$u < u_{opt}$）时，u 较小，Cu 项可忽略，B/u 项是影响 HETP 的主要因素。稀土和铝的浸出传质效率由纵向扩散速率（B/u）决定，HETP 随流速的增大而减小。但当浸取剂流速大于 0.5 mL/min（$u > u_{opt}$）时，u 较大，B/u 项可忽略，Cu 项是影响 HETP 的主要因素。稀土和铝的浸出传质效率由扩散速率（Cu）决定，即溶质从浸取剂溶液向矿粒表面的扩散速率，HETP 随流速的增大而增大。该结果能指导浸出过程参数的优化，提高稀土回收率。

2. 稀土浸出工艺

风化壳淋积型稀土矿中浸出回收稀土有近五十年历史，以浸出方式，可分为三代，第一代为池浸工艺，第二代为堆浸工艺，第三代为原地浸出工艺。池浸工艺最早源于 20 世纪 60 年后期，由江西共产主义劳动大学足洞分校土化班的桶浸工艺发展而来，形成了工业化的池浸工艺，但为便于向浸取池中进矿和出尾矿，浸取池往往建在矿体的半山腰上，导致池下的矿难以开采回收，稀土回收率低，更重要的是采矿要开挖矿石，造成生态破坏和水土流失，因此，池浸工艺逐步被淘汰。

（1）堆浸工艺

堆浸是池浸工艺发展而来，是典型第二代浸出工艺。选择一定地形，结合平整土地，筑堆进行大规模的浸出。堆浸工艺可以用机械筑堆，实现规模化的可控浸出，便于回收稀土浸出液，得到了很好的推广。在筑堆时，先选择一定地形，掌握浸出液可以自动流出进入集液池。机械平整好浸取场，铺上隔水层，架上架子，铺上麻布片，再将矿石，置于麻布片上，浸取堆可以筑 5 ~ 10m 高，上层便于灌溉浸取液，使浸取液均匀下渗，筑成一丘一丘田的形式，向里灌溉浸取液，进行规模化的堆浸作业。

堆浸工艺不仅实现了机械化和规模化生产，减轻了劳动强度，也有相对较高的稀土浸出率。然而堆浸工艺还有它的不足，仍然要采挖矿石，山体还是受到一定程度的破坏。但它适合于矿体无假底板或岩层复杂的稀土矿山，以及原岩风化彻底，全风化层在潜水面以下的稀土矿山。这两类矿山用原地浸出工艺往往出现浸出液泄漏，甚至完全无法回收稀土。所以堆浸和原地浸出可以互相补充。对于风化壳淋积型稀土矿首先选择原地浸出工艺，对矿体复杂、无假底板或全风化壳已深入潜水层的矿体还是应优选堆浸工艺。

（2）原地浸出工艺

原地浸出又称溶浸采矿，是风化壳淋积型稀土矿目前采用最多的工艺，一直在不断地完善过程，它因不用开挖矿石，能很好地保护矿体上植物生态和防止水土流失，取到了非常积极的作用[51]。然而仍然存在三大难题亟待解决：一是滑坡地质灾害，毁坏农田；二是浸液的泄漏，污染地下水源；三是浸取盲区，浸取液不能很好地充分与矿石接触，稀土回收率有待提高。

1）注液井的布置与注液方式。风化壳淋积型稀土矿原地浸出注液井的布置，早期的注液孔直径约为 ф20cm，现在通常缩小至 ф10cm，用人工凿井，深度直达半风化层。在凿井过程中，根据的凿井样判断腐殖层、全风化层和半风化层，以便指导注液深度，控制在腐殖层之下。

张臻悦等[52]通过探索风化壳淋积型稀土矿矿体不同层中可交换稀土离子和铝离子的含量，以及不同层中稀土配分的变化规律，对矿体不同层中黏土矿物的膨胀性能进行研究。提出一种新的风化壳淋积型稀土矿原地浸出注液新工艺，在风化壳淋积型稀土矿原地浸出过程中，将氯化铵或硫酸铵浸取剂溶液直接注入稀土含量较高的全风化层，避免了浸取剂溶液与含杂质铝离子较多和黏土矿物含量高的腐殖层的接触。采用该原地浸出注液新工艺，可有效降低稀土浸出液中铝离子的含量，扩宽了氯化铵作为浸取剂的选择，有效地降低了原地浸出过程中发生山体滑坡的地质灾害。

2）原地浸出过程矿体稳定性消减及滑坡地质灾害控制。许多人长期从事研究矿体稳定性与滑坡的机理研究[58–61]，发现造成滑坡的主要原因是矿体经浸取剂溶液渗流后，矿体中的黏土矿物膨胀，黏结力下降，剪切力上升，最终造成矿体稳定性下降。

矿体不同矿层黏土矿物含量不同，因此不同矿床矿石的膨胀系数有所差别，矿体腐殖层矿石颗粒细，黏土矿物含量高，吸水性强，黏土矿物膨胀，当浸取剂溶液加入矿体时，矿体最上层的腐殖层吸水膨胀，重量立即增加，当增加到一定时，腐殖层上植被无法固定矿体时，矿体就失稳，滑坡就产生了。滑坡不仅只发生在腐殖层，而且全风化层也一起塌下，这有两个原因，一是由于植物根系扎得很深，也就拖走全风化层，二是矿体失去了长有植被的腐殖层保护，全风化层也跟随腐殖层滑坡了，直到建立新的矿体稳定平衡。

主要采用三个办法减少和消除滑坡。一是注液时，将注液面控制在腐殖层以下。风化壳淋积型稀土矿主要是浅伏式，稀土主要富集在全风化层中，而腐殖层中稀土品位较低，以轻稀土为主，且杂质含量较高。因此，若在注液时有意控制在腐殖层以下，不仅可以有效减少浸出液中铝离子的含量，便于后续处理，而且可以避免矿体失稳滑坡的发生。其次是添加少量有机羧酸类防膨剂，诸如柠檬酸等可减少黏土矿物膨胀，从而减少滑坡产生的概率。三是监测矿石含水量，调整浸取剂溶液的浓度。矿石湿度大就需加注高浓度的浸取液，矿石湿度小就加注低浓度浸取剂溶液，保持浸取过程矿石润湿性和基本固定的浓度梯度，减少矿石本身湿度大还过量注液，导致矿体失稳，引起滑坡等地质灾害发生。采取这些有效措施，可大大减少矿体滑坡发生。

3. 浸出液回收稀土

（1）浸出液的除杂

稀土浸出液显酸性，pH 值在 2 ~ 3，稀土浓度不高，一般在 REO 0.3 ~ 1.5g/L，还有铝、铁、锰、铜等杂质离子。但铝是其中最主要的杂质，其浓度通常达到 Al_2O_3 0.1 ~ 0.8g/L，必须加以除去，否则用碳酸氢铵沉淀稀土时，形成氢氧化铝沉淀是胶体沉淀，会包裹在碳酸稀土中，影响最终产品碳酸稀土的纯度。溶剂萃取法浓缩稀土时，杂质离子也会造成萃取体系乳化，占用萃取剂的萃取容量，因此，浸出液必须净化除去杂质后，才能进入沉淀或萃取回收作业。

水解法除杂是通过调节溶液 pH，实现铝、铁等杂质与稀土的选择性沉淀，即杂质沉淀而稀土不沉淀，从而达到分离稀土和杂质的目的。该方法的化工材料消耗少，工艺设备简单、成本低，是风化壳淋积型稀土矿稀土浸出液除杂的首选方案[62]。

多年的生产实践得出，浸出液的除杂可采用一步除杂法和两步除杂法。两步除杂法，首先选择碳酸氢铵调节 pH 到 4，这时稀土仍以离子状态留在溶液。铝则形成以氢氧化铝白色的絮状物，难以通过沉淀实现液固分离，而且形成的絮状沉淀会吸附和包裹溶液中的稀土离子，因此必须充分搅拌后，让絮状沉淀物陈化一段时间，向晶体方向发展，再加少量的聚丙烯酰胺絮凝剂，加快氢氧化铝的沉淀。然后，在除去氢氧化铝的稀土溶液中，加入少量的硫化钠，使其他的杂质离子以黑色硫化物沉淀的形式去除，得到除去杂质的稀土母液。最近又改进一步法除杂，即将碳酸氢铵和硫化钠配成混合除杂液，充分搅拌下加入除杂液，形成灰黑色的絮状沉淀物，再加聚丙烯酰胺絮凝剂，一次除去杂质离子，缩短了除杂流程，值得推广。一步法得到的稀土母液 pH 值保持在 4，杂质离子几乎除净，完全符合碳酸氢铵沉淀回收高纯碳酸稀土和溶剂萃取法浓缩稀土的要求。

（2）沉淀法

稀土浸出液浓度通常在 REO 0.3 ~ 1.5g/L，最早用草酸沉淀得到草酸稀土，再焙烧成氧化稀土 REO 92%，作为产品销售。草酸做沉淀剂，稀土沉淀快，草酸稀土颗粒大，便于固液分离回收稀土，产品纯度大。但早期用氯化钠作为浸取剂，容易形成稀土和钠的草酸复盐，一次焙烧产品必须先用水洗除去碳酸钠后，再次焙烧才能得到合格产品，再加上产品氧化稀土到了分离厂，又要盐酸溶解，形成氯化稀土溶液，才能进行单一稀土分离，增加溶解流程，沉淀剂草酸也昂贵，因此逐步被廉价的碳酸氢铵沉淀取代。

碳酸氢铵沉淀先后经历近十年的探索，碳酸氢铵作为沉淀剂[53]，无疑是价格便宜，特别是产品为碳酸稀土，不必焙烧就可以作为产品销售，分离厂盐酸溶解后得到氯化稀土就可以进入萃取分离生产线。然而，碳酸氢铵沉淀稀土形成的碳酸稀土颗粒细，是胶体，固液分离难度很大，胶体吸附性大，往往包裹杂质，产品纯度达不到要求，经过多年攻关，工业生产结合浸出液除杂工序的深度除杂，现在可以得到混合碳酸稀土产品，产品湿度大，稀土含量在 REO 25% ~ 35%，折算后计价出售。沉淀后的母液，稀土浓度在 0.01 g/L 以下，用酸除去多余的碳酸氢铵，使碳酸根形成二氧化碳除去，调节 pH 值为 5，再补加浸取剂到所需的浓度后，再次用于原地浸出回收稀土。

（3）溶剂萃取富集法

稀土浸出液的主要杂质是铝，沈杨扬等[54]开展了萃取法除去铝，这是一个除杂的新思路。早在 20 世纪 80 年代，北京有色金属研究总院与赣州冶金研究所合作承担了"六五"攻关项目，以低浓度的龙南矿浸出液为原料，开展了两种萃取方法回收稀土的试验研究，方法一是使用皂化环烷酸萃取，负载稀土有机使用 6.3N 的盐酸进行反萃，得到 210g/L 以上的 $RECl_3$ 溶液，稀土纯度 >99%，收率 99.5%，但由于萃取平衡 pH 值 >7.3，环烷酸萃取剂溶解损耗较大，易乳化；另外，赣州冶金研究所卢能迪等针对除铝后的低浓度稀土料液，采用 P204– 煤油直接萃取稀土，稀土收率达 95%，但是 P204 萃取能力强，重稀土的反萃困难，反萃级数多（数十级），反萃液余酸高，后处理困难。90 年代池汝安等就开展溶剂萃取法富集回收稀土，用 φ20 离心萃取器进行 REO 1g/L 左右的稀土浸出液进行 P204 的萃取浓缩，得到 REO 100g/L 以上的稀土溶液，但萃取剂使用几次后乳化现象严重，再加上萃取剂的溶解损失，工业推广一次性投资较大，整体估算下来与矿山熟练的碳酸氢铵沉淀比，经济效应不够明显，技术也还得完善，该工艺没有得到进一步发展。

北京有色研究总院的黄小卫等，在"十二五"国家支撑计划的支持下，针对常规萃取法富集低浓度浸出液中稀土工程化存在的有机相易乳化、溶解损失大、设备难以实现大规模生产等问题，开发出非皂化 P507、P204 耦合非平衡离心萃取富集新技术，实现稀土与铝、铁、镭等的高效萃取分离，浸出液不需要除杂，解决了有机相乳化问题；开发出离心强化分相 – 原位气浮回收有机相技术，使萃余液中有机磷含量降到 1mg/L 以下；并与设备厂家合作开发出新型上悬式结构大型离心萃取机，实现高速动平衡，流通量达 $60m^3/h$，电机功率仅 4kW，采用表面改性复合材料，耐腐蚀性好，而且体积小，可以从一个矿山移动到另一个矿山，在广西的崇左稀土矿山建成 $1200m^3/d$ 规模示范线，采用三级萃取四级反萃，将浸出液中 0.3g/L 的稀土萃取富集到 200g/L 以上，富集倍数在 500 倍以上，可直接供稀土分离厂进行单一稀土的萃取分离。该工艺与传统碳酸氢铵沉淀法相比，流程缩短 5 步，稀土回收率大幅提高，而且不产生放射性废渣，消除危险废物的安全隐患。2016 年 9 月，中国有色金属协会组织专家到现场进行成果评价，成果达到国际领先水平。2017 年，又与厦门钨业龙岩稀土矿山公司、中铝广西梧州稀土公司、玉林稀土公司签订 3 项专利技术实施许可合同，正在进行现场实施，成果推广应用前景广阔。

四、稀土选矿技术发展趋势与展望

（一）矿物型稀土矿选矿

目前中国使用的工业稀土矿物主要是白云鄂博混合型稀土矿、四川和山东的氟碳铈矿。稀土矿选矿发展趋势是提高稀土选矿回收率和资源利用率，保护好稀土二次资源（尾矿），做好环境保护和生态平衡以及资源综合利用的工作，研制和改进选矿工艺、设备和药剂，提高选矿回收率和稀土精矿品位，降低工业生产稀土精矿成本，规模生产，为冶炼厂提供优质精料。因此，降低成本，提高品位，提高回收率，提高资源利用率就是稀土矿选矿的发展方向，实现的途径主要是新工艺的开发和新药剂的创制，这直接关系到稀土选矿学科的发展。

（1）选矿工艺

根据稀土矿物入选原料的物理化学性质、化学成分、矿物组成、矿物种类、矿石类型、赋存状态、矿石结构、矿石构造、矿物的特征及嵌布关系、矿物粒度及解离度、矿物的物理性质和表面性质、矿物的可选性以及选矿的方法，制定相应的选矿工艺流程，将有用矿物与脉石矿物分开，并使各种共生的有用矿物尽可能相互分离，除去或降低有害杂质，以获得冶炼或其他工业所需要的原料的过程。选矿使有用组分富集，减少冶炼或其他加工过程的燃料、运输等消耗，使低品位矿石能得到经济利用，提高产品档次，扩大矿物工业的应用范围。因此，选矿提纯工艺技术的发展，直接关系到我国矿产的开发的综合利用。

针对新型药剂和药剂制度改变选矿工艺流程；稀土冶炼技术和方法的变化和进步对稀土精矿有着新的要求，新的稀土选矿工艺流程需研究改进；新型设备的引入和应用以及新的选矿方法的进步，与之相适应的新的稀土选矿工艺流程必将诞生要注重浮选、磁选、重选、电选及化学选矿的联合工艺开发，提高稀土选矿的稀土回收率和有价元素的综合利用率。

（2）选矿药剂

选矿药剂在浮选中起到关键的作用，主要起到调节矿物表面性质，提高浮选速度和选择性能的作用。药剂可分为调整剂、捕收剂和起泡剂三大类，但主要是捕收剂。捕收剂主要以异羟肟酸为代表，但该药剂存在着价格昂贵的缺点。

在稀土工业生产上要求应用的捕收剂不仅具有较强的捕收能力和有良好的选择性能，又要具备价格低廉及用量少等。因此，稀土选矿药剂捕收剂的研究应从以下几点着手。

1）降低合成原料成本。如目前异羟肟酸的工业生产仍以羟胺法为主，羟胺法具有工艺条件简便，产率高的优点，但要解决原料羟胺的价格贵，产品成本高的问题，从而降低羟胺的价格是降低羟肟酸生产合成成本的关键。

2）药剂结构的研究。捕收剂疏水基团 R 的长短对捕收剂的捕收力和选择性有较大的影响。在合成具有良好的选择性，且捕收能力适中的捕收剂时，注意选择合适疏水基团 R 的长度。

3）组合药剂。由于药剂间的协同效应对浮选过程产生的积极影响，越来越多的选矿厂逐渐意识到单一药剂的局限性，并从组合用药的实践中获得了巨大的经济效益。

4）稀土平衡利用开发稀土矿。矿物型稀土矿的稀土配分选择轻稀土配分型，风化型稀土矿选择中重稀土配分型。由于矿物型稀土矿全球分布很广，而且矿物型稀土矿主要生产轻稀土，其中 La+Ce+Pr+Nd 的和，通常大于 98%，所以稀少的中重稀土往往难以从矿物型稀土矿中获得，因此要扩大轻稀土的应用研究，拓宽轻稀土的用途，达到稀土的平衡利用。

5）分选短流程开发。白云鄂博混合稀土矿，组成复杂，有价矿物多，都属于难选稀土矿，要进一步加大投入，开展稀土选矿研究，开发新的选矿药剂和选矿工艺，缩短工艺流程，提高稀土回收率和其他有价元素的综合利用率。

6）矿石有用矿物综合利用。氟碳铈矿的选矿技术难度主要是微细粒氟碳铈矿的回收利用问题。如何在磨矿阶段减少氟碳铈矿的过磨，且在选矿阶段减少微细粒氟碳铈矿的损失将是企业和科研机构关注的重点。此外要注重氟碳铈型稀土矿中普遍含有萤石、重晶石等非金属矿物，目前虽然对其中非金属资源的利用开展过一些研究，但尚未实现生产转化。

7）海滨砂矿开发利用将会越来越得到重视。因为核电工业的大力发展，需要越来越多的核燃料钍，从海滨砂矿分选得到的独居石是提取钍主要原料之一，因此在未来几年独居石的需求将会大幅发展。在处理独居石提取钍的过程，副产大量轻稀土，这将是轻稀土元素主要来源之一。

（二）风化壳淋积型稀土矿

1）加强探索风化壳淋积型稀土矿资源的矿物学性质，确立稀土在黏土矿物上的赋存状态，得到风化壳淋积型稀土矿体中的黏土矿物的分布和稀土在矿体中的空间分布规律，揭示矿床微孔和裂隙结构特征，建立风化壳淋积型稀土矿三维矿床数值模型。

2）继续开展不同地区风化壳淋积型稀土矿和矿体不同矿层的稀土配分测定，采集测试数据和进行相关性分析，进一步论证岩石在风化体系中稀土迁移富集存在“分馏效应”、“铈亏效应”、“富有效应”和“钆断效应”，以及中重稀土富集的山坳富集规律，丰富稀土元素地球化学和成矿理论。

3）加强浸取剂筛选的工作，探索阳离子和阴离子在浸取过程的迁移扩散和相互作用规律，特别是铵盐和镁盐的硫酸盐、氯化物和硝酸盐以及有机酸类复合浸取剂的筛选，筛选出最佳盐类组合，提高稀土回收率。为了减少和消除氨氮废水潜在的污染，积极开展非铵类浸取剂的选择及配套工程，实现经济绿色高效的非铵类浸取剂的工业利用。研究不同盐类，包括有机酸类浸取剂的浸取动力学和传质过程，收集浸取交换过程热力学研究的基础数据，加以数学分析推导，构建浸取过程动力学模型，以便指导工业生产，筛选出绿色高效的有防膨作用的复合浸取剂，减少浸取过程矿石中黏土矿物的膨胀，探索出防膨作用与矿体稳定性关系，揭示矿石含水率与矿体滑坡内在规律和矿体稳定性弱化机理及检测与控制机制，提出优化浸出过程的调控措施，防止或消除原地浸出过程矿体滑坡的地质灾害。根据矿石湿度来改变注液的浸取剂浓度，实现雨季仍能作业，原地浸出采矿回收稀土。

4）探索原地浸取过程浸取剂溶液渗流场分布规律及演化特征，进一步认识在矿体内部的渗流、移运、传质过程的规律，特别要研究浸取剂溶液在矿体微孔和裂隙中扩散过程的重力场与浓度梯度场的扩散动力机制及消减的演化规律，构建渗流－传质－交换反应耦合的浸取过程模型，探明原地浸出体系浸取剂溶液渗流“盲区”的形成机理及消除机制，提出浸取剂溶液均质渗流强化方法，建立浸取剂溶液渗流范围的检测与控制，减少扩散盲区，提高稀土的浸出率。

5）进一步完善浸出液直接萃取浓缩回收稀土的工艺，探索溶剂萃取过程消除乳化的技术，考察浸取剂在溶解损失，评价稀土浸出液直接萃取浓缩的可行性，为工业推广提供技术支撑。

参考文献

[1] 项目编写组．稀土资源可持续开发利用战略研究［M］．北京：冶金工业出版社，2015.

[2] Kanazawa Y，Kamitani M．Rare earth minerals and resources in the world［J］．Journal of Alloys and Compounds，2006，408：1339–1343.

[3] 矿业网，2017.1.18.

[4] 池汝安，王淀佐．稀土矿物加工［M］．北京：科学出版社，2014.

[5] 张培善，陶克捷．白云鄂博矿物学［M］．北京：科学出版社，1986，11–38.

[6] Nesbitt H W．Mobility and fractionation of rare earth elements during weathering of a granodiorite［J］．Nature，1979，279：206–210.

[7] Chi R，Tian J．Weathered crust elution-deposited rare earth ores［M］．New York：Nova Science Publishers，2008.

[8] Chi R，Tian J，Li Z，Peng C，Wu Y，Li S，Wang C，Zhou Z．Existing state and partitioning of rare earth on weathered ores［J］．Journal of Rare Earths，2005，23（6）：756–759.

[9] 吴开兴，张恋．赣南离子吸附型稀土矿床成矿特征概述［J］．中国稀土学报，2015，33（1）：10–17.

[10] Nesbitt H W．Mobility and fractionation of rare earth elements during weathering of a granodiorite［J］．Nature，1979，279：206–210.

[11] Bao Z，Zhao Z．Geochemistry of mineralization with exchangeable REY in the weathering crusts of granitic rocks in South China［J］．Ore Geology Reviews，2008，33（3–4）：519–535.

［12］张臻悦，何正艳，徐志高，余军霞，张越非，池汝安．中国稀土矿稀土配分特征［J］．稀土，2016，37（1）：121–127.
［13］程建忠，车丽萍．中国稀土资源开采现状及发展趋势［J］．稀土，2010，31（2）：65–69.
［14］程建忠．侯运炳．车丽萍．白云鄂博矿床稀土资源的合理开发及综合利用［J］．稀土，2007，28（1）：70 ~ 73.
［15］车丽萍，余永富．中国稀土矿选矿现状及发展方向［J］．稀土，2006，27（1）：95–102.
［16］余永富，车丽萍．包头白云鄂博矿床的矿石特点［J］．矿山，2004，20（2）：1–5.
［17］杨占峰，柳建勇．白云鄂博稀土矿床探矿的必要性与可行性探讨［J］．稀土，2007，28（6）：84–87.
［18］余永富，朱超英．包头稀土选矿技术进展［J］．金属矿山，1999，23（11）：18–22.
［19］余永富，程建国，陈泉源．磁浮新工艺流程选别白云鄂博中贫氧化矿的研究［J］．矿冶工程，1989，9（4）：25–29.
［20］车丽萍，余永富，庞金兴，袁继祖，张福光．羟肟酸类捕收剂在稀土矿物浮选中的应用及发展［J］．稀土．2004，25（3）：49–54.
［21］车丽萍，余永富，庞金兴，袁继祖，张福光．羟肟酸类捕收剂性质、合成及应用［J］．稀土．2004，23（3）：36–42.
［22］寇文生．氟碳铈矿与独居石浮选分离新进展［J］．有色金属（选矿部分）［J］．1994，（1）：11–14.
［23］蒲广平．牦牛坪稀土矿床成矿模式及找矿方向探讨［J］．四川地质学报，1993，13（1）：46–57.
［24］王成行，邱显扬，胡真．油酸钠对氟碳铈矿的捕收作用机理研究［J］．稀土，2013，34（6）：24–30.
［25］邱显扬，何晓娟，饶金山，汤玉和，罗传胜，张军．油酸钠浮选氟碳铈矿机制研究［J］．稀有金属，2013（5），37（3）：422–428.
［26］饶金山，何晓娟，罗传胜，陈志强．辛基羟肟酸浮选氟碳铈矿机制研究［J］．中国稀土学报，2015（6），33（3）：370–376.
［27］何晓娟，饶金山，罗传胜，陈志强，刘超，张军．改性烷基羟肟酸浮选氟碳铈矿机制研究［J］．中国稀土学报，2016（4），34（2）：244–251.
［28］Ren Jun，Lu Shouci，Song Shaoxian．A new collector for rare earth mineral flotation［J］．Minerals Engineering，1997，10（12）：1395–1404.
［29］Zhang Xia. Surface chemistry aspects of flourite and bastnaesite flotation systems［D］．2014．The University of Utah.
［30］徐雪芳．氟碳酸盐稀土矿物新捕收剂及选别效果初步分析［J］．中国稀土学报，1985，3（4）：6–8.
［31］贾利攀，车小奎，郑其，张雷．3 种捕收剂对氟碳铈矿的浮选性能研究［J］．金属矿山，2011（7），（421）：106–109.
［32］兰玉成，徐雪芳，黄风兰，赵其华．用邻苯二甲酸从山东微山矿浮选高纯氟碳酸盐稀土精矿的研究［J］．稀土，1983，14（4）：27–32.
［33］熊文良，陈炳炎．四川冕宁稀土矿选矿试验研究［J］．稀土，2009，30（2）：89–91.
［34］李芳积，朱英江，等．L102 捕收剂在昌兰稀土选矿厂的应用［J］．稀土，2002，23（6）：1–5.
［35］池汝安，田君．风化壳淋积型稀土矿评述［J］．中国稀土学报，2008，25（6）：641–650.
［36］Li Y，Tu A，Zhang Y，Zhang M，Chi R．Kinetics of leaching rare earth from a weathered crust elution–deposited rare earth ore in south China with mixed ammonium salt［J］．Industrial Minerals & Processing，2009，38（2）：19–24.
［37］池汝安，田君，罗仙平，徐志高，何正艳．风化壳淋积型稀土矿的基础研究［J］．有色金属科学与工程，2012，3（4）：1–13.
［38］李永绣．离子吸附型稀土资源与绿色提取［M］．北京：化学工业出版社，2014.
［39］Xiao Y，Feng Z，Huang X，Huang Li，Chen Y，Wang L，Long Z. Recovery of rare earths from weathered crust

elution deposited rare earth ore without ammonia–nitrogen pollution: I. Leaching with magnesium sulfate［J］. Hydrometallurgy，2015，153：58–65.

［40］许秋华，孙园园，周雪珍，刘艳珠，李静，李永绣. 离子吸附型稀土资源绿色提取［J］. 中国稀土学报，2016，(6)：650–660.

［41］贺伦燕，冯天泽，傅师曦，等. 硫酸铵淋洗从离子型稀土矿中提取稀土工艺的研究［J］. 稀土，1983，4(3)：1–5.

［42］Moldoveanu G A，Papangelakis V G. Recovery of rare earth elements adsorbed on clay minerals：Ⅱ. Leaching with ammonium sulfate［J］. Hydrometallurgy，2013，131–132（1）：158–166.

［43］Huang X，Long Z，Li H，Ying W，Zhang G，Xue X. Development of rare earth hydrometallurgy technology in China［J］. Journal of Rare Earths，2005，23（1）：1–5.

［44］Tian J，Yin J，Chen K，Rao G，Jiang M，Chi R. Optimization of mass transfer in column elution of rare earths from low grade weathered crust elution–deposited rare earth ore［J］. Hydrometallurgy，2010，103（1–4）：211–214.

［45］Tian J，Yin J，Chi R，Rao G，Jiang M，Ouyang K. Kinetics on leaching rare earth from the weathered crust elution–deposited rare earth ores with ammonium sulfate solution［J］. Hydrometallurgy，2010，101（3–4）：166–170.

［46］Tian J，Tang X，Yin J，Chen J，Luo X，Rao G. Enhanced leachability of a lean weathered crust elution–deposited rare–earth ore：effects of sesbaniagum filter–aid reagent［J］. Metallurgical and Materials Transactions B，2013，44（5）：1070–1077.

［47］Tian J，Tang X，Yin J，Luo X，Rao G，Jiang M. Process optimization on leaching of a lean weathered crust elution–deposited rare earth ores［J］. International Journal of Mineral Processing，2013，119：83–88.

［48］He Z，Zhang Z，Yu J，Zhou F，Xu Y，Xu Z，Chen Z，Chi R. Kinetics of column leaching of rare earth and aluminum from weathered crust elution–deposited rare earth ore with compound ammonium salt［J］. Hydrometallurgy，2016，163：33–39.

［49］He Z，Zhang Z，Yu J，Xu Y，Zhou F，Chi R. Column leaching process of rare earth and aluminum from weathered crust elution–deposited rare earth ore with ammonium salt. Transactions of Nonferrous Metals Society of China，2016，26：3024–3033.

［50］He Z，Zhang Z，Yu J，et al. Process optimization of rare earth and aluminum leaching from weathered crust elution–deposited rare earth ore with compound ammonium salts［J］. Journal of rare earth，2016，34（4）：413–419.

［51］吴爱祥，尹升华，李建锋. 离子型稀土矿原地溶浸溶浸液渗流规律的影响因素［J］. 中南大学学报：自然科学版，2005，36（3）：506–510.

［52］Zhang Z，He Z，Yu J，Chi R. Novel solution injection technology for in–situ leaching of weathered crust elution–deposited rare earth ores［J］. Hydrometallurgy，2016，164：248–256.

［53］Chi R，Zhou Z，Xu Z，et al. Solution–chemistry analysis of ammonium bicarbonate consumption in rare–earth–element precipitation［J］. Metallurgical and Materials Transactions B，2003，34（5）：611–617.

［54］沈杨扬，袁萍，刘明星，等. 中钇富铕稀土矿萃取分离前水解除铝研究［J］. 稀土，2014（5）：30–35.

撰稿人：池汝安　杨主明　陈炳炎　车丽萍　徐志高

稀土冶金技术研究

一、引言

60多年来，我国针对国内稀土资源特点，开发了一系列先进的稀土冶金工艺技术，并在工业上广泛应用，建立了较完整的稀土工业体系[1]，成为世界稀土生产、出口和消费大国，在世界上具有举足轻重的地位。随着稀土在高科技领域的开发应用研究不断取得重大突破，稀土材料的应用越来越广。高新技术及战略性新兴产业对稀土化合物、稀土金属及合金的基础材料的品质和用量需求不断提高，而在稀土资源大规模开发与利用的同时，资源与环境问题日益突出，已成为制约稀土行业健康可持续发展的突出矛盾。因此，发展稀土绿色分离化学与冶炼分离工业应用技术，提高资源利用率和环境保护水平，实现稀土资源的均衡利用和高价值利用，是巩固我国稀土国际地位的必经之路。

二、本学科领域近年的最新研究进展

（一）湿法冶炼分离技术

近三年来，在“973”计划、“863”计划、国家科技支撑计划、国家自然基金和重点专项的支持下，稀土化学与湿法冶金学科得到了长足发展，取得了一些重要研究成果。

1. 新型萃取和分离体系基础研究

中科院上海有机所肖吉昌团队对稀土萃取剂分子结构与萃取性能之间的关系进行了定量研究。

1）酸性磷类萃取剂的反萃性能受到广泛关注，而反萃酸度与其pKa直接相关。该研究整理、分析了已有萃取剂的pKa值，通过随机取样的方式分为训练集和测试集，使用密度泛函（DFT）方法获取了它们的结构参数，并用多元线性回归（MLR）方法建立了萃取剂结构与 pKa 的数值方程（见图 1）[2]。由 96 个已有的酸性磷类萃取剂（pKa 范围为 1.88 ~ 6.26）通过随机取样的方式划分的训练集和测试集，该方程的 R^2 分别为 0.974 及 0.966。通过该方程可以准确地计算出酸性磷类萃取剂分子的 pKa 值，进而为低反萃酸度稀土萃取剂的分子设计奠定了基础。

$$pKa=(-20.2272\pm 9.6952)+(5.7303\pm 0.7723)Q_{E,4}+(9.0450\pm 0.8786)L+(-83.6396\pm 11.0230)Q_{N,1}+(-62.3397\pm 4.3680)Q_{N,4}$$

萃取剂分子结构参数：

原子电荷（$Q_{E,X}$, $Q_{M,X}$, $Q_{N,X}$）

键长（$R_{X,Y}$）

轨道能（HOMO, LUMO）

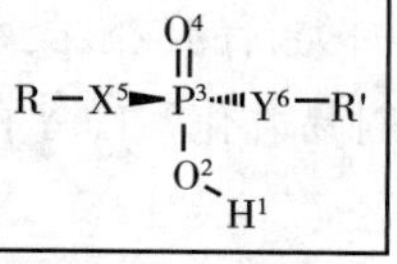

图 1　酸性磷（膦）类萃取剂 pKa 的结构数值方程

2）研究了具有低反萃酸度的双烷基次膦酸类萃取剂空间位阻效应对分离系数的影响。利用萃合物逐级稳定常数与总稳定常数的关系简化了萃取反应，通过计算化学研究了 α 及 β 位取代基的空间位阻对稀土分离性能的影响[3]。在此基础上，合成了相应取代结构的萃取剂，并进行稀土分离的性能评价，验证该模型的模拟结果与实验结果符合较好。通过对不同结构的二烷基次膦酸分离性能的计算模拟（见图 2），发现 β 位具有乙基或丙基的二烷基次膦酸类萃取剂具有较好的分离效果。

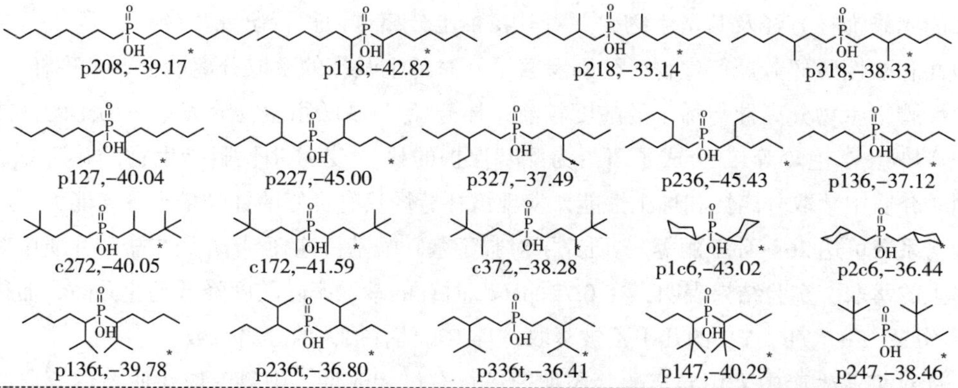

*数值代表 $\Delta\Delta G=\Delta G_{1[\mathrm{III}]}-\Delta G_{1[\mathrm{La(III)}]}$，单位kJ/mol,该数值的绝对值越大，说明其分离稀土金属的能力越强

图 2　不同结构的二烷基次膦酸稀土分离性能的模拟

3）采用隐形溶剂化模型（SMD）将溶解过程的热力学能简化为从本体相转移至溶剂相的转移能，用转移能衡量它们的溶解性，从而揭示萃取剂结构对饱和容量的影响规律[4]。选用二丁基磷酸，丁基膦酸单丁酯和二丁基次膦酸的三类 12 种异构体为研究对象，以正十二烷、甲苯、正辛醇及三丁基磷酸酯为代表性溶剂，系统研究了萃取剂结构对萃取剂和萃合物在不同溶剂中转移能的影响，从而推导出结构对溶解性的影响规律：取代基结构对

萃取剂和萃合物的溶解性具有相似的影响，分子越接近球形，溶解性就越差，相应的饱和容量越低。

中科院上海有机所肖吉昌团队发展了高效的C–P键构建方法，完成了系列萃取剂的合成并对优选的P227萃取剂通过2步反应实现规模化合成[5]。根据萃取剂“9S”原则，对P227的综合性能进行了全面研究。结果显示P227的萃取性能优异，P227对重稀土的反萃酸度远低于P507的反萃酸度，且对重稀土的平均分离系数优于P507，水溶性小、生物毒性小、生产成本低，有望用于稀土分离。肖吉昌团队通过研究分析环烷酸分离钇的机理，设计、合成了一类新的羧酸类萃取剂，钇与其他金属的平均分离系数为2.3，同时解决了环烷酸分离钇时易乳化，La/Y的分离系数不稳定，只能用在含Y_2O_3>60%的重稀土混合物等缺点。

中科院应化所廖伍平课题组基于多年溶剂萃取及配位化学研究的基础，提出在中性磷萃取剂中引入氮元素以增强萃取剂和四价铈离子配位能力的思路。通过理论计算，对比N–取代的中性磷萃取剂在硫酸介质中与四价铈的反应能，N–取代有利于萃取反应进行。在此基础上，设计、合成了一系列含氮中性膦萃取剂，并成功筛选出新型萃取剂Cextrant 230。该萃取剂合成路线简单、设备要求低、生产成本只是Cyanex 923价格（约40万元/吨）的1/10，目前已完成50L反应釜批量合成。

杯芳烃（calixarene）是由对叔丁基酚和甲醛在一定条件下反应得到的一类环状聚合物。近年来，杯芳烃及衍其生物在稀土分离方面也有一些应用。廖伍平课题组采用不同的官能团修饰杯芳烃及其衍生物，并对其在稀土分离方向进行研究。卢有彩等[6, 7]合成了中性和酸性磷杯芳烃衍生物，分别考察了其对稀土及钍的萃取分离能力，发现杯[4]芳烃中性膦衍生物分离钍与稀土的酸度较高；杯芳烃[4]膦酸衍生物分离单一稀土的性能和P507类似。李艳玲等[8]合成了下沿为酯基保护的杯[4]芳烃中性膦衍生物，并研究了其在硝酸介质中萃取分离钍和稀土性能，发现该杯芳烃具有良好的钍与稀土分离能力，其最大分离系数可达26。孙玉丽等[9]研究了对叔丁基磺酰基桥连杯[4]芳烃在盐酸介质中对钍和稀土的萃取。实验结果表明，在0.75<pH<2时钍的萃取率随酸度降低迅速升高，而稀土离子（La，Eu，Yb，Y）的几乎不被萃取，Th/RE具有很大的分离系数。

针对工业生产中采用异辛醇等添加剂进行有机相改性，中科院应化所陈继等研究了P227［二（2–乙基己基）膦酸］、Cyanex 272［二（2，4，4–三甲基戊基）膦酸］、P507（2–乙基己基膦酸单2–乙基己基酯）–异辛醇等体系分离重稀土的热力学和界面动力学，揭示了酸性膦萃取稀土为阳离子交换机理，确定了其萃取速率方程[10]。阐述了微乳、第三相形成机理，通过提高添加剂的浓度，使第三相体系中大尺寸反胶束逐渐消失和界面张力增大[11]。研究了P227，P507等有机磷酸萃取剂萃取过程中在水相中的分配行为，通过增大电解质浓度，使萃取剂活度系数增加，萃取剂在水相分配减少，可以调节萃合物的形成速率[12]。研究了Cyanex272修饰的聚苯乙烯–二乙烯苯新型萃淋树脂对Lu^{3+}的吸附动力学，讨论了其吸附机理[13]。在此基础上提出重稀土配位平衡原理，从分子水平解释了配位内环境与外环境对体系萃取能力与选择性能的改变机制，解决了 P507 体系分离重稀土反萃难题。

东北大学薛向欣团队探索了以 D2EHPA 作为载体[14]，采用乳状液膜技术从硫酸稀土溶液中提取 Ce^{4+} 的方法，Ce^{4+} 萃取率可达 98%，在 Ce^{4+}–RE^{3+} 混合溶液中，对 Ce^{4+} 具有明显的选择性，负载乳状液采用超声破乳，Ce^{4+} 回收率在 97% 以上。

2. 联动萃取分离技术和工艺计算与优化

（1）联动萃取分离单元的最小萃取量和最小洗涤量

早期串级萃取理论给出了两组分萃取分离体系最小萃取量和最小洗涤量计算公式。对于多组分的联动萃取分离工艺，分离单元、分离流程的化工试剂消耗只能借助电子计算机，通过仿真模拟软件程序计算，从大量的计算数据中择优设计工艺流程，但无法判定所得到的最优计算值是否为理论最小萃取量。

近年来，北京大学与五矿（北京）稀土研究院有限公司[15–17]发展了基于联动萃取工艺形式的基础理论，进一步丰富了稀土的串级萃取理论。采用联动萃取技术的稀土全分离流程中包含的分离单元分为以下 3 种基本类型：①简单分离单元。该类型分离体系使用碱皂化的有机相和无机酸作为洗液，料液可为单一水相、单一有机相或同时使用水相和有机相两种料液；②使用负载稀土的萃取剂或洗液的分离单元。该种分离体系使用的皂化萃取剂或洗液中含有待分离组分，料液可为单一水相、单一有机相或同时使用水相和有机相两种料液；③易流进料分离单元。该种类型分离体系中，由低分离层级的水相进料级引出一个有机相流，或在有机相进料级引出一个水相流，提供给高一分离层级作为皂化有机相或洗液使用，此时料液仅为单一水相或有机相。就分离单元的切割方式而言，在传统分离流程的分离单元中，t（$t \geqslant 3$）个组分 $A_tA_{t-1}\cdots A_1$ 分离的切割方式通常为（$A_t\cdots A_k$）/（$A_{k-1}\cdots A_1$），其中 $1<k<t$。而最新理论研究表明，对于 t（$t \geqslant 3$）个组分 $A_tA_{t-1}\cdots A_1$ 的分离，仅当采取（$A_tA_{t-1}\cdots A_2$）/（$A_{t-1}A_{t-2}\cdots A_1$）分离，亦即分离单元两端出口的萃余水相和负载有机相分别不含原料中的最易萃组分和最难萃组分时，才有可能同时实现萃取剂和洗液分离功效的最大化，因而在联动萃取分离流程中，所有分离单元均需采用（$A_tA_{t-1}\cdots A_2$）/（$A_{t-1}A_{t-2}\cdots A_1$）的分离切割形式，以避免产生分离功的浪费。并通过理论研究推导得到了联动萃取工艺中各种类型的基本分离单元所需的最小萃取量（以下以 S_{min} 表示）和最小洗涤量（以下以 W_{min} 表示）公式。

（2）最小消耗的联动萃取分离流程设计

在计算分离单元和基础上，通过联动衔接设计即可得到一个具有理论最小萃取量的多组分全分离工艺流程。工艺流程设计时，为使流程整体具有理论的最小萃取量，需遵循两个基本原则：①每个分离单元均按最优切割方式进行分离，萃取剂和洗液的分离功都不浪费；②分离单元间充分联动，相互利用分离功至极值。以一个 Sm：Eu：Gd=60：10：30

的三组分水相料液为例，可设计得到如图 3 所示的分离流程，图中 f_a、$S^{\mathrm{II}}_{\mathrm{min}}$、$S^{\mathrm{III}}_{\mathrm{add}}$、$S^{\mathrm{III}}_{\mathrm{min}}$ 为由分离流程外部输入的流量，$p_{\mathrm{Sm,a}}$、$p_{\mathrm{Eu,a}}$、$p_{\mathrm{Gd,a}}$ 为分离体系输出的流量（即产品），其他均为各分离单元间联动衔接时互相提供的流量。外部输入的萃取剂流量除分离单元Ⅱ所需的最小萃取量 $S^{\mathrm{II}}_{\mathrm{min}}=0.9117$ 外，由于分离单元Ⅱ与Ⅲ的衔接不能满足分离单元Ⅲ的最小萃取量要求，还需额外补充萃取剂 $S^{\mathrm{III}}_{\mathrm{add}}=0.2783$，因此图 3 中流程所需的总最小萃取量 $S^{\mathrm{sheet}}_{\mathrm{min}}=S^{\mathrm{II}}_{\mathrm{min}}+S^{\mathrm{II}}_{\mathrm{add}}=1.1900$；而分离单元Ⅲ输入的洗液可同时满足另两个分离单元最小洗涤量需求，无须额外补充，因而图 3 中流程的总最小洗涤量 $W^{\mathrm{sheet}}_{\mathrm{min}}=W^{\mathrm{III}}_{\mathrm{min}}=0.8900$。图 3 是将给定原料分离为单一产品所需的理论最小消耗的流程，当萃取量低于流程的最小萃取量 1.1900 时，无论如何设计工艺都无法实现获得三个单一纯产品的分离目的。

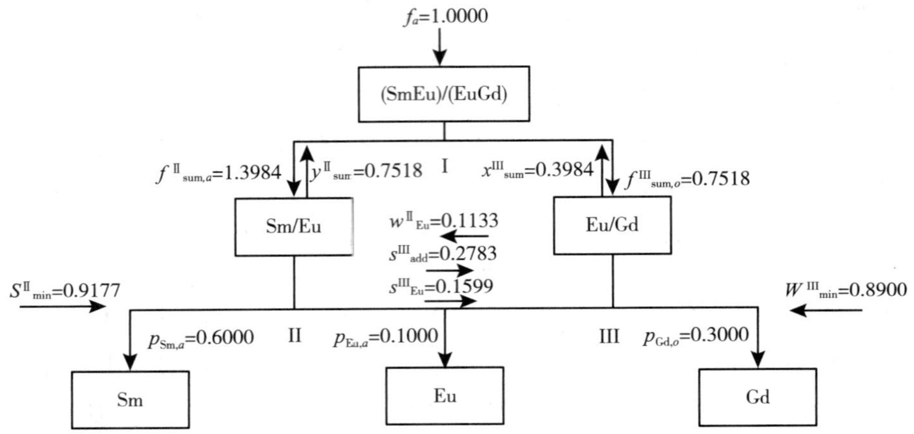

图 3　具有最小萃取量的 Sm/Eu/Gd 三组分联动萃取分离流程

其中：a 和 o 分别代表水相和有机相；p 代表产品流量；s 和 w 代表输入的萃取剂和洗液中相应组分的流量；上标Ⅰ、Ⅱ和Ⅲ分别代表（SmEu）/（EuGd）、Sm/Eu 和 Eu/Gd 三个分离单元；下标 sum 代表所有组分；下标 add 代表外部补充。流程的总最小萃取量，总最小洗涤量。

（3）联动萃取流程最小萃取量的经验计算方法

大量的模拟计算显示，将一个多组分料液分离为所有组分的单一产品时，流程所需的理论最小萃取量在数值上等于将原料以任意两相邻组分间切割进行两出口分离所需的最小萃取量中的最大者。例如，如将某一给定组分的 La/Ce/Pr/Nd 料液分离为所有单一组分的纯产品，具有理论最小萃取量流程的$S^{\mathrm{sheet}}_{\mathrm{min}}$ 数值上等于进行 La/（CePrNd）、（LaCe）/（PrNd）和（LaCePr）/Nd 三种两出口分离形式所需的S_{min}中的最大者。其中相邻组分间切割的两出口分离由于出口组分已知，可以较方便地通过静态模拟计算得到S_{min}，进而通过比较即可获知联动全分离流程的理论最小萃取量。这种流程最小萃取量的计算方法已通过大量的例证与上述方法进行对比，所有结果均完好符合。

按此方法计算，我国典型稀土矿种分离消耗理论极值（以总萃取量表示）列于表 1。萃取分离过程的萃取量与单位产量的酸碱试剂单耗和废水排放成正比。表 1 中数据表明，我国典型南、北方矿的试剂消耗与酸碱排放均有在现有水平基础上减半的可能。

表 1　我国典型稀土矿种全分离现行工艺与理论值的比较

稀土矿	包头混合型稀土矿	中钇离子型稀土矿
理论 S_{min}	0.9	1.2
实际 S_{min}	2.3	2.6

3. 稀土清洁提取分离技术研发

（1）包头混合型稀土矿冶炼分离工艺

包头稀土矿是由氟碳铈矿和独居石组成的混合型稀土矿，由于其矿物结构和成分复杂，被世界公认为难冶炼矿种。我国稀土工作者长期致力于该矿的冶炼分离工艺研究，开发了硫酸焙烧法、烧碱分解法、碳酸钠焙烧法、高温氯化法、电场分解法等多种工艺流程，但在工业上应用的只有硫酸法和烧碱法。目前 90% 以上的包头混合型稀土矿采用北京有色金属研究总院张国成院士团队开发的硫酸法进行冶炼，后续分离提取工艺根据产品结构的不同有一些变化和改进。包头矿硫酸法冶炼工艺已运行了近 30 年，为我国稀土工业的建立、发展壮大做出了重大贡献。但随着稀土产业的快速发展，所产生的三废总量逐年增加，对环境造成的影响也逐年增大。近年来，国内许多研究院所、稀土企业针对包头混合型稀土矿冶炼分离过程存在的环境污染问题，开展了绿色冶炼分离工艺的研发，取得了一些新的进展。

东北大学张廷安、豆志河团队提出采用微波强化分解转型的清洁提取稀土新工艺。在微波强化分解过程中，以 NaOH 作为吸波剂、固氟剂和反应助剂，稀土精矿分解率大于 95%，矿中的氟、磷转化为氟化钠和磷酸钙或氟磷酸钙；强化分解产物中只有氟化钠是可溶性盐，可通过水洗回收 80% 以上的氟；最后通过低浓度盐酸温和浸出水洗矿，稀土浸出率可达 93% 以上。该工艺大大降低了碱用量，仅为稀土矿质量的 35%；实现了氟资源回收独立操作，含氟废水量相比于传统碱分解工艺降低了 67%[18, 19]。该团队同时还提出了微波场作用下稀土精矿氯化分解提取稀土新工艺，利用微波流化床将稀土精矿与碳混合氯化分解，得到稀土氯化物、氟化硅以及三氯氧磷，根据各物质的沸点差异进行精馏分离回收稀土、硅以及磷等。该工艺中各反应均属气固反应，不存在废水排放问题。

五矿（北京）稀土研究院有限公司廖春生、吴声等团队通过理论计算研究，以前期开发的包头矿转型 – 分组一体化分离工艺为基础，开发了包头矿转型 – 分离一体化分离新工艺，并于 2016 年在甘肃稀土新材料股份有限公司成功应用。与早期转型 – 分组一体化工艺相比，新工艺在转型过程中即同步实现部分纯 Ce、PrNd、Nd 等纯产品的分离，并延续产出 LaCe、CePrNd 等中间产品，以匹配原有生产线处理能力。新工艺流程的总萃取量由早期工艺的 1.7 ~ 1.75 进一步降至 1.35 ~ 1.4，进一步接近了 1.10 的理论极限。

由于硫酸体系的特殊性质，当有一价碱金属离子、铵离子存在溶液中时，会与稀土离子反应生产硫酸稀土复盐沉淀，稀土难以稳定存在于硫酸体系中，因此，在硫酸稀土浸出液除杂、萃取分离转型等过程中使用大量的氧化镁粉调节体系酸度，不仅给体系中带入大量的钙、铝、铁等杂质，并产生大量的含钙硫酸镁废水，饱和硫酸钙易结晶结垢堵塞管路和萃取设备等，而且铝、铁杂质被萃取富集，严重影响稀土萃取能力和产品质量。为了解决上述问题，有研稀土黄小卫团队针对包头稀土矿的特点，开发成功基于碳酸氢镁水溶液的新一代包头混合型稀土矿绿色冶炼分离工艺[20, 21]，利用冶炼分离过程产生的硫酸镁废水和回收的 CO_2 气体自制纯净的碳酸氢镁溶液，代替氧化镁用于包头稀土矿硫酸焙烧矿浸取、中和除杂及皂化 P507 和 P204 萃取转型与分离稀土，生产过程低碳低盐无氨氮排放，实现萃取废水、镁和 CO_2 的循环利用，并消除了硫酸钙结晶、铝和铁杂质对萃取过程的影响，大幅度降低环保投入和生产成本，实现稀土绿色环保、高效清洁生产。2016 年，在甘肃稀土新材料股份有限公司改建了年处理包头混合型稀土精矿 30000 吨的新一代绿色冶炼分离生产线，实现硫酸镁废水的循环利用，解决生产过程中硫酸钙结垢难题。

中科院应化所陈继团队采用新焙烧工艺处理包头矿构建 Ce（Ⅳ）体系，研究了复杂体系中 Ce（Ⅳ）、氟、磷的萃取热力学和界面动力学，提出了 Ce（Ⅳ）固定氟和磷的萃取机理，Cyanex923 在硫酸介质对包头矿料液中 Ce（Ⅳ）、F、P 具有较好的萃取性能，通过反萃制备出 $CePO_4$ 和 CeF_3 混合粉体，可有效回收包头混合型稀土矿中的氟、磷资源，利用丰富廉价的铈资源固定氟、磷资源，从源头解决了氟、磷环境污染问题。同时把稀土配分中占 50% 的铈优先分离出来，可为其他 RE（Ⅲ）的分离节约成本[22]。

包头混合型稀土矿经弱磁 – 强磁 – 浮选回收稀土、铁等资源后，大量含铁稀土尾矿不断被排入尾矿坝内堆积，尾矿中稀土平均品位逐步增加到 6.8% ~ 8.85%，接近白云鄂博原矿稀土[19]，且铌、钪含量富集三倍，分别为 0.36% 和 0.03%，尾矿的堆积不仅污染环境更造成资源的严重浪费。针对这一现状，东北大学薛向欣团队提出了钙基固氟还原焙烧 – 弱磁分选 – 酸浸取的工艺处理包头含铁稀土尾矿，以期回收尾矿中的有价元素。该方法利用钙基固氟，不仅有效降低烟气含氟量，同时促进稀土矿物的分解，分解率可达 98%。还原焙烧过程可将尾矿中赤铁矿还原为人造磁铁矿，通过弱磁分选回收铁资源。同时，在还原气氛下可避免三价稀土被氧化成高价态，有利于稀土浸出，稀土浸出率可达 99%。该团队同时开发了直接还原 – 弱磁分选 – 硫酸铵焙烧 – 水浸取流程[23, 24]，可获得品位 90% 的铁粉和硫酸稀土溶液，铁和稀土回收率可分别达到 90% 和 96%。同时回收硫酸铵焙烧过程中产生的氨气，可实现硫酸铵的循环利用，达到废气废水的零排放。

包头稀土研究院马莹团队开展了白云鄂博中深部矿石弱磁尾矿的工艺矿物学研究，探明了矿物与选矿药剂和气泡间的界面作用与微区行为，揭示了矿物组成和表面状态对浮选过程的影响机制，建立了包头弱磁尾矿综合回收稀土、铁、氟、磷的选冶联合流程。浮选过程获得了 REO 品位为 51.13% 的稀土精矿，收率 83.12%；CaF_2 品位为 83.85% 的萤石精矿，氟总收率 75.34%。磁选过程获得了 TFe 品位为 46.26% 的强磁铁精矿和生铁（TFe 78.68%），铁总收率为 74.26%。探明了高温下典型元素的迁移和矿相重构规律，采用钙化焙烧稀土精矿，可有效抑制氟的逸出，稀土、氟、磷浸出率分别达到 97.29%、92.24%、95.45%；并通过萤石浮选 – 尾矿还原焙烧，获得还原生铁，可提高铁回收率，缩短了有价元素铌、钪的回收流程。

（2）离子吸附型稀土矿

离子型稀土原矿通常采用硫酸铵浸矿 – 沉淀富集工艺提取，存在稀土收率低，大量氨氮污染环境，以及伴生的微量镭、钍、铀等放射性核素富集进入酸溶渣，稀土分离厂须建立含放射性废渣专用库，存在严重安全隐患。

有研稀土黄小卫、冯宗玉等研发成功离子型稀土原矿浸萃一体化（浸萃联合法）新技术[25-34]，简化工艺流程，提高稀土收率，实现了从源头消减污染，解决含放射性物质废渣污染问题。并在中铝崇左矿山建成 $1200m^3/d$（$4 \times 10^5 m^3/y$）稀土浸出液浸萃一体化示范线，并实现稳定运行，流程缩减 5 道工序；氯化稀土溶液 REO 约为 230g/L，稀土富集 500 ~ 800 倍，回收率提高 8% 以上；杂质含量低于国标限值，Pr/Nd/Eu/Tb/Dy 等配分共提高 2 ~ 4 个百分点；无氨氮排放、不产生含放射性废渣。离子型稀土原矿浸萃一体化新技术主要由以下核心技术组成。

1）生态环境友好型镁盐及其复合体系浸取离子型稀土矿新技术，解决氨氮污染及土壤中交换态钙 / 镁营养元素流失问题。通过建立浸取双电层模型，揭示了不同无机盐溶液浸取的规律，即阳离子水合半径越小、价态越高，对稀土浸取能力越强，$Fe^{3+}>Fe^{2+} \approx Mg^{2+}>Ca^{2+}>NH_4^+>Na^+$；加入还原性阳离子，可浸取胶态相中的高价稀土离子（如四价铈），提高稀土浸出率。进而，开发出硫酸镁 / 氯化钙 / 硫酸亚铁等复合体系浸取离子型稀土矿技术，根据矿区土壤成分调整浸取剂成分，使土壤中交换态钙 / 镁比例保持 8 ~ 12，满足土壤养分比值要求。稀土浸出率与硫酸铵浸取相当，铝的浸出率与硫酸铵浸取相比降低了 13%。

2）离子型稀土矿浸出液 P507/P204 非平衡离心萃取富集稀土新技术，简化工艺流程，提高稀土收率，解决含放射性物质废渣污染问题（见图 4）。①自主研发成功非皂化与非平衡耦合离心萃取富集稀土新技术，解决杂质分离、乳化 / 三相等难题。在系统研究稀土及铁、铝萃取热力学和传质动力学规律的基础上，利用稀土与铁 / 铝的萃取动

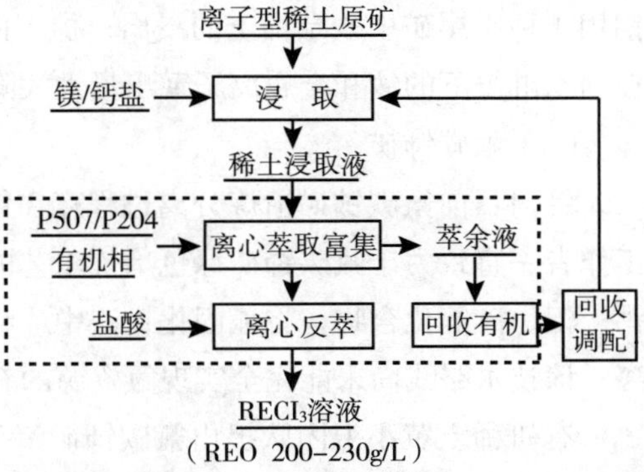

图 4　离子型稀土原矿浸萃一体化新技术流程

力学性质差异，采用非平衡离心萃取实现稀土与杂质分离，避免了三相物的生成。通过控制萃取平衡参数，铝和铁的萃取率分别降至1%和15%以下。改变萃取体系和方式，实现弱酸性条件下稀土高效富集，解决了传统皂化萃取有机相乳化难题，大幅减少有机相损失。针对REO ≤ 1g/L浸出液，开发出非皂化P507一步非平衡离心萃取富集新技术；针对REO > 1g/L浸出液，利用P507、P204萃取平衡酸度差异，以及与不同稀土离子结合能力的差异，开发出P507/P204分步耦合离心萃取分组新技术，实现稀土高效富集，以及轻稀土与中重稀土的预分组。②研究开发出离心分相耦合原位气浮除油回收有机相新技术，解决有机相损失及萃余液循环利用的难题。利用连续相和分散相在离心场–重力场耦合作用下的取向差异，开发出离心分相技术降低萃余液中有机相夹带；运用无机除油剂的载带效应及其与萃余液发生原位反应生成微纳米气泡的气浮作用，开发出低成本原位气浮除油新技术，可进一步将萃余液中磷含量降至1mg/L以下，萃余液经过调配浸矿剂后全部回用于浸矿，有机相溶解损失减少95%以上。③开发适用于低浓度稀土溶液萃取的大流比、高通量新型结构离心萃取机，解决大规模连续化生产难题。

中科院过程所黄焜团队提出基于气泡支撑有机萃取剂油膜的低浓度大相比鼓泡油膜萃取技术[35–38]，可将极大体量稀土浸矿液中极稀浓度稀土萃取富集到极小体积的有机相中（见图5）。其原理为：利用气泡分散极小体积的有机萃取剂，使有机萃取剂分散包覆在气泡表面，形成一层萃取剂有机液膜。利用气泡表面的有机萃取剂油膜萃取富集极大体积水体中极低浓度稀土离子。萃取过程水油相比可高达600以上，萃取富集比高。由于萃取反应发生在气泡表面油膜层，界面效应强化萃取传质效率高，传质推动力大，可将水相中极低浓度稀土离子快速回收富集于有机萃取剂油膜内，且油膜破坏容易，经反萃后可使稀土离子富集至几十甚至上百克升浓度。目前已完成日处理300m^3/d龙南县东江足洞离子吸附型稀土矿浸出液的放大验证，低浓度稀土溶液经大相比萃取后，萃余液中残留的稀土离子含量REO<0.1mg/L，残油含量P<0.3mg/L，COD<50mg/L。

南昌大学李永绣团队针对离子吸附型稀土矿浸取过程存在废水量大，稀土浓度低和铝含量高等问题，研究开发了多项从废水中回收稀土和铝的新技术，分离回收稀土后的硫酸铝用于稀土尾矿中残余稀土的浸出，稀土回收率可以提高10% ~ 40%；尾矿经护尾处理，在雨水淋浸下的铵和金属离子释出量大大降低，可以满足废水直接排放要求。

（3）氟碳铈矿

针对目前氟碳铈矿冶炼分离过程存在伴生资源钍、氟浪费与环境污染问题，稀土科研工作者一直致力于氟碳铈矿绿色冶炼工艺的研发，主要思路是在氟碳铈矿焙烧过程中加入钙、铝、硅等化合物，将氟固化在渣中或将其气化脱除，避免氟进入后续工序影响稀土分离。该技术路线尚未能完全实现氟资源的有效利用，有待于进一步攻关完善。

有研稀土黄小卫团队提出氟碳铈矿氧化焙烧–硫酸浸取–HEH（EHP）一步萃取分离回收铈、氟和钍[39, 40]。氟碳铈矿经过氧化焙烧–硫酸浸出，使四价铈、钍、氟等均进入

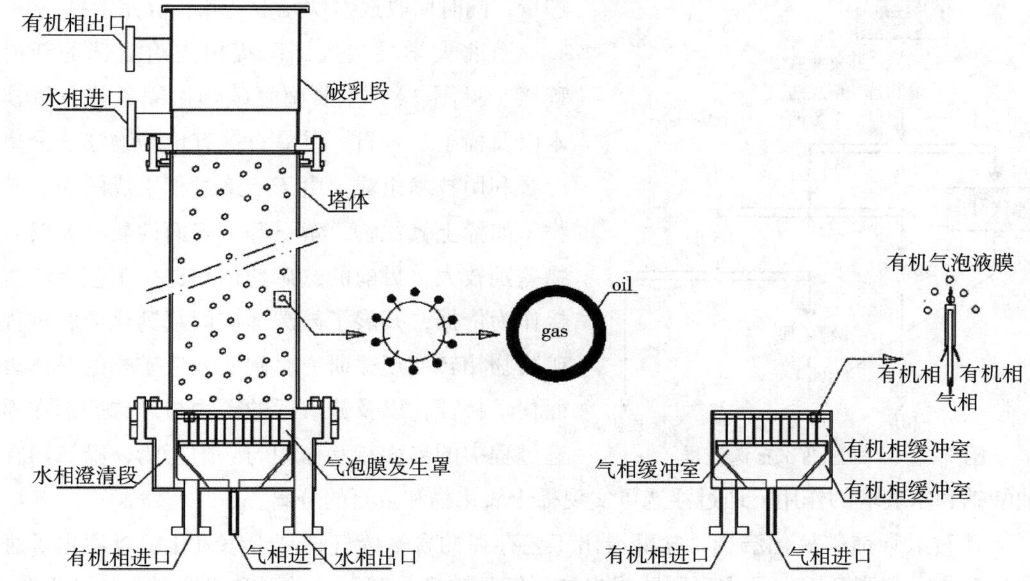

图 5　大相比鼓泡油膜萃取技术和装置结构设计的原理图

硫酸稀土溶液，萃取过程中 F（Ⅰ）分别与 Ce（Ⅳ）、Th（Ⅳ）形成［CeF^x］$^{4-x}$、［ThF^x］$^{4-x}$ 配合物，更易于被 HEH（EHP）萃取进入有机相中，从而实现与 RE（Ⅲ）的分离；负载有机相中的 F（Ⅰ）采用 Al（Ⅲ）配位洗涤使其进入水相，并以冰晶石产品形式回收；负载有机相再采用 H_2O_2–HCl 还原反萃回收 Ce（Ⅳ），最后采用硫酸反萃回收 Th（Ⅳ），获得纯度为 99.95% 的 CeO_2 产品以及纯度为 99.5% 的 ThO_2 产品，避免了危废物氟、钍排放造成的环境污染问题，且伴生资源综合回收利用。

中科院应化所廖伍平等[41]详细研究对比了 Cextrant230 与 Cyanex923、TBP、DEHEHP 等萃取剂对四价铈、钍、稀土及氟的萃取热力学性能，发现硫酸体系中 Cextrant230 萃取分离稀土、四价铈和钍的优异性能，提出了基于该萃取剂的氟碳铈矿清洁冶金新工艺（见图 6），并于 2015 年在四川江铜方兴稀土公司进行扩大试验[42-45]，获得总铈收率 78.22%，氟回收率达到 60%；采用 30%Cextrant230 有机相萃取分离钍，有机相钍负载量可达 30g/L，尾液中的钍的含量 Th/TREO<5×10^{-5}。该工艺实现了占稀土总量 50% 左右的铈的优先分离，大大降低了后续工艺的处

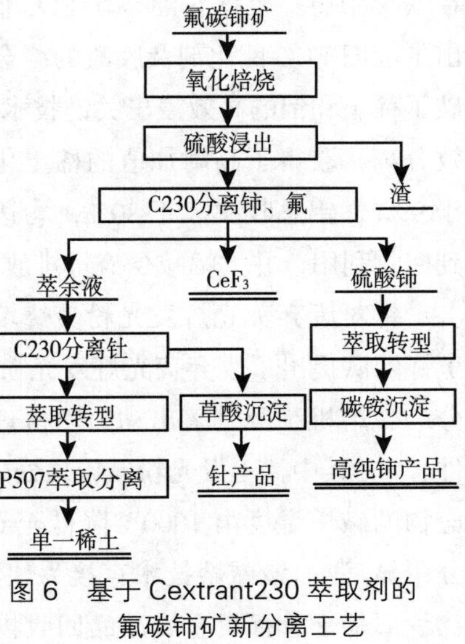

图 6　基于 Cextrant230 萃取剂的氟碳铈矿新分离工艺

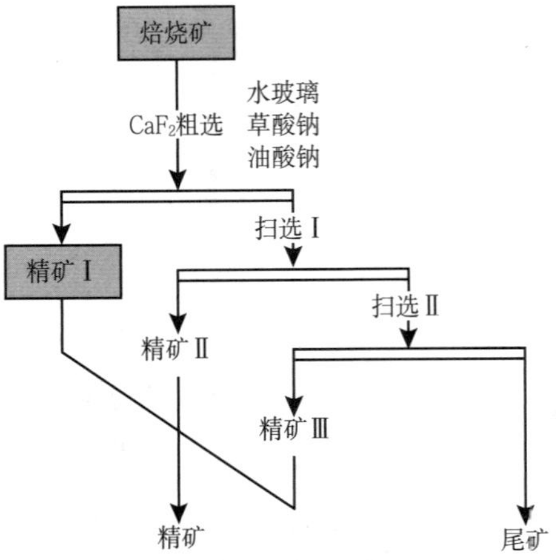

图 7　一次粗选两次扫选流程

理量，同时回收放射性元素钍和有价元素氟。

东北大学吴文远团队提出先冶后选的新流程[46]（见图 7），主要由氟碳铈矿固氟热分解技术以及稀土、萤石、重晶石等有价矿物浮选分离综合利用技术组成。由于冶炼过程生成的人造矿物（如稀土氧化物、萤石等）表面性质与天然矿物差别较大，目前的选矿药剂和选矿工艺无法直接作为依据，开展了氟碳铈矿固氟钙化分解过程矿物物相转变规律研究，阐明人造矿相的晶体表面化学特征，以及分解后的矿物与浮选药剂在浮选过程中的界面相互作用与吸附行为，筛选出在油酸钠和水玻璃的作用下通过浮选可实现稀土氧化物和萤石的分离。

针对氟碳铈矿氧化焙烧 – 盐酸浸出工艺存在的含氟废气、高价态氧化铈难浸出等难题，东北大学张廷安、豆志河团队提出加压钙化转型分解 – 盐酸温和浸取稀土的新思路，即采用低温预处理，将稀土氟碳酸盐转化为稀土氟氧化物，避免现含氟废气污染；氟碳铈矿经预处理后再进行高压钙化转型，将稀土氟氧化物转变为稀土氢氧化物，氟转变为氟化钙；经高压钙化转型采用低浓度盐酸温和浸出，氟以氟化钙的形式进入浸渣，稀土浸出率可达 90% 以上[47–50]。

（4）二次资源与伴生资源综合利用

国内每年 FCC 催化剂生产加工过程中产生约 8.5 万吨的湿基胶渣。目前主要采用填埋方式处理，企业每年处理费用高达上千万。此外，废渣填埋场占用了大量土地资源，且存在安全隐患。根据石油裂化 FCC 催化剂和胶渣的不同物化性质，有研稀土黄小卫团队提出了废旧 FCC 催化剂及胶渣的综合利用新技术[51–53]。通过高效活化和分步浸出优化，突破了稀土和铝的高效浸出关键技术，利用稀土与铝在高碱度条件下的不同化学性质实现有效分离，获得了高附加值的稀土化合物和偏铝酸钠，稀土总收率大于 90%，REO 纯度大于 99%，铝总收率大于 80%，均达到循环用于 FCC 催化剂生产的质量要求，有价金属得到回收利用，并大幅减少渣量排放，在中石化齐鲁催化剂公司进行了工业试验。

针对废弃荧光灯发光粉焚烧填埋等处置方式可能引发的污染排放，北京工业大学吴玉锋团队提出了废弃荧光灯发光粉绿色回收技术，研究了 Na_2O_2 氧化过程中稀土陶瓷相组分的碱熔机制及其溶出动力学机理，确立了稀土发光粉碱熔 – 酸浸联合回收最佳工艺条件[54]。其中稀土发光粉碱熔预处理工艺将美国专利（US8137645 B2）采用 Na_2CO_3 作为反应物的碱熔温度由 1000℃降低至 650℃，碱熔时间由 2h 缩短至 20min，高效节能优势十分明显[55]。该碱熔技术直接为快速分析检测废弃发光粉中的稀土含量提供了前提条件。在废旧稀土及稀贵金属产品回收再利用技术标准体系方面，由国家工信部发布 2016 年 3

月 1 日起正式实施《废弃稀土荧光粉化学分析方法》，分为稀土总量的测定以及铅、镉、汞量的测定、各稀土氧化物量的测定等三部分，为废弃稀土荧光粉价值评估、回收贸易及再生利用等提供标准的检测规范和测算依据。

世界磷矿总储量超过 3000 亿吨，稀土平均含量约为 0.5‰，其伴生的稀土资源总量将超过 1 亿吨，甚至超过目前已探明稀土资源总储量。2015 年世界磷矿产量 2.2 亿吨，伴生稀土约为 10 万吨，相当于全球稀土年产量。为了解决现有湿法磷酸生产过程存在的磷石膏难以综合利用，伴生稀土资源分散分布及回收率低等问题，有研稀土王良士等提出磷矿及其伴生稀土资源综合利用新技术[56]。在湿法磷酸生产过程中，通过表面活性剂控制硫酸钙结晶过程，抑制磷酸稀土与硫酸钙的共晶与吸附作用，将稀土在磷酸中富集度从 30% 提高到 75% 以上；并形成磷酸体系中微量稀土提取技术，稀土萃取收率可到 95% 以上；该技术对磷化工流程影响小，有望实现磷矿资源低成本综合利用。

针对含独居石的磷矿综合回收稀土与磷，有研稀土黄小卫团队提出采用酸浸－硫酸焙烧技术处理[57-59]，获得磷浸出率达到 80% 以上，稀土富集到浸渣中，经硫酸焙烧－水浸－除杂沉淀得到混合碳酸稀土，稀土总回收率达到 90% 以上。基于上述研究基础，有研稀土王良士等提出通过配位化学强化分解和基于选择性析出的物相重构，利用热力学计算与试验相结合，筛选合适配位体系，实现该体系 $REPO_4$ 沉淀－溶解平衡可控，从而强化和调控稀土和磷等有价组元的迁移，实现物相重构及高效分离，建立磷酸配位浸取－选择性析出分离磷和稀土的新方法。由于磷矿分解过程与磷石膏生成过程是独立进行的，可以显著提高磷石膏纯度及白度，易于高值化利用，避免传统硫酸法中大量磷石膏的堆弃问题。

（5）稀土元素分离提纯

针对稀土分离提纯过程消耗大量液氨、碳铵、盐酸、液碱等未循环利用，存在化工材料消耗高、资源综合利用率低、三废污染重等问题。有研稀土黄小卫团队首次提出并研发成功碳酸氢镁溶液皂化萃取分离和沉淀回收稀土的原创性技术[60-63]。即以自然界广泛存在的廉价钙镁矿物、回收的镁盐废水、CO_2 气体为原料，连续碳化规模制备纯净的碳酸氢镁溶液，替代液氨、液碱、碳铵或碳酸钠等用于皂化有机相萃取分离稀土元素、稀土沉淀结晶等。自主研发稀土分离过程产生的镁盐废水和 CO_2 温室气体低成本回收利用技术。即利用 Mg、Ca 碱性差异，将稀土萃取和沉淀过程产生的氯化镁废水转化为氢氧化镁，用于连续碳化制备碳酸氢镁溶液，镁盐废水高效循环再利用，实现低盐排放；将稀土萃取、沉淀、焙烧等过程产生的 CO_2 低成本捕集回收用于碳化反应，实现低碳排放。通过技术与装备耦合创新，获得了具有原始知识产权的低碳低盐无氨氮分离提纯稀土成套新工艺，解决了稀土冶炼分离过程的氨氮或高盐废水排放问题，实现氨氮零排放、镁盐废水和 CO_2 的闭路循环利用，降低消耗和生产成本，提高了稀土资源利用率（见图 8）。

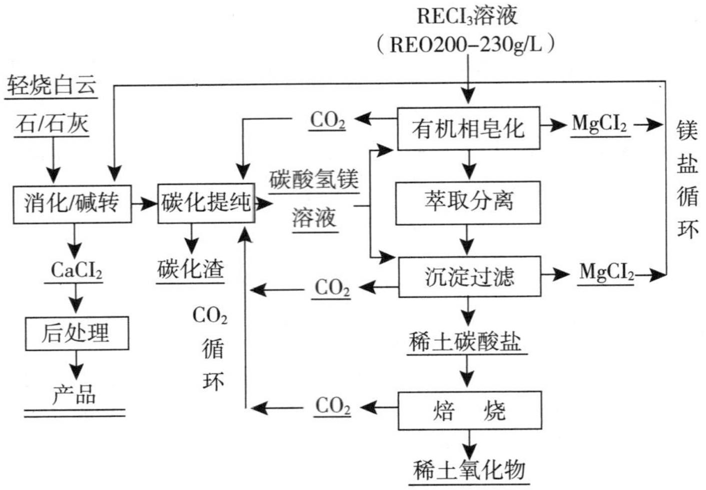

图 8 低碳低盐无氨氮分离提纯稀土技术流程

低碳低盐无氨氮分离提纯稀土新工艺共申请发明专利 22 项（国外发明 11 项），获得授权 12 项（国外授权 7 项）；核心专利 ZL 201080000551.8 获得第十八届中国专利优秀奖，PCT 国际审查意见，1 ~ 27 个权项全部具有新颖性、创造性和工业实用性，包括美国、澳大利亚、马来西亚发明专利等一审均予以授权。目前，已经在江苏省国盛稀土有限公司、中铝广西国盛稀土开发有限公司分别建成了 2000t、3000t 稀土氧化物高效清洁萃取分离生产线。采用碳酸氢镁皂化萃取分离稀土新工艺，从源头革除了氨氮废水污染，镁盐和 CO_2 回收利用率大于 90%；稀土萃取回收率大于 99.5%；材料成本较液碱皂化降低 50% 以上；采用碳酸氢镁新型稀土沉淀结晶技术，代替碳酸氢铵沉淀剂，消除了氨氮废水并大幅度降低生产成本，产品粒度、形貌等物性指标可控；三废排放达到《稀土工业污染物排放标准》要求。获得 2016 年度中国有色金属工业科学技术奖一等奖。低碳低盐无氨氮分离提纯稀土新技术自 2011 年以来入选国家《产业关键共性技术发展指南》、《稀土行业清洁生产技术推行方案》《国家重点推广的低碳技术目录（第二批）》《节能减排与低碳技术成果转化推广清单（第二批）》《水污染防治重点行业清洁生产技术推行方案》，2016 年被列为稀土行业“十二五”十大突破技术之一，成为我国稀土工业领域内具有代表性的清洁生产工艺。

中科院应化所陈继团队进行了 P507– 异辛醇从 Tm，Yb，Lu 富集物（6% ~ 8%Lu）中分离 Lu 的理论计算和工艺设计，确定了镱镥交换、平衡酸度等工艺参数研究，企业生产线验证了参数的可靠性，与江西金世纪新材料股份有限公司合作建成重稀土分离示范平台。福建省长汀金龙稀土有限公司、赣州稀土（龙南）有色金属有限公司、龙南县和利稀土冶炼有限公司等重稀土分离龙头企业采用该专利技术，分别建成了南方离子型矿重稀土高效分离生产线，生产实践证明新体系反萃酸度 <5M，重稀土可以完全反萃，萃取体系稳定，无乳化等界面现象，生产出 >5N 的 Lu_2O_3，3 ~ 4N 的 Tm_2O_3 和 Yb_2O_3 产品，产品一致性好，质量稳定。

4. 新型稀土冶炼分离装备开发

稀土萃取分离核心设备萃取装备对分离工业操作具有重大作用，我国科研工作者对新型萃取操作单元及传统萃取槽混合室、澄清室以及密闭萃取系统进行了研究和工业化验证，取得了显著成效，其中：

新型离心萃取装备开发。郑州天一萃取科技有限公司运用陀螺原理，开发出新型上悬式转鼓及挠性轴结构，避免传统底部轴承密封易损坏的难题，实现了高通量条件下的动平衡；与有研稀土合作，针对稀土萃取分离的特点，运用流体力学理论，开发出新型两相混合结构，保证大流比高效传质基础上，消除动静部件间的“泰勒涡流”及其产生的过度混合，解决离心萃取功耗高、体系易乳化的难题，首次应用于离子型稀土矿低浓度浸出液的萃取富集，流通量达 $60m^3/h$，流比 20 ~ 50，萃取率达 98.5% 以上。该设备兼具离心萃取设备的优势，同时大幅降低能耗，并实现了离心萃取设备大型化。

大相比鼓泡油膜萃取柱设计研发。中科院过程所黄焜设计研发出一种大相比液液两相连续萃取装置（ZL 201110404565.2），解决了小体积有机萃取剂均匀分散于大体积水相的难题，并建立了大相比鼓泡油膜连续萃取装置的结构、油膜包气泡分散相发生装置（有机液膜发生器）、气泡表面包覆有机油膜大相比萃取稳定操作设计放大技术。液膜分散器可实现用微小气泡来分散小体积有机相，解决传统搅拌方式不易充分分散小体积有机相的难题。塔体内逆流流动的轻相和重相的相比可由液膜分布器的夹层空隙调节，轻相和重相可在超大相比条件下逆流操作。塔体内每隔一段距离设置一组液膜分散器和集泡罩，可实现上升的气泡反复凝并而后又重新分散，单元传质高度的级效率高。塔顶液膜聚并器可致气泡凝并、破乳，适用于易乳化体系萃取操作。该装置可多级串联连续逆流操作。

双搅拌新型高效澄清分离萃取槽的优化。张廷安团队设计开发了双搅拌新型高效澄清分离萃取槽，萃取槽体积大大减小；若将现有萃取槽尺寸全部改造，成本较大，因此对澄清室进行了优化，增加了搅拌装置，并对搅拌桨型和位置进行了研究，以达到进一步提高澄清效率。研究发现，选用六叶斜桨可获得最佳的澄清效果[64-65]。

（二）火法冶炼分离技术

稀土金属及其合金是制备高性能稀土磁性功能材料、储氢材料以及国防军工等高技术材料必不可少的基础原料。我国稀土金属及合金年产量达到 5 万吨以上，供应量占世界总量的 90% 以上。近两年来的研究进展主要体现在高附加值高纯及深加工稀土金属制备和绿色高效冶金技术研发领域，装备水平获较大提升。

1. 超高纯稀土金属提纯技术及装备

超高纯稀土金属是研究稀土本征性质、开发高端功能材料的关键原料，新型巨磁熵变磁制冷材料、高温超导材料、激光晶体、闪烁晶体材料等新材料体系及应用性能的开发均与稀土金属纯度密切相关。“十二五”期间，我国在稀土金属提纯领域已取得长足进步。

北京有色金属研究总院和北京大学在国家“973”计划支持下，系统深入研究了不同杂质在不同提纯方法中的引入、分布、迁移及脱除规律：首次采用 O^{18} 示踪方法揭示了稀土金属的氧化机理[66]；建立了稀土金属－氢二元相图，发展了原位吸氢及氢等离子电弧熔炼提纯技术，阐明了吸氢除气的机理[67]；首次将凝固前沿的溶质再分配理论引入到稀土金属的蒸馏提纯后蒸馏产物中杂质浓度分布的研究中，获得了杂质在蒸馏产物分布的数学模型[68]；为高纯度稀土金属的高效制备提供了理论依据。并提出了高纯稀土金属高效制备技术路线，获得了纯度 >99.99%，气体杂质总量 <50ppm 的 Gd、Tb 和 Dy。

此外，包头稀土研究院开展了高纯稀土金属制备技术研究并实现了产业化，通过集成创新开发了高纯稀土金属镱产业化技术及成套装备，获得了纯度大于 4N 的高纯稀土金属，稀土收率大于 95%，建成了年产 10 吨高纯稀土金属生产线。

2. 稀土金属熔盐电解技术及装备

包头稀土研究院成功研制了工业规模新型节能稀土金属电解槽及其尾气处理配套技术，并开发了高温氟盐腐蚀条件下具有稳定性能的绝缘材料[69]，实现了新槽型工业规模稳定运行，运行表明：电解过程平均电流效率 90% 以上，综合电耗降低 10% 以上；利用新型节能电解槽及其工艺生产的金属在质量方面较传统槽型工艺有较大提升，金属碳含量可稳定在 0.01%wt 以下，Fe 含量可稳定在 0.1%wt 以下，金属纯度≥ 99.5%；电解尾气中烟尘含量 $30mg/m^3$ 以下，氟含量 $3mg/m^3$ 以下[70]。

针对大型熔盐电解槽目前人工舀出法的出炉方式，包头稀土研究院成功研制了机械出金属装置，并在万安培电解槽得到试用，结果表明：机械出金属装置能够稳定运行，出炉时间较现有方式缩短 5 ~ 10min，出炉后炉温波动小，增加产量 2% 以上，金属质量稳定、抗氧化性强。

北京有色金属研究总院、有研稀土新材料股份有限公司开发了板式并联多阴极稀土电解槽，将传统的棒状阴极改为平板式阴极，在 10000A 镧、铈电解槽上成功运行，电解槽可在 7.5V 以下平稳运行，金属直流电耗降低 880kW · h/t，总料比约降低 0.02，阳极单耗、氟化锂单耗显著降低，电流效率提高约 5%，产品质量与传统结构电解槽相当。随着《中国制造 2025》不断推进，稀土熔盐电解自动化及智能化近两年发展也十分迅速，已经成为未来稀土熔盐电解的必然发展趋势。北京有色金属研究总院、包头稀土研究院、宁波富能等研究院所和企业正致力于熔盐电解的核心装备、检测手段、自控软件、数据处理等方面自动化和数字化升级的研究和开发，目前已经能够实现自动加料、参数在线检测（电压、电流、温度、加料量等）、机械出金属等，不仅大幅度降低人工成本，改善操作环境，同时也提高了产品的质量稳定性。

3. 镁稀土合金的熔盐电解技术

中科院长春应用化学研究所[71]开发镁稀土合金电解制备新技术，即在镁电解槽中一步制备出镁稀土合金，不需要重新设计电解槽，只在现有的镁电解槽中，添加 $RECl_3$，适当调整电解工艺，即可制备出镁稀土合金，稀土含量在10%以下。由于稀土含量低，合金的密度低于熔盐密度，保证合金漂浮在熔盐表面，可以在现有的镁电解槽中实现制备镁稀土合金的新工艺。具体的工艺参数为：电解温度在650 ~ 700℃，补加少量$RECl_3$，调节阴极电流密度在5 ~ 10A/cm^2，即可制备出稀土含量小于5%的镁稀土合金；提取出的合金，不需要浇铸，加入已经熔融好的Al、Zn等合金化元素，直接制备成镁稀土应用合金。

北京有色金属研究总院、有研稀土新材料股份有限公司成功开发出高稀土含量镁合金的电解制备工艺，稀土含量大于75%，该工艺制备得到的稀土镁合金具有成本低、成分均匀、氧含量低等优势。所得稀土镁合金可直接作为镁合金添加剂，相较传统稀土添加剂，具备改善稀土团聚特性的优势，能够充分发挥稀土的优异特性，提高镁合金综合性能；也可将镁蒸馏去除得到纯稀土金属，所得稀土金属氧含量能够降低20% ~ 30%。

三、国内外研究进展比较

（一）湿法冶炼分离技术

我国在稀土湿法冶炼分离工艺技术优势明显，围绕包头混合型稀土矿、氟碳铈矿、南方离子吸附型稀土矿和伴生独居石矿，形成了特色湿法冶炼分离生产工艺。目前我国稀土原料满足了全球绝大部分应用需求，稀土产品年产量占世界稀土生产总量的90%以上。

近年来，为了保护稀土资源，减少环境污染，我国出台了一系列政策和管理规定，稀土价格大幅度提升，引起了美国和日本等主要稀土消费国的“恐慌”，国际上掀起了稀土资源开发热潮，停产的国外企业纷纷恢复或扩大生产，并启动一大批稀土资源勘探、开采项目。目前，国外已经恢复生产的稀土冶炼分离项目主要是美国钼公司的Mt.Pass项目和澳大利亚Lynas在马来西亚关丹的冶炼分离项目，其在矿物资源综合利用、清洁化生产及环境保护方面等方面投入较大；在稀土化合物高纯化、分离提纯过程在线实时监控等方面发展较为领先。2013年Molycorp公司的凤凰稀土一期项目已实现19050t的稀土氧化物的年生产能力。由于稀土价格的下降，稀土产品利润也随之下降，Molycorp公司因为经营亏损问题于2015年6月申请破产，2017年6月MP MINE OPERATIONS LLC以2050万美元成功竞购Mountain Pass矿。全球第二大的稀土消费国日本，由于本土没有稀土资源，原料全部依赖进口，近年来正推进海底矿产资源开发利用计划及开展稀土替代材料和稀土二次资源回收研究。

由于国外对环保的要求普遍高于我国，对稀土冶炼分离行业特征污染物氨氮、氟化物等的排放限值远低于我国标准。国外稀土冶炼分离企业在环保的投入比国内高10倍以上，因此国外的稀土生产运行成本高，缺乏竞争优势。但随着我国环保要求的不断提高，稀土生产成本也将不断上升，稀土企业将面临更加复杂的国内外竞争环境。

总体来看，近10多年来，国外在稀土冶炼、分离提纯工艺方面的研究投入相应很少，缺乏冶炼分离方面的人才队伍和开发能力，主要从中国寻求技术支持，而在新一代信息产业等高端应用需求的特殊稀土化合物材料方面则掌握着核心知识产权和应用市场。

（二）火法冶炼分离技术

1. 超高纯稀土金属提纯技术及装备

20 世纪 60 年代，美国埃姆斯实验室、英国伯明翰大学、俄罗斯科学研究固体物理研究所、日本东京大学等单位展开了稀土金属提纯方面的研究工作，系统地研究了真空蒸馏、电解精炼、区域熔炼、固态电迁移等稀土金属提纯技术，并开发相应的提纯装备。其中埃姆斯实验室根据稀土金属的性质，将稀土金属分成四类，开发了 4 条稀土金属制备及提纯技术路线，被称为埃姆斯工艺流程（Ames process）；该实验室在 20 世纪 90 年代已掌握了大部分 4N 级稀土金属的制备技术，并组建了材料制备中心（MPC），现阶段侧重于利用高纯稀土金属作为原材料开发磁制冷、催化、金属间化合物等高性能功能材料以及相关基础理论研究。

与国外相比，中国的稀土金属的提纯技术起步较晚，大量的提纯研究工作起始于 2000 年，主要研究单位有北京有色金属研究总院、湖南稀土金属材料研究院、包头稀土院、北京大学、武汉工业大学、内蒙古大学等，经过十几年的攻关，超高纯稀土金属制备技术取得了重大突破，成功制备出 15 种绝对纯度达 4N 的稀土金属，开发了高真空蒸馏、固态电迁移、区域熔炼、电子束熔炼、悬浮熔炼、固相外吸气、氢等离子电弧熔炼等稀土金属提纯技术及装备，装备水平得到了大幅提升。2016 年经中国有色金属工业协会鉴定："4N 级超高纯稀土金属集成化技术"成果整体达到国际先进水平，获得中国有色金属科学技术奖一等奖。但目前所开发的设备生产规模小，工艺流程长，一种金属要经过多次或多种方法进行提纯，能耗及成本高，有待于进一步开发高效低成本规模制备技术和专用提纯装备。

2. 熔盐电解稀土金属及合金制备技术

熔盐电解法制备稀土金属始于 1875 年，W·希尔布兰德（Hillebrand）和 T·诺顿（Norton）首次开展了电解熔融氯化物制取稀土金属研究。1902 年，W·姆斯曼（Munthman）首次提出用稀土氧化物熔于熔融氟盐作为电解稀土的熔体。1960—1970 年，美国矿务局雷诺研究中心在氟化物体系电解氧化物制得了 La、Ce、Pr、Nd 及镨钕混合金属。Morrice 和 Henrie 在氟化稀土 – 氟化锂体系中，电解稀土氧化物制得了金属钕、镨、镨钕混合金属。随着氟化物 – 氧化物体系电解研究的深入和完善，1975 年美铝公司建造了 20kA 氧化物电解槽。70 年代末，日本三德金属工业公司将稀土氧化物电解法用于工业生产，实现了金属钕、镧、混合稀土金属的规模生产。

20 世纪 80 年代以来，我国逐渐成为世界稀土金属及合金最大的生产国，成为稀土熔盐电解产业领跑者。电解质体系由氯化物体系发展到氟化物体系，电解槽规模由 3kA 发展到 25kA。电解产品涵盖镧、铈、钕等单一轻稀土金属，镨钕等混合稀土金属，镝铁、钆铁、钬铁等稀土铁合金，钇镁、钇铝、钆铝、镁锂钐、铝锂钐等稀土轻合金等，电解产品质量也在不断提升，主流产品碳含量已经控制在 0.03% 以内。新型节能环保槽型发展也十分迅速，板式阴极电解槽得到越来越多的重视，能耗得到显著降低。自 80 年代以来国外在此领域的产业和研发基本处于停滞状态。

近两年，国内多个研究院所和企业，响应《中国制造 2025》，积极推进熔盐电解自动化和智能化升级和改造，目前已经能够实现自动加料、数据在线采集、机械出金属等，极大改善了操作环境，降低了生产能耗，提高了产品质量，但是距离完全自动化和智能化的要求还有很大差距。未来 3 ~ 5 年，稀土电解自动化和智能化仍然是稀土电解发展的主要方向。

四、本学科发展趋势与展望

（一）湿法冶炼分离技术

资源与环境问题是制约稀土行业发展的重大难题，提高稀土资源综合利用率、减少环境污染仍是我国稀土工业未来发展的永恒目标。本领域的重点将是利用在稀土冶炼分离领域中的优势地位，重点研发经济型的稀土资源高效清洁冶炼分离技术，注重从源头减少消耗和三废排放，化工原料和水资源的循环利用，实现污染物近零排放。

1）重点开展稀土选冶过程多元多相复杂体系反应机理研究。开展稀土绿色冶金过程物理化学特性与传质动力学研究；开展稀土冶金过程数字模拟与智能控制方法的研究，为稀土冶炼分离提纯新技术、新方法、新工艺研究开发提供理论指导。

2）重点研发稀土高效提取分离技术、稀土材料绿色制备技术、超高纯稀土化合物及金属节能环保产业化制备技术和装备，通过工程化、产业化技术开发，解决材料制备过程中存在的资源浪费、环境污染等问题。实现材料制备过程中化工材料的循环利用技术，从源头减少三废排放，降低消耗和成本，提高稀土资源综合回收利用水平。

3）建立规范的评价标准及评价体系，解决应用评价手段落后影响科技发展的问题。针对我国稀土材料产品特色以及国际稀土材料发展趋势，坚持稀土材料专利布局和标准体系建设相结合，建立具有世界先进水平的研发、检测评价平台和标准、认证体系，创新稀土材料科技研发和管理体系，解决稀土材料应用评价手段落后影响科技发展的问题。建立共性关键技术研发、材料检测评价基地或平台，强化上下游合作，全面提升行业整体竞争力。

4）启动稀土资源的国际化战略，积极开发海外稀土资源。充分利用我国稀土矿物处理及冶炼分离方面的技术领先优势，鼓励以国家科研或生产单位为主体，以专利技术出口、技术合作入股或资金投入等方式积极参与国外稀土资源的开发利用，走出国门，培养、建立大型跨国集团，在国际上争夺话语权。

（二）火法冶炼分离技术

熔盐电解生产稀土金属及其合金是稀土火法冶金的主要工艺，随着稀土价格的上涨，国外许多稀土厂家开始重新生产，将更加注重节能环保、自动化水平提升；国内电解槽规模已经发展至万安甚至几万安培，在规模和技术上都已经成熟，研究趋势主要是高效、低耗、环境友好、自动化的冶炼工艺以及短流程、低成本生产技术和满足新型功能材料所需的高纯稀土金属制备及产业化技术。具体包括：稀土熔盐电解应用基础研究（如稀土金属及合金电解过程电化学机理、物理化学性质、电解槽数值模拟）；大型化、自动化、节能化、清洁化电解槽及工艺装备开发（包括新型节能稀土金属电解槽、自动出金属技术及装备、尾气循环利用技术、电解过程余热利用技术、电解过程自动控制技术等）；高品质、低成本、短流程稀土金属及其合金制备技术（如铝热还原法制备稀土铝合金、熔盐电解法制备稀土铝、镁合金等）；稀土金属提纯基础研究（如稀土金属中杂质的赋存状态、迁移规律、去除机制、分布规律等）；稀土金属的高效、低成本和深度提纯技术（悬浮区域熔炼、氢等离子电弧熔炼等）及针对特定用途的超高纯稀土金属关键敏感杂质去除技术的开发；低温熔盐电解法制备稀土金属、合金及稀土金属提纯技术（如离子液体、熔盐电脱氧等），熔盐电解废弃物、稀土资源回收利用技术等。

参考文献

[1] Huang Xiaowei, Long Zhiqi, Wang Liangshi, et al. Technology development for rare earth cleaner hydrometallurgy in China [J]. Rare metals, 2015, 34 (4): 215–222.

[2] Yu D, Du R, Xiao J. pKa prediction for acidic phosphorus–containing compounds using multiple linear regression with computational descriptors [J]. Journal of Computational Chemistry, 2016, 37 (18): 1668–1671.

[3] Du R, Yu D, An H, et al. α, β–Substituent effect of dialkylphosphinic acids on lanthanide extraction [J]. RSC Advances, 2016, 6 (61): 56004–56008.

[4] Yu D, Du R, Zhang S, et al. Prediction of solubility properties from transfer energies for acidic phosphorus–containing rare–earth extractants using implicit solvation model [J]. Solvent Extraction and Ion Exchange, 2016, 34 (4): 347–354.

[5] Du R, An H, Zhang S, et al. Microwave–assisted synthesis of dialkylphosphinic acids and a structure–reactivity study in rare earth metal extraction [J]. RSC Advances, 2015, 5 (126): 104258–104262.

[6] Lu Y, Bi Y, Bai Y, et al. Extraction and separation of thorium and rare earths from nitrate medium with p–phosphorylated calixarene [J]. Journal of Chemical Technology and Biotechnology, 2013, 88 (10): 1836–1840.

[7] Lu Y, Liao W. Extraction and separation of trivalent rare earth metal ions from nitrate medium by p–phosphonic acid calix[4]arene [J]. Hydrometallurgy, 2016, 165: 300–305.

[8] Yanling L, Youcai L, Yan B, et al. Extraction and separation of thorium and rare earths with 5, 11, 17, 23–tetra (diethoxyphosphoryl) –25, 26, 27, 28–tetraacetoxycalix[4]arene [J]. Journal of Rare Earths, 2012, 30 (11): 1142–1145.

[9] 孙玉丽，尚庆坤，王小飞，等. 磺酰基桥连杯 [4] 芳烃萃取分离钍与稀土 [J]. 中国稀土学报，2013，31 (5): 582–587.

[10] Li Chen, Ji Chen, Yu Jing, Deqian Li. Comprehensive appraisal and application of novel extraction system for

heavy rare earth separation on the basis of coordination equilibrium effect [J]. Hydrometallurgy, 2016, 165: 351–357.

[11] Yang Zhang, Ji Chen. Controllable preparation of CeF_3: Tb^{3+} nanostructures with different morphologies from an ionic liquid–based extraction system [J]. Colloid Surface A, 2015, 470: 130–136.

[12] Wenrou Su, Ji Chen, Yu Jing. Aqueous partition mechanism of organophosphorus extractants in rare earths extraction [J]. Ind. Eng. Chem. Res., 2016, 55: 8424–8431.

[13] Hongmin Cui, Ji Chen, Hailian Li, et al. High–performance polymer–supported extractants with phosphonate ligands for Scandium (III) separation [J]. AIChE J., 2016, 62: 2479–2489.

[14] He J, Li Y, Xue X, et al. Extraction of Ce (IV) from sulphuric acid solution by emulsion liquid membrane using D2EHPA as carrier [J]. Rsc Advances, 2015, 5 (91): 74961–74972.

[15] Cheng F X, Wu S, Wang S L, et al. Minimum amount of extracting solvent of ($A_1A_2 \cdots A_{t-1}$) / ($A_2A_3 \cdots A_t$) countercurrent extraction separation [J]. Advances in Materials Physics and Chemistry, 2015, 5: 325–336.

[16] Cheng F X, Wu S, Wang S L, et al. Minimum amount of extracting solvent of ($A_1A_2 \cdots A_{t-1}$) / ($A_2A_3 \cdots A_t$) separation when using non–barren extracting solvent [J]. Chinese Journal of Chemistry, 2014, 32: 1022–1028.

[17] Cheng F X, Wu S, Zhang B, et al. Minimum amount of extracting solvent of two–component extraction separation in a complex feeding pattern [J]. Separation and Purification Technology, 2015, 142: 162–167.

[18] Yukun Huang, Ting–An Zhang, Jiang Liu, et al. Decomposition of the mixed rare earth concentrate by microwave–assisted method [J]. Journal of Rare Earths, 2016, 34 (5): 529–535.

[19] Huang Y, Zhang T A, Dou Z, et al. Influence of microwave heating on the extractions of fluorine and Rare Earth elements from mixed rare earth concentrate [J]. Hydrometallurgy, 2016, 162: 104–110.

[20] 冯宗玉，黄小卫，徐旸，等. 含镁的冶炼废水综合回收的方法：中国，CN201510276595. 8 [P]. 2017–1–4.

[21] 黄小卫，冯宗玉，徐旸，等. Hydrometallurgy and separation method of rare earth ores：中国，CN201510276646. 7 [P]. 2017–1–4.

[22] 陈继，邹丹，李德谦，等. 一种从包头稀土矿硫酸浸出液中萃取分离铈、氟、磷的方法：中国，CN201510571527. 4 [P]. 2015–12–9.

[23] 薛向欣，武吉，杨合，等. 一种选铁尾矿中浸出稀土的方法：中国，CN104611541A [P]. 2015–05–13.

[24] 杨合，武吉，薛向欣，等. 硅酸盐稀土渣硫酸铵焙烧浸出研究 [J]. 中国稀土学报，2015：440–448.

[25] 黄小卫，于瀛，冯宗玉，等. 一种从离子型稀土原矿回收稀土的新方法：中国，ZL 201010128302. 9 [P]. 2011–09–21.

[26] 黄小卫，肖燕飞，冯宗玉，等. 一种用于浸取离子型吸附矿中稀土的浸取剂和浸取方法：中国，201410484417. X [P]. 2016–04–13.

[27] 黄小卫，冯宗玉，王良士，等. 一种用于浸取离子型吸附矿中稀土的浸取剂和浸取方法：中国，PCT/CN2015/088300.

[28] 黄小卫，王良士，冯宗玉，等. 低浓度稀土溶液萃取回收稀土的方法：中国，201310303722. X [P]. 2015–01–21.

[29] 黄小卫，王良士，冯宗玉，等. Method for recovering rare earths through fractional extraction：中国，PCT/CN2014/096023 [P].

[30] 黄小卫，冯宗玉，赵龙胜，等. 一种低浓度稀土溶液高效萃取富集回收技术：中国，201610644810. X [P].

[31] Huang Xiaowei, Dong Jinshi, Wang Liangshi, et al. Selective recovery of rare earth from ion–adsorption rare earth ores by stepwise extraction with HEH (EHP) and HDEHP, Green Chemistry, 2017, 19 (5).

[32] Xiao Yanfei, Feng Zongyu, Huang Xiaowei, et al. Recovery of rare earths from weathered crust elution–deposited rare earth ore without ammonia–nitrogen pollution: I. leaching with magnesium sulfate, Hydrometallurgy, 2015,

153：58–65.

［33］Xiao Yanfei，Feng Zongyu，Huang Xiaowei，et al. Recovery of rare earths from weathered crust elution–deposited rare earth ore without ammonia–nitrogen pollution：Ⅱ. Compound leaching［J］. Hydrometallurgy，2016，163：83–90.

［34］Xiao Yanfei，Huang Li，Long Zhiqi，et al. Adsorption ability of rare earth elements on clay minerals and its practical performance［J］. Journal of Rare Earths，2016，34（5）：543–548.

［35］黄焜，刘会洲，安震涛，等. 一种大相比液液两相连续萃取装置：中国，ZL 201110404565. 2［P］. 2012–06–27.

［36］黄焜，刘杰，吴怀之，等. 一种气泡辅助的有机液膜发生器：中国，ZL 201410023670. 5［P］. 2015–07–01.

［37］黄焜，肖传绪，郑翰，等. 一种水溶液中产生油膜包气泡分散相的装置及方法：中国，ZL 201410006753. 3［P］. 2015–09–30.

［38］黄焜，肖传绪，刘会洲. 一种气泡表面有机液膜大相比萃取装置：中国，ZL 201410007908. 5［P］. 2014–04–23.

［39］Wang Liangshi，Yu Ying，Huang Xiaowei，et al. Toward greener comprehensive utilization of bastnaesite：Simultaneous recovery of cerium，fluorine，and thorium from bastnaesite leach liquor using HEH（EHP）［J］. Chemical Engineering Journal，2013，215–216：162–167.

［40］Wang Liangshi，Wang Chunmei，Yu Ying，et al. Recovery of fluorine from bastnasite as synthetic cryolite by product［J］. Journal of Hazardous Materials，2012，209–210：77–83.

［41］Youcai Lu，Zhifeng Zhang，Yanling Li，et al. Extraction and recovery of cerium（Ⅳ）and thorium（Ⅳ）from sulphate medium by an α – aminophosphonate extractant［J］. J. Rare Earths，2017，35（1），34–40.

［42］廖伍平，李艳玲，张志峰，等. 含氨基中性膦萃取剂用于萃取分离钍的用途和方法：中国，CN201410765062.1［P］. 2016–7–6.

［43］廖伍平，卢有彩，张志峰，等. 含氨基中性膦萃取剂用于萃取分离四价铈的用途和方法：中国，CN201410765018.0［P］. 2016–7–6.

［44］廖伍平，卢有彩，张志峰，等. 一种分离四价铈、钍和稀土方法：中国，CN201410764931. 9［P］. 2016–7–6.

［45］廖伍平，张志峰，李艳玲，等. 分离铈 – 氟和钍的方法：中国，CN201410764960. 5［P］. 2016–7–6.

［46］Peng Cen，Wenyuan Wu，Xue BIan. A novel process for recovery of rare earth and fluorine from bastnaesite concentrates. Part I：calcification roasting decomposition［J］. Green Processing and Synthesis，2016，5（4）：427–434.

［47］豆志河，刘江，张廷安，等. 氟碳铈精矿钙化转型渣酸浸研究［J］. 东北大学学报自然科学版，2015，36（5）：680–684.

［48］黄宇坤，张廷安，豆志河，等. 活化分解氟碳铈精矿对钙化转型提取稀土的影响［J］. 中国稀土学报，2014，32（6）：719–726.

［49］Yukun H，Ting'an Z，Zhihe D，et al. Study on leaching rare earths from bastnaesite treated by calcification transition［J］. Journal of Rare Earths，2014，32（11）：1043–1047.

［50］Huang Y，Zhang T，Dou Z，et al. Phase transition of bastnaesite concentrate in calcification process［J］. Rare Metals，2016，35（8）：649–654.

［51］黄小卫，崔大立，王金玉，等. 一种铝硅废料中稀土、铝和硅的综合回收方法：中国，201710063044. 2［P］. 2017–08–08.

［52］黄小卫，王强，徐旸，等. 从含稀土的铝硅废料中回收稀土、铝和硅的方法：中国，PCT/CN2016/085976［P］. 2017–1–11.

[53] 王强，黄小卫，徐旸，等．一种铝硅废料中稀土的回收方法：中国，CN201410407236．7［P］．2015-9-23．
[54] Wu Yufeng, Yin Xiaofei, Zhang Qijun, et al. The recycling of rare earths from waste tricolor phosphors in fluorescent lamps: a review of processes and technologies［J］. Resources, Conservation and Recycling, 2014, 88（7）, 21-31.
[55] Tian Xi , Wu Yufeng , Gong Yu , et al. Residents' behavior, awareness, and willingness to pay for recycling scrap lead-acid battery in Beijing［J］. Journal of Material Cycles and Waste Management, 2015, 17（4）, 655-664.
[56] Wang Liangshi, Long Zhiqi, Huang Xiaowei, et al. Recovery of rare earths from wet-process phosphoric acid［J］. Hydrometallurgy, 2010, 101（1-2）: 41-47.
[57] 王良士，黄小卫，董金诗，等．一种从含稀土的磷矿中综合回收磷和稀土的方法：中国，CN201610069794.6［P］．2016-08-24．
[58] 王良士，黄小卫，巫圣喜，等．从含稀土磷矿中回收磷和稀土的方法：中国，CN 201510347631．5［P］．2017-01-11．
[59] 王良士，黄小卫，巫圣喜，等．含稀土磷酸盐的物质：中国，CN 201510347681．3［P］．2017-01-11．
[60] 黄小卫，龙志奇，彭新林，等．碳酸氢镁或/和碳酸氢钙水溶液在金属萃取分离提纯过程中的应用：中国，ZL 201080000551．8［P］．2013-01-30．
[61] 黄小卫，龙志奇，彭新林，等．Use of Mg（HCO_3）$_2$ and/or Ca（HCO_3）$_2$aqueous solution in metal extractive separation and purification：美国，US13/143772［P］． 2014．
[62] 黄小卫，龙志奇，李红卫，等．Method of precipitation of metal ions：美国，US8808660［P］． 2014．
[63] 黄小卫，冯宗玉，王猛，等．一种碳酸氢镁溶液的制备及综合利用方法：中国,CN201210137935．5［P］．2013-11-6．
[64] 吕超，张子木，赵秋月，等．双搅拌高效澄清萃取槽澄清室流动特性的数值模拟［J］．东北大学学报（自然科学版），2014，35（11）：1570-1573．
[65] 吕超，张子木，赵秋月，等．新型双搅拌高效澄清萃取槽中多相流体动力学的数值模拟［J］．稀有金属，2015（6）：540-545．
[66] G Li, L Li, J Hao, et al. Investigation of oxygen diffusion behavior in terbium using $^{18}O_2$ isotopic tracking by high resolution SIMS［J］. Materials Letters, 2016, 176: 253-256.
[67] G Li, H Guo, L Li, et al. Purification of terbium by means of argon and hydrogen plasma arc melting［J］. Journal of Alloys and Compounds, 2016, 659: 1-7.
[68] X Zhang, R Miao, C Li, et al. Impurity distribution in metallic dysprosium during distillation purification［J］. Journal of Rare Earths, 2016, 34（9）: 924-930.
[69] 陈国华，刘玉宝，赵二雄，等．碳化硅结合氮化硅材料绝缘性能的研究［J］．稀土，2016，37（3）：149-152．
[70] 郑天仓，王小青，于兵，等．一种稀土金属及合金生产过程中的尾气处理方法［P］．中国，201310063926.0，2013．
[71] 牛晓东，邱鑫，孙伟，等．镁电解槽中制备镁稀土合金的电解工艺及机制研究［J］．中国稀土学报，2013，04：482-487．

撰稿人：黄小卫　王良士　李宗安　廖春生　肖吉昌　冯宗玉　马　莹
廖伍平　张小伟　陈　继　黄　焜　李永绣　杨　合　豆志河　等

稀土分析化学与检测评价研究

一、引言

稀土分析化学学科主要研究稀土产业链上，从稀土矿物、氧化物、盐类、金属、合金到材料的主要化学成分和杂质元素含量的化学分析方法，为各类稀土产品提供准确、有效的检测数据，为稀土产品的研发和生产提供数据支撑；此外，环境、生物等样品中的稀土元素分析是稀土分析化学学科的另一重要研究领域。

稀土分析化学学科随着稀土产业的发展，日益成为稀土产业及相关应用行业的不可缺少的技术支撑领域。经过五十多年的发展，稀土冶金分析已趋于成熟，方法种类从经典化学分析方法到发展迅速的各类仪器分析方法，为各类稀土产品提供准确的分析数据；同时根据我国稀土产品标准的要求，制订了较为完善的稀土产品分析方法标准体系；历经 20 余年努力，新近成立的 ISO/TC298 国际标准稀土技术委员会为国内标准走向世界、争取国际稀土话语权，搭建了广阔的平台；高端分析仪器电感耦合等离子体质谱仪（ICP-MS）在国内已实现商品化。我国国内稀土分析产业遍布于研究院所、高校、企业，已具备相当规模。目前稀土分析的研究重点在高纯稀土产品的仪器分析，新型稀土材料的成分分析，以及环境、生物等相关应用领域中的稀土元素分析。

二、本学科领域近年的最新研究进展

（一）稀土冶金分析中新型质谱技术的应用

质谱法，特别是电感耦合等离子体质谱法（ICP-MS），自引入国内稀土分析行业 20 多年来，已经逐渐普及并成为稀土分析中的主流分析方法。但是在应用过程中，出现了一些难以解决的问题，使得样品不能直接测定，如：质谱的多原子离子干扰问题、难以消解的样品的前处理问题等；同时，稀土提纯工艺的提升也对纯度分析提出了更高的要求。在此需求背景下，一些基于质谱原理的联用技术、固体进样技术以及新型仪器逐步发展起来，成为研究和应用的前沿领域。

1. 激光烧蚀电感耦合等离子体质谱法（LA-ICP-MS）

LA-ICP-MS 系统主要由激光剥蚀装置（LA）、电感耦合等离子体源（ICP）和质谱检测器（MS）三大部分所组成。其中 LA 对样品进行剥蚀完成取样功能，ICP 将形成的样品气溶胶通过高温（约 7000 K）等离子体将其离子化，MS 作为质量过滤器检测离子。

稀土元素在天然矿物中的分布往往是不均一的，富稀土矿物中稀土元素的不均一分布恰恰可以为研究矿床成因等提供依据。因此，需要建立准确可靠的富稀土矿物中稀土元素的原位微区分析技术。激光剥蚀电感耦合等离子体质谱（LA-ICP-MS）技术具有高空间分辨率、低检出限、宽动态范围和多元素同时检测的优势，可用于固体样品原位微区分析。但是，目前尚缺少与各类富稀土矿物基体匹配的定量校正标准物质用于 LA-ICP-MS 定量分析。有文献报道，以美国国家标准技术研究所（NIST）的硅酸盐玻璃微区分析标准物质 NIST SRM 610 为外标，采用 LA-ICP-MS 技术可以准确测定碳酸盐样品中的亲石元素（如稀土元素）。中国地质大学胡圣虹课题组以 NIST SRM 610 为外标，建立了富稀土矿物中稀土元素直接测定方法，定量测定了国家富稀土矿物标准物质中稀土元素的浓度，测定值与标准值相对偏差小于 15%。中山大学孙晓明教授课题组[1]应用了相似方法测定云南北衙天然白钨矿中稀土元素的浓度。

北京有色金属研究总院刘鹏宇等[2]，将氧化镧粉末与微晶纤维素研磨均匀后压片，应用 LA-ICP-MS 法，对氧化镧样品中稀土杂质的含量进行了分析。氧化镧与微晶纤维素的最佳质量比为 11.5∶1，混合粉末的研磨时间至少为 15min，压片机压力选择 20MPa；采用线扫描剥蚀方式，扫描速率为 60μm/s，激光剥蚀能量为 750V，剥蚀孔径为 150μm，脉冲频率为 20Hz，氦气流量为 400mL/min。采用氧化镧标样绘制校准曲线，^{138}La 为内标，定量分析了三种不同纯度的氧化镧样品中 14 种稀土杂质的含量；各元素的检出限为 0.01 ~ 0.15μg/g，测定下限为 0.03 ~ 0.51μg/g，测定结果的相对标准偏差在 1.5% ~ 5.8% 之间，与 ICP-MS 法进行结果比对良好。

2. 电感耦合等离子体串联质谱法（ICP-MS/MS）

ICP-MS/MS 仪是在传统的 ICP-MS 仪的八极杆反应池系统（ORS3）前面，增加了一个主四极杆（Q1），只允许具有目标分析物质量数的离子才能进入反应池，所有其他质量数则被排除，从而精准控制反应池内的反应，使得原本基体干扰复杂的样品的直接测定成为可能。

江西理工大学吴伟明等[3]采用氧气和氨气反应池 - 串联质谱 MS/MS 模式，有效克服了基体对待测元素的干扰。通过优化仪器参数得到 Tb，Dy 和 Ho 的背景等效浓度分别为 22，40 和 4ng/L。在选定的条件下，样品加标 0.5μg/L 14 种混合稀土标样测得的回收率为

88.6% ~ 98.6%，使用仪器标准配置的耐高盐进样系统（HMI）测得 2h 信号值的相对标准偏差（RSD）为 1.3% ~ 4.1%。方法能够满足纯度为 5N（99.999%）及以上的高纯钕中 14 种杂质元素的直接测定。

江西省分析测试中心童迎东等[4, 5]利用此技术，对高纯氧化铈中钆和铽杂质、高纯氧化铕中铥杂质进行了直接测定，加标回收率在 96% ~ 104%。

3. 辉光放电质谱法（GDMS）

GDMS 是利用辉光放电源作为离子源与质谱仪器连接进行质谱测定的一种分析方法。辉光放电装置的阴极（样品）和阳极之间施加电场，当达到足够高的电压时，在放电池中形成“负辉区”。正离子则撞击阴极（样品）表面通过动能传递使阴极发生阴极溅射，并进而发生彭宁电离，电离后的样品离子导入质谱仪。

北京有色金属研究总院李继东等[6]利用钨粉作为导电介质，与高纯氧化钇粉末混合均匀并压片，以氧化钇标准物质作为标样，对其中杂质进行定量分析，测定结果相对标准偏差在 25% 以内，测定结果优于无标样的测定结果，并且与 ICP–MS 法相吻合。（包头会议论文）

北京有色金属研究总院刘鹏宇等[7]采用 GD–MS 法研究了钕铁硼合金中 13 种元素的分析方法。制备了 6 块控制样品并进行均匀性检验与定值；优化了 GD–MS 放电电流、放电气体流量、离子源温度和透镜电参数等仪器条件；利用控制样品做校准曲线；测定了钕铁硼合金试样中的 Al、V、Cr、Mn、Co、Ni、Cu、Ga、Zr、Nb、Mo、Tb、Dy 共 13 种元素的含量。分析结果与电感耦合等离子体发射光谱法（ICP–AES）的测定结果吻合，相对标准偏差小于 3%。

（二）稀土在线检测

近年来，随着自动化仪器仪表的迅速发展，稀土分离流量控制技术已经能够完全满足行业精确控制的要求，在稀土配分在线自动分析仪器仪器仪表方面也有一定进展，用于稀土多级萃取分离工艺的实时监测与动态控制的装备逐渐应用。

针对传统稀土在线检测技术的不足，尤其是重稀土元素的检测方式较少等问题，钢研纳克检测技术有限公司根据稀土配分在线检测的现场需求，研发了高分辨能量色散 X 射线荧光光谱仪，对稀土元素 L 系谱线进行分析，实现了对稀土萃取分离过程中元素的准确在线测定。该技术具有无须样品前处理、稀土配分料液直接进样、检测无损快速、测试成本低、多元素同时分析等优点[8]。

稀土配分在线分析仪由自动进样系统、X 射线荧光分析系统、数据处理系统和自动控制系统组成。自动进样系统将待测样品输送至检测池，由高分辨能量色散 X 射线荧光分析仪对样品进行分析。X 射线荧光分析系统由 X 射线光管产生高能 X 射线对检测池中的样品进行激发稀土元素 L 系特征 X 射线荧光（钇元素为 K 系谱线激发），并用高分辨能量探测器进行接收，探测器将接收到的信号放大，A/D 转换。数据处理系统将采集到的信号传输到计算机，再经计算机软件的数据处理模块计算并输出样品中所有稀土元素的质量配分量，并上传至主控室。

（三）稀土固体废料的分析

进入21世纪，稀土功能材料应用越来越广，钕铁硼磁性材料、稀土抛光材料、稀土贮氢材料以及稀土发光材料都有长足发展，形成的稀土固体废物也在不断增加。稀土固体废物属于无机一般废物并含有大量的稀土资源，而稀土是不可再生的资源，所以稀土固体废物资源化是实施循环经济不可或缺的部分。

近年来，国内主要集中于研究稀土固体废料资源特性、回收利用的工艺，能够形成规模化生产的主要有钕铁硼废料的回收再利用[9~10]。最近几年，稀土熔盐电解废料的回收再利用虽然研究较少，但规模化生产已初步形成[11]。抛光粉废料、储氢材料废料以及荧光粉废料的回收及再利用均处于研究及中试阶段[12~15]，未见有规模化生产的报道。

1. 钕铁硼废料的分析

由于目前几乎没有现成的废旧稀土选冶产业，在稀土回收利用研发上可借鉴的经验相对不足，国内研究较早的稀土固体废料是钕铁硼废料，只有钕铁硼废料在回收与再利用方面形成规模。在研究其回收与再利用的同时，包头稀土研究院、北京工业大学也充分研究了钕铁硼废料的检测方法[16~17]。行业标准XB/T 612《钕铁硼废料化学分析方法》在2009—2013年间陆续发布实施。

2. 稀土荧光粉废料的分析

我国在废旧稀土荧光材料回收再利用相关的标准较少，多规定了荧光粉的性能标准以及测定方法规范，对于废旧稀土发光材料的回收再利用标准却寥寥无几。若不能很好地回收利用荧光粉废料中的稀土，不仅会危害周围环境，而且造成了我国稀土资源的大量流失和浪费。2014年，针对荧光粉废料中研究稀土氧化物总量、铅、铬、汞量以及氧化物分量的测定进行分析方法标准研制，并于2016年发布实施XB/T620《废弃稀土荧光粉化学分析方法》，这将为制定合理的处理处置工艺和循环利用技术路线提供可靠依据。

3. 其他稀土废料的分析

有企业在进行抛光粉固体废料的回收加工，但形成规模化生产的企业较少；包头稀土研究院许涛课题组研究了关于抛光粉固体废料的检测方法[18]，但未形成相应的产品与检测标准。

（四）分析标准

我国稀土标准化工作起步比较晚，始于20世纪70年代初，70年代末才正式建立了我国第一批部颁标准。我国稀土国家标准诞生于80年代初，经过近30年的发展，我国稀土标准体系已经形成。这些标准的建立对我国稀土工业的发展，规范我国稀土行业的生产及贸易起到了积极的推动作用。尤其，一些稀土新材料标准的制定不仅见证了我国稀土工业的发展历程，而且加快了我国从稀土大国到强国的转变步伐。

我国稀土分析标准包括文字类标准，即分析方法标准，用以规范和统一行业内分析方法操作、方法分析结果的计算、方法精密度、方法允许差；还包括实物类标准，即标准样品 / 物质，用做分析方法的量值溯源和分析过程中的质量控制。

1. 文字类稀土标准

文字类稀土标准包含基础标准、产品标准及检测标准。截至 2016 年 3 月底，已发布实施的文字类稀土标准共计 249 项，包括 3 项基础标准、98 项产品标准、148 项方法标准；其中国家标准 176 项、行业标准 73 项。基础标准有稀土术语、稀土牌号表示方法及稀土冶炼加工企业单位产品能耗限额；产品标准涵盖了从稀土精矿、单一及混合稀土盐类、稀土氧化物基金属、各种稀土合金，到稀土功能材料及稀土应用材料；检测标准主要是为配合稀土产品标准而建立的相应系列标准。稀土检测国家标准有稀土精矿化学分析方法（GB/T18114 系列）、稀土金属及其氧化物化学分析方法稀土杂质（GB/T18115 系列）及非稀土杂质（GB/T12690 系列）、氯化稀土碳酸轻稀土化学分析方法（GB/T16484 系列）、灯用稀土三基色荧光粉试验方法（GB/T14634 系列）、稀土硅铁及镁硅铁合金化学分析方法（GB/T16477 系列）、离子型稀土矿混合稀土氧化物化学分析方法（GB/T18882 系列）、镧镁合金化学分析方法（GB/T29916）、镨钕镝合金化学分析方法（GB/T29656）、镝铁合金化学分析方法（GB/T26416 系列），针对稀土抛光粉有化学元素检测（GB/T20166 系列）及抛蚀量和划痕的测定（GB/T20167），稀土金属及其化合物物理性能测试方法（GB/T20170 系列）。稀土检测行业标准有钕铁硼合金化学分析方法（XB/T617 系列）、钕铁硼废料化学分析方法（XB/T612 系列）、钐钴合金化学分析方法（XB/T610 系列）、钆镁合金化学分析方法（XB/T614 系列）、钆铁合金化学分析方法（XB/T616 系列）、钕镁合金化学分析方法（XB/T618 系列）等。2016 年 11 月，在全国稀土标准化技术委员会年会上稀土贮氢材料化学分析方法系列（7 个方法）行业标准及 2 个产品标准氢碎钕铁硼永磁粉、再生钕铁硼永磁材料通过审定。

简言之，文字类稀土标准内容全面、体系框架结构完整，很好地覆盖了现有国内的稀土矿物及各类稀土产品。

2. 实物类稀土标准

标准物质 / 样品（reference material）（RM）[19] 是一种已经确定了具有一个或多个足够均匀特性值的物质或材料，作为分析测量行业中的“量具”，在校准测量仪器和装置、评价测量分析方法、测量物质或材料特性值和考核分析人员的操作技术水平，以及在生产过程中产品的质量控制等领域起着不可或缺的作用。

稀土行业发展时间较短，应用非常广泛，但用于检测质量控制、校准仪器设备的稀土标准样品还比较缺乏。目前，稀土相关的标准样品共有 52 个，其中用于元素化学分析检测的固体标准样品 22 个，有氧化物测定纯度、配分以及非稀土杂质的标准样品，稀土精矿标准样品；液体标准样品20个，有单一稀土元素、混合稀土元素以及阴离子标准溶液，另外还有10个测定荧光粉相对亮度的标准样品，详见表1。上述标准样品从校准和质量控制的角度，已在稀土行业日常检测及科研中发挥着不可或缺的作用。

表1 现有稀土标准样品统计表

标准样品编号	标准样品名称	标准样品编号	标准样品名称
GBW 02901	氧化钇成分分析标准样品	GSB 04-1789-2004	稀土分析用标准溶液20（多元素混合）
GBW 02902	氧化铕成分分析标准样品	GSB 04-2068-2007	氧化钇标准样品
GBW 02903	氧化铈成分分析标准样品	GSB 04-2069-2007	氧化钇标准样品
GSB 04-1645-2003	氧化镧标准样品（99%，99.9%）	GSB 04-2534-2009	稀土蓄光型（长余辉）荧光粉相对亮度标准样品
GSB 04-1646-2003	氧化镧标准样品（99%，99.9%）	GSB 04-2535-2009	白光LED灯用稀土黄色荧光粉相对亮度标准样品
GSB 04-1647-2003	氧化钕标准样品（99%，99.9%）	GSB 04-2602-2010	氧化镧标准样品1
GSB 04-1648-2003	氧化钕标准样品（99%，99.9%）	GSB 04-2603-2010	氧化镧标准样品2
GSB 04-1649-2003	灯用稀土荧光粉标样	GSB 04-2604-2010	氧化镧标准样品3
GSB 04-1650-2003	灯用稀土荧光粉标样	GSB 04-2705-2011	灯用稀土三基色荧光粉相对亮度标准样品
GSB 04-1651-2003	灯用稀土荧光粉标样	GSB 04-2805-2011	镨钕氧化物标准样品（3个）
GSB 04-1652-2003	灯用稀土荧光粉标样	GSB 04-3064-2013	混合轻稀土氧化物稀土配分标准样品
GSB 04-1653-2003	灯用稀土荧光粉标样	GSB 04-3065-2013	混合轻稀土少铕氧化物稀土配分标准样品
GSB 04-1709-2004	氧化钇铕标准样品	GSB 04-3066-2013	LED用稀土硅酸盐荧光粉相对亮度标准样品
GSB 04-1710-2004	氧化钇铕标准样品	GSB 04-3097-2013	灯用稀土紫外发射荧光粉相对发射强度标准样品
GSB 04-1711-2004	氧化钇铕标准样品	GSB 04-3139-2014	钐铕钆富集物标准样品
GSB 04-1770~1773-2004	稀土分析用标准溶液1~4（阴离子）	GSB 04-3309-2016	白云鄂博稀土精矿标准样品研制REO30
GSB 04-1774~1778-2004	稀土分析用标准溶液5~9（单元素）	GSB 04-3310-2016	白云鄂博稀土精矿标准样品研制REO40
GSB 04-1779~1783-2004	稀土分析用标准溶液10~14（阴离子）	GSB 04-3311-2016	白云鄂博稀土精矿标准样品研制REO50
GSB 04-1784~1788-2004	稀土分析用标准溶液15~19（单元素）		

（五）其他

1. 环境及生物样品中痕量稀土元素分析用样品前处理方法

等离子体原子发射光谱（ICP–OES）和等离子体质谱（ICP–MS）是目前痕量 REEs 分析中最常用的检测方法，为了降低或消除基体效应，实现实际样品中痕量、超痕量 REEs 的高灵敏检测，分析工作者们探索和发展了一系列适用于环境及生物样品中痕量 REEs 分离和富集的样品前处理方法。

（1）磁固相萃取（MSPE）

是基于磁性纳米颗粒（MNPs）是一种固相吸附材料的前处理技术，武汉大学胡斌课题组[20]通过简单的非共价方法制备了磁性材料 Fe_3O_4@SiO_2@ 聚苯胺 – 氧化石墨烯复合物（Fe_3O_4@SiO_2@PANI–GO），并将其用于茶叶和环境水样中的痕量 / 超痕量稀土元素（REEs）的萃取。建立了 MSPE–ICP–MS 分析痕量 REEs 的分析方法，具有富集倍数高、检出限低、线性范围宽、样品通量高和良好的抗干扰能力等特点，适合分析复杂基质样品中的痕量 / 超痕量 REEs。该课题组还利用稀土掺杂的上转换纳米粒子（UCNPs）作为元素标签，结合夹心免疫和 ICP–MS 检测，建立了血清中甲胎蛋白（AFP）的高灵敏检测方法[21]。

（2）毛细管微萃取（CME）

是在固相微萃取（SPME）的基础上发展而来的一种无溶剂的新型微型化样品前处理技术，其毛细管涂层材料决定了方法的萃取效率、选择性和分析灵敏度。因此，开发研制新型高效的毛细管萃取材料是 CME 技术发展的重点。武汉大学胡斌课题组用刚果红（CR）对单壁碳纳米管（SWCNT）进行表面修饰后，明显改善了 SWCNT 的水溶性，将其涂覆在毛细管内壁，制备得到了均匀、稳定的 CR–SWCNT 涂层毛细管柱，结合氟化辅助电热蒸发（FETV）–ICP–OES 检测，建立了 CME–FETV–ICP–OES 测定生物样品中痕量稀土元素的新方法[22]。利用聚合物整体柱较强的耐酸能力和亚氨基二乙酸（IDA）与 REEs 之间较强的亲和作用，制备了 IDA 改性的聚甲基丙烯酸缩水甘油酯整体柱 poly（IDA–GMA–TRIM）。建立了 CME– 微同心雾化器（MCN）–ICP–MS 在线联用分析人血清和尿样中痕量稀土元素的新方法，15 种 REEs 的检出限小于 1ng/L，样品通量为 8.5/h，用于人血清和尿样中痕量稀土元素的分析[23]。武汉大学胡斌课题组将一定的磷酸盐加入到 Gd^{3+} 和 Gd–DTPA 的溶液中，通过磷酸盐的作用使 TiO_2 对 Gd–DTPA 有间接的吸附作用，而对 Gd^{3+} 有直接的吸附作用。基于此，合成了 TiO_2NPs 包埋的 poly（MAA–EDMA）整体柱，建立了 poly（MAA–EDMA–TiO_2NPs）整体柱 CME–ICP–MS 在线联用体系，实现了生物样品中钆及钆造影剂的形态分析[24]。另外，采用化学键合法制备了纳米金改性的甲基丙烯酸缩水甘油酯整体柱 poly（GMA–EDMA–AuNPs），并采用巯基丁二酸对其进行修饰，得到了丰富的羧基整体柱，基于此，建立了在线 CME –ICP–MS 分析海水样品和血样中痕量 / 超痕量的稀土元素的新方法[25]。

（3）液相微萃取（LPME）

是基于目标分析物在毫升级的样品溶液和微升级的萃取溶剂之间的分配，实现目标分析物从复杂样品基体中分离并得以富集的一种微型化、绿色样品前处理技术。陈世忠等采用1-（2-吡啶偶氮）-2-萘酚（PAN）作为螯合试剂，十二醇为萃取剂，建立了SFODME-ETV-ICP-MS分析人发和植物样品中痕量REEs的方法，富集倍数高达500倍[26]。武汉大学胡斌课题组[27]将分散固相萃取与分散相液液微萃取（D-SPE-DLLME）相结合，建立了双萃取技术与ETV-ICP-MS联用分析环境水样和沉积物中痕量稀土元素的新方法。经过D-SPE和DLLME两次富集，方法对目标稀土元素的富集倍数在234 ~ 566倍之间，检出限在0.003 ~ 0.073ng/L之间。

2. 环境、生物等样品中的稀土元素分析

水样、土壤、大气、化石及生物样品中稀土元素的含量非常低，而且有的样品量很少，因此这方面的研究主要集中在溶样方法、联用技术、预分离富集等，以获得准确结果。武汉大学胡斌课题组[28 ~ 32]采用悬浮体制样氟化辅助-ETV-ICP-MS（电热蒸发电感耦合等离子体串联质谱法）技术，分析了土壤中痕量REEs、陶瓷中痕量REEs、大气颗粒物中痕量稀土元素、古人牙中痕量REEs；采用P350-PMBP协同萃取-低温ETV-ICP-MS技术分析了环境中痕量稀土元素。中国地质大学胡圣虹课题组[33]采用$Fe(OH)_3$共沉淀法对模拟地下水中的稀土元素进行分离与富集，有效去除了93%基体元素，稀土元素富集倍数达到15倍，成功解决了高盐地下水稀土元素测定中稀土元素浓度低和基体盐分高的难题。此外，为了进一步解决残留基体盐分的影响并降低ICP-MS分析过程中产生的轻稀土元素氧化物等多原子离子干扰，该方法采用了气溶胶在线稀释技术，将多原子离子干扰降低了近10倍，检出限低至0.05 ~ 0.6ng/L。中国地质大学胡圣虹课题组通过共沉淀法研制了基体匹配、致密性更佳（激光剥蚀行为与天然样品相似）且均一性理想（RSD < 10%）的羟基磷灰石定量校正标准物质，以此为外标建立了牙形石和结石样品中稀土元素浓度定量分析方法，在此基础上开展了牙形石中稀土元素定量成像分析，清晰分辨出单个牙形石中牙冠与基体中稀土元素的分布差异并用于指示其受成岩作用的影响；同时，该课题组通过设计双体积剥蚀池、缩短气溶胶洗出时间（700ms）并联合NIST SRM610、NIST SRM 612和MACS-3作为外标，建立了有孔虫中稀土元素的高空间分辨（1.0μm）定量元素成像技术，准确分辨出有孔虫不同房室间稀土元素的分布差异。薛婷等[34]利用LA-ICP-MS微区原位分析方法，对采自西太平洋海山具完整三层结构的富钴结壳样品进行了稀土元素含量测定，结果表明，绝大多数西太平洋富钴结壳具有高稀土、高LRE/HRE、δCe正异常和δEu基本无异常或微弱正异常的特点，显示它们主要由正常海水沉积形成。

3. 稀土元素分析在生命科学中的应用

生物样品（血、尿、发及组织脏器）中稀土元素含量通常都很低，尤其是血液、尿液中的稀土含量极低，且基体复杂。因此，生物样品前处理技术对于稀土元素检测起着至关重要的作用。常用消解方式有敞开式湿法消解法、微波消解法和直接稀释法。生命科学领域稀土元素的常用检测方法主要有分光光度法、ICP-OES 法、ICP-MS 法、中子活化法（NAA）、X 射线荧光光谱法（XRF）等，尤以 ICP-OES 和 ICP-MS 两种无机痕量分析技术方法最为成熟，应用范围相对较广。

近年来，稀土元素配合物作为元素标签被逐渐应用于生物分子（特别是疾病生物标志物）的电感耦合等离子体质谱（ICP-MS）定量检测，为稀土的生物分析应用开辟了新途径。疾病生物标志物多为蛋白质 / 酶分子，厦门大学王秋泉课题组[35]利用他们与相应的抑制剂分子间的生物特异性相互作用，并对抑制剂分子进行必要的化学修饰，使其可与稀土元素配合物发生选择性化学反应，以实现疾病生物标志物的稀土元素标记。通过 ICP-MS 对所标记的稀土元素进行同位素稀释定量分析进而实现疾病生物标志物分子的定量，灵敏达到 fmol 水平[36～43]。

三、国内外研究进展比较

（一）稀土固体废料的分析

近年来，国际上也在采用各种检测手段，积极探索工业稀土废料中稀土的检测方法，包括：研究采用电感耦合等离子体发射光谱法（ICP-OES）测定稀土熔渣中化学组成；采用 X 射线荧光分析仪（XRF）测定镍氢电池电极废料中 Ni、Co、TRE 等化学成分；电子探针显微分析（EMPA）、背散射显微分析（BSE）研究稀土熔渣相组成情况；X 射线衍射仪（XRD）进行稀土熔渣微区分析；电子探针显微分析（EMPA）、扫描电子显微镜电子背散射分析（EBSD）进行稀土熔渣结构分析；光电子能谱法（XPS）研究渣中稀土元素价态变化[44–47]，以上的检测都处于研究阶段，但还未形成标准。

值得关注的是，在 2016 年的 ISO/TC298 稀土技术委员会会议上，韩国提出了工业副产品及废料中稀土元素的检测标准立项建议，检测方法涉及 XRF、ICP-OES、ICP-MS 和 GDMS。

（二）分析标准

1. 国外标准现状

在现行的 ISO 国际标准和美国 ASTM 标准中，仅有一些含稀土元素的其他产品的分析方法标准涉及稀土元素分析，如：ISO 2355 磁性材料中稀土总量的测定 - 重量法、ISO 16918-1 钢铁中铈元素的测定、ISO 16796 钆混合燃料中氧化钆的测定等 ISO 标准；ASTM D3989-01EDTA 滴定法测定漆干剂中稀土总量、ASTM D3970 油漆催干剂中氧化铈的标准测试方法、ASTM C1456 铀或钆（二者合在一起）原料中氧化钆的测定等 ASTM 标准。所使用的检测设备主要是 ICP-MS 仪、ICP-AES 仪以及 X 衍射仪。

除中国外，其他国家的稀土产量一直以来远低于中国，未形成产业，因此还没有建立针对稀土产品及检测的文字标准或实物标准。目前在国际贸易中，贸易双方多采用我国现行国家或行业标准分析方法，进行相关检测。

2. ISO/TC298 稀土国际标准化技术委员会的成立及工作进展

我国是稀土生产大国，为在国际上拥有稀土话语权，改变无稀土国际标准的窘境，自20世纪90年代以来，一直致力于推动建立ISO稀土国际标准化技术委员会。经过不懈努力，2015年9月15日在韩国首尔举行的第38届国际标准化组织（ISO）大会上，ISO技术管理局通过决议，正式成立ISO稀土国际标准化技术委员会。秘书处由中国承担，委员会包含6个P成员国，20个O成员国。这是我国在国际标准化领域的又一重大突破，意味着我国成为稀土国际标准化工作的领跑者，对我国稀土产业发展具有重要意义。

2016年10月11～12日，ISO/TC298的首届会议在中国北京成功举行，来自中国、日本、韩国、澳大利亚、加拿大等国40余位行业专家参会。会议初步通过了ISO/TC298战略规划草案，中国2项稀土术语（第1项：稀土矿石、氧化物及化合物，第2项稀土金属及其合金）标准提案、韩国3项有关稀土循环利用的标准提案。2017年6月15～16日将在加拿大多伦多举行ISO/TC298的第二届会议，届时我国还将继续以稀土分析方法为牵引，提出国际标准的立项提案，以推动稀土国际标准化工作。

（三）用于环境及生物样品中痕量稀土元素分析的样品前处理方法

国外在该领域的研究近年来在痕量稀土元素分析的前处理技术也有研究，在液相微萃取（LPME）方面，I. Celik等[48]采用2，6-吡啶二甲酸为REEs的螯合试剂，在甲基三辛基氯化铵（Aliquat336）存在下，DLLME被用于pH4水样中REEs的萃取。其中，Aliquat336有效地提高了离子对络合物的疏水性，促进其向氯仿有机相的萃取；然后REEs离子被硝酸反萃取出来，用于后续ICP-MS检测。在50 mL水样的萃取中对REEs获得97倍的富集[49]。在不使用螯合试剂的条件下，Celik等发展了无配体DLLME-ICP-MS分析环境水样中痕量REEs的分析方法，富集倍数为16（样品溶液40mL），检出限为0.68～26.6 ng·L。

浊点萃取（CPE）技术基于表面活性剂在浊点温度时的浊点现象。任何存在于水溶液中的疏水物质或者可以与化学试剂生成疏水物质的离子都可进入富胶束相中而得到富集。浊点萃取效率取决于配合体的疏水性和螯合体形式，配合体的疏水性越低则富集效率越小，反之就越大，其富集效率最高可达100%。在此方面，M.M.Hassanien等[50]使茜素红S在pH为6条件下与目标REEs形成螯合物，但茜素红S中的磺酸基使生成的REEs-茜素红S螯合物具有良好的亲水性，很难被非离子型的表面活性剂Triton X-114所萃取，因此采用阳离子型表面活性剂十六烷基三甲基溴化铵（CTAB）与REEs-茜素红S螯合物作用以提高其疏水性，实现其从水相向有机相的快速转移。基于此，建立了混合型CPE-ICP-OES痕量稀土元素分析的新方法，富集倍数为90～97倍。用于痕量REEs萃取的

CPE 体系通常在弱酸性到中性的 pH 范围进行操作，不适用于酸消解得到的样品溶液的直接分析。C. Labrecque[51] 研究表明，二羟乙酰胺衍生物对 REEs 具有良好的亲和性，可在强酸性条件下（1 ~ 2M HNO_3）与 REEs 螯合并被萃取至非离子型表面活性剂的富胶束相，富集倍数可达 140 倍以上；该方法被用于土壤样品中痕量 REEs 的高灵敏检测。

四、学科发展趋势与展望

（一）先进质谱检测技术的应用及其仪器的国产化

随着稀土资源的开发利用，稀土元素如何影响健康、环境仍是研究的热点。研究者在探索稀土元素含量能够对健康、环境产生影响的最低限值，因此其中稀土元素含量的检测研究会向着分离富集手段与 ICP-MS 技术结合的超痕量分析的方向持续下去。

自 20 世纪 90 年代 ICP-MS 技术问世以来，稀土冶金分析中稀土纯度检测在分析速度、测定下限方面获得了很大的突破。但是来自于稀土基体元素的多原子离子干扰也使部分稀土杂质元素不能直接测定，需要借助色谱柱类的分离手段。近年来，串联质谱技术的研发突破了这一技术瓶颈，商业化仪器开始出现在稀土检测行业内，在未来也是稀土分析的重要应用方向。但受制于仪器价格昂贵的因素影响，串联质谱的推广进程会比较缓慢。

GDMS、LA-ICP-MS、ETV-ICP-MS 等固体进样的分析技术是另一个稀土超痕量分析的方向。相比于液体进样，不仅减少环境和试剂的影响因素、达到更低的测定下限，而且解决了某些样品难以消解成溶液所带来的检测难题。其配套标准样品的研制需要同步跟进，以促进固体进样技术的应用。

国产 ICP-MS 仪器需要在仪器长短期稳定性、质量轴稳定性、灵敏度、分辨率等性能方面有长足的进步，做好售后维护，充分利用价格优势，才能在未来打破国外品牌独占国内稀土分析市场的局面。

（二）基于高分辨能量色散 X 射线荧光光谱技术的稀土在线检测

稀土配分在线分析通过对萃取槽内元素变化进行连续监控，可及时向工作人员提供工艺调整信息，为工艺生产和动态分析提供了一种先进的分析手段。稀土配分在线检测经过了光度法、伽马射线监测、X 射线检测等发展阶段，目前基于电致发光 X 光管、高分辨能量色散 X 射线荧光光谱技术的稀土配分在线检测方法逐步在稀土分离企业使用。稀土配分在线自动检测的主要发展方向主要有：基于监测数据的稀土分离过程反馈调节系统、高纯稀土配分含量的检测以及稀土分离过程中非稀土元素追踪检测。

经过分离工艺后的后稀土氧化物纯度可达 99.9% ~ 99.999%，其中稀土杂质含量检测是稀土配分在线检测的难点和重点。稀土元素纯度的提升需要依靠大量的分离萃取级次，如果稀土在线自动检测可以把杂质含量检测到极低的水平，就可以直接判断分离终点。这对于工艺现场节能降耗、提高物料利用效率、降低压槽量具有更大的帮助。

非稀土在冶炼分离过程中需要检测与控制，特别是放射性伴生元素、使分离系统容易发生乳化的元素、与稀土半径类似或者价态相近的非稀土杂质。这些杂质容易对萃取分离过程和终点产物品质产生影响。把控这些元素的来源和去路，有助于找到关键工艺环节降低这些元素的影响。

（三）稀土固体废料检测的规范化

稀土固体废料的再利用研发成本相对较高，只有具有较大利用价值的固体废料研究较多，其他稀土固废尚未形成成熟可行的技术与装备及产业示范，缺乏在废料评价与检测、再生利用技术和污染防控等方面较为统一的标准规范。

（四）由产品、检测技术引领的国内标准及其国际化趋势

经过多年努力，我国在稀土产业前端的矿产品、冶炼分离产品上，建立了完善的稀土文字标准体系；目前，随着稀土产品的升级、检测技术的进步、标准工作政策的调整，以及国际化的趋势，稀土标准化工作呈现出积极的发展态势。

近几年，我国大力调整了稀土产业政策，产业链重心逐渐移向下游具有高附加值的应用型产品，相应的稀土产品标准、化学成分分析和性能检测标准也随之逐步建立，如：已发布实施的《钕铁硼合金化学分析方法》系列标准、《稀土抛光粉化学分析方法》系列标准、《灯用稀土三基色荧光粉试验方法》，以及正在制订的《稀土贮氢材料化学分析方法》系列标准等。稀土硫化物作为一种高科技新型绿色环保颜料，已经受到全球颜料行业的广泛关注，《绿色环保颜料 - 硫化铈》已建立地方标准，目前正在申请行业产品标准及检测标准。

仪器分析技术的普及和进步是推动稀土标准化工作创新又一动力。继 20 世纪 90 年代，电感耦合等离子体发射光谱仪（ICP-AES）在稀土检测行业普及及标准化之后，近年来电感耦合等离子体发射质谱仪（ICP-MS）的普及率也大幅提升，相应检测标准已在单一稀土氧化物及金属的纯度检测方面发挥了重要作用。采用固体直接进样的辉光放电质谱（GDMS）的检出限可达 ppb 级，可为绝对纯度 >5N 的高纯稀土金属的研发提供有效的数据支持，目前相关检测标准项目正在立项阶段。

最近几年，我国政府下放职能，由政府主导转向行业协会为主导单位，推动建立团体标准。稀土行业协会于 2016 年启动团体标准工作，旨在建立更接近市场需求、更具实用性的标准，目前有两项颇具特色的标准正在制订中。《盖板玻璃用稀土抛光粉评价体系》标准面向下游用户要求，只针对具体使用指标进行生产与标准的制定，避免稀土产品的质量过剩；《稀土产品成分分析质量控制技术规范第 1 部分、第 2 部分》标准通过借鉴国内外相关标准的经验，吸纳了中国合格评定认可管理委员会（CNAS）对实验室的要求，制订出符合稀土分析行业的控制指标，旨在规范稀土分析中的质量控制工作，提高分析质

量。未来，团体标准无论在数量上，还是在稀土行业内所起的引导作用，都将逐步提升。

我国已在稀土国际标准化工作中迈出重要一步，在这个平台上，稀土标准在自身质量上将有大幅提升，也会在国际贸易中发挥更重要作用。同时，通过有限的国际会议接触，我们发现，稀土界需要在国际舞台上转变标准化工作思路，采用与对方“共赢”且积极合作的态度，提高语言沟通能力，减少误会以达成共识，才能最终顺利完成工作目标。

与发展势头强劲的稀土文字标准相比较，稀土实物标准总体数量少，品种也仅集中在轻稀土，缺乏中重稀土、合金、材料的标准样品。究其原因，稀土行业与其他大型有色黑色行业相比，是小行业，标样的总体需求量偏小；而实物标准的研发成本较高，需求量小，就不易收回成本；稀土涉及 15 种稀土元素衍生出的各类矿物、氧化物、金属、盐类、合金、材料等，品种繁多，对标样种类的要求也很高，很难完全覆盖所有产品。面临这样的困难，稀土检测的质量控制就不能有效地施行，间接影响稀土产品的研发和生产质量。因此，为了整个稀土行业的健康发展，建议通过各级科研课题申请或行业协会投入，来解决实物标准研究经费问题。

（五）痕量稀土元素的萃取富集技术

可以看出，各种功能化的纳米材料在痕量 REEs 的 SPE 前处理中发挥了重要的作用，在今后的工作中，将更注重提高材料对 REEs 的选择性、吸附容量及其化学稳定性。在液相萃取中，经典的 REEs 萃取剂被用于痕量 REEs 分析，分析工作者们更加关注的是液相萃取装置的微型化、自动化、集成化，以减少对环境及操作者的危害，实现无人值守操作，提高分析效率。

（六）稀土元素分析在生命科学中的应用

稀土元素在生命科学中的应用越来越广泛，而且越来越多的证据表明稀土元素可能在生命过程中起着独特而重要的作用。随着稀土元素化学和分析科学的发展，预计今后生命科学领域的稀土元素分离检测技术研究将会集中在以下几个方面：生物样本中稀土元素形态分析；用于具有复杂基体的生物样品中痕量稀土元素总量及形态分析的前处理方法学研究（包括：简便、快速、环境友好的微型化分离富集技术以及吸附棒萃取、浊点萃取、液相微萃取、毛细管微萃取等）；细胞、蛋白质（酶）的稀土元素标记与分析技术；超高灵敏的检测技术和高效进样技术。

参考文献

[1] Fu Y，X Sun，H. Zhou，et al. In–situ LA–ICP–MS trace elements analysis of scheelites from the giant Beiya

gold-polymetallic deposit in Yunnan Province, Southwest China and its metallogenic implications [J]. Ore Geology Reviews, 2017, 80: 828-837.
[2] 田佳，刘鹏宇，冯流星，等. LA-ICP-MS 法测定氧化镧中稀土杂质的分析方法研究 [D]. 北京：北京有色金属研究总院，2016：6.
[3] 吴伟明，刘和连，郑腾飞. 三重串联电感耦合等离子体质谱法直接测定高纯氧化钕中 14 种稀土杂质元素 [J]. 分析化学，2015 (5)：697-702.
[4] 童英东，刘永林，徐芝亮，等. 三重串联电感耦合等离子体质谱法测定高纯氧化铈中 14 种稀土杂质元素 [C]. 第十五届全国稀土分析化学学术研讨会论文集：115-117.
[5] 徐芝亮，童英东，刘永林. 三重串联电感耦合等离子体质谱法测定高纯氧化铕中 14 种稀土杂质元素 [C]. 第十五届全国稀土分析化学学术研讨会论文集：118-121.
[6] 胡芳菲，李继东，刘英，等. 直流辉光放电质谱法测定高纯氧化钇中杂质元素 [C]. 第十五届全国稀土分析化学学术研讨会论文集：111-114.
[7] 聂帅，刘鹏宇，李宝城，等. 钕铁硼合金中 13 种元素辉光放电质谱法定量分析研究 [J]. 稀有金属，2016，40 (8)：756-762.
[8] 梁元，沈学静，易启辉，等. X 射线荧光光谱法在线测定稀土冶炼分离过程中钬铒铥镱 [J]. 冶金分析，2016 (08)：1-6.
[9] 李军，张大鸣，夏茅栗，等. 从钕铁硼废料中回收稀土元素的方法 [P]. 中国专利：102011020B，2012-09-05.
[10] 张雪峰，王大鹏，张倩. 钕铁硼废料回收利用 [J]. 科技创新导报. 2012 (13)：149-150.
[11] 肖勇，陈月华，崔小震. 稀土熔盐电解废料回收工艺研究 [J]. 世界有色金属. 2016，3 (下)：26-28.
[12] 周洁英，陈冬英，欧阳红，等. 从抛光废料中回收稀土的研究 [J]. 有色金属科学与工程. 2013，4 (2)：96-99.
[13] 赵哲萱，邱兆富，杨骥，等. 从废 FCC 催化剂和废汽车尾气催化剂中回收稀土的研究进展 [J]. 化工环保. 2015，35 (6)：603-607.
[14] 廖春发，曾颜亮，焦芸芬. 从废旧稀土荧光粉中回收稀土的研究现状 [J]. 稀有金属与硬质合金. 2013，41 (6)：7-12.
[15] 刘晓杰，于亚辉，许涛，等. 一种从稀土抛光粉废渣中制取氧化稀土的方法 [P]. 中国专利：ZL 2013 1 0063829. 1，2013-02-28.
[16] 刘晓杰，郝茜，金文莉，等. ICP-AES 法测定钕铁硼废料中稀土总量 [J]. 稀土. 2014，35 (2)：88-91.
[17] 尹小文，刘敏，赖伟鸿，等. 草酸盐沉淀法回收钕铁硼废料中稀土元素的研究 [J]. 稀有金属. 2014，38 (6)：1093-1098.
[18] 于亚辉，许涛，等. 酸溶法测定稀土抛光粉废粉中的稀土总量 [J]. 稀土. 2015，36 (2)：82-85.
[19] 全浩. 标准物质及其应用 [M]. 北京：科学出版社，1990.
[20] S Su, B Chen, M He, et al. Determination of trace/ultratrace rare earth elements in environmental samples by ICP-MS after magnetic solid phase extraction with Fe_3O_4@SiO_2@polyaniline-graphene oxide composite [J]. Talanta, 2014 (119): 458-466.
[21] Z R Liu, B Yang, B B Chen, et al. Upconversion nanoparticle as elemental tag for the determination of alpha-fetoprotein in human serum by inductively coupled plasma mass spectrometry [J]. Analyst, 2017 (142): 197-205.
[22] S Wu, C Hu, M He, et al. Capillary microextraction combined with fluorinating assisted electrothermal vaporization inductively coupled plasma optical emission spectrometry for the determination of trace lanthanum, europium, dysprosium and yttrium in human hair [J]. Talanta, 2013 (115): 342-348.
[23] L Zhang, B Chen, M He, et al. Polymer monolithic capillary microextraction combined on-line with inductively coupled plasma MS for the determination of trace rare earth elements in biological samples [J]. Journal of separa-

tion science, 2013 (36): 2158–2167.

[24] X Liu, B Chen, L Zhang, et al. TiO_2 nanoparticles functionalized monolithic capillary microextraction online coupled with inductively coupled plasma mass spectrometry for the analysis of Gd ion and Gd–based contrast agents in human urine [J]. Analytical chemistry, 2015 (87): 8949–8956.

[25] Y Cai, B Chen, M He, et al. Gold nanoparticles as intermediate ligands for polymer monolithic capillary microextraction of trace rare earth elements followed by inductively coupled plasma mass spectrometry detection [J]. Spectrochimica Acta Part B: Atomic Spectroscopy, 2017 (127): 56–63.

[26] S Chen, X Cheng, Y He, et al. Determination of the rare earth elements La, Eu, and Yb using solidified floating organic drop microextraction and electrothermal vaporization ICP–MS [J]. Microchim. Acta 2013 (180): 1479–1486.

[27] X Q Guo, X T Tang, M He, et al. Dual dispersive extraction combined with electrothermal vaporization inductively coupled plasma mass spectrometry for determination of trace REEs in water and sediment samples [J]. RSC Advances, 2014 (4): 19960.

[28] M He, B Hu, Z C Jiang, Electrothermal vaporization inductively coupled plasma mass spectrometry for the determination of trace amount of lanthanides and yttrium in soil with polytetrafluroethylene emulsion as a chemical modifier [J]. Anal Chim Acta, 2005 (530): 105–112.

[29] G Q Xiang, Z C Jiang, M He, et al. Direct determination of trace rare earth elements in ancient porcelain samples with slurry sampling electrothermal vaporization inductively coupled plasma mass spectrometry [J] .Spectrochim Acta B, 2005 (60): 1342–1348.

[30] Y F Zhang, Z C Jiang, B Hu. Determination of refractory elements in atmospheric particulates using slurry sampling electrothermal vaporization inductively coupled plasma optical emission spectrometry and inductively coupled plasma mass spectrometry with polyvinylidene fluoride as chemical modifier [J]. Rapid Commun Mass Sp, 2006 (20): 2091–2098.

[31] G Q Xiang, Z C Jiang, M He, et al. Simultaneously direct determination trace elements and its distribution in ancient tooth samples by slurry sampling–electrothermal vaporization inductively coupled plasma mass spectrometry [J]. Microchim. Acta 2006 (154): 247–252.

[32] J Yin, B Hu, M He, et al. Determination of trace rare earth elements in environmental samples by low temperature electrothermal vaporization inductively coupled plasma mass spectrometry after synergistic extraction with dimethylheptyl methyl phosphate and 1–phenyl–3–methyl–4–benzoyl–pyrazalone–5 [J]. Anal Chim Acta, 2007 (594): 61–68.

[33] Li Y T., W Guo, Z W Wu, et al. Determination of ultra–trace rare earth elements in high–salt groundwater using aerosol dilution inductively coupled plasma–mass spectrometry (ICP–MS) after iron hydroxide co–precipitation [J]. Microchemical Journal, 2016 (126): 194–199.

[34] 薛婷，孙晓明，张美，等. 西太平洋海山富钴结壳稀土元素（REE）组成原位 LA–ICPMS 测定［J］. 岩石学报，2008，（10）：2423–2432.

[35] Liang Yong, Yang Limin, Wang Qiuquan. An ongoing path of element–labeling/tagging strategies toward quantitative bioanalysis using ICP–MS [J]. Appl. Spectrosc. Rev. 2016, 51, 117–128.

[36] Yan Xiaowen, Xu Ming, Yang Limin, et al. Absolute Quantification of Intact Proteins via 1, 4, 7, 10–Tetraazacyclododecane–1, 4, 7–trisacetic acid–10–Maleimidoethylacetamide–Europium Labeling and HPLC Coupled with Species–Unspecific Isotope Dilution ICPMS [J]. Anal. Chem. 2010, 82, 1261–1269.

[37] Yan Xiaowen, Yang Limin, Wang Qiuquan. Lanthanide–Coded Protease–Specific Peptide–Nanoparticle Probes for a Label–Free Multiplex Protease Assay Using Element Mass Spectrometry [J]: A Proof–of–Concept Study. Angew. Chem. Int. Ed. 2011, 50, 5130–5133.

[38] Zhang Zhubao, Luo Qiang, Yan Xiaowen, et al. Integrin-Targeted Trifunctional Probe for Cancer Cells: A "Seeing and Counting" Approach [J]. Anal. Chem. 2012, 84, 8946-8951.

[39] Luo Yacui, Yan Xiaowen, Huang Yishun, et al. ICP-MS-Based Multiplex and Ultrasensitive Assay of Viruses with Lanthanide-Coded Biospecific Tagging and Amplification Strategies [J]. Anal. Chem. 2013, 85, 9428-9432.

[40] Yan Xiaowen, Li Zhaoxin, Liang Yong, et al. A chemical "hub" for absolute quantification of a targeted protein: orthogonal integration of elemental and molecular mass spectrometry [J]. Chem. Commun. 2014, 50, 6578-6581.

[41] Liang Yong, Yan Xiaowen, Li Zhaoxin, et al. Click Chemistry Mediated Eu-Tagging: Activity-Based Specific Quantification and Simultaneous Activity Evaluation of CYP3A4 Using 153Eu Species-Unspecific Isotope Dilution Inductively Coupled Plasma Mass Spectrometry [J]. Anal. Chem. 2014, 86, 3688-3692.

[42] Liang Yong, Jiang Xin, Tang Nannan, et al. Quantification and visualization of glutathione S-transferase omega 1 in cells using inductively coupled plasma mass spectrometry (ICP-MS) and fluorescence microscopy [J]. Anal. Bioanal. Chem. 2015, 407, 2373-2381.

[43] Liang Yong, Jiang Xin, Yuan Rong, et al. Metabolism-Based Click-Mediated Platform for Specific Imaging and Quantification of Cell Surface Sialic Acids [J]. Anal. Chem. 2017, 89, 538-543.

[44] T Elewert, D Goldmann, T Schirmer, et al. Affinity of rare earth elements to silicon-phosphate phases in the system Al_2O_3-CaO-MgO-P_2O_5-SiO_2 [J]. Chem. Ing. Tech., 2016, 86 (6): 840-847.

[45] K. Tang, A. Ciftja, C. Vander Eijk, et al. Recycling of the rare earth oxides from spent rechargeable batteries using wast metallurgical slags [J]. J. Min. Metall. Sect. B-Metall., 2013, 49 (2): 233-236.

[46] T H Le, A Malfliet, B Blanpain, et al. Phase relations of CaO-SiO_2-Nd_2O_3 system and the implication for rare earth recycling [J]. Metall. Mater.Trans. B, 2016 (47B): 1736-1744.

[47] Y G Ding, Q G Xue, G. Wang, et al. Recovery behavior of rare earth from bayan obo complex iron ore [J]. Metall. Mater. Trans. B, 2013 (44B): 28-36.

[48] I Celik, D Kara, C Karadas, et al. A novel ligandless-dispersive liquid-liquid microextraction method for matrix elimination and the preconcentration of rare earth elements from natural waters [J]. Talanta, 2015 (134): 476-481.

[49] K Chandrasekaran, D Karunasagar, J Arunachalam. Dispersive liquid-liquid micro-extraction for simultaneous preconcentration of 14 lanthanides at parts per trillion levels from groundwater and determination using a micro-flow nebulizer in inductively coupled plasma-quadrupole mass spectrometry [J]. J Anal Atom Spectrom, 2012 (27): 1024.

[50] M M Hassanien, I M M Kenawy, M E Khalifa, et al. Mixed micelle-mediated extraction approach for matrix elimination and separation of some rare earth elements, Microchemical Journal [J]. 2016 (127): 125-132.

[51] C Labrecque, D Larivière. Quantification of rare earth elements using cloud point extraction with diglycolamide and ICP-MS for environmental analysis [J]. Anal. Methods, 2014 (6): 9291-9298.

撰稿人：刘　英　刘鹏宇　郝　茜　刘文华　何　蔓
王京宇　胡圣虹　沈学静　王秋泉

稀土永磁材料研究

一、引言

稀土永磁材料是高新技术、新兴产业与社会发展的重要物质基础，在能源产业、信息通讯产业、汽车工业、电机工程、生物医疗工程等领域都有广泛的应用。我国已成为全球最大的稀土永磁生产基地和应用市场，实现了从稀土资源大国到稀土永磁产品生产大国的跨越。据中国稀土行业协会统计，2016 年我国生产的稀土永磁体毛坯达 14 万吨，其中出口 2.69 万吨，继续保持高速增长。稀土永磁产业成为我国为数不多在国际上具有重要地位和较大影响力的产业之一。近年来，随着我国稀土永磁材料的产能快速增长，以及国外对稀土永磁材料需求量的迅速增加，导致稀土资源和需求极度不均衡，高效、合理、均衡利用稀土资源是我国稀土产业可持续发展战略的重中之重，而开发资源节约型超高性能稀土材料则成为我国稀土永磁材料行业实现快速发展的关键。依据我国资源特色和优势，开发的高丰度稀土元素替代钕技术目前也呈现快速发展势头，在浙江宁波地区已初具规模。在技术研发方面，随着烧结钕铁硼磁体在风力发电、混合动力汽车 / 纯电动汽车和节能家电及低碳经济等领域中的应用需求飞速增加，双高磁体（高磁能积和高矫顽力）和低成本磁体是研发的主要方向，满足稀土永磁材料在新兴领域的应用要求和原材料价格上涨的新形势，同时也促进稀土资源的高效应用。近年来，我国在高性能稀土永磁材料、重稀土减量化技术、新型热压 / 热变形技术、废旧磁体回收利用等方面均取得较大的进展。

二、本学科领域近年的最新研究进展

（一）烧结钕铁硼永磁材料

1. 高丰度稀土永磁材料

铈（Ce）是储量最丰富的稀土元素，钕铁硼产业的迅猛发展造成了 Ce 的大量积压，导致环境污染等一系列问题。近年来，出于对稀土资源平衡利用以及对降低稀土永磁企业生产成本的角度考量，Ce 及其他高丰度稀土如镧（La）、钇（Y）已经作为重要的生产原料被用于制备 2：14：1 型稀土永磁材料，由于化合物 $LRe_2Fe_{14}B$（LRe：La、Ce、Y）的内禀磁性能，如饱和磁化强度、磁晶各向异性场等均弱于 $Nd_2Fe_{14}B$，且在当前技术路线中，其成相也相对钕铁硼困难，因此直接添加上述元素对于磁体性能的恶化不可避免，也成为制备高性能高丰度稀土永磁材料的瓶颈。

研究表明[1, 2]，$(La_{1-x}Ce_x)_2Fe_{14}B$ 中 Ce 优先占据 4f 晶位，Ce 的平均价态随 Ce 含量的增加而升高，而在 $(Nd_{1-x}Ce_x)_2Fe_{14}B$ 中 Ce 优先占据 4g 晶位，随着 Ce 含量的增加，Ce 由 +3 价向混合价态转变（$x \geq 0.25$），结构也变得不稳定。

为解决高丰度镧、铈等稀土的平衡应用问题，李卫院士提出通过开发 Ce 磁体填补永磁新材料体系空缺的新思想，团队通过系统研究，开发出双主相工艺制备烧结高丰度稀土永磁体技术[3-7]。为获得较优异的磁性能，朱明刚等人提出的双（硬磁或称永磁）主相工艺，本质上不同于已有的“双合金法”、“双相烧结”、“液相添加法”、“辅合金法”和“晶界重构”等工艺。周寿增先生在《超强永磁体》[6]中对双合金技术有明确的定义：“……主合金的成分与 $Nd_2Fe_{14}B$ 相的成分十分接近，辅合金（也成为第二相）是富稀土相……实际上是晶界相”。“液相添加法”和“辅合金法”，其液相和辅合金都不能形成永磁相，而双（永磁或硬磁）主相方法主要是通过结构调控提高磁体的矫顽力，其最显著的特点是最终磁体中存在两种（硬磁或称永磁）主相。具体工艺流程为：利用速凝工艺分别制备含 Ce 和不含 Ce 的两种合金分别经氢破碎和气流磨制粉之后，将两种合金粉末按照一定比例混粉，经取向压型、等静压、烧结和回火后，得到成品磁体。钢铁研究总院利用双主相工艺制备 $(Nd_{1-x}Ce_x)_{30}(Fe, TM)_{bal}B_1$（x=0，0.10，0.15，0.20wt%）的烧结磁体[4]，发现随着 Ce 含量的增加，烧结 Nd-Fe-B 磁体的剩磁 B_r、最大磁能积 $(BH)_{max}$ 和矫顽力 H_{cj} 呈下降趋势，但磁体的退磁曲线方形度（H_k/H_{cj}）没有变差，反而随着部分 Ce 取代 Nd 而得到改善。近两年，钢铁研究总院进一步对含 Ce 烧结磁体的显微组织结构调控、磁性能以及抗腐蚀性能等进行了系统的研究[3, 4, 7-11]。

为进一步揭示含 Ce 烧结磁体相结构对磁性能的影响，浙江大学的研究者对存在于磁体晶界处 $ReFe_2$ 相作用进行研究[12]，获得最佳磁性能 H_{cj}=11.4kOe，$(BH)_{max}$=41.1MGOe。同样地，中科院宁波材料所的研究者通过调控主相晶粒中不均匀分布的高丰度稀土元素 Ce 的含量[13]，反磁化过程中反向畴数目少于单合金制备的磁体，宏观表现为磁体矫顽力的升高。类似地，通过双合金法制备 La/Ce 混合稀土基的烧结磁体[14]，其磁性能也明显优于单合金制备的磁体，27.1wt.% 的 La/Ce 添加量得到的 $(BH)_{max}$ 仍可达到 48.9MGOe，可媲美传统 Nd-Fe-B 烧结磁体。对高丰度稀土永磁体微观结构的调控，有研究人员在热变形磁体中[15]通过扩散 Nd-Cu 低熔点合金相，使得磁体在纳米晶的主相晶粒表层外延形成富 Nd 的“壳层”，采用这种 Ce 基磁体的处理方法，不仅主相晶粒表层的形成了硬磁性壳层，从而提高了磁体晶粒表层的各向异性场，同时也优化晶界结构。

为提升高丰度稀土永磁材料的温度稳定性，中科院宁波材料所范晓东等人利用 $Y_2Fe_{14}B$ 高温下内禀磁性能稳定的特点[16]，通过双合金法掺入 Y，提升了 Nd-Ce-Fe-B 磁体温度稳定性（在 293 ~ 393 K），矫顽力温度系数降低了 16.2%，剩磁温度系数保持不变。在对 La-Ce 混合稀土添加的磁体的力学性能的研究中[17]，研究人员发现在 La-Ce 占总稀土比例为 18wt.% 时，磁体的抗压强度和抗弯强度值最大，其值分别为 1137.8MPa 和 339.9 MPa，然而当继续增加 La-Ce 比例至 36wt% 时，力学性能迅速恶化。

2. 高性能钕铁硼永磁材料重稀土减量化技术

开发耐高温高矫顽力烧结 Nd-Fe-B 永磁材料能有效推动当前风力发电和新能源动力等领域的发展，符合我国对绿色能源、低碳经济的发展要求。目前研究认为，烧结磁体的矫顽力主要受内禀磁性参量和微观结构参量的影响。引入重稀土元素提高磁晶各向异性场是改善磁体矫顽力最直接有效的手段，然而受重稀土资源的丰度和成本因素制约，从元素分布和微观结构的调控角度出发，发展重稀土减量化技术成为当前烧结 Nd-Fe-B 技术发展的重要方向。

在重稀土元素分布调控方面，有双主相技术和晶界扩散技术等，钢铁研究总院采用双主相技术调控磁体结构，实现了重稀土减量化，发现同样重稀土含量的情况下，双主相工艺制备磁体的矫顽力明显高于单和金工艺制备磁体的矫顽力[4]。晶界扩散技术一直受到国内外研究人员的关注，先后发展了溅射法、表面涂覆和晶界渗透等一系列扩散技术。中科院宁波材料所发展了新型电泳沉积重稀土扩散技术，实现对扩散涂层厚度的精确控制，并有效解决涂层均匀性的难题[18]，实现无重稀土磁体中扩散 1.3wt.%Dy 时矫顽力提高 8.0 kOe，扩散 0.81wt.%Tb 时矫顽力提升 10.07kOe[19, 20]。韩国学者通过对重稀土元素沿磁体不同方向的扩散行为的研究，发现重稀土沿磁体取向方向的扩散效率更高[21]。研究人员进一步系统研究了不同种类稀土（Dy、Tb、Ce、Gd）在磁体中的扩散过程，并建立了相应的扩散物理模型，计算结果较好的预测了磁体扩散后的磁性能变化[22]。同时，晶界扩散磁体中核壳结构反磁化过程的实验和理论研究更清晰直观地揭示了矫顽力的增强机制[23]。

磁体微观结构的调控技术一般包括磁体晶粒细化和晶界优化两方面，两者分别是利用降低局域退磁效应和增强晶界相去磁耦合作用来提高磁体的矫顽力。基于对晶粒形态、晶界结构与磁体矫顽力之间内在联系的认识，中科院宁波材料所通过细化磁粉平均粒度到 1.6μm，获得平均晶粒尺寸 3μm 以下的烧结磁体，结合电磁感应涡流的强制对流作用，加速晶间富钕相的流动，促进晶界结构的连续化和均匀化，成功获得 B_r=13.39kGs，H_c=20.98kOe，$(BH)_{max}$=43.62MGOe 的无重稀土高矫顽力烧结磁体[24]。日本佐川真人研究团队利用氦气气流磨技术，以亚微米结构的 HDDR 磁粉为初始合金，获得平均直径为 500nm 甚至更小的单晶磁粉颗粒。通过进一步的工艺改良，开发亚微米烧结磁体[25, 26]，但目前该技术制备烧结磁体的报道较少。此外，受益于精细结构表征技术手段的发展，研究人员对烧结磁体的晶界结构及属性有了全新的认识和理解，针对磁体晶界调控的研究工作也获得了新的发展。日本 TDK 公司通过新的成分设计，实现对磁体晶界结构和磁性的调控，在未细化晶粒的前提下开发出矫顽力 20kOe 左右的无重稀土烧结磁体。实验分析表明，该磁体具有较为连续均匀的晶界结构和较弱的晶界铁磁性，能有效实现硬磁晶粒间的磁隔离作用[27]。

（二）稀土黏结磁粉及磁体

黏结磁粉是黏结磁体的原材料，其性能直接决定了黏结磁体的质量。为此，各向同性黏结磁粉的连续智能化稳定生产、耐热耐腐蚀高性能各向异性磁粉的开发以及新型纳米双相复合磁粉的研制成为学界和产业界的研究和关注重点。

1. 稀土黏结磁粉

目前快淬方法制备的 Nd–Fe–B 各向同性黏结磁体是整个稀土黏结磁体市场的主导产品。在设备方面，经过多年的积累，装备结构设计，自动化水平等逐步完善，近年来已接近国际先进水平；在工艺方面，国内已研发出一套合适的快淬工艺，16–10 等高端牌号已实现稳定生产。随着应用的要求进一步提高，目前有研稀土等相关企业与科研院所在磁粉后处理，耐温耐腐蚀增强、磁性能改善等方面研究取得进展，如采用表面包覆的方法处理的 14–12 牌号磁粉，120℃热减磁降低 50%，而且耐腐蚀性大幅提高。

有研稀土等单位开展了各向同性钐铁氮黏结磁粉的研究，开发出新型耐热 Sm–Fe–N 磁粉，其 $(BH)_{max}$ 超过 16MGOe，使用温度 160℃，相较于现有钕铁硼（Nd–Fe–B）快淬磁粉成本低 30% 以上，并实现规模化生产。日本齐藤哲治团队[28]采用动态压缩的 SPS 烧结方法，在 300 ~ 400℃低温下烧结制备得到全致密的 SmFeN 磁体，使用的原粉为 $TbCu_7$ 结构 SmFeN 粉末，经过烧结后该亚稳态结构未发生分解，最终磁体性能可达到 Br 为 103emu/g，矫顽力为 9.17kOe。日本国立材料研究所[29]利用还原扩散法制备了平均粒度 0.69μm 左右的 $Sm_2Fe_{17}N_3$ 各向异性磁，矫顽力达到 23.2kOe。日本国家先进工业科学技术研究所[30]在 0.5μm 粒度的 $Sm_2Fe_{17}N_3$ 磁粉中获得了 24.7kOe 的高矫顽力。由于具有更高的磁性能，以 HDDR 为代表的各向异性黏结磁粉也成为目前永磁磁粉领域的研究热点。日本爱知制钢采用 d–HDDR 工艺研制出各向异性钕铁硼磁粉，辅以晶界扩散技术，结合粉末表面包覆处理，有效地提高了磁体的耐温性和耐腐蚀性，$(BH)_{max}$ 约 43MGOe。日本国立材料研究所[31]研究发现 Fe_2B 是 HDDR 处理后 $Nd_2Fe_{14}B$ 相晶体取向的“记忆点”。北矿磁材[32]通过二次 HDDR 工艺，在细化晶粒的同时，实现了晶界扩散，从而获得了高矫顽力的各向异性钕铁硼磁粉。

近两年，纳米双相复合永磁材料研究工作大都集中在开发新工艺方面。如燕山大学研究团队[33]采用 3D 自组装的方法成功制备了核壳结构的 $Nd_2Fe_{14}B/\alpha$–Fe 纳米双相复合永磁体，磁体磁能积高达 25 MGOe，接近理论极值。北京大学[34]研究了电子束辐照新工艺制备 $Nd_2Fe_{14}B/\alpha-Fe$ 纳米双相复合永磁体，研究实现了软硬相的同步晶化，矫顽力、剩磁和方形度都大幅提高。北京大学与中国石油大学（青岛）团队联合[35]采用热分解与还原退火的一体化工艺制备了高性能的 $Nd_2Fe_{14}B/Fe_3B$ 纳米双相复合永磁体，并实现材料成分的精确调控。日本国立山形大学[36]研究了 $Nd_2Fe_{14}B(100)/\alpha-Fe$ 界面上的交换耦合作用，发现其交换耦合作用系数为负值，这一点与 $Nd_2Fe_{14}B(001)/\alpha-Fe$ 截然不同。

为进一步提升矫顽力，晶界扩散开始被用于黏结磁粉方面。2010 年日本国立材料研究所的 Sepehri-Amin[37]等人首次利用 $Nd_{70}Cu_{30}$（5 wt.%）在 HDDR 磁粉中晶界扩散，开辟了一种新的利用低共熔合金提高磁粉矫顽力的方法。Rajasekhar[38]等人利用 20 wt.% $Pr_{75}(Cu_{0.25}Co_{0.25})_{25}$ 在 $Nd_2Fe_{14}B/\alpha-Fe$ 磁粉中扩散，矫顽力由 5.8 kOe 增长到 23.8 kOe。

2. 高丰度 / 共伴生纳米晶磁粉

利用高丰度 / 共伴生稀土制备的纳米晶稀土永磁粉不仅具有显著的成本优势，也有利于稀土资源的综合利用，成为近年来的研究热点之一。Li Z. B. 等人[39, 40]系统研究了不同 Ce 含量的快淬 Ce-Fe-B 的相组成及磁性能变化。美国 Ames 实验室 Pathak A. K. 等人[41]研究发现随着 Ce 含量的提高，$(Nd_{1-x}Ce_x)_2Fe_{14}B$ 磁体矫顽力异常提高与相分离现象。中科院物理所的 Zhang M. 等人[42]研究了 $(La_{0.35}Ce_{0.65})_xFe_{14}B$（x=2.0–4.0）快淬磁粉的相结构和磁性能，并进一步研究了共半生混合稀土（mischmetal，简称 MM）铁硼磁粉的性能[43]，发现 $MM_xFe_{14}B$ 化合物随着 La 元素和快淬工艺的引入可抑制 $CeFe_2$ 相的形成。中科院物理所 Li R. 等人[44]研究了 $(Nd_{1-x}MM_x)_{13.5}Fe_{79.5}B_7$ 快淬磁粉磁性能和热稳定性，发现随着共半生稀土含量的增加，磁粉的矫顽力温度稳定性显著增强。内蒙古科技大学 Zhang X. F. 等人[45]研究了不同快淬速率下 $MM_xFe_{92-x}B_8$（x = 9–15）磁粉的性能和显微结构。此外，美国通用汽车研发中心的 Zhou C. 等人[45–49]利用快淬工艺制备了 $ThMn_{12}$ 结构的 Ce-Fe-Mo 和 $CeFe_{11-x}Co_xTi$ 磁粉，研究发现 $ThMn_{12}$ 结构的 Ce-Fe-Si 快淬磁粉具有高的 Tc，可达 583 K。

3. 稀土黏结磁体

在黏结磁体的制备方面，目前已经从制备高性能磁体转向了材料的成型技术、磁体动平衡、耐温耐腐蚀行能等各方面。Kelhar L. 等人[50]利用脉冲电流烧结技术制备以 Zn 作为黏结剂的 Nd-Fe-B 磁体，相较于传统的黏结磁体，具有更高的密度与磁性能，并有望获得高温领域的应用。Yin Y X 等人[51]通过硅酸钠黏结 Nd-Fe-B 磁体，发现磁体具有更好的耐热耐蚀性，抗压强度也较高。

在复合黏结磁体方面，北京大学和中科三环开展合作，通过优化 Sm-Fe-N 和 Nd-Fe-B 的复合配比（SmFeN 质量分数 15%），实现了高密度和高取向性，最大磁能积达到 20 MGOe。厦门双瑞[52]研究了由不同粒度的各向异性 Nd-Fe-B 磁粉、各向异性 Sm-Co 磁粉和各向异性锶铁氧体磁粉的复合磁体，有助于降低成本，提高性价比。美国德州大学阿灵顿分校将 Mn-Bi 磁粉与各向异性 Nd-Fe-B 磁粉混合，发现当 Mn-Bi 比例为 80wt.% 时，矫顽力温度系数变为正值[53]。

（三）高性能钐钴永磁材料

磁能积和耐温特性作为稀土永磁材料的核心技术指标，在高端精密仪器的高性能化、小型化、多功能化等方面发挥越来越突出的作用，开发具有更高耐温特性和磁能积的稀土永磁材料已成为世界稀土永磁材料研究的重要方向。稀土钴基永磁材料作为内秉磁性质优异的耐温型稀土永磁材料，近年来在磁性能、耐高温、微观组织结构等特性的研究取得进展。

2∶17 型钐钴永磁体为析出强化型永磁材料，其微观组织结构为特征的胞状结构。目前，关于 2∶17 型钐钴永磁材料微观组织结构认识的不同点主要在于固溶体相结构、富 Zr 片状相的结构及其形成阶段。2016 年 Xue Z. Q. 等人[54]通过在 2∶17 型钐钴固溶体 1∶7H 相中稳定少量 2∶17H 高温相的方法，抑制了时效过程中亚稳相的快速有序化，实现有序化过程的表征。研究发现时效过程中 1∶7H 相沉淀硬化为 1∶5H 相和无序的 2∶17R 相，无序的 2∶7R 相和 2∶17H 相通过有序化反应生成 1∶3 相和有序的 2∶17R 相，最终在缓慢降温阶段实现元素的再分布。

磁性能作为衡量永磁材料的核心指标，尤其是 2016 年下半年随着钴价的不断攀升，高铁含量 2∶17 型钐钴永磁材料近年来受到广泛的关注和研究。2015 年以来，随着高铁含量钐钴磁体的深入研究，Horiuchi Y. 等人[55]通过阶梯式长时间热处理工艺获得了均匀的胞状组织结构，在铁含量为 ~ 31at.% 的钐钴磁体中获得：M_r=12.2kGs，H_{cj}=20kOe，$(BH)_{max}$=35MGOe 的磁性能。美国 Arnold、EEC 和欧洲的 VAC 公司通过开发研究，也相继报道了磁能积 30 ~ 32MGOe 钐钴磁体的批量化生产，2016 年 7 月 Arnold 公司又推出磁能积 32 ~ 33.3MGOe 的产业化钐钴磁体。2017 年 Machida H. 等人[56]利用长时间固溶热处理工艺获得磁能积 34MGOe、20℃下 H_{cj} 达到 11.3KOe 的高方形度 2∶17 型钐钴磁体。2015 年以来，日本、美国、欧洲等发达国家和地区钐钴企业的关注促使高性能钐钴的研发尤其是产业化进程不断加快。国内，2015 年孙威等人[57]在铁含量 ~ 21at.% 的钐钴磁体中获得：M_r=11.33kGs，H_{cj}=32.83kOe，$(BH)_{max}$=30.4MGOe 的磁性能；2016 年，李明等人[58]通过吸氢和热处理工艺调控优化磁体的微观组织结构，在铁含量为 ~ 25at.% 的钐钴磁体中获得：M_r=11.6kGs，H_{cj}=26.3kOe，$(BH)_{max}$=32.1MGOe 的磁性能。

具有优异的温度稳定性 2∶17 型 SmCo 永磁材料在航空、航天和国防军工等领域发挥不可替代的作用。2015 年，Zhang T. L. 等人[59]将单晶生长技术用于合成耐高温钐钴，通过区域定向凝固法制备出在 500℃时 $(BH)_{max}$=11MGOe，H_{cj}=11kOe 准单晶高温钐钴。俞能君等人[60]从理论和实验上阐明了室温下的高矫顽力并不意味着高温下的矫顽力就高，并利用不同的时效工艺通过传统的粉末冶金工艺提升了耐高温钐钴磁体的磁能积，500℃时 $(BH)_{max}$=11.9GOe，H_{cj}=8.20kOe。刘雷等人[61]通过在 Sm_2Co_{17} 中添加重稀土 Dy，制备出了正矫顽力温度系数钐钴磁体，其（BH）$_{max}$=10.76MGOe、α$_{(20-200℃)}$=-0.0103%/℃、β$_{(20-200℃)}$=+0.0019 %/℃，并研究发现这种新型的反常矫顽力温度系数现象是由胞壁相的自旋再取向转变引起。朱明刚等人[62]认为，超低温度系数和高使用温度钐钴磁体研究，依然是未来的重要方向。2016 年钢铁研究总院主持制定的“稀土永磁材料物理性能测定方法：①磁通温度系数检测；②力学特性测量”的国家标准颁布实施。

（四）热压 / 热变形稀土永磁材料

一直以来，热压 / 热变形技术作为块状各向异性永磁体的制备方法受到人们的广泛关注，特别是热压辐射取向环已被广泛地应用于 EPS 电机和交流伺服电机中。近年来，受稀土价格波动的影响，稀土用量少的热压 / 热变形永磁材料制备技术引发了新一轮的研究热潮。朱明刚等人在织构化的超细晶结构产生机制方面，从实验和理论两方面，提出了晶粒滑移、转动和垂直压力方向的再结晶长大的各向异性形成机制，给出了相应的数学模型，建立了描述热流变过程的方程，在此基础上，研制出有第三方检测报告的国际最高水平热压纳米晶磁体（BH）$_{max}$ = 53.6 MGOe[63]。

热变形磁体一直被认为具有发展高矫顽力和高剩磁材料的潜力，研究主要集中在四个方面：晶界扩散提高磁体矫顽力、剩磁提升、新制备技术的引入和新材料体系的拓展。在晶界扩散方面，Sawatzki S.[64]等人在热压 Nd-Fe-B 磁体中扩散 Dy-Cu 低熔点合金后，晶相表层可以形成 5 ~ 10 nm 厚的 Dy 壳层，从而使得矫顽力得到有效提高。Hono K.[65]等人则尝试了多种含 Nd 低熔点合金（Nd-M，M=Al、Cu、Ga、Zn、Mn）作为扩散源，发现 $Nd_{90}Al_{10}$ 在提高热变形 Nd-Fe-B 磁体矫顽力方面最有效，矫顽力最高可达 25kOe。Kwon H. T.[66]等人通过晶界扩散 DyF_3、PrF_3、NdF_3 化合物，发现发生扩散的 R 元素能够在快淬带表面形成壳层结构。Cha H. R.[67]等人采用 NdH_x 和 Cu 粉的混合粉末作为晶界扩散源，发现低温度扩散时矫顽力增幅明显大于高温扩散。中科院宁波材料所通过扩散 Nd-Cu 合金将磁体矫顽力提高至 27kOe，通过小回线的分析研究了扩散后磁体的磁化和反磁化行为特征[68]。中科院宁波材料所系统研究了热变形钕铁硼磁体晶粒生长过程，获得剩磁高达 14.5kGs 的热变形磁体，但矫顽力显著下降；进一步在高剩磁前驱体中引入 Dy-Cu 压力扩散的方法，在压力诱导取向同时实现 Dy-Cu 晶界扩散，成功将矫顽力提高至约 10kOe，获得剩磁为 14.9kGs、磁能积为 53 MGOe 的热变形磁体[69]。

在新制备技术方面，Onal E. 等人[70]成功引入了径角挤压技术实现了 Nd-Fe-B 磁体的 c 轴取向和高各向异性。Castle E.[71]发展了 Flash-SPS 技术，热变形磁体的矫顽力可达 20 kOe，明显高于常规 MQU-F 粉制备的热变形磁体（14-17kOe）。Tereshina I. S. 等人[72]的研究结果显示：Ho 元素的添加可以改善 Nd-Fe-B 热变形磁体的方形度。在材料体系拓展方面，岳明课题组采用热变形技术制备了 $PrCo_5$ 和 $SmCo_5$ 各向异性磁体，并揭示了变形温度对 $SmCo_5$ 磁体织构形成的决定性作用[73]。Hadjipanayis G.[74]课题组还开发了 Mn-

Al-C 热变形磁体这一新材料体系，宁波材料所[75]、钢铁研究总院、四川大学[76]等单位对（Nd，MM）-Fe-B 和 Ce-Fe-B 热变形磁体进行了较为详细的研究，其中混合稀土磁体的磁能积已经达到了 44 MGOe。

在热压 / 热变形钕铁硼磁体产业化方面，MQ 公司的 MQ3 热变形磁体已经用于插片式电机，日本大同电子株式会社（简称大同）的热变形钕铁硼磁环已实现产业化，并在 2012 年产量达到 1200 吨。2016 年日本大同与日本 Honda 公司合作，成功开发了混合动力汽车用的热变形钕铁硼磁体，并实现商业生产，在汽车和永磁行业引起了巨大反响。国内在热变形磁体产业化方面起步较晚，目前仅有成都银河磁体股份有限公司和宁波金鸡强磁股份有限公司实现了热压磁环的小批量生产，目前这两家企业的产品尚处于市场开拓阶段。专利方面，国内已申请热压 / 热变形稀土永磁材料的工艺专利，主要申请单位包括中科院宁波材料所、钢铁研究总院、北京工业大学等研发单位，专利的保护有力推动和支撑了热压 / 热变形钕铁硼磁体的国产化进程。

（五）稀土永磁薄膜

微机电系统（micro-electro-mechanical systems，MEMS）作为军工、医学、电子和航天航空等军、民用高科技领域有着广泛应用。而作为微机电系统的核心器件，永磁薄膜的性能直接决定了 MEMS 系统的品质。

在 Nd-Fe-B 单相薄膜中，借鉴于相应块体中晶界扩散思路，2015 年日本学者[77]采用 La 基稀土层覆盖在（001）取向的 Nd-Fe-B 表层，可以提高室温矫顽力（μ_0H_{cj}）4.5kOe。同时，通过降低磁膜厚度，提高外延界面效应，在 Mo 缓冲的 Mg（001）单晶基片外延生长的 Nd-Fe-B 薄膜中将室温 μ_0H_{cj} 提升至 26.2kOe[78]，接近在 2011 年在 Nd-Fe-B 单层膜中报道的室温 μ_0H_{cj}=29.2kOe[79]。结合在块体中对 μ_0H_c 和 μ_0H_A（磁晶各向异性场）的对比研究结果发现，虽然 μ_0H_A 高达 67-76kOe，但室温 μ_0H_c 很难超越 30kOe（很难超越 μ_0H_A 的一半），μ_0H_{cj}=30kOe 几乎是无重稀土 Nd-Fe-B 矫顽力的上限。$NdFe_{12}N_x$ 作为一种具有高饱磁和高 μ_0H_A 的永磁相，相应薄膜也受到人们关注。2015 年 Hirayama Y[80]等人利用溅射技术制备了成分为 $NdFe_{12}$ 的薄膜并在氮气气氛中氮化，获得了饱磁为 16.6 ± 0.8kOe 和 $\mu_0H_A \approx$ 80kOe 的性能，显示出其硬磁性的潜力。

为了解释双（永磁）主相 Nd-Ce-Fe-B 烧结磁体矫顽力增强的机制，朱明刚等[81, 82]率先研究了结构相对简单，且具有永磁特征的 Nd-Ce-Fe-B 多层纳米复合薄膜，Henkel 曲线表明 Si/Ta（50nm）/NdFeB（100nm）/Ta（2nm）/NdCeFeB（100nm）/Ta（2nm）/NdFeB（100nm）/Ta（40nm）多层复合纳米薄膜中不同硬磁层存在较强的交换耦合作用，矫顽力 H_{cj}=10.1kOe，垂直于薄膜表面方向的剩余磁化强度 $4\pi M_{r\perp}$=5.91kGs。孙亚超等[82]研究了 Ta 间隔层对 Nd-Fe-B/Nd-Ce-Fe-B 薄膜性能影响，实验显示，随着 Ta 层厚度的增加，磁性能与层间交换强度的规律一致，先增加随后减小，当 Ta 的厚度为 2nm 时，$4\pi M_r$ 和

H_{cj} 有最佳值，分别为 10.4kGs 和 15.0kOe。

$SmCo_5$ 作为具有超高 μ_0H_A 的一类永磁材料，可以在宽温区内实现高矫顽力。此外，由于其 μ_0H_A 接近作为垂直磁记录介质材料的 $L1_0$–FePt，一直受到人们的重视。但传统研究集中在面内取向织构与磁性的关系。作为实际应用，亟待实现垂直于膜面的取向。由于 $SmCo_5$ 具有六方对称性的晶格，人们很自然想到利用 Al_2O_3(0001）单晶基片通过 Ru(0001）外延生长 Al_2O_3（0001）/Ru（0001）/$SmCo_5$/Cr 薄膜，实现了良好的矩形度和 μ_0H_{cj}=1.35T 的室温矫顽力[83]。实验发现，在 Sm–Co 薄膜形成过程中，添加低熔点的 Cu 元素非常有益于改善室温矫顽力[84]。而实现 Sm–Co 薄膜的垂直生长，单晶基片并非是不可或缺的。Ni–W[85]、Ni–Ta[86] 等缓冲层都被尝试用作缓冲层在 Si 基片上实现了 Sm–Co 薄膜的垂直生长。结合之前利用 MgO（110）/Cr 实现 $SmCo_5$ 面内取向的实验结果来看，人们可以通过基片外延生长调控 $SmCo_5$ 织构取向和 c 轴方向。精细结构表征发现了大量在 c 面内沿 <11–20> 方向的滑移界面，形成了局部 Ce_2Ni_7 结构的 Sm_2Co_7 超晶格，由于畴壁钉扎的作用，在具有垂直取向的 $SmCo_5$ 中获得室温高达 35.6kOe 的矫顽力[87]，解释了获得高矫顽力的微结构机制。

（六）高电阻率稀土永磁材料研究进展

$Nd_2Fe_{14}B$ 永磁体居里温度低，在高温下易出现热退磁，而且相同功率电机体积小，转子散热相对困难，转子内的涡流损耗及温升将直接威胁高速永磁电机的使用寿命和运行的可靠性，因此，必须降低高速永磁电机转子的涡流损耗，降低温升。提高永磁体的电阻率是降低稀土永磁体涡流损耗的有效途径之一[88–92]。Marinescu M. 等[88] 研究了 NdF_3、DyF_3 和 CaF_2 添加剂对 Pr–Fe–B 热压热变形永磁体的电阻率和磁性能的影响，所制备的热变形磁体电阻率提高了约 2 倍，但其剩磁通略有损失。钢铁研究总院 Zheng L. Y.，李卫等人采用高能球磨法，制备了无机绝缘纳米材料掺杂改性的 $Nd_2Fe_{14}B/Dy_2O_3$ 和 $Nd_2Fe_{14}B/CaF_2$ 等复合磁体[89–91]，当 Dy_2O_3 添加量为 20wt.% 时，电阻率提高到 1270μΩcm，但其矫顽力下降到 9.64kOe。

为了调整高电阻率磁体的微结构和磁性能，Zheng L. Y. 等[92] 开发了两步液相化学包覆技术，对钕铁硼粉体进行液相包覆 CaF_2 处理，制备了 $Nd_2Fe_{14}B/CaF_2$ 等复合磁体，磁体矫顽力和磁能积分别为 9.4kOe 和 47.2MGOe，电阻率提高到 847μΩcm，约是 $Nd_2Fe_{14}B$ 磁体电阻率（140μΩcm）的 6 倍，具有优异的综合性能。两步法液相包覆是 $Nd_2Fe_{14}B$ 快淬磁粉获得均匀、致密绝缘涂层的关键技术，可为后续的热压 / 热变形成型做好结构准备，使热压 / 热变形复合磁体具有均匀的两相结构，高电阻率绝缘层均匀一致且平行分布，可以将磁体内部均匀绝缘。

（七）稀土永磁体回收利用技术

近年来，伴随着烧结钕铁硼磁体产量的逐年提升，其生产加工过程中产生的废料也大幅增加，约占总量的25%。针对钕铁硼废料的回收逐渐成为全球各个国家科研人员关注的热点课题。烧结钕铁硼磁体的废料分为两种，一是油泥废料；另一部分是块体废料和废旧磁体。针对不同种类的废料，需开发相应高效的回收技术以促进资源循环利用。

目前，针对油泥废料的回收，主要采用湿法冶金法提取其中的稀土元素。董传博等[93]通过硫化物沉淀去除铁等杂质，获得稀土氯化物，其中稀土量占总量的97.34%，Pr、Nd的回收率为83.24%。尹小文等[94]采用草酸盐沉淀法回收稀土氧化物，获得产物中稀土量占总量的99.27%。赖伟鸿[95, 96]等提出采用共沉淀法回收油泥废料中的全部有价元素（Fe、Nd、Pr、Co等），其中Fe、Nd、Pr和Co的回收率分别为99.9%，98.7%，99.9%和93.6%。岳明等人采用溶剂超声清洗、蒸馏、磁选和筛分等油泥预处理过程，将钕铁硼油泥废料中的有机物和杂质去除，通过钙还原扩散法和添加稀土纳米颗粒进行烧结制得再生烧结磁体的磁能积为35.26MGOe[97]。

针对钕铁硼块体废料的回收，Zakotnik M. 等人[98]通过晶界扩散法回收废旧电子产品中的磁体，获得的再生磁体性能优于原始磁体。Walton A. 等人[99]、李超等人[100]采用氢气回收电子废弃物中的磁体，制备各向异性的磁粉，可直接用于黏结和烧结磁体的制备。李现涛等[101, 102]对比研究了钕铁硼废料采用机械球磨和HD方法制粉，得到各向异性黏结磁体，发现晶粒尺寸分布对再生磁体性能影响极大。张雪峰等[103]、Sepehri-Amin H 等[104]通过掺杂Pr-Nd纳米颗粒、$Nd_6Dy_{21}Co_{19}Cu_{2.5}Fe$粉末颗粒回收废旧磁体，获得较好的磁性能。季维骁等[105]采用Dy-H纳米颗粒晶界扩散法回收钕铁硼磁体，将回收磁体矫顽力提升了11.81kOe。李超等[106]通过氢破结合纳米Nd-H颗粒掺杂回收钕铁硼磁体，实现矫顽力回复97.5%，剩磁回复95.9%，磁能积回复89.7%。刘卫强等[107]采用氢破结合掺杂Dy-H纳米粉的方法回收废料，实现磁体H_{cj}，B_r和（BH）$_{max}$回复率分别达到101.7%，95.4%和88.58%。李超等[108]通过掺杂$(Nd_{20}Dy_{80})_{76}Co_{20}Cu_3Fe_1$粉回收35H废料，使得$B_r$，$H_{cj}$和（BH）$_{max}$回复率分别达到97.5%，92.4%和93.1%。李现涛等[109, 110]采用HD法回收35SH镀镍的次品，通过添加$Nd_3PrFe_{14}B$，使再生磁体的B_r，H_{cj}和（BH）$_{max}$回复率分别达到99.20%，105.65%和98.65%。

（八）稀土永磁材料腐蚀与防护

钕铁硼材料具有较差的耐腐蚀性，工业上通常采用在磁体表面添加防护涂层来解决钕铁硼材料耐腐蚀问题。已有表面防护技术包括电镀金属镀层、化学镀合金层、静电喷涂及阴极电泳环氧树脂有机涂层等。近年来随着钕铁硼材料外观要求的提升，服役环境的苛刻，传统钕铁硼材料表面防护涂层已不能满足此类工况条件下的防护要求，又涌现出一些新工艺、新方法、新技术。

中科院宁波材料所冒守栋等人[111–114]、湖南大学陈娥等人[115]、广东工业大学许伟等人[116, 117]采用直流磁控溅射技术、离子束辅助沉积及交替沉积等薄膜制备工艺，在钕铁硼磁体表面沉积 Al 膜，通过控制 Al 薄膜的生长，提高了薄膜的致密度，改善了磁体的耐腐蚀性能。北京科技大学 Cheng Y. Y. 等人[118]利用射频磁控溅射技术在钕铁硼磁体表面沉积 Ti/TiN 复合层，在人造唾液中表现出良好的耐腐蚀性能。中北大学丁雪峰等人[119]通过磁控溅射技术在钕铁硼磁体表面获得陶瓷类薄膜（CrAlN 薄膜），具有良好的耐腐蚀特性。最近，香港城市大学 Wu H. 等人[120]通过等离子注入技术在钕铁硼磁体表面沉积类金刚石薄膜，在 3.5%NaCl 和 5mM H_2SO_4 溶液环境下表现出良好的耐蚀性。

哈尔滨工程大学 Xu J. L. 等人[121]在铝酸盐溶液中通过微弧氧化（MAO）在烧结钕铁硼磁体表面制备氧化铝陶瓷涂层，这种 MAO 涂层主要由晶态 Al_2O_3、非晶态的 Fe_2O_3 和 Nd_2O_3 组成，并改善了 Nd–Fe–B 样品的耐腐蚀性。此外，他们[122]还在硅酸盐溶液中通过微弧氧化（MAO）在烧结钕铁硼磁体表面制备出无定型 SiO_2 涂层，涂层具有优异的抗热震性，且耐腐蚀性随着电压的增加而增加，比钕铁硼基体高一个数量级，但是略微降低了磁体的磁性能。

通过对钕铁硼材料表面镀层的复合、优化，也是近年来研究的一个热点。浙江工业大学 Zheng J. W. 等人[123]在钕铁硼磁体上进行磷化处理和镀铜的双涂层保护技术，以提高烧结钕铁硼磁体的耐腐蚀性。此外，在传统的钕铁硼磁体表面电镀金属涂层技术方面，钢铁研究总院王向东、陈小平等人[124–126]通过合适的电镀 Zn–Fe 合金的添加剂，研制出电镀 Zn–Fe 合金的工艺技术，镀层具有优良的耐蚀性。此外，传统环氧树脂涂层耐磨性能的改进研究得到发展：如采用纳米 TiO_2 掺杂改性钕铁硼磁体表面阴极电泳环氧树脂涂层[127]；在钕铁硼磁体表面制备 Teflon 涂层[128]等。

冷喷涂是一种金属喷涂工艺，该工艺制备的涂层致密度非常高，基体材料和涂层的热负荷很小，材料氧化少，消除了涂层中结晶不均匀的现象[129]。Ma C. C. 等人[130]采用冷喷涂技术在烧结钕铁硼磁体表面沉积一层致密的 Al 涂层，具有优越的防腐蚀性能，但该方法还存在设备投入高、生产成本高、生产效率低等缺点。Ma J. C. 等人[131]采用爆炸喷涂工艺在烧结钕铁硼表面沉积 Al 涂层，涂层涂覆均匀且孔隙率仅为 0.77%、厚度为 16μm，中性盐雾试验时间可超过 200h。该方法操作简便，成本较低，可作为产业化工艺进行研发。不足之处是，难以实现复杂磁体表面 Al 涂层的均匀涂覆。

三、国内外研究进展比较

由于国内外资源开发状况与产业发展形势存在巨大的差异，导致国内外的稀土永磁材料研究热点也不尽相同。总的来说，国内外相关的研究都在高综合性能烧结钕铁硼以及重稀土减量化、高性能粘接磁体、新型热压/热变形磁体等面向产业应用的研究方向开展了大量工作。而在充分考虑到我国作为稀土资源大国的基本国情后，为有效利用大量积压的La，Ce，Y以及共伴生稀土，国内的科研团队对高丰度稀土的平衡利用也进行了大量的研究。

在稀土资源以及稀土永磁及其应用方面，作为我国主要竞争对手的美国和日本采取了一系列重大举措：美国最大的稀土资源企业Molycorp重新开采稀土矿，投资进入烧结钕铁硼行业，在日本建立采用新工艺的烧结钕铁硼生产线；并将黏结磁粉最重要的供应商MQI纳入旗下；2006年日本发起了由企业、大学和研究院所组成的联合计划，以低镝和无镝为目标，发展新型制备技术。此外，稀土永磁原料回收技术和新型高性能稀土永磁材料也得到欧美、日本等发达国家的广泛研究。美国于2008年启动了500万美元的磁能积大于或等于90MGOe的新型永磁材料研究项目。

近年来，低重稀土或无重稀土耐高温永磁体受到各国学者的关注。日本的Sagawa等发展出了无压处理（PLP）的工艺，相当于降低了同类磁体20%～30%的重稀土用量。日本TDK发展了晶界扩散工艺，可控制Dy/Tb在钕铁硼磁体表面晶界的扩散，将磁体的矫顽力提高了3～6kOe。我国在该方面也取得了显著的成果，发展了一批以电泳沉积重稀土扩散、涡流感应晶界优化为代表的创新技术，制备出矫顽力达到20kOe、磁能积达到42MGOe的无重稀土钕铁硼磁体，达到国际先进水平。

除了上述领域，结合我国独特的稀土资源优势，我国开展的高丰度稀土的平衡利用技术具有稀土平衡综合利用的效果，更加符合我国国情。多合金技术是我国自主研发的一种技术，其的最大特点是，可以通过调整钕铁硼主相和（Dy，Tb）-Fe-B主相的比例，实现调控磁体的相分布和组织结构，此方法，不仅适合于高使用温度永磁体的生产，更适宜于在工程化中实现超高性能稀土永磁材料的生产。

与传统的烧结钕铁硼磁体制备技术不同，热压/热变形技术无须磁场取向即可得到致密的各向异性永磁体，且具有工艺流程短、近净成型、磁体耐蚀性好等特点，特别是在电机中应用的辐射取向多极整体环形磁体的制备方面具有显著优势。近年来，该技术与晶界扩散技术、混合稀土利用技术的创新性结合引起了研究者的兴趣。另外，利用热变形技术获得各向异性的纳米复合永磁材料也成为当前的研究热点，人们期望在此方向上掌握长期以来无法实现的纳米复合磁体取向技术，开发出超强的永磁材料。目前热压/热变形钕铁硼永磁材料产业技术被日本大同公司代表的国外企业垄断，国内尚不具备大规模生产能力。中科院宁波材料所与钢研总院等单位在热压/热变形钕铁硼永磁材料关键技术方面开展了系统的工作，已经在关键装备和技术路线方面获得突破；相关企业如宁波金鸡强磁、成都银河等已初步实现批量产业化。

随着稀土永磁的广泛应用，大量失效器件（如永磁电机、计算机硬盘等）上的废弃永磁体没有得到有效利用，合理循环利用这类磁体，将会创造巨大的经济价值。英国伯明翰大学（University of Birmingham）的研究人员利用氢破碎技术（HD），得到了可直接用于粘接或烧结的稀土永磁粉末，使该技术成为一种处理废旧磁体的简便经济的技术手段。近年来，这种方法进一步发展，利用HDDR或d-HDDR技术制备出的磁粉具有抗氧化性和具有各向异性，这种磁粉更加适用于后续的粘接或烧结工艺。此项研究成果为发展产业化技术奠定了坚实的基础。我国对于废弃永磁材料的回收利用技术的研究和开发，主要是采用酸处理的方法从废弃磁体中提取稀土氧化物，已成功用于产业化，但技术工艺复杂、落后，只能回收得到稀土氧化物。国外发达国家发展了一些新的技术和方法用于废弃稀土永磁材料的高效绿色回收和再利用，这些回收技术获得的产品如再生永磁体及稀土元素，具有很好的应用前景。北京工业大学等单位最近也开展了相关的研究工作，利用废弃磁体制备再生稀土永磁体获得较高的磁性能，接近国际水平。但总体而言，稀土永磁材料的回收再利用尽管已进行了一些重要研究进展，但仍存在一些重要问题，需系统而深入研究。

四、本学科发展趋势与展望

随着新能源汽车、高速和磁悬浮列车、风力和潮汐发电、节能家电等新兴领域的快速发展，对稀土磁性材料以及稀土永磁材料的性能及稳定性提出了更高的要求，稀土磁性材料的需求也不断增长。军事科技和尖端高科技领域的发展对超高性能稀土永磁材料的依赖性与日俱增。在《国家中长期科学和技术发展规划纲要》中，稀土磁性材料被列入制造业领域中的基础原材料优先主题。李克强总理在2015年政府工作报告中提出要实施“中国制造2025”，实现制造业升级的目标。开展稀土磁性材料关键技术研发，是实施“中国制造2025”，实现制造业升级的目标的关键途径之一。

发展稀土永磁材料的基础研究和应用开发不仅是科学研究本身发展的需要，更是国家科技和经济发展的需求。只有针对功能材料学科发展和新一代高技术产业的重大需求，发展具有我国资源特色和尖端技术迫切需求的稀土磁性材料，解决相关材料的重大基础科学问题，才能引导并支撑我国稀土产业向功能材料及器件制造和应用的跨越，扭转我国稀土产业当前的被动局面，从而真正将资源优势转化为技术和经济优势。当前，以稀土资源平衡利用为导向的稀土永磁材料及其产业化技术研发是目前国内外关注的焦点，晶界（相）调控、超细晶粒和温度补偿技术在轻稀土资源的综合利用和重稀土资源的高质化利用是技术发展趋势。因此，基于我国资源特色，以及当前生产和应用大国的现状，从稀土永磁材料的可持续发展角度，稀土资源的高效平衡利用、近终形热变形磁体制备技术、新型高性能磁体及其表面防护技术等研究方向成为今后我国稀土永磁材料的重点发展方向。特别地，在高丰度稀土永磁材料方面，近期发展的低温烧结技术和短流程热处理工艺的应用，磁体的生产能耗和生产周期同步降低，生产的高丰度稀土永磁体同时具有良好耐蚀性、加工性能等，证明了高丰度稀土永磁体的广阔应用前景。但高丰度稀土元素的添加也必然造成磁体居里温度的下降，这在一定程度上限制了高丰度稀土永磁体的应用范围。稀土元素的复合添加，以及 Co 等元素的引入可以相应地提高其应用温度，将是高丰度稀土永磁体的未来发展方向。

从产业发展的角度看，我国稀土永磁材料产业仍处于高速发展阶段，稀土永磁产品的生产技术、装备、研究水平以及产品的种类、质量等都有了很大的提高及改善，并逐步接近世界同行先进水平。在资源优势、劳动力优势、市场优势以及技术科研优势的带动下，我国已确定成为世界稀土永磁材料的生产和应用的发展中心。同时应注意到我们目前仍存在一些问题，如产品的性能与国外发达国家仍具有一定的差距，产业发展模式不完善，管理工作比较薄弱等问题。因此加强自主创新能力，完善产学研推动创新机制，鼓励企业与研究机构、高等院校的合作研发，实现技术研发产业化。加快关键设备的开发，使我国在真空快淬炉、自动压机、连续烧结炉等关键设备方面达到世界先进水平；实现高性能磁体关键技术的突破，提升我国稀土永磁行业的整体技术水平和国际市场竞争力。

参考文献

[1] Alam A，Khan M，McCallum R W，Johnson D D. Site-preference and valency for rare-earth sites in (R-Ce) (2) Fe14B magnets [J]. Applied Physics Letters，2013，102 (4)：4176.

[2] Susner M A，Conner B S，Saparov B I，McGuire M A，Crumlin E J，Veith G M，Cao H B，Shanavas K V，Parker D S，Chakoumakos B C，Sales B C. Growth and Characterization of Ce-Substituted Nd2Fe14B Single Crystals [J]. Journal of Magnetism and Magnetic Materials，2015，434.

[3] Zhu M G，Li W，Wang J D，Zheng L Y，Li Y F，Zhang K，Feng H B，Liu T. Influence of Ce content on the rectangularity of demagnetization curves and magnetic properties of Re-Fe-B magnets sintered by double main phase alloy method [J]. IEEE Trans. Magn. 2013，50(1)：1-4.

[4] 王景代. 双主相合金法制备烧结（Nd，R E）-Fe-B 磁体研究 [D]. 北京：钢铁研究总院，2012.

[5] 王景代，冯海波，李安华，李岩峰，黄书林，朱明刚，李卫. 双主相合金法添加镝对烧结 Nd-Fe-B 磁性能及微观结构的影响 [J]. 中国稀土学报，2013，31 (1)：119-123.

[6] 周寿增，董清飞.《超强永磁体－稀土体系永磁材料》，北京. 冶金工业出版社，2004.

[7] Li A H，Feng H B，Huang S L，Wang J D，Zhu M G，Li W. The Study on Grain-Boundary Microstructure of Sintered (Ce，Nd) -Fe-B Magnets [J]. IEEE Transactions on Magnetics. 2015，15 (11)：1-1.

[8] Zhu M G，Han R，Li W，Huang S L，Zheng D W，Song L W，Shi X N. An Enhanced Coercivity for (CeNdPr) -Fe-B Sintered Magnet Prepared by Structure Design，IEEE Transactions on Magnetics. 2015，51 (11)：1-4.

[9] 吴亚萍，朱明刚，石晓宁，宋利伟，黄书林，潘伟.（Ce15Nd85）30FebalB1M 永磁体湿热条件下的腐蚀性研究 [J]. 中国稀土学报，2016，34 (2)：171.

[10] 李卫，朱明刚，冯海波，李安华，黄书林，李岩峰，孙亚超，王景代. 低成本双主相 Ce 永磁合金及其制备方法，中国发明专利 2012103156845.

[11] 黄书林. 含 Ce 磁体微结构与磁性能的研究 [D]. 北京：北京科技大学，2015.

[12] Zhang Y J，Ma T Y，Jin J Y，Li J T，Wu C，Shen B G，Yan M. Effects of REFe2 on microstructure and magnetic properties of Nd-Ce-Fe-B sintered magnets [J]. Acta Materialia，2017，128 (1)：22-30.

[13] Fan X D, Guo S, Chen K, Chen R J, Lee D, You C Y, Yan A R. Tuning Ce distribution for high performanced Nd–Ce–Fe–B sintered magnets [J]. Journal of Magnetism and Magnetic Materials, 2016, 419: 394–399.

[14] Jin J Y, Ma T Y, Zhang Y J, Bai G H, Yan M. Chemically Inhomogeneous RE–Fe–B Permanent Magnets with High Figure of Merit: Solution to Global Rare Earth Criticality [J]. Scientific Reports, 2016, 6: 32200.

[15] Ito M, Yano M, Sakuma N, Kishimoto H, Manabe A, Shoji T, Kato A, Dempsey N M, Givord D, Zimanyi G T. Coercivity enhancement in Ce–Fe–B based magnets by core–shell grain structuring [J]. Aip Advances, 2016, 6(5): 056029.

[16] Peng B X, Ma T Y, Zhang Y J, Jin J Y, Yan M. Improved thermal stability of Nd–Ce–Fe–B sintered magnets by Y substitution [J]. Scripta Materialia, 2017, 131: 11–14.

[17] Jin J Y, Zhang Y J, MaT Y, Yan M. Mechanical Properties of La–Ce–Substituted Nd–Fe–B Magnets [J]. Ieee Transactions on Magnetics, 2016, 52(7): 1–4.

[18] Cao X J, Chen L, Guo S, Li X B, Yi P P, Yan A R, Yan G L. Coercivity enhancement of sintered Nd–Fe–B magnets by efficiently diffusing DyF3 based on electrophoretic deposition [J]. Journal of Alloys and Compounds, 2015, 631: 315–320.

[19] Cao X J, Chen L, Guo S, Fan F, Chen R J, Yan A R. Effect of rare earth content on TbF_3 diffusion in sintered Nd–Fe–B magnets by electrophoretic deposition [J]. Scripta Materialia, 2017, 131: 24–28.

[20] Cao X, Chen L, Guo S, Chen R, Yan G, Yan A. Impact of TbF_3 diffusion on coercivity and microstructure in sintered Nd–Fe–B magnets by electrophoretic deposition [J]. Scripta Materialia, 2016, 116: 40–43.

[21] Kim T H, Lee S R, Yun S J, Lim S H, Kim H J, Lee M W, Jang T S. Anisotropic diffusion mechanism in grain boundary diffusion processed Nd–Fe–B sintered magnet [J]. Acta Materialia, 2016, 112: 59–66.

[22] Loewe K, Benke D, K ü bel C, Lienig T, Skokov K P. Gutfleisch O, Grain boundary diffusion of different rare earth elements in Nd–Fe–B sintered magnets by experiment and FEM simulation [J]. Acta Materialia, 2017, 124: 421–429.

[23] Helbig T, Loewe K, Sawatzki S, Yi M, Xu B X. Gutfleisch O, Experimental and computational analysis of magnetization reversal in (Nd, Dy) –Fe–B core shell sintered magnets [J]. Acta Materialia, 2017, 127: 498–504.

[24] Chen L, Cao X, Guo S, Di J, Ding G, Yan C, Chen R, Yan A. Coercivity Enhancement of Dy–Free Sintered Nd–Fe–B Magnets by Grain Refinement and Induction Heat Treatment [J]. IEEE Transactions on Magnetics, 2015, 51(11): 1–3.

[25] Nakamura M, Matsuura M, Tezuka N, Sugimoto S, Une Y, Kubo H, Sagawa M. Effects of Hydrogenation–Disproportionation–Desorption–Recombination Processing Parameters on the Particle Size of Ultrafine Jet–Milled Nd–Fe–B Powders [J]. Materials Transactions, 2015, 56: 129–134.

[26] Ding G, Guo S, Cai L, Chen L, Liu J, Lee D, Yan A. Study on Ultrafine–Grained Sintered Nd–Fe–B Magnets Produced From Jet–Milled HDDR Powders [J]. IEEE Transactions on Magnetics, 2015, 51(11): 1–4.

[27] Sasaki T T, Ohkubo T, Takada Y, Sato T, Kato A, Kaneko Y, Hono K. Formation of non–ferromagnetic grain boundary phase in a Ga–doped Nd–rich Nd–Fe–B sintered magnet [J]. Scripta Materialia, 2016, 113: 218–221.

[28] Saito T, Kikuchi K. Production of Sm–Fe–N bulk magnets by the spark plasma sintering method with dynamic compression [J]. Journal of Alloys and Compounds, 2016, 673: 195–198.

[29] Hirayama Y, Panda A K, Ohkubo T, Hono K. High coercivity $Sm_2Fe_{17}N_3$ submicron size powder prepared by polymerized–complex and reduction–diffusion process [J]. Scripta Materialia, 2016, 120: 27–30.

[30] Okada S, Suzuki K, Node E, Takagi K, Ozaki K, Enokido Y. Preparation of submicron–sized $Sm_2Fe_{17}N_3$ fine powder with high coercivity by reduction–diffusion process [J]. Journal of Alloys and Compounds, 2017, 695:

1617-1623.

[31] Sepehri-Amin H, Ohkubo T, Hono K, Gueth K, Gutfleisch O. Mechanism of the texture development in hydrogen-disproportionation-desorption-recombination (HDDR) processed Nd-Fe-B powders [J]. Acta Materialia, 2015, 85: 42-52.

[32] 刘冬，李野，高俊彦，王倩，刘荣明，滕阳民．二次 HDDR 工艺制备的高矫顽力各向异性钕铁硼磁粉 [J]. 磁性材料及器件，2016，47 (5)：32-35.

[33] Li H, Li X, Guo D, Lou L, Li W, Zhang X. Three-Dimensional Self-Assembly of Core/Shell-Like Nanostructures for High-Performance Nanocomposite Permanent Magnets [J]. Nano Letters, 2016, 16: 5631-5638.

[34] Tian H, Zhang Y, Han J, Xu Z, Zhang X, Liu S, Wang C, Yang Y, Han L, Yang J. Synergetic crystallization in a $Nd_2Fe_{14}B/\alpha$-Fe nanocomposite under electron beam exposure conditions [J]. Nanoscale, 2016, 8 (42): 18221-18227.

[35] Yu L Q, Zhang Y P, Yang Z, He J D, Dong K T, Hou Y. Chemical synthesis of $Nd_2Fe_{14}B/Fe_3B$ nanocomposites [J]. Nanoscale, 2016, 8 (26): 12879-12882.

[36] Ogawa D, Koike K, Mizukami S, Miyazaki T, Oogane M, Ando Y, Kato H. Negative exchange coupling in Nd2Fe14B (100) / α-Fe interface [J]. Applied Physics Letters, 2015, 107 (10): 102406.

[37] Sepehri-Amin H, Ohkubo T, Nishiuchi T, Hirosawa S, Hono K. Coercivity enhancement of hydrogenation-disproportionation-desorption-recombination processed Nd-Fe-B powders by the diffusion of Nd-Cu eutectic alloys [J]. Scripta Materialia, 2010, 63 (11): 1124-1127.

[38] [38] Madugundo R, Salazar-Jaramillo D, Barandiaran J M, Hadjipanayis G C. High coercivity in rare-earth lean nanocomposite magnets by grain boundary infiltration [J]. Journal of Magnetism and Magnetic Materials, 2016, 400: 300-303.

[39] Li Z B, Zhang M, Shen B G, Hu F X, Sun J R. Variations of phase constitution and magnetic properties with Ce content in Ce-Fe-B permanent magnets [J]. Materials Letters, 2016, 172: 102-104.

[40] Li Z B, Shen B G, Zhang M, Hu F X, Sun J R. Substitution of Ce for Nd in preparing $R_2Fe_{14}B$ nanocrystalline magnets [J]. Journal of Alloys and Compounds, 2015, 628: 325-328.

[41] Pathak A K, Khan M, Jr G K, McCallum R W, Zhou L, Sun K, Dennis K W, Zhou C, Pinkerton F E, Kramer M J, Pecharsky V K. Cerium: An Unlikely Replacement of Dysprosium in High Performance Nd-Fe-B Permanent Magnets [J]. Advanced Materials, 2015, 27 (16): 2663-2667.

[42] Zhang M, Li Z B, Shen B G, Hu F X, Sun J R. Permanent magnetic properties of rapidly quenched (La, Ce) (2) Fe14B nanomaterials based on La-Ce mischmetal [J]. Journal of Alloys and Compounds, 2015, 651: 144-148.

[43] Zhang M, Liu Y, Li Z, Peng L, Shen B, Hu F, Sun J. Magnetization process of nanocrystalline mischmetal-Fe-B ribbons [J]. Journal of Alloys and Compounds, 2016, 688: 1053-1057.

[44] Li R, Shang R X, Xiong J F, Liu D, Kuang H, Zuo W L, Zhao T Y, Sun J R, Shen B G. Magnetic properties of (misch metal, Nd) -Fe-B melt-spun magnets [J]. Aip Advances, 2017, 7 (5): 056207.

[45] Zhang X F, Zhang W K, Li Y F, Liu Y L, Li Z B, Ma Q, Shi M F, Liu F. Magnetic properties of melt-spun MM-Fe-B ribbons with different wheel speeds and mischmetal contents [J]. Rare Metals, 2016: 1-5.

[46] Chen Z, Tessema M, Meyer M S, Pinkerton F E. Synthesis of CeFe 10.5 Mo1.5 with ThMn12-type structure by melt spinning [J]. Journal of Magnetism and Magnetic Materials, 2013, 336 (11): 26-28.

[47] Chen Z, Pinkerton F E. Magnetic hardening of CeFe12-xMox and the effect of nitrogenation [J]. Journal of Alloys and Compounds, 2014, 583 (3): 345-350.

[48] Zhou C, Sun K, Pinkerton F E, Kramer M J. Magnetic hardening of Ce1+xFe11-yCoyTi with ThMn12 structure by melt spinning [J]. Journal of Applied Physics, 2015, 117 (17): 17C716-4681.

[49] Zhou C，Pinkerton F E，Herbst J F．High Curie temperature of Ce–Fe–Si compounds with ThMn12 structure［ J ］．Scripta Materialia，2015，95（ 1 ）：66–69.

[50] Kelhar L，Zavasnik J，McGuiness P，Kobe S．The impact of processing parameters on the properties of Zn–bonded Nd–Fe–B magnets［ J ］．Journal of Magnetism and Magnetic Materials，2016，419：171–175.

[51] Yin Y X，Hu R J，Liu W Q，Yue M，Zhen Z C．Comparison and Analysis of Sodium Silicate and Epoxy Bonded NdFeB Magnets［ J ］．Materials Science Forum，2016，852：136–141.

[52] 张燕阳，张新杰，李景瑞，王岳，肖耀福，林崇业．一种由三种各向异性磁粉构成粘结磁体的配方及制备方法，发明专利 201510048315.8.

[53] Ma Y L，Liu X B，Nguyen V V，Poudyal N，Yue M，Liu J P．Preparation and magnetic properties of anisotropic bulk MnBi/NdFeB hybrid magnets［ J ］．Journal of Magnetism and Magnetic Materials，2016，411（ 6 ）：116–119.

[54] Xue Z Q，Liu L，Liu Z，Li M，Lee D，Chen R J，Guo Y Q，Yan A R．Mechanism of phase transformation in 2：17 type SmCo magnets investigated by phase stabilization［ J ］．Scripta Materialia，2016，113：226–230.

[55] Horiuchi Y，Hagiwara M，Endo M，Sanada N，Sakurada S．Influence of intermediate–heat treatment on the structure and magnetic properties of iron–rich Sm（ CoFeCuZr ）(Z) sintered magnets［ J ］．Journal of Applied Physics，2015，117（ 17 ）：671–672.

[56] Machida H，Fujiwara T，Kamada R，Morimoto Y，Takezawa M．The high squareness Sm–Co magnet having Hcb = 10.6 kOe at 150° C［ J ］．AIP Advances，2017，7（ 5 ）：056223.

[57] Sun W，Zhu M，Fang Y，Liu Z，Chen H，Guo Z，Li W．Magnetic properties and microstructures of high–performance Sm2Co17 based alloy［ J ］．Journal of Magnetism and Magnetic Materials，2015，378：214–216.

[58] 李明．高铁含量 2：17 型 SmCo 合金的组织演变与氢破技术研究［ D ］．宁波：中国科学院大学，2016.

[59] Zhang T L，Liu H Y，Liu J H，Jiang C B．2：17–type SmCo quasi–single–crystal high temperature magnets［ J ］．Applied Physics Letters，2015，106（ 16 ）：162403.

[60] Yu N J，Zhu M G，Fang Y K，Song L W，Sun W，Song K K，Wang Q，Li W．The microstructure and magnetic characteristics of Sm（ $CobalFe_{0.1}Cu_{0.09}Zr_{0.03}$ ）7.24 high temperature permanent magnets［ J ］．Scripta Materialia，2017，132：44–48.

[61] Liu L，Liu Z，Li M，Lee D，Chen R J，Liu J，Li W，Yan A R．Positive temperature coefficient of coercivity in Sm1–xDyx（ $Co_{0.695}Fe_{0.2}Cu_{0.08}Zr_{0.025}$ ）$_{7.2}$ magnets with spin–reorientation–transition cell boundary phases［ J ］．Applied Physics Letters，2015，106（ 5 ）：821.

[62] 朱明刚，孙威，方以坤，李卫．Sm2Co（ 17 ）基永磁材料的研究进展［ J ］．中国材料进展，2015，34（ 11 ）：789–795.

[63] Zhu M G，Li W．Texture formation mechanism and constitutive equation for anisotropic thermorheological rare–earth permanent magnets［ J ］．Aip Advances，2017，7（ 5 ）：056236.

[64] Sawatzki S，K ü bel C，Ener S，Gutfleisch O．Grain boundary diffusion in nanocrystalline Nd–Fe–B permanent magnets with low–melting eutectics［ J ］．Acta Materialia，2016，115：354–363.

[65] Liu L，Sepehri–Amin H，Ohkubo T，Yano M，Kato A，Shoji T，Hono K．Coercivity enhancement of hot–deformed Nd–Fe–B magnets by the eutectic grain boundary diffusion process［ J ］．Journal of Alloys and Compounds，2016，666：432–439.

[66] Kim J Y，Kwon H W，Lee J G，Yu J H．Improvement of Magnetic Performance of Nd–Fe–B–Type Die–Upset Magnet by RF3–Doping［ J ］．IEEE Transactions on Magnetics，2016，52（ 7 ）：1–4.

[67] Cha H R，Jeon K W，Yu J H，Kwon H W，Kim Y D，Lee J G．Coercivity enhancement of hot–deformed Nd–Fe–B magnet by grain boundary diffusion process using the reaction of NdHX and Cu nanopowders［ J ］．Journal of Alloys and Compounds，2017，693：744–748.

[68] Tang X, Chen R J, Yin W Z, Jin C X, Lee D, Yan A R. The magnetization behavior and open recoil loops of hot-deformed Nd-Fe-B magnets infiltrated by low melting point PrNd-Cu alloys [J]. Applied Physics Letters, 2015, 107 (20): 064001.

[69] Wang Z X, Ju J Y, Wang J, Yin W Z, Chen R J, Li M, Jin C X, Tang X, Lee D, Yan A R. Magnetic Properties Improvement of Die-upset Nd-Fe-B Magnets by Dy-Cu Press Injection and Subsequent Heat Treatment [J]. Sci Rep, 2016, 6: 38335.

[70] Onal E, Lapovok R, Kishimoto H, Kato A, Davies C H J, Suzuki K. Effect of Processing Parameters on the Magnetic Properties and Macrotexture of a $Nd_{13.5}Fe_{73.8}Co_{6.7}B_{5.6}Ga_{0.4}$ Alloy Processed by Equal Channel Angular Pressing With Back Pressure [J]. IEEE Transactions on Magnetics, 2016, 52 (7): 1-4.

[71] Castle E, Sheridan R, Grasso S, Walton A, Reece M. Rapid sintering of anisotropic, nanograined Nd-Fe-B by flash-spark plasma sintering [J]. Journal of Magnetism and Magnetic Materials, 2016, 417: 279-283.

[72] TereshinaI S, PelevinI A, Tereshina E A, Burkhanov G S, Rogacki K, Miller M, Kudrevatykh N V, Markin P E, Volegov A S, Grechishkin R M, Dobatkin S V, Schultz L. Magnetic hysteresis properties of nanocrystalline (Nd, Ho)-(Fe, Co)-B alloy after melt spinning, severe plastic deformation and subsequent heat treatment [J]. Journal of Alloys and Compounds, 2016, 681: 555-560.

[73] Ma Q, Yue M, Lv W C, Zhang H G, Yuan X K, Zhang D T, Zhang X F, Zhang J X, Gao X X. Effect of Deformation Temperature on Crystal Texture Formation in Hot Deformed Nanocrystalline $SmCo_5$ Permanent Magnets [J]. Journal of Magnetics, 2016, 21: 25-28.

[74] Madugundo R, Hadjipanayis G C. Anisotropic Mn-Al-(C) hot-deformed bulk magnets [J]. Journal of Applied Physics, 2016, 119 (1): 064001-256.

[75] 赖荣舜，陈仁杰，尹文宗，靳朝相，唐旭，李东，闫阿儒. 稀土永磁材料及其制备方法，发明专利 2016109012889.

[76] Wang R Q, Shen X, Liu Y, Li J. Effects of Ga Addition on the Formability of Main Phase and Microstructure of Hot-Deformed Ce-Fe-B Magnets [J]. IEEE Transactions on Magnetics, 2016, 52 (9): 1-6.

[77] Koike K, Ishikawa H, Ogawa D, Kato H, Miyazaki T, Ando Y, Itakura M. Coercivity enhancement in La coated Nd-Fe-B thin films [J]. Physics Procedia, 2015, 75: 1294-1299.

[78] Koike K, Kusano T, Ogawa D, Kobayashi K, Kato H, Oogane M, Miyazaki T, Ando Y, Itakura M. Modification of the Interface Nanostructure and Magnetic Properties in Nd-Fe-B Thin Films [J]. Nanoscale Research Letters, 2016, 11 (1): 33.

[79] Cui W B, Takahashi Y K, Hono K. Microstructure optimization to achieve high coercivity in anisotropic Nd-Fe-B thin films [J]. Acta Materialia, 2011, 59 (20): 7768-7775.

[80] Hirayama Y, Takahashi Y K, Hirosawa S, Hono K. $NdFe_{12}N_x$ hard-magnetic compound with high magnetization and anisotropy field [J]. Scripta Materialia, 2015, 95 (95): 70-72.

[81] 孙亚超，朱明刚，石晓宁，宋利伟，李卫. NdCeFeB纳米复合薄膜的磁性及交换耦合作用 [J]. 物理学报，2017，66 (15)：157502.

[82] Sun Y C, Zhu M G, Liu W, Han R, Zhang W C, Li Y F, Li W. Effects of spacer layers on magnetic properties and exchange couplings of Nd-Fe-B/Nd-Ce-Fe-B multilayer films [J]. Chinese Physics B, 2017, 26: 107501.

[83] Seifert M, Neu V, Schultz L. Epitaxial SmCo5 thin films with perpendicular anisotropy [J]. Applied Physics Letters, 2009, 94 (2): 178.

[84] Yin S Q, Wang H, Zhao H B, Jiang Y, Wang J P. The effects of Cu doping on crystalline structure and magnetic properties of SmCo5-xCux thin films grown on Ru (0002) [J]. Journal of Applied Physics, 2013, 114 (21): 3908.

[85] Zhang L N, Hu J F, Chen J S, Ding J. A study on magnetic properties and structure of SmCo5 thin films on Ni-W

underlayers [J]. Journal of Magnetism and Magnetic Materials，2010，322（23）：3737–3741.
[86] Cheng W，Liu W，Wang X，Dai Y，Cheng X，Miao X. A new TiW seed layer for $SmCo_5$ films with perpendicular magnetic anisotropy [J]. Journal of Magnetism and Magnetic Materials，2012，324（22）：3658–3661.
[87] Cui W B，Ma L，Sepehri–Amin H，Takahashi Y K，Hono K. The influence of grain morphology and easy axis orientation on the coercivity of Sm（$Co_{0.9}Cu_{0.1}$）（5）thin films [J]. Acta Materialia，2016，107（2）：49–58.
[88] Marinescu M，Gabay A M，Liu J F，Hadjipanayis G C. Fluoide–added Pr–Fe–B die–upset magnets with increased electrical resistivity [J]. Journal of Applied Physics，2009，105（7）：07A711.
[89] Zheng L Y，Zhang K，Li Y F，Wang X C，Zhu M G，Li W. Microstructure and properties of Dy2O3–doped die–upset Nd–Fe–B magnets [J]. IEEE Transactions on Magnetics，2013，49（7）：3368–3371.
[90] Li W，Zheng L Y，Zhu M G，Xin H H，Zheng D W. Effect of CaF_2 on the Microstructure，Magnetic，and Electrical Properties of Nd–Fe–B Magnets [J]. IEEE Transactions on Magnetics，2014，50：2103303.
[91] Li W，Zheng L Y，Bi W C，Li Y F，Zhu M G，Feng H B，Zhou D，Guo Z H. Effect of CaF_2 Addition on the microstructure and magnetic and electrical properties of sintered Nd–Fe–B magnets [J]. IEEE Transactions on Magnetics，2014，50：1001504.
[92] Zheng L Y，Xin H H，Bi W C，Zhu M G，Li W，Zhou D. Microstructure and properties of the composite magnets fabricated with Nd–Fe–B powders coated with CaF2 [J]. Journal of Applied Physics，2014，115：17A709.
[93] 董传博，刘敏，赖伟鸿，尹小文，王雁，岳明，索红莉. 硫化物除杂法回收钕铁硼废料中稀土元素的研究 [J]. 硅酸盐通报，2013，32（10）：2127–2132.
[94] 尹小文，刘敏，赖伟鸿，董传博，岳明，索红莉. 草酸盐沉淀法回收钕铁硼废料中稀土元素的研究 [J]. 稀有金属，2014，6（38）：1093–1098.
[95] 赖伟鸿，刘敏，尹小文，索红莉，岳明. NH_3–OH 体系中共沉淀法同时回收铁硼废料中 Nd–Pr–Co–Fe [J]. 稀有金属，2015，39（1）：68–74.
[96] Lai W，Liu M，Li C，Suo H，Yue M. Recovery of a composite powder from NdFeB slurry by co–precipitation [J]. Hydrometallurgy，2014，150：27–33.
[97] Yue M，Liu W Q，Li X T，Li M，Liu M，Zhang D T，Yin X W，Huang X L，Chen J W，Yi X F. Short–process Method for Preparing Sintered NdFeB Magnets with High Magnetic Properties Recycling from NdFeB Sludge，US20160260530.
[98] Zakotnik M，Tudor C O. Commercial–scale recycling of NdFeB–type magnets with grain boundary modification yields products with ‘designer properties’ that exceed those of starting materials [J]. Waste Management，2015，44：48–54.
[99] Walton A，Yi H，Rowson N A，Speight J D，Mann V S J，Sheridan R S，Bradshaw A，HarrisI R，Williams A J. The use of hydrogen to separate and recycle neodymium–iron–boron–type magnets from electronic waste [J]. Journal of Cleaner Production，2015，104：236–241.
[100] Li C，Yue M，LiuW，Zuo T，Yi X，Chen J，Zhou Z，Wu Y. Recycling of scrap sintered Nd–Fe–B magnets as anisotropic bonded magnets via hydrogen decrepitation process [J]. Journal of Material Cycles and Waste Management，2015，17（3）：547–552.
[101] Li X T，Yue M S，Liu W Q，Zhang D T. Recycle of Waste Nd–Fe–B Sintered Magnets via NdH_x Nanoparticles Modification [J]. IEEE Transactions on Magnetics，2015，51（11）：1–3.
[102] Li X T，Yue M，Zakotnik M，Liu W Q，Zhang D T，Zuo T Y. Regeneration of waste sintered Nd–Fe–B magnets to fabricate anisotropic bonded magnets [J]. Journal of Rare Earths，2015，33（7）：736–739.
[103] Zhang X F，Liu F，Liu Y L，Ma Q，Li Y F，Zhao Q，Wang G F，Li Z B. Recycling of Sintered Nd–Fe–B Magnets Doped with PrNd Nanoparticles [J]. Journal of Magnetics，2015，20（2）：97–102.

[104] Sepehri-Amin H, Ohkubo T, Zakotnik M, Prosperi D, Afiuny P, Tudor C O, Hono K. Microstructure and magnetic properties of grain boundary modified recycled Nd-Fe-B sintered magnets [J]. Journal of Alloys and Compounds, 2017, 694: 175-184.

[105] Ji W X, Liu W Q, Yue M, Zhang D T, Zhang J X. Coercivity enhancement of recycled Nd-Fe-B sintered magnets by grain boundary diffusion with DyH_3 nano-particles [J]. Physica B-Condensed Matter, 2015, 476: 147-149.

[106] 李超，刘卫强，岳明，张东涛，张久兴. NdH 纳米助剂回收制备烧结钕铁硼永磁体的研究 [J]. 功能材料，2014，1 (17)：17059-17065.

[107] Liu W Q, Li C, Zakotnik M, Yue M, Zhang D T, Huang X L. Recycling of waste Nd-Fe-B sintered magnets by doping with dysprosium hydride nanoparticles [J]. Journal of Rare Earths, 2015, 33 (8): 846-849.

[108] Li C, Liu W Q, Yue M, Liu Y Q, Zhang D T, Zuo T Y. Waste Nd-Fe-B Sintered Magnet Recycling by Doping With Rare Earth Rich Alloys [J]. IEEE Transactions on Magnetics, 2014, 50 (12): 1-3.

[109] Li X T, Yue M, Liu W Q, Li X L, Yi X F, Huang X L, Zhang D T, Chen J W. Large batch recycling of waste Nd-Fe-B magnets to manufacture sintered magnets with improved magnetic properties [J]. Journal of Alloys and Compounds, 2015, 649: 656-660.

[110] Li X T, Yue M, Liu WQ, Li X L, Yi X F, Huang X L, Zhang D T, Chen J W. Corrosion evaluation for recycled Nd-Fe-B sintered magnets [J]. Journal of Alloys and Compounds, 2017, 699: 713-717.

[111] Mao S D, Yang H X, Li J L, Ying H G, Song Z L. The properties of aluminium coating on sintered NdFeB by DC magnetron sputtering [J]. Vacuum, 2011, 85(7): 772-775.

[112] Mao S D, Xie T T, Zheng B Z, Huang F, Song Z L, Li Y X. Structures and properties of sintered NdFeB coated with IBAD-Al/Al2O3 multilayers [J]. Surface & Coatings Technology, 2012, 207 (9): 149-154.

[113] Mao S D, Yang H X, Huang F, Xie T T, Song Z L. Corrosion behaviour of sintered NdFeB coated with Al/Al2O3 multilayers by magnetron sputtering [J]. Applied Surface Science, 2011, 257 (9): 3980-3984.

[114] Mao S D, Yang H X, Song Z L, Li J L, Ying H G, Sun K F. Corrosion behaviour of sintered NdFeB deposited with an aluminium coating [J]. Corrosion Science, 2011, 53 (5): 1887-1894.

[115] Chen E, Peng K, Yang W l, Zhu J J, Li D Y, Zhou L P. Effects of Al coating on corrosion resistance of sintered NdFeB magnet [J]. Transactions of Nonferrous Metals Society of China, 2014, 24 (9): 2864-2869.

[116] 许伟，代明江，胡芳. NdFeB 永磁体表面磁控溅射铝防护镀层性能研究 [J]. 表面技术，2014，43 (1)：77-80.

[117] 许伟，胡芳，代明江，陈梓赫，林松盛，侯惠君. 后处理对 NdFeB 永磁体表面磁控溅射铝薄膜耐腐蚀性能的影响 [J]. 电镀与涂饰，2015 (3)：125-129.

[118] Cheng Y Y, Pang X L, Gao K W, Yang H S, Volinsky A A. Corrosion resistance and friction of sintered NdFeB coated with Ti/TiN multilayers [J]. Thin Solid Films, 2014, 550 (1): 428-434.

[119] 丁雪峰. 烧结 NdFeB 表面磁控溅射陶瓷类薄膜防护性能的研究 [D]. 太原：中北大学，2016.

[120] Wu H, Xiao S, Chen D L, Qasim A M, Ding K J, Wu G S, Chu P K. Effects of diamond-like carbon film on the corrosion behavior of NdFeB permanent magnet [J]. Surface & Coatings Technology, 2017, 312: 66-74.

[121] Xu J L, Xiao Q F, Mei D D, Tong Y X, Zheng Y F, Li L, Zhong Z C. Microstructure, corrosion resistance and formation mechanism of alumina micro-arc oxidation coatings on sintered NdFeB permanent magnets [J]. Surface & Coatings Technology, 2017, 309: 621-627.

[122] Xu J L, Xiao Q F, Mei D D, Zhong Z C, Tong Y X, Zheng Y F, Li L. Preparation and characterization of amorphous SiO2 coatings deposited bymirco-arc oxidation on sintered NdFeB permanent magnets [J]. Journal of Magnetism and Magnetic Materials, 2017, 462: 361-368.

[123] Zheng J W, Chen H B, Qiao L, Lin M, Jiang L Q, Che S L, Hu Y W. Double coating protection of Nd-Fe-B

magnets：Intergranular phosphating treatment and copper plating［J］. Journal of Magnetism and Magnetic Materials，2014，371（7）：1–4.
［124］彭楠. NdFeB 永磁体表面电镀 Zn–Fe 合金的工艺研究［D］. 昆明：昆明理工大学，2013.
［125］李拔. 烧结 NdFeB 电镀 Zn–Fe 合金添加剂和耐蚀性能够研究［D］. 北京：中国地质大学，2014.
［126］李拔，王成彪，王向东，陈小平，彭楠. 烧结钕铁硼电镀锌铁合金工艺与耐蚀性能［J］. 稀有金属材料与工程，2015，44（1）：174–178.
［127］Xu J L，Huang Z X，Luo J M，Zhong Z C. Effect of titania particles on the microstructure and properties of the epoxy resin coatings on sintered NdFeB permanent magnets［J］. Journal of Magnetism and Magnetic Materials，2014，355（4）：31–36.
［128］张鹏杰. 用于烧结钕铁硼（NdFeB）表面防护的新型涂层的制备及其性能研究［D］. 合肥：合肥工业大学，2016.
［129］Li C J，Li W Y. Deposition characteristics of titanium coating in cold spraying［J］. Surface & Coatings Technology，2003，167：278–283.
［130］Ma C C，Liu X F，Zhou C G. Cold–Sprayed Al Coating for Corrosion Protection of Sintered NdFeB［J］. Journal of Thermal Spray Technology，2014，23（3）：456–462.
［131］Ma J Z，Liu X F，Qu W T，Zhou C G. Corrosion Behavior of Detonation Gun Sprayed Al Coating on Sintered NdFeB［J］. Journal of Thermal Spray Technology，2015，24（3）：282.

撰稿人：闫阿儒　陈仁杰　方以坤　刘　壮　刘卫强
罗　阳　崔伟斌　王向东　陈小平

特种稀土磁性材料研究

一、引言

稀土磁致伸缩材料、磁制冷材料和微波磁性材料等特种稀土磁性材料虽然产量不高，但近年来发展较为迅速。《稀土行业发展规划（2016—2020 年）》将这三种材料列入稀土基础研究重点工程。本专题将对这三种稀土磁性材料的最新研究进展和发展趋势进行介绍。

磁致伸缩效应是指铁磁材料在施加磁场后的弹性形变现象[1]。近年来磁致伸缩材料受到人们的广泛关注，作为一种关键的能量转换材料用于传感器、发生器、线性马达、作动器、泵阀器件、位移器件和水下扫描声呐等[2, 3]。TbDyFe 合金是具有室温大磁致伸缩性能的典型代表性超磁致伸缩材料[4]。但是该材料较脆且价格高昂制约了其广泛应用。因此，近年的研究，一方面继续关注超磁致伸缩材料的性能改进及其应用，另一方面研发一种低场下大磁致伸缩，价格低廉，同时具有高的机械强度，窄滞后的新型磁致伸缩材料迫在眉睫。

现代社会人类生活越来越离不开制冷技术，小到人们的日常生活中所用的家用空调、冰箱、食品冷藏柜、汽车空调，大到中央空调、气体液化等。目前普遍使用的制冷技术是传统的蒸气压缩式制冷，其关键问题之一是工作气体为氨、二氧化碳和氟利昂等轻烃的卤代物质，广泛使用的氟利昂制冷剂具有强的臭氧消耗效应，虽然人们已经开始利用替代制冷剂取代氟利昂，但目前常用的人工合成替代工质通常具有强温室效应。传统制冷技术的另一关键问题是能源消耗大，在能源日益紧张的今天，找到一种既环保又高效节能的新型制冷技术已经成为世界范围内亟待解决的问题。基于材料的磁热效应发展而来的磁制冷技术是目前受到国内外广泛重视的一项有重要应用前景的新技术。

高频软磁材料是一类重要的功能材料，在信息技术领域有广泛的应用。随着信息处理、传输速率的不断提高和集成化、微型化的飞速发展，对高频软磁材料使用频率的要求已从几千、几兆、几十兆赫兹拓展至上百兆赫兹，甚至是吉赫兹以上，对材料的要求也从传统块体延伸到薄片化、结构化及磁性/非磁性复合材料。例如：目前人们对能工作在更高频段的高性能磁粉芯、环形器，隔离器，相移器，滤波器，非常渴望；市场上正在研发能用于吉赫兹频段的磁性微型天线，以大幅缩小器件体积，提升通讯效率；另一方面，电子器件高频工作的同时，电磁波与其他电子器件（LSI，CPU 等）之间的电磁干扰及高频电磁波对人体健康的威胁也变得日益严重，利用高性能的磁性吸波片可以有效消除多余的电磁波[5]；此外，用于军事的探测雷达基本上也都工作在 GHz 频段，为了大幅度提升武器装备（包括飞行器、坦克、舰艇）的隐身和突防能力，军工上对工作在 GHz 频段的高磁导率磁性吸收剂也有迫切需求[6]。总的来看，不论是高性能的新型电感器件、通信器件，还是用作电磁波吸收复合材料中的磁性吸收剂都对工作在更高频段的软磁粉体具有十分强劲的需求。遗憾的是，高频软磁材料从 20 世纪 50 年代诞生至今，主要使用的材料仍为铁氧体，其中使用频率最高的平面型软磁铁氧体的自然共振频率只有 1.6 ~ 3.0GHz，块体本征起始磁导率也只有 10 左右，不能满足当今电子信息技术高频化、高性能发展的要求，因此软磁学科领域亟待发展具备优异的综合软磁性能的高电阻低功耗软磁材料，研究解决在发展此类软磁材料过程中面临的重要科学问题。

二、近年的最新研究进展

（一）稀土磁致伸缩材料

1. 机理及制备研究

Ma 等人研究了 $Tb_{0.3}Dy_{0.7}Fe_2$ 合金在准同型相界（MPB）温度附近的局域对称性和磁畴结构，发现在 $Tb_{0.3}Dy_{0.7}Fe_2$ 中的准同型相界附近存在四方至菱形结构的转变，该转变过程可以在 238 ~ 293K 的较宽温度范围内发生[7]。在该温度范围内，同时存在四方相以及菱形相，且两种相的体积分数随温度靠近或远离准同型相界而改变。磁力显微镜的结果表明，在准同型相界处具有的高磁致伸缩性能可能与其微米畴内存在大量自发磁化强度方向一致的纳米畴有关。纳米畴具有低对称性结构，使其更易随着低磁场的作用而转动，从而产生高的磁致伸缩效应。

此外，TbDyFe 合金的磁致伸缩性能还与材料的取向密切相关。Mu 等人采用 EBSD 技术分析研究了 $Tb_{0.3}Dy_{0.7}Fe_{1.95}$ 合金的微区取向同磁致伸缩性能的关系[8]。根据 XRD 结果获得了 $Tb_{0.3}Dy_{0.7}Fe_{1.95}$ 合金的宏观取向信息，其模拟计算结果与实际结果的变化趋势不符。采用 EBSD 获得的微区取向结果与每个晶粒的取向相关，根据微区取向分析模拟计算的结果与实际结果的变化趋势相符。

Oikawa[9] 等研究了 Zr 的添加对通过微拉拔法制备的 TbDyFe 合金磁致伸缩性能的影

响。微拉拔法是通过容器底部制成的小孔连续输送熔体的晶体生长技术。熔体的凝固在容器下方进行。微拉拔法有晶体生长快速、材料尺寸小和材料质量高的优点，可以用来制造小尺寸单晶，例如纤维、薄板晶体等。作者使用微拉拔法（μ-PD）实现了 TbDyFe 合金晶体的生长，并研究了不同热处理方式及 Zr 的添加对晶体磁致伸缩性能的影响，制得棒状晶体的外观如图 1 所示。

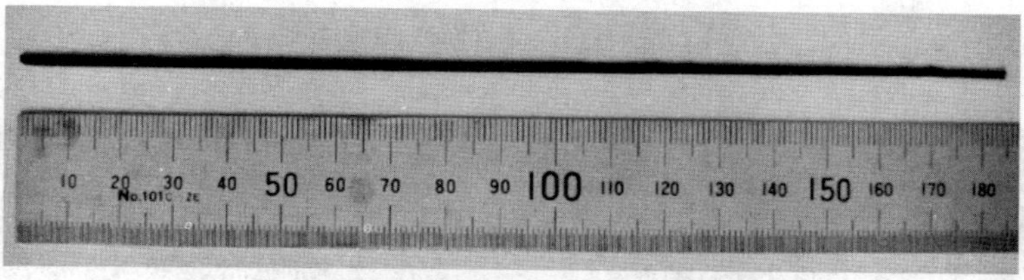

图 1　Fe1.9Tb0.27Dy0.73 棒状晶体的照片

图 2 为添加 Zr 元素后 TbDyFe 材料的 λ-H 曲线。基体中 Zr 含量的增加及（Tb，Dy）Fe_3 相的缺失，使材料饱和磁致伸缩提高。但是随着 Zr 的比例 x 的进一步提高，材料晶粒数量也提高，$(Fe_{1.9}Tb_{0.27}Dy_{0.73})_{1-x}Zr_x$ 晶体的 λ-H 曲线整体变得更低。

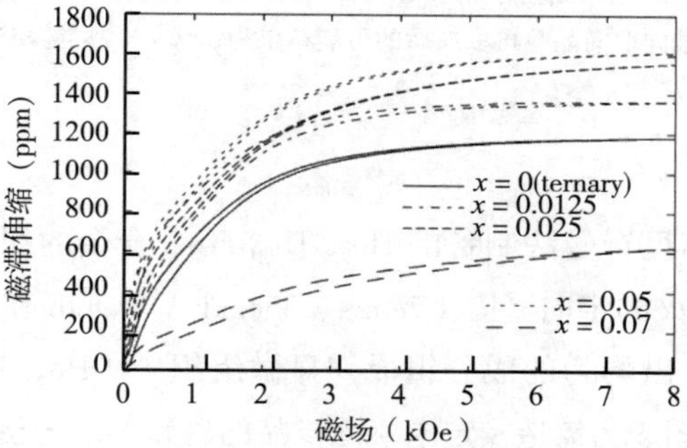

图 2 （Fe1.9Tb0.27Dy0.73）1-xZr_x 晶体的 λ-H 曲线

以 TbDyFe 为代表的小平面相功能材料，具备强烈的晶体学各向异性，只有通过定向生长获得特定轴向取向的取向晶或者单晶，才能实现最优性能。通过研究定向生长过程中的宏观固液界面形态，获得了定向生长固液宏观界面形态控制方程；继而通过控制固液界面形态，可以进一步影响径向成分分布以及相分布，通过理论推导获得了定向生长径向成分分布控制方程，最终获得了 TbDyFe 无孪晶单晶[10]。

小平面材料在定向生长过程中，会出现轴向再取向的现象，严重影响取向度和材料性能。实验发现这一现象是由孪晶导致。通过矩阵计算，理论上获得了 <110>、<111>、<112> 初始轴向取向晶粒发生再取向后的一共 7 种结果（见图 3）。

实验中直接验证了其中 4 种[11]，孪晶导致轴向再取向示意见图 4。

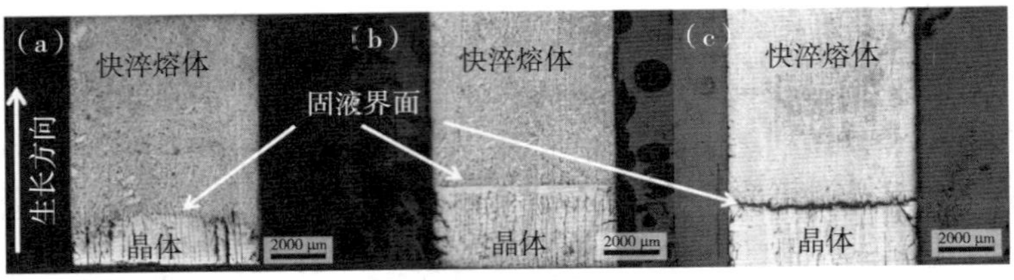

图 3 界面形态控制实验结果

(a)凸界面;(b)平界面;(c)凹界面

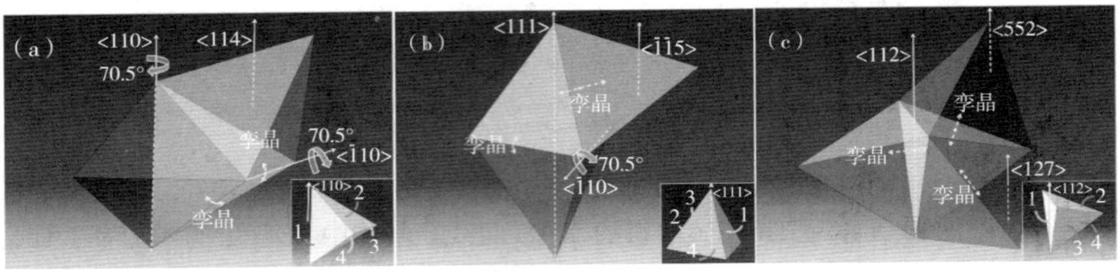

图 4 孪晶导致轴向再取向示意图

(a)<110> 轴向取向晶粒再取向后的可能结果为旋转 <110> 或 <114>;

(b)<111> 轴向取向晶粒再取向后的可能结果为旋转 <111> 或 <115>;

(c)<112> 轴向取向晶粒再取向后的可能结果为镜像 <112> 或 <552> 或 <127>

2. 新合金体系

Chelvane[12] 等对布里奇曼法制备的 $Ho_{0.85}Tb_{0.15}Fe_{1.95}$ 合金的织构及磁致伸缩性能进行了研究。常规铸造和退火的定向凝固(7cm/h、35cm/h、70cm/h 和 100cm/h)$Ho_{0.85}Tb_{0.15}Fe_{1.95}$ 样品在棒的轴向上显示出均匀的成分组成，显微组织中(Ho，Tb)Fe_2 相为主相，(Ho，Tb)富稀土相为次相。图 5 为铸造及定向凝固样品的磁致伸缩与磁场的关系。

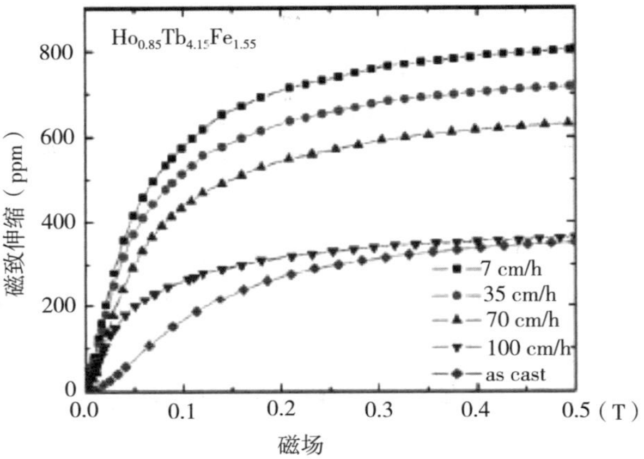

图 5 铸造及定向凝固(7、35、70 和 100cm/h)样品的磁致伸缩与磁场的关系

Song[13]等将 Pr 和 Nd 元素引入到（Tb，Dy）Fe_2体系中，并且选择组分为（$Tb_{0.3}Dy_{0.7}$）$_{1-x}$（$Pr_{0.5}Nd_{0.5}$）$_x Fe_{1.93}$ 的合金，寻找其各向异性补偿点。合金主相为 $MgCu_2$ 型结构的立方 Laves 相，在样品中观察到杂质相，例如具有 PuN_3 型结构的 RFe_3 相。图 6 为其磁致伸缩性能与磁场的关系。

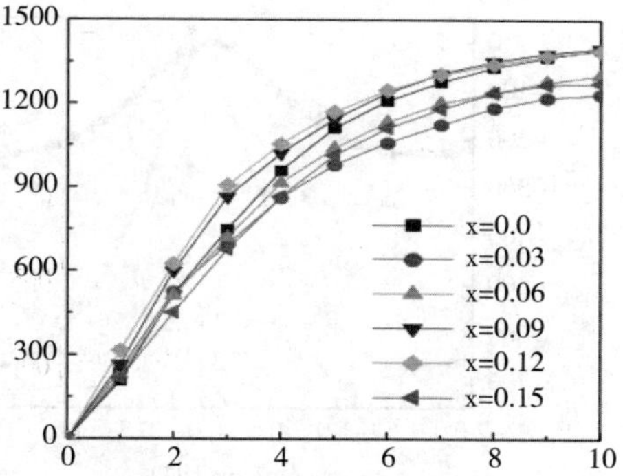

图 6　合金线性磁致伸缩 λa（λ∥－λ⊥）与磁场的关系

研究发现：V、Cr、Mn、Mo、Rh、Si 和 Ge 的添加对于 Fe-Ga 合金的磁致伸缩性能不利，少量 Co、Sn 或 Al 原子取代 Fe 原子以及间隙元素（C、B、N）能有限提高磁致伸缩，而大量添加导致合金的磁致伸缩性能下降[14]，Fe-Ga 合金的磁致伸缩性能没有获得显著提高。然而，最近报道的大尺寸稀土元素的添加却能提高磁致伸缩性能 2 ~ 5 倍，为开发新一代巨磁致伸缩合金材料指引了方向。

Jiang 等人在定向凝固的 $Fe_{83}Ga_{17}$ 中掺杂了 0.2% 的 Tb，获得了 160ppm 的磁致伸缩，比二元 FeGa 合金提高了 2.5 倍[15, 16]。Wu 等人通过甩带的方法添加了 0.23% 的 Tb，垂直甩带样品施加磁场，并测量了平行带面方向的磁致伸缩，最高值达 -886ppm，磁致伸缩系数提高了 4 倍[17]。Meng 通过亚快速定向凝固的方法制备了含 Tb 0.05% 的单晶，磁致伸缩获得了 4.5 倍的提升[18]。Tb 元素掺杂不仅能在磁致伸缩第一个峰（Ga 含量 19% 附近）获得大磁致伸缩，在磁致伸缩第二个峰（Ga 含量 27% 附近）也同样提高了 1.75 倍[19]。后来，在其他稀土合金元素 Dy 和 Ce 掺杂的 FeGa 合金中也观察到了巨磁致伸缩现象[20, 21]，进一步发现所有的大尺寸元素掺杂都能显著提高合金磁致伸缩性能[22]。

而最新研究结果表明，稀土元素固溶进入合金中的时候对磁致伸缩也有重大贡献。大尺寸原子使晶格发生四方畸变，产生了大的磁晶各向异性，导致大的磁致伸缩（见图 7）。Ma 在透射电镜里也观察到了四方的纳米异质相，进一步证明了稀土掺杂导致大磁致伸缩的结构起源[23]。

其他磁性稀土元素晶体场对磁致伸缩也有一定的作用[24]，贡献程度最大达到大尺寸畸变作用的 30%。最佳的掺杂元素为轻稀土元素 Pr 和 Ce，垂直磁致伸缩能达到 -800ppm，是未掺杂前磁致伸缩性能的 5 倍，为开发新型巨磁致伸缩材料开辟了新的方向和思路。

3. 应用进展

Liu[25]等提出了使用磁致伸缩致动器（GMA）的一种微位移定位系统，为了实现稳定的微定位特性，研究了基于可编程多轴控制器（PMAC）的控制算法并进行了系统调整。在小于 1ms 响应时间内，实现了相对的大位移（5 ~ 20μm）定位和微位移（0.9 ~ 3μm）定位，平均定位系统误差小于 0.5μm（垂直坐标的单位由 PMAC 定义，矩阵化后，1 计数等于 30nm）。

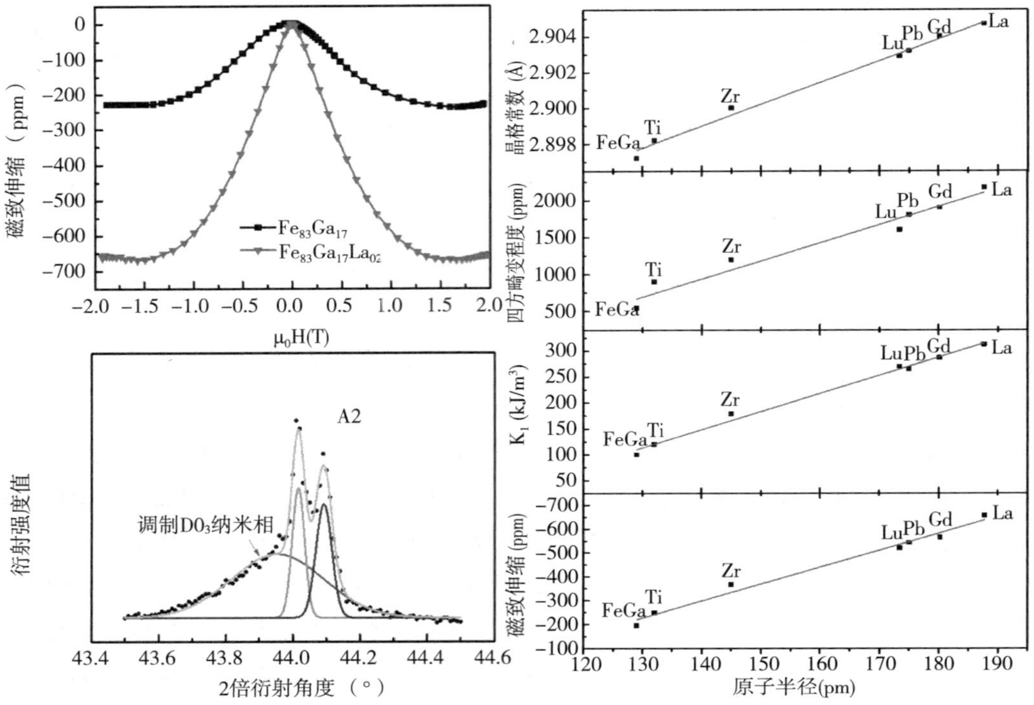

图 7　大尺寸掺杂元素对磁致伸缩的影响

Gowtham[26]等对 Terfenol-D 用作制造纯应变驱动超磁致伸缩纳米级存储器的可行性进行了分析。超磁致伸缩纳米磁体可以在做得非常小（d<50nm）的同时仍然保持热稳定性。

作者认为，在不损害其热稳定性的前提下，如果可以通过调整磁致伸缩磁体的生长条件或设计适合的 RE-TM 多层结构，减小用于切换所需的应力幅度（下降到 20 ~ 50MPa 范围）并减少所需的偏置场，就可能制造出在纳秒级操作的低写应力脉冲，低写入能量的耐用存储器。

（二）稀土磁制冷材料

1. La（Fe，Si）$_{13}$- 基化合物的磁热效应

自 1999 年开始，中国科学院物理研究所研究团队对 La（Fe，M）$_{13}$（M=Si，Al）基化合物的磁热效应进行了系统深入的研究[27-49]。La（Fe，Si）$_{13}$- 基化合物的最大磁熵变大于或至少相当于先前报道的 Gd_5（Si_xGe_{1-x}）$_4$ 系化合物（见图 8 和表 1），这一发现引起了人们对这类材料的研究兴趣，随后的深入研究发现了此类化合物的诸多有意义的物理特性。对于立方 $NaZn_{13}$ 型二元材料体系，$LaCo_{13}$ 是唯一稳定的化合物，其居里温度 T_C 约为 1318 K。$LaFe_{13}$ 和 $LaNi_{13}$ 均不存在，需要添加 Al 或者 Si 来获得稳定化合物。

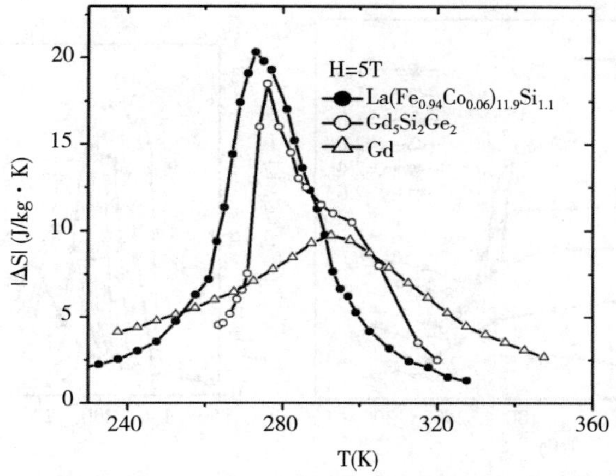

图 8　La（Fe，Si）$_{13}$- 基巨磁热材料和 $Gd_5Si_2Ge_2$ 的对比[29, 31]

对于 $LaFe_{13-x}Si_x$ 化合物，Si 含量的变化直接影响着 $NaZn_{13}$ 型 1∶13 相结构的形成[31]。研究表明，化合物中 Si 的含量 x 值越大，越容易形成完全的 1∶13 相，反之，越难形成。但是 Si 含量的增加材料饱和磁化强度下降，居里温度上升。在低 Si 含量时（$1.4 \leqslant x \leqslant 2.4$），呈现立方 $NaZn_{13}$ 型结构，表现为铁磁性行为，同时观察到巡游电子变磁转变（itinerant electron metamagnetic，IEM）和伴随的大的磁体积效应[28, 50]，从而可以产生巨大的磁熵变（见图 9）。由图 9 看出，随磁场增加磁熵变峰向高温区不对称展宽，来源于居里温度以上磁场引起的巡游电子变磁转变行为。图 10 是不同 Si 含量的 $LaFe_{13-x}Si_x$ 化合物（x=1.2，1.6，1.8，2.0，2.4，和 2.6）化合物的晶格参数与温度的关系[31]。随着 Si 含量 x 的增加，铁磁相变逐渐变缓，T_C 处晶格参数的变化速度和幅度随 x 的增加均减小，这说明了相变性质从低 Si 含量的一级相变过渡到高 Si 含量的二级相变。$LaFe_{13-x}Si_x$ 化合物的变磁转变和高饱磁化强度导致大磁熵变的出现，图 11 给出了 $LaFe_{13-x}Si_x$（$1.2 \leqslant x \leqslant 1.8$）化合物在 0-5T 磁场变化下的磁熵变与温度的关系[31]。研究表明，低 Si 含量的 $LaFe_{13-x}Si_x$ 化合物表现出一级磁相变特征，居里温度以上存在从顺磁到铁磁的磁场诱发的巡游电子变磁（IEM）转变，伴随变磁转变晶胞参数产生一个不连续的收缩[28]，$LaFe_{11.4}Si_{1.6}$ 化合物在相变温度 T_C 附近晶胞参数呈现约 0.4%

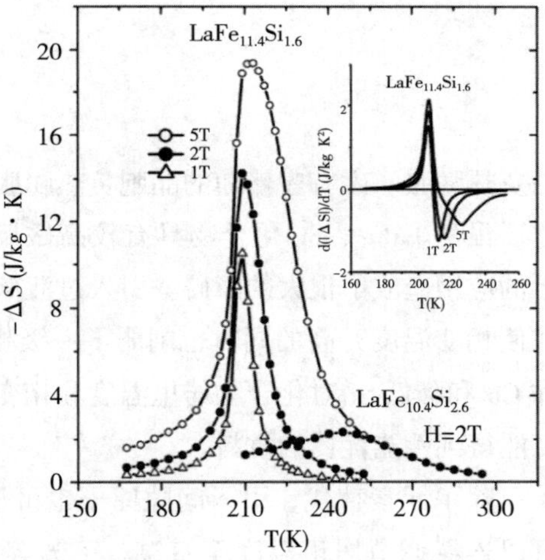

图 9　$LaFe_{11.4}Si_{1.6}$ 化合物在 1T，2T，5T 磁场变化下磁熵变 ΔS 对温度的依赖关系
（作为比较，图中也给出 $LaFe_{10.4}Si_{2.6}$ 在 2T 下的 ΔS。插图为 $LaFe_{11.4}Si_{1.6}$ 磁熵变的微分曲线[28]）

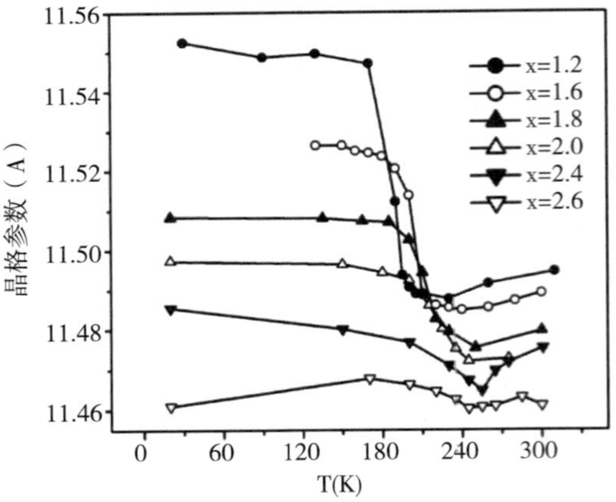

图 10　$LaFe_{13-x}Si_x$（$1.2 \leqslant x \leqslant 2.6$）化合物的晶格参数对温度的依赖关系[31]

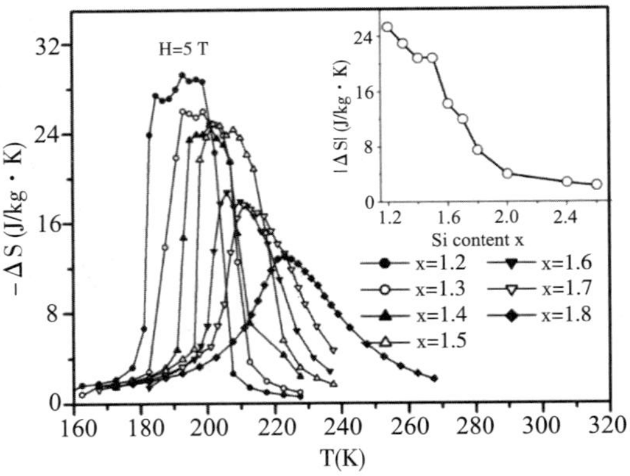

图 11　$LaFe_{13-x}Si_x$（$1.2 \leqslant x \leqslant 1.8$）化合物在 5T 外场的变化下的磁熵变 ΔS 对温度的依赖关系

（插图为 2T 磁场变化下的磁熵变峰值与 Si 含量 x 的关系[31]）

的负热膨胀。磁有序伴随的晶胞负热膨胀是导致 $LaFe_{13-x}Si_x$ 化合物呈现大磁熵变的原因。

虽然 $LaFe_{13-x}Si_x$ 化合物具有较高磁熵变，但其相变温度在约 200K 附近，因此给室温下的应用造成了很大的障碍。引入过渡族元素 Co 能够提高材料的相变温度，但 Co 的引入在使相变温度升高的同时也削弱了一级相变性质，导致磁熵变的下降[29, 33]。实际上，增加 Co 和降低 Si 对化合物居里温度和相变性质的影响恰好相反，因而通过调节两者比例有可能得到性能优良的材料。

除了元素替代，引入间隙原子也可显著提高居里温度。人们发现，通过控制 H 含量可以连续调节居里温度至室温。王芳等[37, 38]和 Fujita 等[50]分别对 $LaFe_{13-x}Si_x$ 化合物进行吸氢处理，居里温度最高可以提高到 336K，而其磁熵变值以及 Fe 原子的磁矩所受影响不大。研究表明，H 原子在化合物中作为间隙原子进入 $NaZn_{13}$ 结构。图 12 和图 13 分别给出了 $La(Fe_{1-x}Mn_x)_{11.7}Si_{1.3}H_y$[37] 和 $La(Fe_{0.88}Si_{0.12})_{13}H_y$[50] 化合物的磁熵变与温度的关系，可以看出随着 H 含量的增加居里温度均升高，但一级相变性质几乎不变，因此不同 H 含量的熵变峰值接近，只是出现的温区不同。

针对一级相变过程中磁滞、热滞较大的问题，以中国科学院物理研究所研究团队为代表的课题组先后做了一系列研究工作来减小滞后损耗。沈俊等[35, 41]通过向 $La_{0.5}Pr_{0.5}Fe_{11.5}Si_{1.5}$ 中添加 C 以及在 $LaFe_{11.9}Si_{1.1}$ 和 $LaFe_{11.5}Si_{1.5}$ 中用 B 替代 Si 的方式，成功使磁滞减小。研究表明，当 C 含量从 0 增加到 0.3 时可以使化合物的磁滞损耗明显降低，从 94.8 J/kg 降低到 23.1J/kg，且对熵变影响不大，仅从 −32.4J/（kg·K）降低至 −27.6J/（kg·K）（DH=5T）。董巧燕等[42]用 Pr 替代 La 同时 Co 替代 Fe 的方式，赵金良等[43]通过对 $La_{0.5}Pr_{0.5}Fe_{11.4}Si_{1.6}$

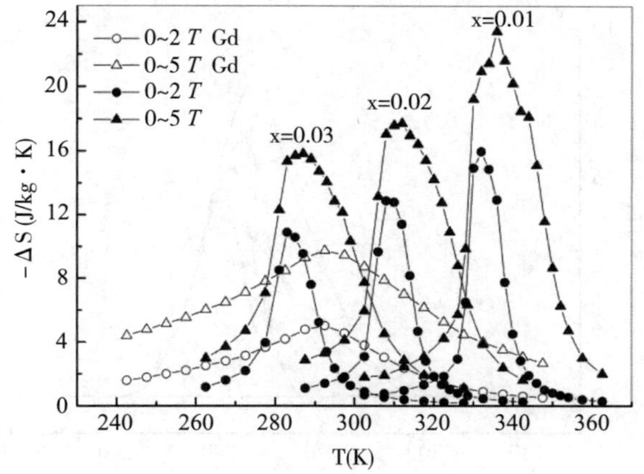

图 12 La（$Fe_{1-x}Mn_x$）$_{11.7}Si_{1.3}H_y$ 化合物和 Gd 的磁熵变 ΔS 与温度的关系[37]

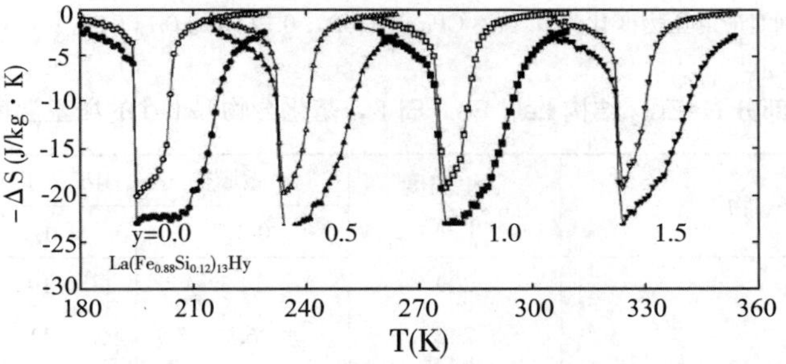

图 13 La（$Fe_{0.88}Si_{0.12}$）$_{13}H_y$ 化合物熵变 ΔS 随温度的变化关系
（空心点和实心点分别是 0–2T 和 0–5T 磁场变化下的结果[50]）

吸氢也实现了减小磁滞的目的，同时大的磁热效应还得以保持。另外，胡凤霞和刘剑等人也先后报道了颗粒度大小影响 La–Fe–Si 的磁滞[44, 51]，并认为随着颗粒度的减小，由于内应力的部分消除、晶界摩擦的减小以及热传导速率的加快而使材料磁滞减小。Lyubina 等[52]发现留有多孔道的热压 LaFeSi 样品可进行多次循环使用而不破碎，并且磁滞很小，其物理机理是多空洞的引入使被晶界所包围的内应力得到释放。

除了温度与磁场，压力同样也对 La（Fe_xSi_{1-x}）$_{13}$ 化合物的结构和磁性有影响。孙阳等[53]发现随压力的增加居里温度下降，这一现象正好与磁场的作用相反，还发现随着压力增加相变越来越陡峭，说明压力可使化合物的一级相变性质增强。Fujita 等[54]等进一步研究发现，对于 La（$Fe_{0.89}Si_{0.11}$）$_{13}$ 化合物，当压力超过 1.3 GPa 时样品的铁磁性完全消失，这说明压力只能在一定范围内调节居里温度的变化。Mañosa 等[55]发现 La–Fe–Co–Si 化合物在压力驱动下表现出大的磁热效应，结果显示在 0.21 GPa 的压力变化下，La–Fe–Co–Si 材料的熵变约为 9J/kg·K（图 14）。

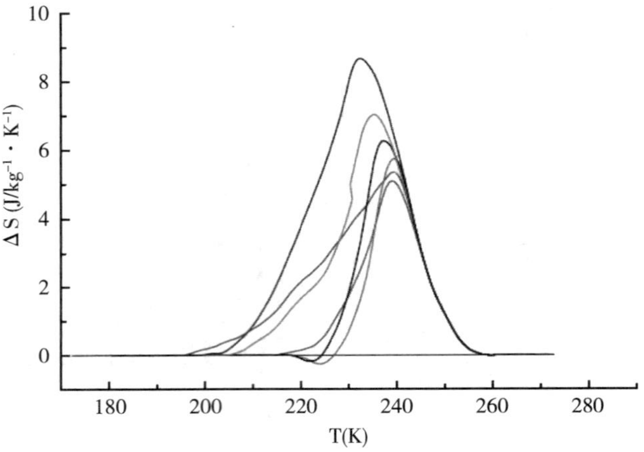

图 14　$LaFe_{11.33}Co_{0.47}Si_{1.2}$ 化合物的压热效应

（不同静水压变化下的等温磁熵变 ΔS 曲线，其中黑色线、绿色线、红色线、蓝绿线、蓝色线、橘色线和橄榄色线分别对应的压力变化为 0，0.08 GPa，0.1 GPa，0.12 GPa，0.14 GPa，0.17 GPa 和 0.21 GPa[55]）

表 1　部分 $NaZn_{13}$ 结构 La（Fe，Si）$_{13}$ 基化合物和 Gd 的居里温度及磁熵变

化　合　物	居里温度 T_C/K	磁熵变 $-\Delta S_M$（J/kg · K）		参考文献
		0–2T	0–5T	
$LaFe_{11.4}Si_{1.6}$	209	14.3	19.3	[28]
$LaFe_{10.98}Co_{0.22}Si_{1.8}$	242	6.3	11.5	[27]
$LaFe_{11.2}Co_{0.7}Si_{1.1}$	274	—	20.3	[29]
$LaFe_{11.5}Si_{1.5}H_{1.3}$	288	8.4	17.0	[38]
La（$Fe_{1-}xMnx$）$_{11.7}Si_{1.3}H_y$，x=0.01	336	16.0	23.4	[37]
La（$Fe_{1-}xMnx$）$_{11.7}Si_{1.3}H_y$，x=0.02	312	13.0	17.7	[37]
La（$Fe_{1-}xMnx$）$_{11.7}Si_{1.3}H_y$，x=0.03	287	11.0	15.9	[37]
La（$Fe_{1-}xCox$）$_{11.9}Si_{1.1}$，x=0.04	243	16.4	23.0	[32]
La（$Fe_{1-}xCox$）$_{11.9}Si_{1.1}$，x=0.06	274	12.2	19.7	[32]
La（$Fe_{1-}xCox$）$_{11.9}Si_{1.1}$，x=0.08	301	8.7	15.6	[32]
$La_{0.5}Pr_{0.5}Fe_{11.5}Si_{1.5}C_{0.3}$	211	25.2	27.6	[41]
$La_{0.7}Nd_{0.3}Fe_{10.7}Co_{0.8}Si_{1.5}$	280	7.9	15.0	[36]
$La_{0.5}Pr_{0.5}Fe_{10.7}Co_{0.8}Si_{1.5}$	272	8.1	14.6	[35]
Gd	293	5.0	9.7	[29]
$La_{0.5}Pr_{0.5}Fe_{10.5}Co_{1.0}Si_{1.5}$	295	6.0	11.7	[35]

2. 原材料中杂质引入对 La（Fe，Si）$_{13}$ 基化合物成相过程、磁性和磁热效应的影响

La（Fe，Si）$_{13}$ 基化合物作为典型的室温磁致冷材料之一，它的发现恰恰解决了上述

的一系列问题。该材料具有原材料价格低廉，相变温度和滞后损耗可随组分调节等特点。

为了研究 La（Fe，Si）$_{13}$ 基化合物的杂质效应，我们选择具有显著变磁转变行为和大磁热效应的体系 $La_{0.7}Ce_{0.3}Fe_{11.6}Si_{1.4}$ 为研究对象。采用高纯度稀土单质为原材料制备了 $La_{0.7}Ce_{0.3}Fe_{11.6}Si_{1.4}$ 样品（以下简称 LCFS）。其中，La、Ce 纯度均为 99.9%。

另外，采用氟碳铈矿中提取具有自然比例的商用 La-Ce-Pr-Nd 工业纯混合稀土为原材料（纯度为 99wt%），制备与 $La_{0.7}Ce_{0.3}Fe_{11.6}Si_{1.4}$ 样品相似组分的 $La_{0.7}R_{0.3}Fe_{11.6}Si_{1.4}$ 样品（其中 R 为 Ce、Pr、Nd 元素）。并在此基础上制备 $La_{0.7}$（Ce，Pr，Nd）$_{0.3}Fe_{11.6}Si_{1.4}$ 的氢化物（以下简称 LRFSH）。

我们首先测量了粉末样品的室温 X 射线衍射（XRD）图谱。采用 Rietveld 精修的方法来研究原材料中杂质对主相（$NaZn_{13}$ 相）形成和结构的影响。如图 15 所示，结果表明 LRFS 和 LRFSH 样品的主相均为 $NaZn_{13}$ 结构（以下简称 1∶13 相），空间群为 $Em\bar{3}c$。但是仍有微量的 α-Fe 和 Cu_2Sb 型 LaFeSi（以下简称 1∶1∶1 相，空间群为 *P4/nmm*）出现。

我们发现，LRFS 和 LRFSH 样品的 1∶13 相含量仍在 93% 以上，这也为样品具有较大的磁热效应提供了保证。从图 16 可以看出 LRFS 和 LRFSH 样品的居里温度分别位于 169K、314K，0-5T 磁场下的磁熵变幅度分别达到 29.1J/kg·K 和 25.4J/kg·K。

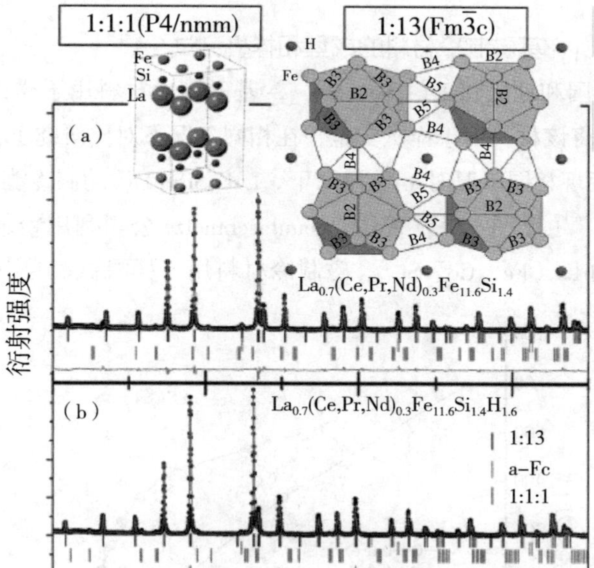

图 15 （a）$La_{0.7}$（Ce，Pr，Nd）$_{0.3}Fe_{11.6}Si_{1.4}$ 和（b）$La_{0.7}$（Ce，Pr，Nd）$_{0.3}Fe_{11.6}Si_{1.4}H_{1.6}$ 样品的精修图

（插图为 1∶13 相（$NaZn_{13}$）和 1∶1∶1 相（LaFeSi）晶体结构示意图[46]）

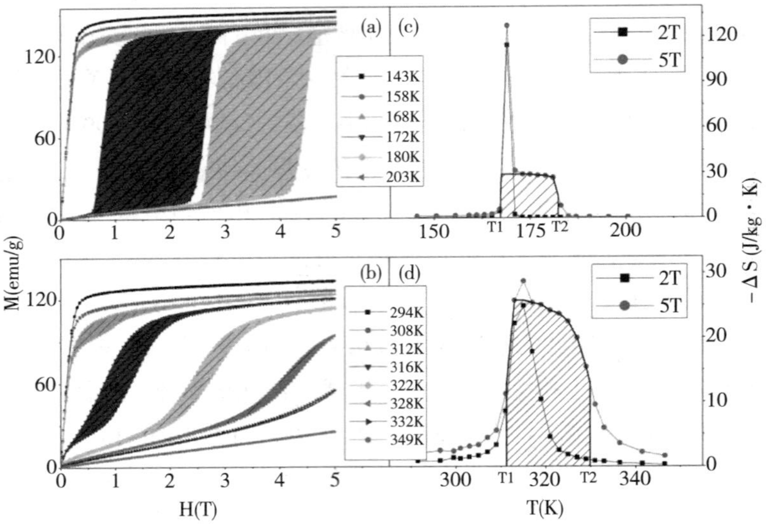

图 16（a）$La_{0.7}$（Ce，Pr，Nd）$_{0.3}Fe_{11.6}Si_{1.4}$（LRFS）和（b）$La_{0.7}$（Ce，Pr，Nd）$_{0.3}$ $Fe_{11.6}Si_{1.4}H_{1.6}$（LRFSH）在不同温度下的等温磁化曲线

（其中阴影部分为样品的磁滞后。（c）LRFS 和（d）LRFSH 的等温熵变 ΔS，其中阴影部分为样品的制冷能力，T1，T2 为熵变曲线半高宽对应的温度点[46]）

3. La（Fe，Si）$_{13}$- 基磁制冷材料的成型和样机测试

美、日、欧等国和地区将 La（Fe，Si）$_{13}$- 基磁制冷材料用于样机试验，取得良好效果。美国宇航公司将该材料用于样机实验，在相同工况下对比研究了 LaFeSiH 和传统材料 Gd 的制冷效果，发现相同工况时 14℃温跨下，LaFeSiH 工质的制冷能力（400W）达到 Gd（150W）的 2.7 倍[56]（见图 17）。德国 Vacuumschmelze 公司利用粉末烧结工艺制备出了不同形状和性能的 La（Fe，Co，Si）$_{13}$ 磁制冷材料用于样机试验[57]（见图 18）。但这种

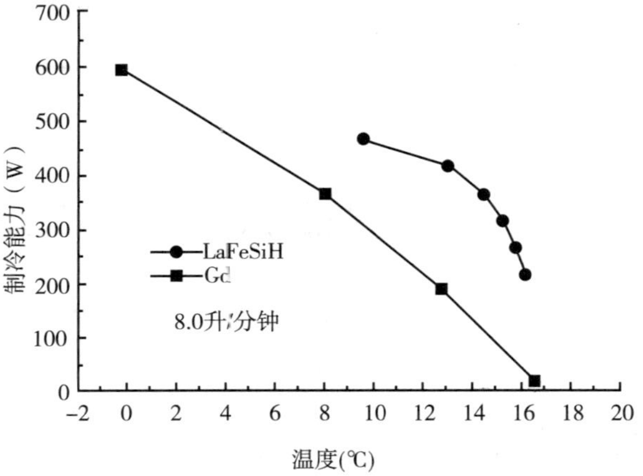

图 17　美国宇航公司样机实验结果，LaFeSiH 和传统材料 Gd 的制冷能力对比[56]

粉末烧结工艺技术只适合制备 La（Fe，Co，Si）$_{13}$ 二级相变材料，对于晶格膨胀显著的 La（Fe，Si）$_{13}$ 基一级相变材料并不适用，粉末烧结工艺制备的 La（Fe，Si）$_{13}$ 基一级相变材料在循环过程容易出现开裂、粉化的特点。

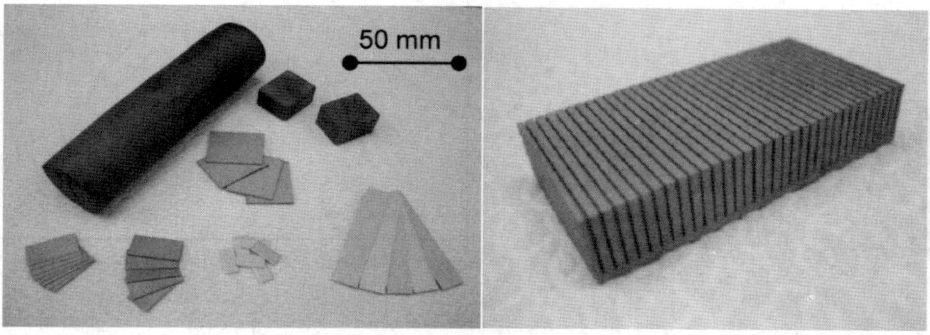

图 18　德国 Vacuumschmelze 公司粉末烧结工艺制备的 La（Fe，Co，Si）$_{13}$ 磁制冷材料[57]

对此，中国科学院物理研究所团队研究了粉末黏结技术制备 La（Fe，Si）$_{13}$ 基磁制冷材料[47-49]，克服了一级相变材料循环过程容易开裂、粉化的缺点，大幅改善了力学性能，抗压强度达到 192MPa（见图 19），申请了美、日、欧、中国四地的专利（目前已获得日本[48]、中国专利授权[49]）。中国科学院理化技术研究所利用黏结技术制备了薄片状 $La_{0.85}Ce_{0.15}Fe_{11.25}Mn_{0.25}Si_{1.5}H_y$ 磁制冷材料（厚度 0.5mm），和丹麦技术大学合作在样机上测量了制冷效果。室温附近 1T 磁场下获得的冷、热端最大温跨达到 6.4K（见图 20）[58]。

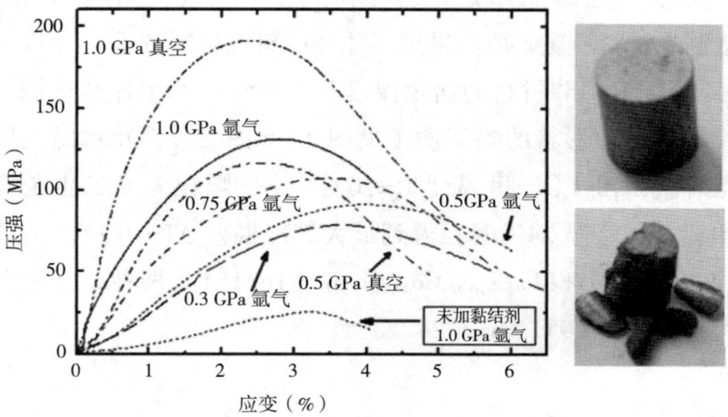

图 19　中科院物理所粉末黏结工艺制备的 La（Fe，Si）$_{13}$ 基磁制冷材料的力学性能测试[48, 49]

包头稀土研究院先后设计研制了四个系列 15 台室温磁制冷（样）机。在之前实验研究的基础上，于 2015 年设计、研发出了新型一体式室温磁制冷冰箱，该制冷机磁场系统采用双环双组 Halbach 阵列磁场，最大磁场强度为 1.5T。采用 Gd 及 GdEr 球形颗粒合金作为磁工质，颗粒直径为 0.4 ~ 0.6mm，按照居里温度不同分四段（居里温度分别为 5℃、10℃、15℃以及 20℃）填充在制冷床中，总质量约 1.5kg。该磁制冷冰箱冷端容积为 92L，

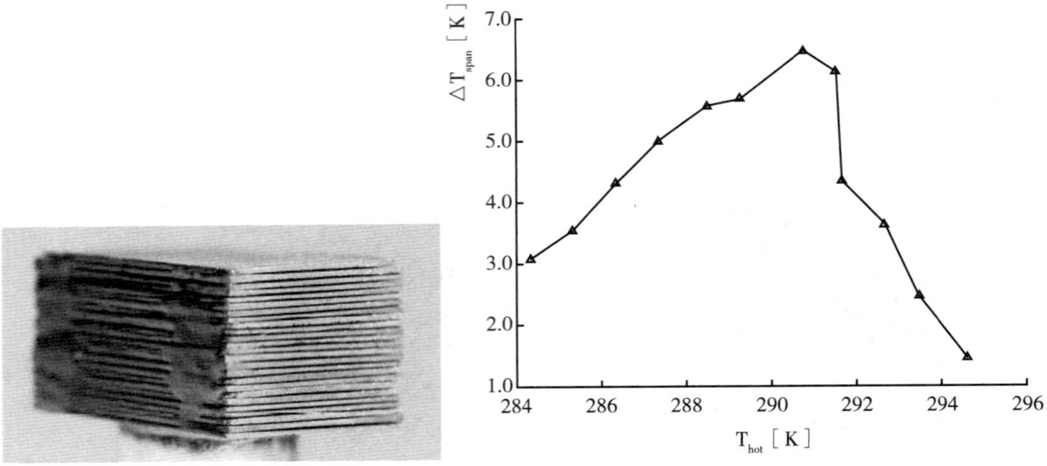

（a）　　　　　　　　　　　　（b）

图 20　磁制冷材料及测试效果

（a）粉末黏结技术制备的 $La_{0.85}Ce_{0.15}Fe_{11.25}Mn_{0.25}Si_{1.5}H_y$ 薄片（0.5mm 厚）构成的回热器；（b）丹麦技术大学样机上的测试效果[58]

系统运行频率为 0.2Hz，无负载最大制冷功率约为 1000W，通过冷端温度补偿法测得系统热交换最大功率超过 150W，最大温跨超过 25℃，冷端最低温度达到 -6℃，冷室最低温度为 2℃左右。该制冷机满足了冷藏要求，已初步具备实用性。

包头稀土研究院黄焦宏课题组近十多年研发了 La（Fe，Co，Si）$_{13}B_x$、LaCe（Fe，Mn，Si）H_x 系列磁制冷材料及磁工质。采用工业纯原料批量制备了 La（Fe，Co，Si）$_{13}B_x$ 合金，通过调节 Co 的含量调节材料的居里温度从 -20℃ ~ 30℃连续可调，将材料加工成颗粒、槽型、片状等各种形状的磁工质（见图 21 和图 22），并将磁工质用于制冷机上。采用 $LaFe_{10.985}Co_{0.915}Si_{1.1}B_{0.2}$（居里温度 T_C=20℃）球形颗粒为磁工质在复合式磁制冷机上进行了制冷实验，在室温 24℃时，得到最大制冷温差 ΔT=10.3℃（见图 23）；采用 $LaFe_{10.99}Co_{0.91}Si_{1.1}B_{0.2}$（Tc=20℃）和 $LaFe_{10.985}Co_{0.86}Si_{1.1}B_{0.2}$（Tc=15℃）两种球形颗粒最为磁工质，得到得到最大制冷温差 ΔT=12.9℃（见图 24）。

图 21　La（Fe,Co,Si）$_{13}B_x$ 槽型、片状磁工质

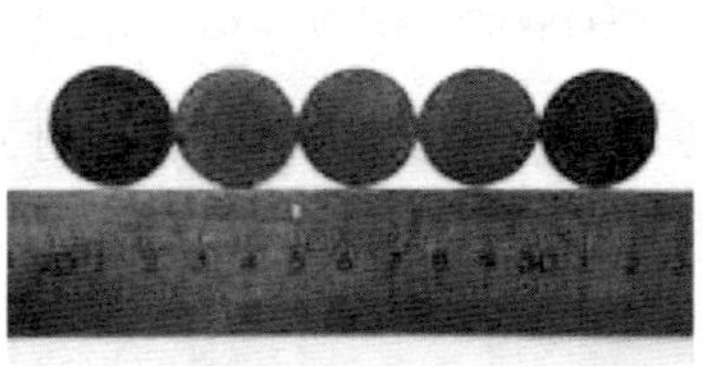

图 22　LaCe（Fe,Mn,Si）$_{13}H_X$ 片状磁工质

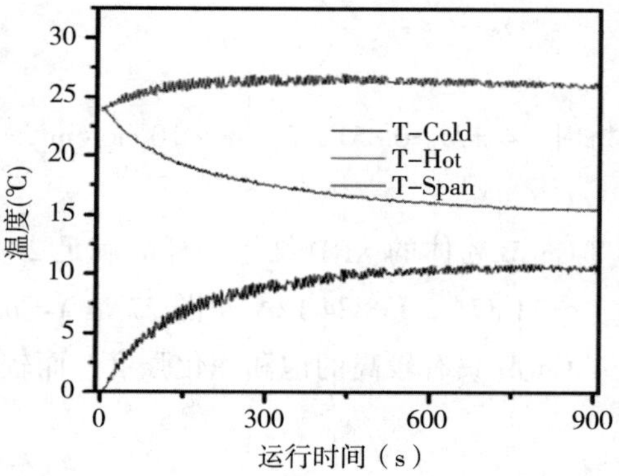

图 23　$LaFe_{10.985}Co_{0.915}Si_{1.1}B_{0.2}$ 球形颗粒的制冷温差

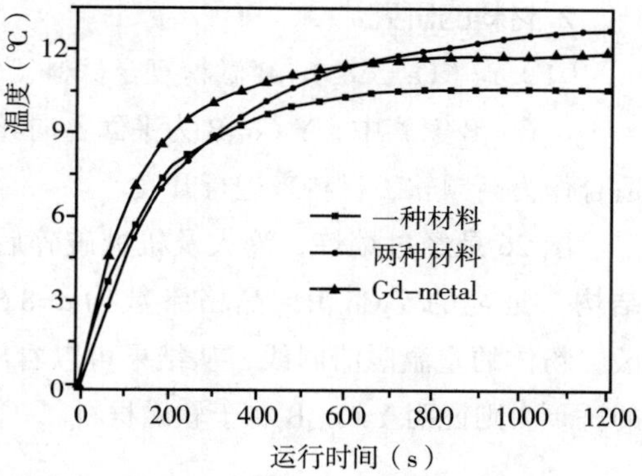

图 24　La（Fe，Co，Si）$_{13}B_{0.2}$ 合金（一种和两种磁工质）与金属 Gd 颗粒制冷温差对比

（三）稀土微波磁性材料

1. 理论分析

兰州大学课题组提出了描述磁性材料高频磁性的双各向异性模型，并指出：双各向异性模型可以指导我们开发在高频下具有高磁导率的新型磁性材料，例如平面型稀土 -3d 金属间化合物[59]。

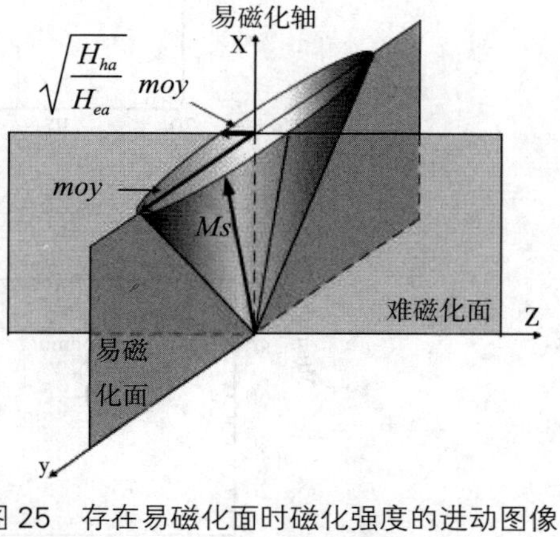

图 25　存在易磁化面时磁化强度的进动图像

双各向异性模型的详细阐述如下：当软磁微粉中存在易磁化平面时，会有两个各向异性场，即：面外各向异性场 H_{ha} 和面内各向异性场 H_{ea}，其高频磁化过程的进动特征如图 25 所示，磁化强度进动轨迹是一椭圆，长轴在易磁化面内，磁化强度沿 y 轴和 z 轴的分量比值为（H_{ea}/H_{ha}）$^{0.5}$，其（μ_0-1）· f_r 可超过传统材料的 Snoek 极限 $\frac{2}{3}\gamma' M_S$[60]，表达式为：

$$(\mu_0-1)\cdot f_r=\frac{2}{3}\gamma'\sqrt{\frac{H_{ha}}{H_{ea}}}M_S \qquad (1)$$

如果 H_{ha} 远大于 H_{ea}，材料的高频磁性将会大幅提升，就可以在更高的频段获得高的磁导率。

对于具有平面各向异性的稀土 -3d 金属间化合物，H_{ha} 一般大于 H_{ea}1000 倍以上，饱和磁化强度也比铁氧体高得多，可以达到 1.5T，相比于传统材料，这类材料能在更高的频率下保持高的磁导率。

2. 材料的研究

（1）$Y_2(Fe_{1-x}Co_x)_{14}B$ 微粉复合材料[61]

$R_2Co_{14}B$ 家族中，$Y_2Co_{14}B$ 为平面各向异性材料，$4\pi M_s$=0.85T，$k_1=-8\times10^6 erg/cm^3$，[62]适合作为高频软磁材料来进行开发。

图 26 是经过熔炼、淬火及机械破碎后的 $Y_2Co_{14}B$ 粉体的 XRD 结果，样品满足 2∶14 结构，是纯的 $Y_2Co_{14}B$，晶格参数为 a=8.63Å，c=11.87Å，V=884.12Å^3。图 27 是 $Y_2Co_{14}B$ 破碎粉体的室温磁滞回线，从结果可以看出，$Y_2Co_{14}B$ 具有较高的饱和磁化强度，而较小的矫顽力则说明 $Y_2Co_{14}B$ 属于软磁材料。

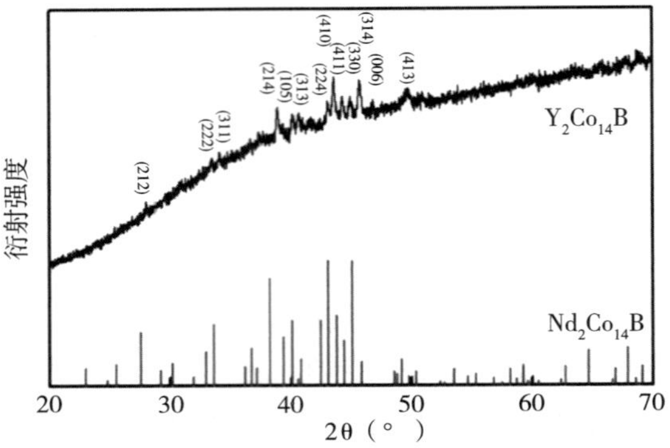

图 26　$Y_2Co_{14}B$ 粉体的 XRD 图

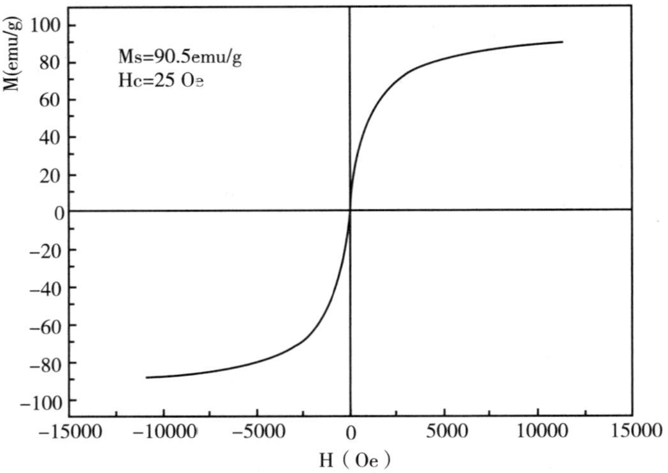

图 27　$Y_2Co_{14}B$ 粉体的磁滞回线图

图 28 是不同 Fe 元素替代量的 $Y_2Fe_{14-x}Co_xB$（X=6 ~ 14）球磨微粉，经旋转磁场取向后的 XRD 结果。$Y_2Co_{14}B$ 旋转取向样品表现出很强的（0 0 6）峰，表明为易平面型材料，对于 X=12 和 X=13 的样品，也都具有平面各向异性；随着 Fe 元素替代量的增加，（0 0 6）峰的强度逐渐降低直到消失，同时伴随有（4 1 0）峰和（3 3 0）峰的出现，峰强逐渐升

高，到 X=8 的样品，已经转为单轴各向异性；对于 X=9，10，11 的样品，它们既有（0 0 6）峰，也有（4 1 0）和（3 3 0）峰，是易平面型到易轴型的过渡区，属于易锥面型材料，即晶体内部的易磁化方向在一个锥面上。

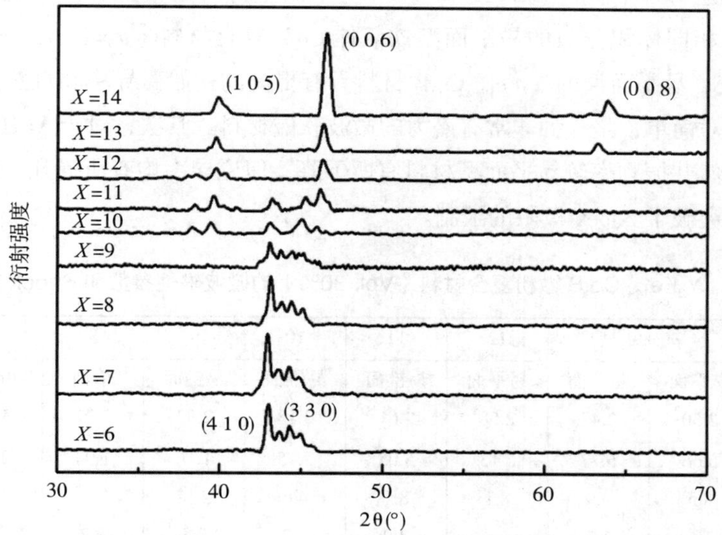

图 28　不同 Fe 元素替代量的 $Y_2Fe_{14-x}Co_xB$ 微粉旋转取向样品的 XRD 图

图 29 是 $Y_2Fe_{14-x}Co_xB$（X=6 ~ 14）微粉的静态磁性参数随 Fe 替代量的结果，随着 Fe 元素替代量的增加，$Y_2Fe_{14-x}Co_xB$（X=6 ~ 14）的饱和磁化强度呈现逐渐增大的趋势。Fe 原子对 Co 原子替代后，改变了某些晶位原子的局域环境，增强了 3d 过渡族原子之间的铁磁耦合作用，从而提高了样品的饱和磁化强度。另外，$Y_2Fe_{14-x}Co_xB$（X=6 ~ 14）的矫顽力随 Fe 元素替代量的增加，在 X >10 基本保持不变，在 X<10，由于样品从易面型的软磁材料逐渐变为单轴型的硬磁材料，矫顽力因此呈现增大的趋势。

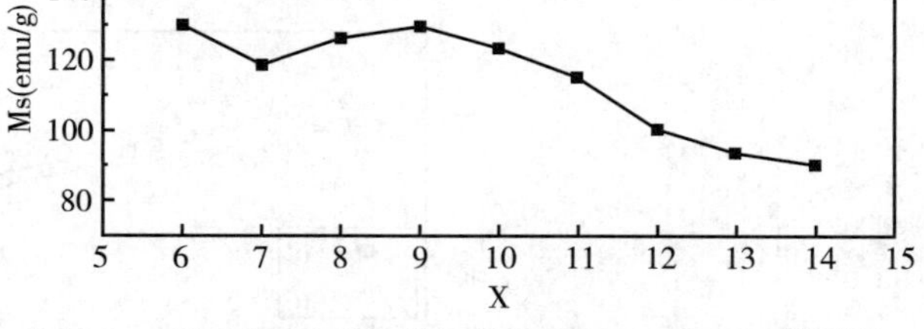

图 29　不同 Fe 元素替代量的 Y2Fe14−xCoxB 微粉的饱和磁化强度及矫顽力的变化

不同 Fe 元素替代量的 $Y_2Fe_{14-x}Co_xB$（X=6 ~ 14）微粉复合材料（Vol.30%）的微波磁性参数及 Snoek 常数 $2/3\gamma' M_s$ 如表 2 所示，其中 μ_0 是起始磁导率，f_r 是复数磁导率虚部

为最大值时所对应的频率。对于易平面型的 $Y_2Co_{14}B$ 来说，它的起始磁化率与自然共振频率的乘积是 Snoek 常数 $2/3\gamma'M_s$ 的 5.3 倍，说明这种易平面型材料的高频磁性明显突破了 Snoek 极限的限制。与 X=6–8 的单轴型材料相比，易平面型 $Y_2Co_{14}B$ 在更高的频率下仍然保持很高的磁导率。同样，X=12 和 X=13 易平面型材料的微波磁性也突破了 Snoek 极限的限制。与相同体积分数的易平面型铁氧体 Co_2Z 复合材料［μ_0=1.86，f=3.66，（μ_0–1）f=3.1］相比较，易平面型的 $Y_2Fe_{14-x}Co_xB$ 材料具有更高的初始磁导率和自然共振频率，而且制备工艺相对简单，是一种非常有潜力的微波软磁材料。其次，对于 X=10 ~ 11 的易锥面型材料，自然共振频率较易平面型材料有所下降，但磁导率均有所提升，且微波磁性也都不同程度地突破了 Snoek 极限的限制。

表 2　$Y_2Fe_{14-x}Co_xB$ 微粉复合材料（Vol. 30%）的微波磁性参数和 Snoek 常数

X	14	13	12	11	10	9	8	7	6
类型	易平面	易平面	易平面	易锥面	易锥面	易锥面	单轴	单轴	单轴
μ_0	2.50	2.47	2.58	2.61	3.13	2.83	2.01	1.91	1.94
f_r（GHz）	5.66	6.77	5.13	5.05	2.15	1.16	1.94	2.37	1.99
（μ_0–1）f_r	8.5	9.9	8.1	8.1	4.6	2.12	1.95	2.2	1.9
$2/3\gamma'M_s$	1.6	1.7	1.8	2.0	2.2	2.3	2.2	2.1	2.3

（2）$Nd_2(Fe_{1-x}Co_x)_{17}$ 微粉复合材料[63, 64]

Nd_2Co_{17} 化合物为菱形的 Th_2Zn_{17} 型结构，其晶体结构，本征磁性都已经进行过系统地研究和报道[62]，根据这些研究数据，可以确认它们在室温区为平面各向异性材料；更为重要的是这类材料的居里温度都在 1200K 左右，有利于高温应用。利用 Fe 元素对 Co 元素的替代，可调节材料内禀的磁晶各向异性场，从而实现材料高频磁性的可调。

研究表明 $Nd_2(Co_{1-x}Fe_x)_{17}$ 样品在整个成分变化范围内都具有平面各向异性，其中 Nd_2Fe_{17} 微粉复合物具有最高的截止频率和起始磁导率，微波磁谱结果如图 30 所示。

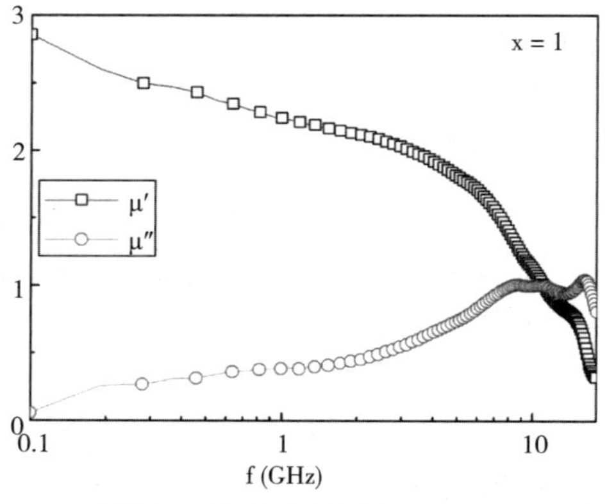

图 30　Nd2Fe17 微粉 / 环氧复合材料（Vc=0.35）的微波磁谱

利用电磁参数计算分析了材料的吸波性能（见图 31），该材料在 3 ~ 8GHz 有很好的吸波性能。

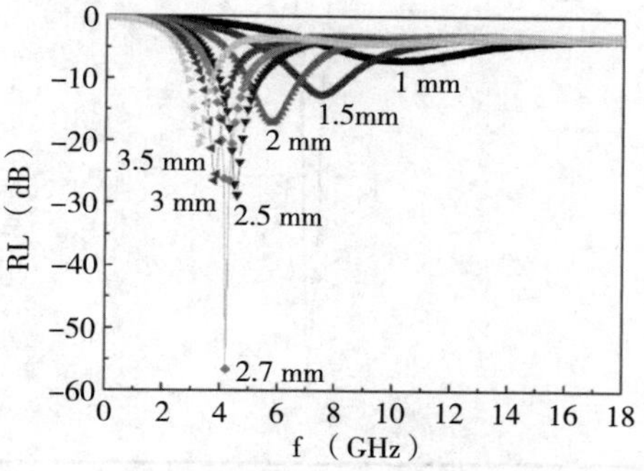

图 31　Nd2Fe17 微粉 / 环氧复合材料（Vc=0.35）的吸波性能

取易平面型的 Nd_2Fe_{17} 微粉复合物在 1GHz 时的电磁参数：u' =2.25，u'' =0.34，磁损耗因子为 0.15111；介电常数 e' =21.25，e'' =0.25，介电损耗因子为 0.01176。将这些数据输入电磁全波模拟器 HFSS 中，调节介质基片 Sub-trate 以及贴片 Patch 的尺寸，得到它用作微型天线在 1GHz 的 S_{11} 参数，结果如图 32 所示。对于传统的型铁氧体陶瓷天线材料，通过模拟得到 1GHz 时 S_{11} 参数如图 33 所示。通过比较我们可以看出，同样在 1GHz，Nd_2Fe_{17} 微粉复合材料的发射功率远比传统陶瓷材料要高，而且复合材料的尺寸（subsize=29mm，patchsize=24mm，patchheight=2mm）也比传统陶瓷材料（subsize=63mm，patchsize=55mm，patchheight=15mm）要小，实现了微带贴片天线的小型化。最后值得一提的是，采用 Nd_2Fe_{17} 微粉复合材料使得带宽增大，更有利于宽频应用。

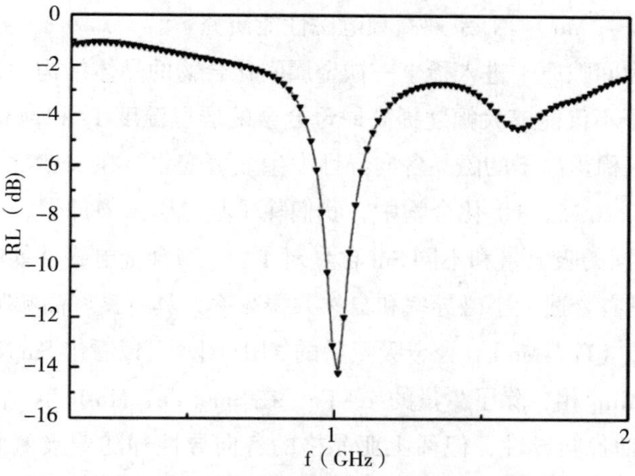

图 32　Nd2Fe17 微粉复合物天线的 S11 参数

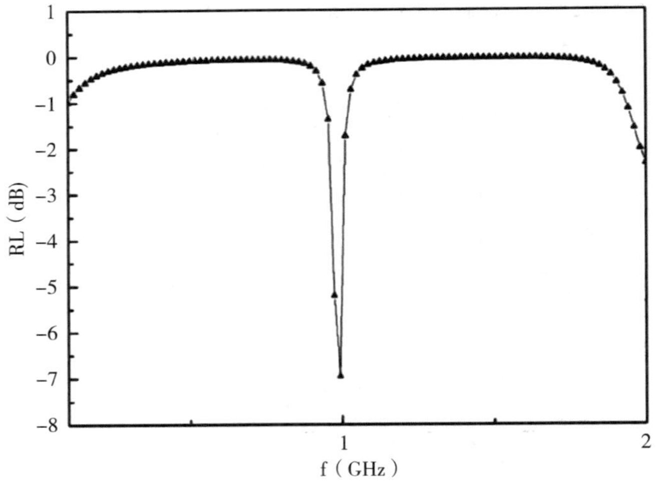

图 33　型铁氧体陶瓷天线的 S11 参数

3. 间隙型稀土 – 过渡族金属间化合物材料高频磁性研究[65，66]

北京大学在探索新型稀土永磁材料时发现，稀土铁基金属间化合物（R–Fe）具有丰富多样的内部磁结构，在原有稀土金属间化合物结构的基础上，通过化学反应加入原子 X（H、C、N）等，X 原子的加入，没有改变原有的晶体结构，且 X 原子都是进入晶体特定的间隙位置，因此统称为间隙型稀土 – 过渡族金属间化合物[67，68]。间隙原子的加入是调控稀土 – 过渡族合金磁性的有力手段。它可以使稀土 – 过渡族金属间化合物的易磁化方向发生变化，其易磁化方向可以在面内、锥面或轴向，因此可以开发成我们希望的高频磁性材料。

（1）$Sm_xNd_{1-x}(Fe,Mo)_{12}N_y$ 系列高频电磁性能研究

氮原子可以作为间隙原子进入稀土—铁金属间化合物的晶体结构中，形成间隙型金属间化合物。间隙原子不仅能够大幅度提高原母合金的居里温度 T_C 和饱和磁化强度 M_S，最重要的是，还能引起稀土离子的磁晶各向异性发生显著变化。在 $Sm_xNd_{1-x}(Fe,Mo)_{12}N_y$（其中，X=0，0.25，0.5，0.75，1）化合物中，我们除了吸氮引入氮原子，还通过改变稀土中 Sm 的含量来研究不同的吸氮量和不同 Sm 含量对 1∶12 型合金电磁性能的影响。寻求能够突破 Snoek 极限，具有合适大小磁导率和自然共振频率，具有良好高频吸波特性的材料。

图 34 为 $Sm_xNd_{1-x}(Fe,Mo)_{12}$ 合金吸氮后的 XRD 图，可以看出 $Sm_xNd_{1-x}(Fe,Mo)_{12}N_x$ 为单相性很好的 $ThMn_{12}$ 相，除了少量的 α–Fe。在 $Sm(Fe,Mo)_{12}N_x$ 中，吸氮过程 Fe 的亚晶格依然保持单轴各向异性，但稀土亚晶格的各向异性却随着吸氮而改变，逐渐变为面各向异性。为了了解样品球磨后的形貌及球磨微粉的粗略粒径，我们对样品进行了扫描电子显微镜（SEM）测量，图 35 为球磨 15h 之后样品的形貌图片，如图所示 $Sm_xNd_{1-x}(Fe,Mo)_{12}N_y$ 球磨后呈现不规则颗粒形状，基本为片状。且颗粒尺寸基本小于 1μm，我

们知道，当球磨样品的尺度小于趋肤深度时，趋肤效应得到有效抑制，有利于减少涡流引起的磁导率的降低。

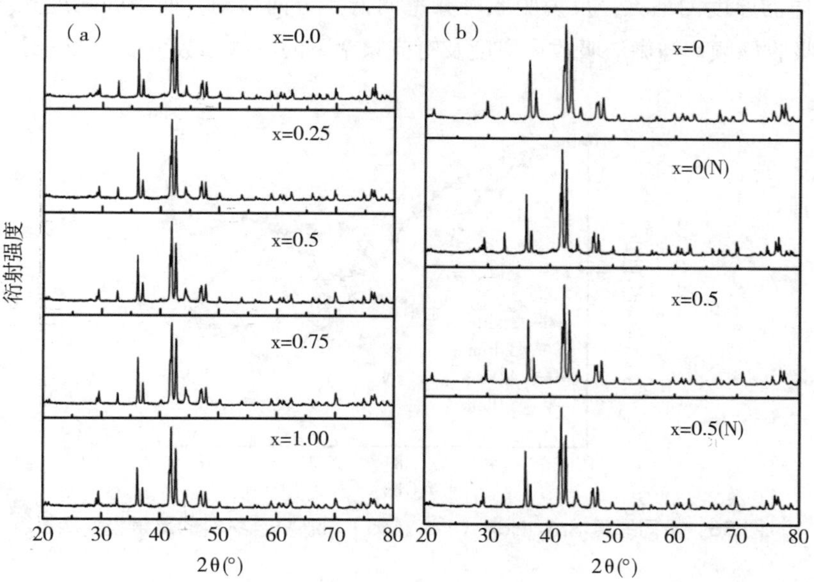

图 34 （a）Sm_xNd_{1-x}（Fe，Mo）$_{12}N_x$XRD 图，（b）为吸氮前后的 Sm_xNd_{1-x}（Fe，Mo）$_{12}$（x=0、0.5）合金的 XRD 图

图 35　球磨 15 小时之后 $Sm_{0.5}Nd_{0.5}$（Fe，Mo）$_{12}N_y$ 样品的形貌图片

图 36 为不同厚度 $Sm_{0.5}Nd_{0.5}$（Fe，Mo）$_{12}N_y$ 复合材料的反射损耗吸收随频率的变化。如图所示，厚度 2.50mm 的样品，在频率为 12.7GHz 附近时，出现了共振吸收峰，RL 达到了 -7dB；而对于厚度为 3.40mm 样品，其第一个吸收峰出现在 9.2GHz，附近，大小

为 –6.9dB；而厚度为 4.00mm 时，其在 8.7GHz 附近出现吸收峰，大小为 –7.5dB；对于厚度 5.00mm 样品，RL 峰值大小为 –6dB，出现在 6.8GHz 附近。可以看出，对于不同厚度样品，随样品厚度的增大，反射吸收峰频率向低频方向移动，而吸收强度先增大，后减小。反射吸收峰频率与微波吸收体厚度及对应频率下的电磁参数可以用四分之一波长理论解释。

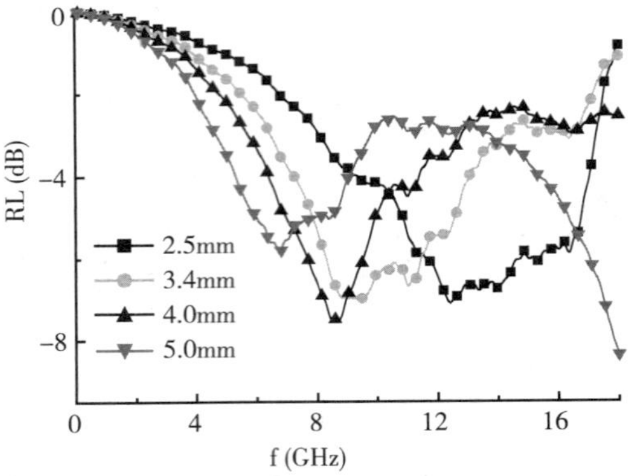

图 36　不同厚度 $Sm_{0.5}Nd_{0.5}$（Fe，Mo）$_{12}N_y$ 复合材料的反射损耗图谱

不同厚度 $Sm_{0.75}Nd_{0.25}$（Fe，Mo）$_{12}N_y$ 复合材料的反射损耗吸收随频率的变化表现出类似的结果。如图 37 所示，厚度为 2.70mm 的样品在频率为 14GHz 时，反射损耗为 –5.6dB；当厚度为 4.00mm 时，反射损耗吸收峰值为 –5dB，所处频率为 8.7GHz；其随样品厚度的增大反射损耗的移动趋势，和图 10 所讨论的相同，符合上面的理论解释。

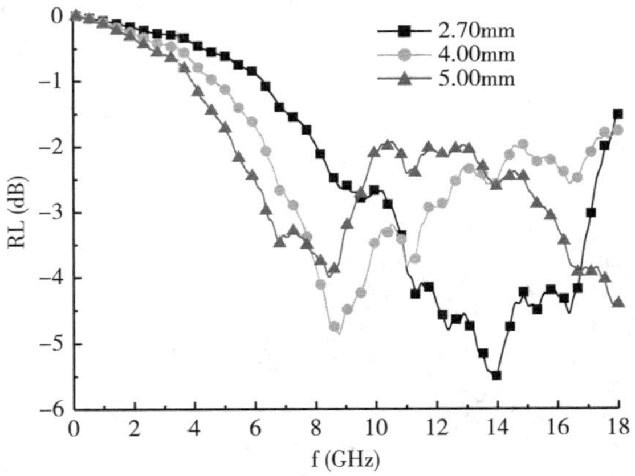

图 37　不同厚度 $Sm_{0.75}Nd_{0.25}$（Fe，Mo）$_{12}N_y$ 复合材料的反射损耗图谱

（2）$Sm_xCe_{2-x}Fe_{17}N_y$ 系列高频电磁性能研究

采用电弧熔炼退火后得到的 $Sm_xCe_{2-x}Fe_{17}$（x=0，0.25，0.5，0.75，1）合金铸锭。X 射线衍射结果表明，所有样品均形成单相性很好的 Th_2Zn_{17} 结构。把退火后的样品破碎成粒

径小于 100μm 粉末。然后再 500℃温度下吸氮 5 ~ 24h，然后再可以通过吸氮含量的控制其磁晶各向异性。

图 38 为吸氮之后 $Sm_xCe_{2-x}Fe_{17}N_y$ 的 XRD 图，从图中可以看出，吸氮之后的样品依然为单相性很好的 Th_2Zn_{17} 结构，有少量的 α—Fe 析出。

我们通过前期研究发现该类材料的高频磁性与 Sm 的含量紧密相关，随着 Sm 的含量增加，由于轴各向异性的增加，样品的自然共振频率向高频移动，但对电磁波的吸波效率明显降低。这里我们以 $Ce_{2-x}Fe_{17}N_y$ 为例介绍相关研究结果。

图 39 为 Ce_2Fe_{17}，$Ce_2Fe_{17}N_x$ 和取向的 $Ce_2Fe_{17}N_x$ 的 XRD 图，从（a）和（b）中可以看出吸氮前后的 Ce_2Fe_{17} 都形成单相性很好 Th_2Zn_{17} 结构，出现了少量的 α-Fe。吸氮之后的峰位向低角度移动，说明氮原子作为间隙原子进入了母合金。同过氮原子的引入，能够极大地改变 Ce_2Fe_{17} 的基本磁性。表 3 中列出了实验测量的 Ce_2Fe_{17} 和 $Ce_2Fe_{17}N_x$ 材料的晶格参数和磁特性。从表中可以看出，通过氮原子的引入，居里温度从 220 K 提高到 718K，饱和磁化强度从 113.3emu/g 提高到 167.1emu/g。从图 15 的取向 $Ce_2Fe_{17}N_x$XRD 可以看出，（300）、（220）峰位明显增强，而其他峰位强度减弱。这说明 $Ce_2Fe_{17}N_x$ 的易磁化方向位于垂直于 c 轴的平面内。换句话说，$Ce_2Fe_{17}N_x$ 磁晶各向异性为面各向异性，这有利于提高 Snoek 极限和高频磁性。

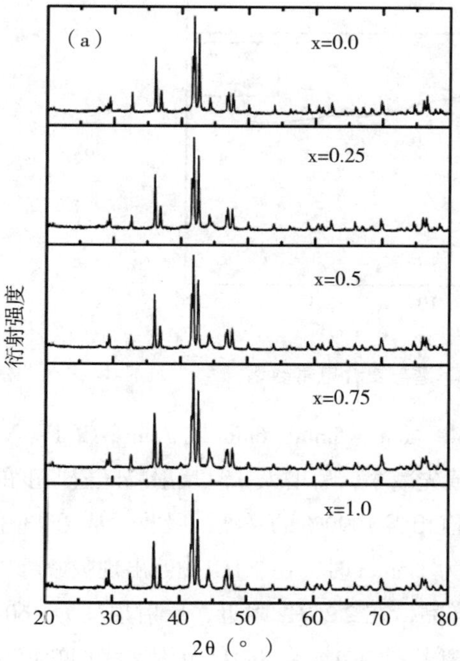

图 38　$Sm_xCe_{2-x}Fe_{17}N_y$（x=0.0、0.25、0.5、0.75、1.0）的 XRD 图

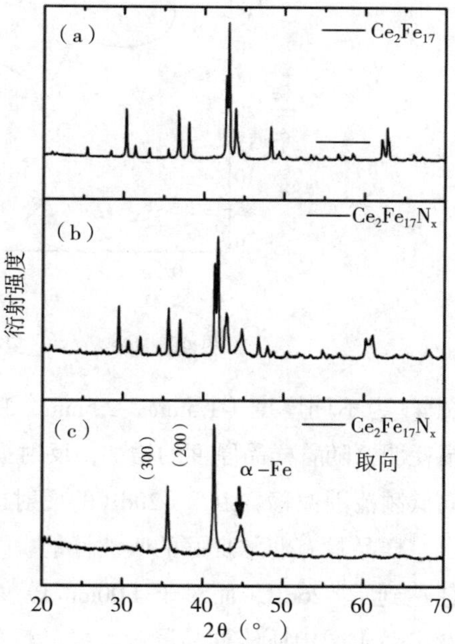

图 39　Ce_2Fe_{17}，$Ce_2Fe_{17}N_x$ 和取向 $Ce_2Fe_{17}N_x$ 的 XRD 图

表 3　Ce_2Fe_{17}，$Ce_2Fe_{17}N_x$ 晶格结构和室温磁性能

样　品	结　构	a（nm）	c（nm）	V（nm^3）	ΔV/V（%）	Tc（K）	ΔTc/Tc（%）	X	M_2（5K）（emu/g）	ΔM_2/M_2（%）
Ce_2Fe_{17}	Th_2Zn_{17}	0.849	1.241	0.775	8.258	220	226.36	0	113.35	47.48
$Ce_2Fe_{17}Nx$	Th_2Zn_{17}	0.874	1.268	0.839		718		2.8	167.17	

图 40 为室温下测得的 $Ce_2Fe_{17}N_x$ 复磁导率谱和复介电常数谱。复磁导率实部先在测试的起始频段略微增加，然后从 2.68 逐渐降低到 1.55；而磁导率虚部先在 0.1 ~ 2.43GHz 频段内增加，然后再 2.43 ~ 3.32GHz 频段内有一个小幅度的下降。即在 2.43 附近出现了一个小范围内的极大值，这可能在 2.5GHz 附近出现一个吸收峰。复数磁导率的实部，虚部和复介电常数实部在 8.24 ~ 18GHz 频段内逐渐减少。

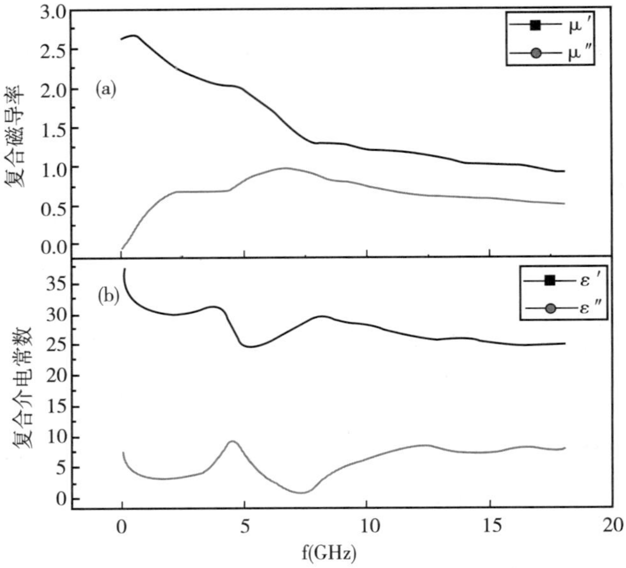

图 40　$Ce_2Fe_{17}N_x$ 复磁导率谱与复介电常数谱

图 41 为不同厚度（1.5mm，2.5mm，3.5mm，4mm，5mm，6mm 或 7mm）$Ce_2Fe_{17}N_x$ 的反射损耗图。随着样品厚度的增加，反射损耗值先减小，后增大，且反射峰随着厚度的增加而向低频范围偏移。由于 –20dB 的反射损耗值相当于 99% 的微波被吸收。从图 43 中可以看出，样品具有非常良好的吸波性能。厚度为 1.5mm 时，在 7.1GHz 处出现吸收峰，反射损耗达到了 –26dB，而对于 4.00mm 厚度的样品，在 2.2GHz 附近，反射损耗为 –60dB。可以看出对于图中所给样品厚度，样品反射损耗峰处在 1.8 ~ 8GHz 范围。我们知道，很多通信设备所工作频段刚好处于此范围。另外，从经济方便考虑，Ce 的含量要比其他稀土丰富。

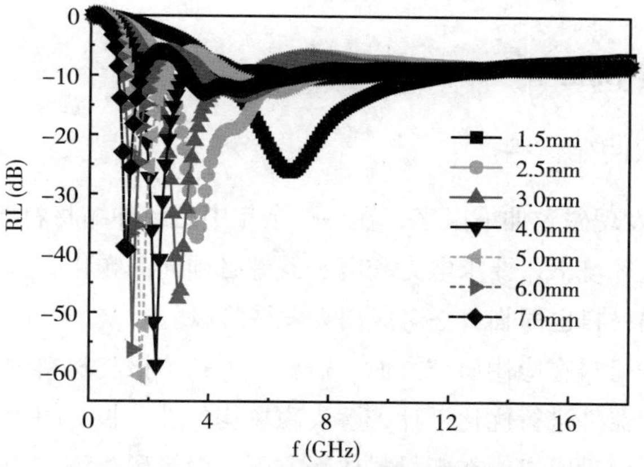

图 41　石蜡复合 $Ce_2Fe_{17}N_x$ 磁粉的反射损耗图

三、国内外研究进展比较

（一）稀土磁致伸缩材料

目前，国外研究主要是发展以 TbDyFe 为代表的稀土超磁致伸缩材料的应用研究，国内除了应用研究之外，对 TbDyFe 材料的磁致伸缩机理及取向进行了更为深入的探索。并且在新材料体系的开发方面，走到了国际前沿。如新开发的微量稀土添加的 FeGaR 新型大磁致伸缩材料，具有非常重要的应用前景和极大应用潜力。

（二）稀土磁制冷材料

基于磁热效应不断发展起来的磁制冷技术具有绿色环保、高效节能、稳定可靠等特点，从而引起全球范围的广泛兴趣。近 20 年来，国际上相继发现的几类新型巨磁热效应材料大大推动了高温乃至室温磁制冷技术的发展。这些材料包括：美国 Ames 实验室报道的 Gd-Si-Ge[69]、南京大学报道的 $LaCaMnO_3$[70]、中科院物理所报道的 Ni-Mn-Ga[71]、La（Fe，Si）$_{13}$ 基化合物[72, 73]、日本京都大学报道的 MnAs1-xSbx[74]、荷兰 Amsterdam 大学报道的 MnFePyAs1-y[75]，以及近年来国际上多个研究小组[76-80]报道的六角 MM'X 体系（MnCoGe 基、MnNiGe 基化合物，包括 2012 年中科院物理所团队报道的 Mn-Ni-Fe-Ge[9]）等。其中，La-Fe-Si 系列是国际上普遍认为具有重要应用前景的磁制冷工质之一，也是我国具有自主知识产权的材料。

（三）稀土微波材料

截止到本专题报告结稿时，未见到国外任何研究组关于易面型稀土磁性材料作为微波磁性材料的研究和应用的报道。

四、发展趋势和展望

（一）稀土磁致伸缩材料

自焦耳 1842 年发现磁致伸缩以来，在一百余年中磁致伸缩材料已经经历了三代变化。在全球节能减排的大环境下，要求电力和电子器件必须向高频化、微型化和低能耗方向发展。稀土超磁致伸缩材料也面临着一个应用大发展阶段。

稀土超磁致伸缩材料在应用研究方面，需要大力拓广该类材料的应用领域，根据不同的应用背景，对相应器件进行优化设计，解决磁场均匀性、长时间工作发热等问题，以及满足苛刻工况环境的服役要求。在新材料体系方面，微量稀土添加的铁基大磁致伸缩合金具有重要应用前景，对于其大应变机理的研究是个值得关注的方向。

（二）稀土磁制冷材料

基于磁热效应不断发展起来的磁制冷技术具有绿色环保、高效节能、稳定可靠等特点，从而引起全球范围的广泛兴趣。近 20 年来，国际上相继发现的几类新型巨磁热效应材料大大推动了高温乃至室温磁制冷技术的发展。

（三）稀土微波材料

（1）图 42 列出永磁材料和高频微波磁性材料的发展状态图。永磁材料永磁性能的特征参量是最大磁能积（BH）$_{max}$，而表征软磁材料高频性能的特征参量我们用自然共振频率（内禀）。从图中可以看出：①永磁材料从 20 世纪 70 年代至今有了突飞猛进的进步，从而使永磁器件的体积减小，重量减轻，其重大转折发生在 70 年代，是由轴各向异性的稀土 -3d 化合物代替了立方的 Al–Ni–Co–Fe 合金和单轴的 Sr，BaM 铁氧体材料；②高频软磁材料从 20 世纪五六十年代至今仍在用立方结构的尖晶石，石榴石铁氧体和六角结构的 Co_2Z，W 型，Y 型等平面型铁氧体材料，其自然共振频率仍停留在五六十年代的几百兆赫兹和 1 ~ 3GHz，这已远远不能适应当代通讯和计算机技术发展对高频微波磁性材料的要求。

（2）表 4 给出了几种平面型铁氧体材料与平面型稀土材料的本征磁性（M_s，K_{u1}，T_c，…）和高频磁性（μ_i，f_r，…）的比较，平面型稀土化合物相比于平面型铁氧体材料具有明显优越性。

（3）稀土软磁材料相较于铁氧体材料的劣势是块体材料的电阻率太小（~ 1 ~ $10^2\Omega \cdot cm$），解决这个困难的方法是采用近年来蓬勃发展的微粉（纳米）制备技术和粉末冶金技术，制备微米和亚微米量级磁粉复合材料。这可以在保持其优异内禀磁性及高频微波磁性的前提下，极大地提升复合材料的电阻率，替代已经使用多年的铁氧体微波磁性材料，减少微波器件的体积和重量，同时使其性能得到提升。

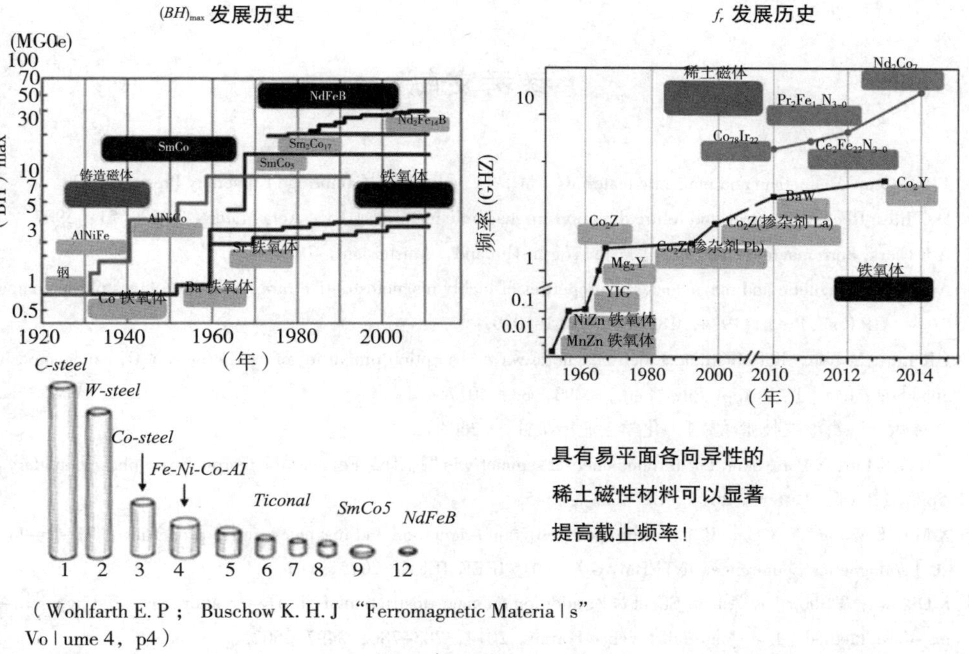

图 42　永磁材料和高频磁性材料的发展历程和发展趋势（稀土高频磁性材料为兰州大学研究组近期的工作）

表 4　平面型铁氧体材料与稀土材料的本征磁性（Ms，K1，Tc，…）和高频微波磁性（μ_0，f_r…）

	M_s（T）	H_θ（Oe）	H_ϕ（Oe）	K_{u1}（J/m^3）	T_c（K）	μ_i	f_r（GHz）
Co_2Z	0.336	13000	120.0	−1.8e5	675	15.0	3.49
Mg_2Y	0.09	15000	32	−5.4e4	550	14.1	1.94
$PrCo_5$	1.337	188015.0	188.02	−1.0e7	910	35.6	16.65
$NdCo_5$	1.481	678726.0	678.73	−4.0e7	925	14.5	60.10

（4）如果能同时从样品的制备、各向异性调控的技术以及与之紧密联系的高频磁性基础理论研究两方面同时入手，深入理解稀土基高频磁材料的物理机制，最终可能开发出具有我国自主知识产权的低成本、高性能和高稳定性的稀土高频磁粉和器件，填补我国生产高性能稀土吸波材料的空白，使我国在稀土－磁性功能材料高附加值的科技产品方面形成新的增长点，成为国际稀土的强国。本工作的开展将有助于研发具有高温度稳定性的稀土基（Ce，Y，La 等）高频材料，对我国稀土资源的综合开发利用和资源节约具有非常重要的意义，当然对于提升我国的国防和国家安全也有重要价值。

参考文献

[1] J M D Coey. Magnetism and magnetic materials [M]. Cambridge: Cambridge University Press, 2010.

[2] D C Jiles. Recent advances and future directions in magnetic materials [J]. Acta Mater., 2003, 51: 5907.

[3] A E Clark. Ferromagnetic materials [M]. North-Holland, Amsterdam, 1980.

[4] A E Clark. Magnetic and magnetoelastic properties of highly magnetostrictive rare-earth-Iron laves phase compounds [J]. AIP Conf. Proc., 1974, 18 (1): 1015-1029.

[5] J R Liu, M Itoh, K I Machida. Electromagnetic wave absorption properties of α-Fe/Fe_3B/Y_2O_3 nanocomposites in gigahertz range [J]. Appl. Phys. Lett., 2003, 83: 4017-4019.

[6] 胡传炘. 隐身涂层技术 [M]. 化学工业出版社,(2004).

[7] T Ma, X Liu, X Pan, et al. Local rhombohedral symmetry in $Tb_{0.3}Dy_{0.7}Fe_2$ near the morphotropic phase boundary [J]. Applied Physics Letters, 2014, 105 (19): 545.

[8] X Mu, C Wang, X X Gao. Relationship between grain orientation and magnetostrictive properties of Tb-Dy-Fe alloy [C] //Magnetics Conference (INTERMAG), 2015 IEEE. IEEE, 2015, 1-1.

[9] K Oikawa, T Shoji, K. Anzai. Effect of Zr addition on magnetostriction of Tb-Dy-Fe alloys prepared by micro-pulling-down method [J]. Materials Science Forum, 2014, 783-786: 2497-2502.

[10] D Kang, J Liu, C. B. Jiang, H. B. Xu. Control of solid-liquid interface morphology and radial composition distribution: TbDyFe single crystal growth [J]. J. Alloy Compd. 2015, 621: 331.

[11] D Kang, J Liu, C B. Jiang, H B Xu. Correlation between growth twinning and crystalline reorientation of faceted growth materials during directional solidification [J]. Cryst. Growth Des. 2015, 15: 3092.

[12] J A Chelvane, S Banumathy, M Palit, et al. Texture and magnetostriction studies in Bridgman solidified $Ho_{0.85}Tb_{0.15}Fe_{1.95}$ alloys [J]. J. Alloys Compd. 2010, 507 (1): 162-166.

[13] X H Song, J J Liu, S H Wei, et al. Enhanced magnetoelastic effect in Laves (Tb, Dy) Fe_2 alloys with the joint introduction of Pr and Nd [J]. Applied Physics A, 2016, 122 (6): 1-6.

[14] N Srisukhumbowornchai, S Guruswamy. Large magnetostriction in directionally solidified FeGa and FeGaAl Alloys [J]. J. Appl. Phys., 2001, 90: 5680.

[15] L P Jiang, J D Yang, H B Hao, G R Zhang, S X Wu, Y Chen, O Obi, T Fitchorov, V G Harris. Giant enhancement in the magnetostrictive effect of FeGa alloys doped with low levels ofterbium [J]. Appl. Phys. Lett., 2013, 102: 222409.

[16] T I Fitchorov, S Bennett, L P Jiang, G R Zhang, Z Q Zhao, Y J Chen, V G Harris. Thermally driven large magnetoresistance and magnetostriction in multifunctional magnetic FeGa-Tb alloys [J]. Acta Mater. 2014, 73: 19-26.

[17] W Wu, J H Liu, C B Jiang, H B Xu. Giant magnetostriction in Tb-doped $Fe_{83}Ga_{17}$ melt-spun ribbons [J]. Appl. Phys. Lett., 2013, 103: 262403.

[18] C Z Meng, C B Jiang. Magnetostriction of a $Fe_{83}Ga_{17}$ single crystal slightly doped with Tb [J]. Scripta Mater., 2016, 114: 9-12.

[19] I S Golovin, A M Balagurov, V V Palacheva, A Emdadi, I A Bobrikov, A YuChuryumov, V V Cheverikin, A V Pozdniakov, A V Mikhaylovskaya, S A Golovin. Influence of Tb on structure and properties of Fe-19%Ga and Fe-27%Ga alloys [J]. J. Alloys Compd., 2017, 707, 51.

[20] T Y Jin, W Wu, C B Jiang. Improved magnetostriction of Dy-doped $Fe_{83}Ga_{17}$ melt-spun ribbons [J]. Scr. Mater.

2014，74：100–103.

［21］ Z Q Yao，X Tian，L P Jiang，H B Hao，G R Zhang，S X Wu，Z Q Zhao，N Gerile. Influences of rare earth element Ce–doping and melt–spinning on microstructure and magnetostriction of $Fe_{83}Ga_{17}$ alloy［J］. 2015，637 431–435.

［22］ Y K He，C B Jiang，et al. Giant heterogeneous magnetostriction in Fe–Ga alloys：effect of trace element doping，［J］. Acta Mater.，2016，109：177–186.

［23］ T Y Ma，S S Hu，G H Bai，M Yan，Y H Lu，H Y Li，X L Peng，X B Ren. Structural origin for the local strong anisotropy in melt–spun Fe–Ga–Tb：Tetragonal nanoparticles［J］. Appl. Phys. Lett.，2015，106：112401.

［24］ Y K He，C B Jiang，et al. Giant heterogeneous magnetostriction in Fe–Ga alloys：effect of trace element doping，［J］. Acta Mater.，2016，109：177–186.

［25］ L L Liu，T L Zhang，H Zhang，et al. Micro–displacement positioning of giant magnetostrictive actuator［C］//Materials Science Forum. Trans Tech Publications，2013，745：146–151.

［26］ P G Gowtham，G E Rowlands，R A Buhrman. A critical analysis of the feasibility of pure strain–actuated giant magnetostrictive nanoscale memories［J］. J. Appl. Phys.，2015，118（4）：253–7.

［27］ Hu F X，Shen B G，Sun J R，Zhang X X. Great magnetic entropy change in La（Fe，M）$_{13}$（M=Si，Al）with Co doping. 2000 Chin. Phys. 9 550.

［28］ Hu F X，Shen B G，Sun J R，Cheng Z H，Rao G H，Zhang X X. Influence of negative lattice expansion and metamagnetic transition on magnetic entropy change in the compound $LaFe_{11.4}Si_{1.6}$［J］. 2001，Appl. Phys. Lett. 78 3675.

［29］ Hu F X，Shen B G，Sun J R，Wang G J，Cheng Z H. Very large magnetic entropy change near room temperature in $LaFe_{11.2}Co_{0.7}Si_{1.1}$［J］. 2002 Appl. Phys. Lett. 80 826.

［30］ B G Shen，J R Sun，F X Hu，H W Zhang，Z.H.Cheng. Recent Progress in Exploring Magnetocaloric Materials［J］. 2009 Adv. Mater. 21，4545.

［31］ Hu F X. 2002 Ph. D. 铁基 La（Fe，M）$_{13}$ 化合物和 Ni–Mn–Ga 合金的磁性和磁熵变. Dissertation（Beijing：Graduate School of Chinese Academy of Social Sciences）（in Chinese）［胡凤霞 2002 博士学位论文（北京：中国科学院研究生院）］.

［32］ Hu F X，Gao J，Qian X L，Ilyn M，Tishin A M，Sun J R，Shen B G. Magnetocaloric effect in itinerant electron metamagnetic systems La（$Fe_{1-x}Co_x$）$_{11.9}Si_{1.1}$［J］. 2005 J. Appl. Phys. 97 10M303.

［33］ Hu F X，Qian L，Sun J R，Wang G J，Zhang X X，Cheng Z H，Shen B G. Magnetic entropy change and its temperature variation in compounds La（$Fe_{1-x}Co_x$）$_{11.2}Si_{1.8}$［J］. 2002 J. Appl. Phys. 92 3620.

［34］ Jia L，Sun J R，Shen J，Dong Q Y，Hu F X，Zhao T Y，Shen B G. Magnetic coupling between rare–earth and iron atoms in the $La_{1-x}R_xFe_{11.5}Si_{1.5}$（R=Ce，Pr，and Nd）intermetallics［J］. 2008 Appl. Phys. Lett. 92 182503.

［35］ Shen J. 2008 Ph. D.$NaZn_{13}$ 型和 $Ce_6Ni_2Si_3$ 型稀土 – 过渡族化合物及尖晶石结构 $CdCr_2S_4$ 的磁性和磁热效应 . Dissertation（Tianjin：Hebei University of Technology）（in Chinese）［沈俊 2008 博士学位论文（天津：河北工业大学）］.

［36］ Shen J，Li Y X，Zhang J，Gao B，Hu F X，Zhang H W，Chen Y Z，Rong C B，Sun J R. Large magnetic entropy change and low hysteresis loss in the Nd– and Co–doped La（Fe，Si）$_{13}$ compounds［J］. 2008 J. Appl. Phys. 103 07B317.

［37］ Wang F，Chen Y F，Wang G J，Sun J R，Shen B G. Large magnetic entropy change and magnetic properties in La（$Fe_{1-x}Mn_x$）$_{11.7}Si_{1.3}H_y$compounds［J］. 2003 Chin. Phys. 12 911.

［38］ Chen Y F，Wang F，Shen B G，Hu F X，Cheng Z H，Wang G J，Sun J R. Large magnetic entropy change near room temperature in the LaFe11.5Si1.5H1.3 interstitial compound［J］. 2002 Chin. Phys. 11 741.

［39］ Chen Y F，Wang F，Shen B G，Wang J，Sun J R. Magnetism and magnetic entropy change of $LaFe_{11.6}Si_{1.4}C_x$（x–0.6）interstitial compounds［J］. 2003 J. Appl. Phys. 93 1323.

［40］ Chen Y F，Wang F，Shen B G，Sun J R，Wang G J，Hu F X，Cheng Z H，Zhu T. Effects of carbon on magnetic properties and magnetic entropy change of the $LaFe_{11.5}Si_{1.5}$ compound [J]. 2003 J. Appl. Phys. 93 6981.

[41] Shen J，Gao B，Zhang H W，Hu F X，Li Y X，Sun J R，Shen B G. Reduction of hysteresis loss and large magnetic entropy change in the NaZn13–type LaPrFeSiC interstitial compounds [J]. 2007 Appl. Phys. Lett. 91 142504.

[42] Dong Q Y，Zhang H W，Zhao T Y，Sun J R，Shen B G. Realization of a small hysteresis loss and a large magnetic entropy change in $NaZn_{13}$–type La–Fe–Si compound [J]. 2008 Solid State Commun. 147 266.

[43] Zhao J L，Shen J，Hu F X，Li Y X，Sun J R，Shen B G. Reduction of magnetic hysteresis loss in $La_{0.5}Pr_{0.5}Fe_{11.4}Si_{1.6}H_x$ hydrides with large magnetocaloric effects [J]. 2010 J. Appl. Phys. 107 113911.

[44] Hu F X，Chen L，Wang J，Bao L F，Sun J R，Shen B G.Particle size dependent hysteresis loss in $La_{0.7}Ce_{0.3}Fe_{11.6}Si_{1.4}C_{0.2}$ first–order systems [J]. 2012 Appl. Phys. Lett. 100 072403.

[45] Zhang H，Long Y，Cao Q，Mudryk Y，Zou M，Gschneidner K A，Pecharsky V K. Microstructure and magneto–caloric effect in cast $LaFe_{11.5}Si_{1.5}B_x$ (x=0.5，1.0) [J]. 2010 J. Magn. Magn. Mater. 322 1710.

[46] L. F. Bao，F. X. Hu，L. Chen，J. Wang，J. R. Sun，B. G. Shen. Magnetocaloric properties of La (Fe，Si) $_{13}$–based material and its hydride prepared by industrial mischmetal [J]. 2012 Appl. Phys. Lett. 101 162406.

[47] H. Zhang，Y.J. Sun，E. Niu，F.X. Hu，J.R. Sun，B.G. Shen. Large magnetocaloric effects of RFeSi (R = Tb and Dy) compounds for magnetic refrigeration in nitrogen and natural gas liquefaction [J]. 2013 Appl. Phys. Lett. 104 062407.

[48] 胡凤霞，陈岭，包立夫，王晶，沈保根，孙继荣，宫华扬. Bonded La (Fe，Si) $_{13}$–based magnetocaloric materials，preparation method and uses thereof，2017.03.08，日本专利，PCT/CN2012/078609.

[49] 胡凤霞，陈岭，包立夫，王晶，沈保根，孙继荣. 黏结 La (Fe，Si) $_{13}$ 基磁热效应材料及其制备方法和用途，2016.06.01，中国，CN 103137281.

[50] Fujita A，Fujieda S，Hasegawa Y，Fukamichi K. Itinerant–electron metamagnetic transition and large magnetoca–loric effects in La (Fe_xSi_{1-x}) $_{13}$ compounds and their hydrides [J]. 2003 Phys. Rev. B 67 104416.

[51] Liu J，Moore J D，Skokov K P，Krautz M，Loewe K，Barcza A，Katter M，Gutfleisch O. Exploring La (Fe，Si) $_{13}$–based magnetic refrigerants towards application [J]. 2012 Scripta Mater. 67 584.

[52] Lyubina J，Schäfer R，Martin N，Schultz L，Gutfleisch O. Novel Design of La (Fe，Si) 13 Alloys Towards High Magnetic Refrigeration Performance [J]. 2010 Adv. Mater. 22 3735.

[53] Y Sun，Z Arnold，J Kamarad，G J Wang，B G Shen，Z H Cheng. Pressure enhancement of the giant magnetoca–loric effect in $LaFe_{11.6}Si_{1.4}$ [J]. 2006 Appl. Phys. Lett. 89，172513.

[54] Fujita A，Fukamichi K，Yamada M，Goto T. Pressure–induced anomalies in itinerant–electron metamagnetic properties around the critical end point in La ($Fe_{0.89}Si_{0.11}$) $_{13}$ [J]. 2006 Phys. Rev. B 73 104420.

[55] Mañosa L，Gonz á lez A D，Planes A，Barrio M，Tamarit J L，Titov I S，Acet M，Bhattacharyya A，Majumdar S. Inverse barocaloric effect in the giant magnetocaloric La–Fe–Si–Co compound [J]. 2011 Nat. Commun. 2595.

[56] S. Russek，et al. The performance of a rotary magnet magnetic refrigerator with layered beds. Proceedings of the 4th International Conference of IIR on Magnetic Refrigeration at Room Temperature，August 23–28，2010，Baotou，China.

[57] Katter M. Proceedings of the 4th International Conference of IIR on Magnetic Refrigeration at Room Temperature，Sintering behavior and thermally induced decomposition and recombination (TDR) process of $LaFe_{13-x-y}Co_xSi_y$alloys，August 23 – 28，2010，Baotou，China.

[58] C R H Bahl，K Navickaite，H N Bez，T Lei，K Engelbrecht，R Bjork，K Li，Z X Li，J. Shen，W. Dai，J C Jia，Y Y Wu，Y. Long，F.X.Hu，B.G. Shen. Operational test of bonded magnetocaloric plates [J]. 2017，International Journal of Refrigeration，76，245 (2017).

[59] S X Wang，N X Sun，M Yamaguchi，S Yabukami. Sandwich films：Properties of a new soft magnetic material [J]. Nature.，2000，407：150–151.

[60] 李锐. 易面型 ($Ce_{(1-x)}Sm_x$) $_2Fe_{17}N_{(3-\delta)}$ 及 $Y_2Fe_{(14-x)}Co_x$ 微粉复合材料的微波磁性研究 [D]. 兰州大学硕士论文，2015.

[61] T Ukai, K Yamaki, H Takahashi. Anisotropy energy of $Y_2Fe_{14}B$, $Y_2Co_{14}B$, $Y_2Fe_{14-x}Co_xB$, and $La_2Co_{14}B$ [J]. J. Appl. Phys., 1991, 69: 4662.

[62] 伊海波. 平面型稀土金属间化合物微粉/石蜡复合材料的微波吸收性质[D]. 兰州大学博士论文, 2010.

[63] 张永搏. 沿C晶面断裂的 Nd_2Co_{17} 和 Y_2Co_{17} 微米片的微波电磁性能研究[D]. 兰州大学硕士论文, 2016.

[64] J J M Franse, R J Radwanski. Chapter 5, Handbook of Magnetic Materials (M) Vol 7 (1993).

[65] L Z Li, J Z Wei, Y H Xia, R Wu, C Yun, Y B Yang, W Y Yang, H L Du, J Z Han, S Q Liu, Y C Yang, C S Wang, J B Yang. High frequency electromagnetic properties of interstitial-atom-modified Ce2Fe17NX and its composites [J]. Appl. Phys. Lett., 105 (2) (2014) 022902, (Editor's Pick).

[66] Y C Yang, J B Yang, et al. Research and Development of Interstitial Compounds [D]. IEEE TRANS. ON MAG., (2015) 51 2103806.

[67] 杨应昌, 张晓东, 孔麟书, 潘琪, 葛森林. 新型RE-Fe-N系金属间化合物的结构与磁性[J]. 中国稀土学报, (4) (1990) P376.

[68] J B Yang and Y C Yang. "Magnetic properties and interstitial atom effects in the $R(Fe, M)_{12}$ compounds", in: Handbook of Advanced Magnetic Materials, Vol. IV, Chapter 3, Eds. D. J. Sellmyer, Y. Liu and D. Shindo, (Springer, 2005).

[69] Pecharsky V K, Gschneidner K A Jr. Giant Magnetocaloric Effect in $Gd_5(Si_2Ge_2)$ [J]. Phys. Rev. Lett., 1997, 78: 4494.

[70] Z B Guo, Y W Du, et al. Large Magnetic Entropy Change in Perovskite-Type Manganese Oxides [J]. Phys. Rev. Lett., 1997, 78: 1142.

[71] F X Hu, B G Shen, J R Sun. Magnetic entropy change in $Ni_{51.5}Mn_{22.7}Ga_{25.8}$alloy [J]. Appl. Phys. Lett., 2000, 76: 3460.

[72] F X Hu, B G Shen, J R Sun, et al. Influence of negative lattice expansion and metamagnetic transition on magnetic entropy change in the compound $LaFe_{11.4}Si_{1.6}$ [J]. Appl. Phys. Lett., 2001, 78: 3675.

[73] B G Shen, J R Sun, F X Hu, et al. Recent Progress in Exploring Magnetocaloric Materials [J]. Adv. Mater., 2009, 21: 4545.

[74] H Wada, Y Tanabe. Giant magnetocaloric effect of $MnAs_{1-x}Sb_x$ [J]. Appl. Phys. Lett., 2001, 79: 3302.

[75] O Tegus, E Bruck, et al. Transition-metal-based magnetic refrigerants for room-temperature applications [J]. Nature., 2002, 415: 150.

[76] J T Wang, et al. Vacancy induced structural and magnetic transition in $MnCo_{1-x}Ge$ [J]. Appl. phys. Lett., 2006, 89: 262504.

[77] E K Liu, G H Wu, et al. Stable magnetostructural coupling with tunable magnetoresponsive effects in hexagonal ferromagnets [J]. Nat Commun., 2012, 3: 873.

[78] L Caron, N T Trung, E Bruck. Pressure-tuned magnetocaloric effect in $Mn_{0.93}Cr_{0.07}CoGe$ [J]. Phys. Rev. B., 2011, 84: 020414.

[79] Z Gercsi, K Hono, K G Sandeman. Designed metamagnetism in $CoMnGe_{1-x}P_x$ [J]. Phys. Rev. B., 2011, 83: 174403.

[80] C L Zhang, D H Wang, Q Q Cao, Z D Han, H C Xuan, Y W Du. Magnetostructural phase transition and magnetocaloric effect in off-stoichiometric $Mn_{1.9-x}Ni_xGe$ alloys [J]. Appl. Phys. Lett., 2008, 93: 122505.

撰稿人：王　涛　杨金波　韩　瑞　李发伸　周　栋　胡凤霞　郑新奇
沈　俊　孙继荣　沈保根　黄焦宏　蒋成保　高学绪　张洪平

稀土催化材料研究

一、引言

稀土元素特别是镧、铈等高丰度稀土元素，因具有未充满电子的4f轨道等特征，而表现出独特的化学和电学性能，已在机动车尾气净化、石油化工、挥发性有机废气（VOCs）催化燃烧、碳一化工、燃料电池、烯烃聚合等诸多重要过程中得到广泛的应用。近年来，大气雾霾污染在中国大陆频频发生，已严重影响了人民的身体健康和社会的可持续发展，化石燃料的燃烧，如机动车排放，是形成雾霾污染的主要成因之一。在气体污染物的排放控制方面，稀土材料始终扮演着至关重要的角色，是尾气净化催化剂中必不可少的成分。在石油化工领域，稀土催化材料也发挥着不可替代的作用，如从20世纪60年代初开始，稀土作为一个重要组分就被引入到催化裂化催化剂中，用于提高催化剂的活性和稳定性，提高原料油裂化转化率，增加汽油和柴油的产率。目前，在稀土用量中，约20%用于催化材料，其中石油裂化催化剂约占67%。

随着能源化工、环境保护和化学品生产等技术水平的提高，所涉及反应日趋复杂，对催化剂的性能也提出了更高的要求。充分发挥稀土独特的催化作用，发展以催化剂为核心的关键技术，提高相关反应过程的效率，是稀土催化的发展方向和趋势。同时，发现和发展新结构、新功能的稀土催化材料，扩展其应用领域，是稀土催化材料发展的机遇。

国内高校、科研院所在稀土催化材料研究方面成果丰硕，在铈基储氧材料、车用分子筛脱硝材料及催化机理等研究方面处于国际领先水平，积累了丰富的经验，取得了一批国际先进水平的研究成果，通过合理的政策引导和高效的产、学、研合作将有望形成产业技术支撑。

二、近年的最新研究进展

（一）稀土在机动车尾气排放催化净化技术中的应用

“十二五”期间中国汽车工业发展迅速，2009年我国成为世界第一大汽车产销国。据中国汽车工业协会和中国内燃机工业协会统计，2016年中国汽车产量2811.88万辆，摩托车1682.08万辆，非道路移动机械销量897万台以上。机动车排放的主要污染物一氧化碳（CO）、碳氢化合物（HC）、氮氧化物（NO_x）和颗粒物（PM）是造成环境污染的重要成因之一。催化净化器是有效降低汽车尾气排放最有效的技术措施，其中起核心作用的是催化剂，一般由蜂窝载体和催化涂层构成。其中，催化涂层主要包括稀土储氧材料、氧化铝等及负载的贵金属活性组分组成。当汽车尾气中的CO、HC和NO_x等经过催化剂表面时，在活性金属位上吸附并发生催化反应，转化为无害的二氧化碳（CO_2）、氮气（N_2）和水（H_2O）。贵金属因其无法替代的优越催化活性，发挥着主催化剂作用；稀土元素因其独特的4f电子层结构发挥着重要的助催化作用，对提升贵金属稳定性、提高贵金属分散性、抑制氧化铝相变等方面具有重要价值，尤其以铈锆固溶体（$Ce_xZr_{1-x}O_2$）为代表的稀土储氧材料在机动车等移动源尾气净化催化剂中已得到广泛应用。

本报告所述移动源交通工具主要包括机动车、非道路移动机械用柴油机、船舶三类，其中机动车包括汽油车、柴油车、替代燃料车（如天然气车）、摩托车。我国针对移动源排放污染物排放控制，出台了系列新的排放法规：2016年12月23日我国发布了《轻型汽油车污染物排放限值及测量方法》（中国第六阶段），即轻型车国六排放法规（含汽油车、柴油车和替代燃料车），2016年8月我国发布摩托车国四排放法规；2014年10月1日开始实施《非道路移动机械用柴油机排气污染物排放限值及测量方法中国（第三和第四阶段）》，2017年7月1日实施《船舶发动机排气污染物排放限值及测量方法（中国第一、二阶段）》。随着排放法规的日益加严，催化剂单元设计及整合技术面临严峻的升级挑战。需要根据发动机类型、燃料类型和应用环境等的变化，采用新的技术来突破和优化催化剂，实现移动源发动机在复杂运行条件下尾气排放的高效净化。

1. 机动车尾气净化催化剂

随着我国施行低油耗、燃油中立、汽油车颗粒物排放限制等新规定，四类机动车的尾气净化催化剂技术产生更多的交叉。如汽油车主要采用三效催化剂（TWC）、催化型汽油机颗粒物过滤器（CGPF）；柴油车主要采用柴油氧化性催化（DOC）、催化型颗粒物过滤器（CDPF）、NO_x选择性催化还原催化剂（SCR）、氨氧化催化剂（ASC）；替代燃料车以天然气（CNG）车为主，国五以下法规多采用氧化催化剂，国五以上法规主要采用三效催化剂；摩托车催化剂主要采用金属载体的氧化催化剂或三效催化剂。

（1）汽油机尾气净化催化剂

国六法规包括国 6a（2020 年实施）和国 6b（2023 年实施）两阶段。与国五排放法规相比，有 4 个重要变化：①整车排放测试工况由国五稳态工况占比多的 NEDC（New European Driving Cycle）循环，转变为瞬态工况占比多的 WLTC（World Light–duty Vehicle Test Cycle）循环，工况频繁切换带来的空燃比波动和排气流量变化，对催化剂空燃比特性、空速特性提出挑战；② CO、HC 和 NO_x 排放限值加严约 50%，催化剂的整车耐久里程从 16 万公里增加到 20 万公里，增加真实驾驶排放 RDE（Real Driving Emission）模式，对催化剂的低温起燃活性、热稳定性等指标提出更高要求；③新增 N_2O 排放限制，对催化剂的 N_2 选择性提出更高要求；④对自然吸气型发动机、稀燃直喷发动机全面提出颗粒物质量（PM）和颗粒物数量（PN）的排放限制要求。国六阶段汽油车排放控制路线包括 TWC 与 CGPF 技术的集成，稀土和贵金属仍然是两类催化剂的关键组成。因此充分发挥稀土与贵金属协同作用，提高稀土在 CO、HC、NO_x 和 soot 反应过程的助催化能力，对突破国六技术难点、开发出高性能的汽油车尾气催化剂非常关键。

为应对更高耐久性和瞬态工况应变能力，对催化剂热稳定性和氧传输能力提出了更高的要求。基于传统铈锆固溶体存在高温老化后比表面和储放氧性能严重下降，严重影响 HC 和 NO_x 等污染物净化性能。为应对国六法规要求，法国索尔维和日本 DKK 等稀土材料供应商，研制出具有高热稳定性的含 Y、Pr 和 Nd 等四元或五元铈基储氧材料，国四、国五要求 1000℃老化后比表面积为 45 ~ 50m^2/g 和 1100℃老化后为 25 ~ 30m^2/g，国六阶段将分别提高到 55 ~ 60m^2/g 和 30 ~ 40m^2/g，这种提升可以通过工艺调整和添加合适的稀土元素（如 >12% 的高 Y 含量材料）来实现，但制备工艺复杂。天津大学沈美庆等开发出微纳尺度壳核结构铈基材料具有优异的水热稳定性，20 小时 780℃水热老化后比表面损失率≥ 40%[1]。此外，SteveGolden 等[2]研究证明，过渡金属部分替代稀土元素形成钙钛矿结构的催化材料或全部替代稀土元素形成尖晶石结构的催化材料，可有效提高催化材料储氧性能和稳定性并减少贵金属用量。Shen 等[3]通过优化贵金属与氧化物相互作用提供贵金属的分散度，实现贵金属减量。在活性氧化铝研究方面，2004 年，天津大学在国际上首次开展了含磷氧化铝的研究，使得氧化铝相变温度提高到 1200℃[4, 5]。此外，稀土元素氧化物如 La_2O_3 和 Y_2O_3 等也常被用作 Al_2O_3 稳定性的改性剂[6]。Ozawa[7]等发现 La 的引入不仅可以改善 Al_2O_3 的热稳定性，同时提高其表面碱性。张丽丽[8]等发现 La 的最佳掺杂量为 9%，掺杂改性后样品经 1100℃焙烧后比表面积高达 93m^2/g。杨雪娇[9]等通过燃烧法合成 Y 掺杂 γ-Al_2O_3，结果表明所得产物表面积较大，具有表面弱酸性，作为催化剂载体可以提高其表面的贵金属分散度和催化剂的抗积碳能力。Patel[10]等研究了镧系元素对氧化铝热稳定性影响的差异，发现 Pr 离子稳定效果最佳。

（2）柴油机尾气净化催化剂

柴油机催化型颗粒物过滤器（CDPF）由壁流式载体和催化剂涂层组成，催化剂涂层主要包含稀土材料、贵金属（如 Pt，Pd）和助剂等，稀土材料研究以 CeO_2 为主。CDPF 在主动再生过程中温度可达 1000 ~ 1100℃甚至更高，再加上燃油中的 S、润滑油中的 P 等元素易导致催化剂中毒劣化，其中 CeO_2 的劣化程度比贵金属更为严重，因此在碳烟氧化催化剂中引入 $Ce_xZr_{1-x}O_2$ 固溶体或改性剂抑制 CeO_2 劣化。吴晓东等[11]认为 CeO_2 的改性研究主要集中在四个方向：①稀土元素 Zr、Hf 对 CeO_2 的改性研究；②引入过渡金属改性；③引入碱土金属改性；④贵金属改性，通过在 CeO_2 晶格中掺杂其他元素进一步提高氧化活性并改善其稳定性。研究表明，对碳烟的催化氧化活性顺序从强到弱为：碱土金属改性 > 过渡金属改性 > 贵金属改性 >Zr、Hf 或稀土元素改性，Pr、Hf 少量掺杂形成 Ce_x-$Pr_{1-x}O_2$ 和 $Ce_xHf_{1-x}O_2$ 的碳烟氧化性能优于 $Ce_xZr_{1-x}O_2$；西班牙 Bueno-L ó pez 等[12]研究了在 Ce 中添加 Pr、La 和 Zr 等不同元素对碳烟氧化性能的影响，发现 Ce-Pr 是一种非常优异的氧化催化剂，T_{50}（50% 转化率所对应的温度）可达 450℃，远低于碳烟自身的氧化温度（约 600℃）。

针对柴油炭烟颗粒尺寸较大（一般大于 25nm）难以进入催化剂孔道（小于 10nm）内接触到催化剂活性位的问题，中国石油大学（北京）赵震等[13]研制出具有三维大孔结构催化剂，发现大孔基催化剂对 soot 颗粒的扩散和提高比表面有效利用率具有重要作用，可以大大降低炭烟颗粒的燃烧温度。张桂臻等研究发现，当 Zr 摩尔比为 0.3 时，soot 的 T_{50} 可降低至 400℃。第二稀土元素 Pr 的掺杂可以进一步提高 3DOM Ce-Zr-O 固溶体催化剂的（水）热稳定性和活性稳定性。韦岳长等利用气膜辅助还原法成功的合成了三维有序大孔的铈基氧化物担载贵金属纳米颗粒催化剂，该催化剂在炭烟颗粒的催化燃烧中表现出优异的催化性能，尤其是在松散接触条件下，炭烟的起燃温度为 218℃。韦岳长等[14]利用气膜辅助还原法将纳米 Au 和 Pt 颗粒担载到表面改性的 PMMA 微球上。然后利用离心自组装得到含有贵金属纳米颗粒的胶体晶体模板，通过烘干、浸渍、煅烧等得到孔型规整、孔径一致、孔壁均匀的 3DOM Pt_n/CeO_2 催化剂，其中 3DOM Pt_2/CeO_2 催化剂催化燃烧炭烟颗粒的峰值温度为 330 ℃。此外，韦岳长等研究表明，由于金和铂之间的协同效应及核壳结构的界面效应，铈锆复合氧化物担载 $Au_n@Pt_m$ 核壳型结构的催化剂在松散接触条件下，炭烟颗粒的起燃温度为 214℃，同时，核壳型结构能够有效地提高 Au 基催化剂的稳定性以及 Pt 催化剂的选择性。

柴油机 DOC 催化剂主要功能包括氧化 CO、HC 和颗粒物。DOC 催化剂主要由载体、贵金属活性组分以及助剂材料组成，CeO_2 是 DOC 催化剂的重要组成成分，主要起两个功能：①氧化颗粒物中的可溶性有机成分（SOF）；②将尾气中的 NO 部分氧化为 NO_2，有利于后续快速 SCR 反应的发生。此外，DOC 催化剂中适量添加 CeO_2 可用于低温下 NO_x 的存储，从而弥补 SCR 催化剂在低温条件下 DeNOx 性能差的缺点，因此 DOC 催化剂中普遍采用 CeO_2 或 CeO_2-ZrO_2 混合物作为主要基体材料。在实际应用过程中，由于 CeO_2 易发生硫中毒或热烧结而导致氧化活性下降，为了应对国六法规要求，其活性和稳定性还需进一步提高。首尔大学 Ryou 等[15]研究了 Zr 在 Pd/Ce-Zr 催化剂中的作用，发现催化剂对 SO_2 的吸附量与 Zr 含量有密切关系，添加 Zr 可改善催化剂抗 SO_2 的结构稳定性，缓解硫中毒；另外，在高温老化过程中，活性组分可与 $Ce_xZr_{1-x}O_2$ 材料间发生强相互作用，从而提升催化剂的活性稳定性。目前国外 DOC 催化剂技术已较为成熟，并有丰富的整车配套应用经验，而国内应对国六法规，$Ce_xZr_{1-x}O_2$ 基 DOC 材料仍在研发。

对于柴油机 NO_x 排放问题，NO_x 选择性催化还原技术是主要手段，SCR 催化剂主要包括钒基和分子筛基 SCR 催化剂。钒基 SCR 催化剂因其较好的中温活性、良好的抗 S 中毒能力以及较低的成本而被广泛应用，但当与 CDPF 催化剂组合应用时，上游 CDPF 再生产生的高温，易使得钒挥发，导致钒含量降低、催化活性降低以及产生对环境的二次污染，因此欧洲针对整车应用钒基 SCR 技术，明确规定了尾气排放中的钒浓度指标，避免该技术在应用中带来二次污染。目前钒基 SCR 技术是我国国四、国五法规阶段主要的 NOx 净化催化剂技术。为解决 SCR 催化剂工作温度高于 650℃时钒的挥发以及 SCR 中 TiO_2 晶相变化造成比表面衰减而导致活性下降等问题，利用稀土元素特有性质改进 SCR 性能成为催化剂研究的热点。引入 Ce、Pr、Tb 和 Er 可丰富催化剂表面酸性位，提高 NH_3 吸附性能，改善 SCR 催化剂热稳定性；同时 Ce 可改善 NO_x 吸附性能，拓宽 SCR 反应的温度窗口。对于分子筛 SCR 催化剂载体选择非常关键，通过引入稀土，可以提高分子筛的热稳定性。分子筛催化剂经历了由 Cu-ZSM5 到 Fe-BEA 再到 Cu-CHA 的发展历程，Cu-ZSM5 研究了近 30 年，但由于其高温水热稳定性差一直未能商业化，Fe-BEA 商业化应用不足 5 年还未全面推广就被近期出现的 Cu-CHA 所全面扼杀。BASF 于 2005 年首次开发出 Cu/SSZ-13 并于 2009 年开始应用，庄信万丰随后开发出 Cu/SAPO-34，该类脱硝催化材料具有优异的水热稳定性、宽活性温度窗口、高氮气选择性，已成为 SCR 催化材料的主流发展方向，目前的研究热点集中在材料粒径均一性控制及低成本工艺研发等方面[16]。BASF 等国外催化剂公司正在开发将 CDPF 与 SCR 功能整合的 SCRF 技术，以提高催化剂效率、减小催化剂装车体积。对于 NH_3 逃逸问题，昆明贵研在 ASC 涂覆结构对 NH_3 转化的影响方面开展了大量研究。

（3）天然气车尾气催化剂

国六阶段 CNG 车均配置了当量比燃烧的发动机，因 CH_4 的结构稳定，难以氧化，因此对于天然气车尾气催化剂，需进一步提高催化剂的活性，降低 CH_4 的起燃温度，并在保持稳定性的前提下，尽可能降低贵金属的用量。研究表明，Y^{3+}、Ce^{4+}、Al^{3+} 改性的 ZrO_2 载体催化剂耐硫性能均好于纯 ZrO_2 载体催化剂，结构表征表明 Y^{3+}、Al^{3+} 的加入能使催化剂具有较大的比表面积和孔体积，并且抑制 ZrO_2 在 800℃时由四方相向单斜相的转变。研究发现 Y 的添加可明显提高 Ce-Zr-Al 粒子上 PdO 的还原性，从而显著提高 $Pd/Ce_{0.2}Zr_{0.8}/Al_2O_3$ 催化剂的活性和高温稳定性，Y_2O_3 修饰的 Pd/YZrAl 催化剂具有优异的催化性能和抗水中毒性能。

（4）摩托车尾气净化催化剂

摩托车因排气流量高、温度低等特点，通常采用金属载体催化剂有利于快速升温、快速起燃，更快发挥催化剂性能。2016 年 8 月 22 日，我国正式发布《摩托车污染物排放限值及测量方法（中国第四阶段）》标准，相比于国三标准，压燃式和点燃式摩托车排放的 CO、HC、NO_x 限值分别降低了 25% ~ 50%，耐久里程从 12000km 增加到 20000km，对催化剂性能、耐久性能提出新挑战。摩托车尾气净化原理与汽油车相似，近年来巴斯夫、日本三井、庄信万丰、意大利开米拉等公司研究热点聚焦在铈锆固溶体材料、过渡金属替代贵金属的低成本化技术，并通过提高三组分贵金属催化剂（铂 / 钯 / 铑）或两组分贵金属（钯 / 铑）效率以及涂层结构优化，来优化催化剂的性能及降低贵金属用量，包括增加催化剂涂覆量、改善催化剂涂层等来强化催化剂的耐久性。

2. 非道路移动机械用柴油机尾气净化催化剂

目前，欧美工程机械执行欧洲第四阶段（Stage Ⅳ）和美国第四阶段（Tier4）排放标准，其普遍采用了机内净化加后处理的技术路线。为满足 2019 年实施的非道路移动机械第五阶段（Stage Ⅴ）排放法规，美国卡特彼勒公司（CaterpillarInc）、沃尔沃汽车公司（Volvo）和日本小松等公司通过采用 SCR、DPF/CDPF、DOC 等后处理技术，结合先进燃烧技术和系统优化控制与匹配，开发完成了新一代产品。我国工程机械现在执行国三排放标准（相当于欧洲 STAGE Ⅲ A），发动机采用电控技术即可满足。对于将要执行的国四标准（相当于欧洲 STAGE Ⅲ B），发动机匹配后处理器是常规技术路线。预计未来几年，我国排放法规的升级将不断加速，后处理技术的提升将成为工程机械排放升级的关键。自 2011 年起欧洲第三阶段（Stage Ⅲ B）和美国第四阶段（Tier4）标准的全面实施以来，国外主要非道路移动机械公司采取了不同排放后处理组合技术。Agco 公司采用了 SCR，Case IH 采用了 DOC+SCR，John Deere 采用了 DOC+DPF，Fendt 采用了 EGR+SCR+ 被动再生式 CDPF，Caterpillar 采用了 EGR+DPF。另外，亚洲一些非道路移动机械用柴油机也采取了相应的排放后处理技术，如 Mitsubishi、Yanmar 和 Kubota 等品牌。总体来说，主要有两种技术路线，欧洲倾向于优化燃烧 +SCR，美国和日本倾向于 EGR + DPF。

3. 船舶尾气净化催化剂

船舶用尾气净化催化剂技术包括尾气脱硫技术、尾气脱硝技术、颗粒处理技术。尾气脱硫技术主要采用 SO_x 洗涤器技术，当前主流工艺是石膏法烟气脱硫、旋转喷雾干燥法烟气脱硫和海水脱硫法等。尾气脱硝技术主要有 SCR 法、NTR 法和光催化法，其中 SCR 技术应用最广泛、最成熟，被认为是满足最严格 Tier Ⅲ标准的最有前途的脱除 NO_x 技术。由于排气温度、排放成分等差异，船用 SCR 不同于车用 SCR，车用柴油机排气温度为 150 ~ 516℃，船用中速柴油机约 250 ~ 450℃、低速柴油机约 230 ~ 300℃，因此船用 SCR 温度窗口相对车用 SCR 较小，对低温转化效率要求高；燃油品质方面，2012 年后，船用燃料硫含量 <3.5%（约为车用柴油硫含量的 100 倍），柴油中 98% 的硫在燃烧过

程中转化为SO_2，其余2%作为硫酸盐排放，因此要求船用SCR具有很高的耐硫中毒性能。目前商业化的SCR大部分为挤出式V_2O_5–WO_3–TiO_2整体式催化剂系统，但该技术的低温效率等仍有待提升。Seo等[17]对Fe沸石和V_2O_5–WO_3–TiO_2催化剂比较结果表明，由于Brønsted酸性位点，V_2O_5–WO_3–TiO_2耐硫性较强，在350℃下NO_x转化率相对较高；对于低温下船用挤出式SCR的整体V_2O_5–WO_3–TiO_2，可在废气中引入过量O_2和NO_2增加NH_3消耗，从而调控NO_x还原速度。Han Bing[18]等研究表明磷酸化有利于改进$CeSn_{0.8}W_{0.6}O_x$-$TiAl_{0.2}Si_{0.1}O_y$挤出式SCR的催化活性、耐硫性能。

对于尾气碳烟颗粒的净化技术，主要包括DPF、DOC和连续再生捕集器（CRT）技术，CRT技术通过组合DOC和CDPF可同时净化HC、CO和碳颗粒。研究表明，当DOC和DPF体积比接近1.5时，CRT再生速率最理想，但CRT需使用无硫或低硫柴油，所以现在仍难以应用于船舶。

（二）稀土在石油炼制和化工中的应用

流化催化裂化（FCC）是我国石油化工过程的关键工艺，承担了约60%的重油转化任务，满足国内70%汽油、35%柴油和35%丙烯的市场需求。其核心技术是开发和使用不同类型的FCC催化剂，最大限度满足重油高效转化、提高汽油辛烷值、低碳烯烃生产等多方面的生产和市场需求。

FCC催化剂的活性组分包括HY、USY、REUSY、REY和REHY分子筛，目前以REUSY分子筛为主。图1是典型Y型分子筛的笼状结构，其中α笼（超笼）开口直径大约1.3nm，β笼（方钠石笼）开口直径仅约0.24nm，不同的改性方法和稀土上量决定稀土离子在其中的分布，从而影响分子筛的稳定性和活性中心数量。

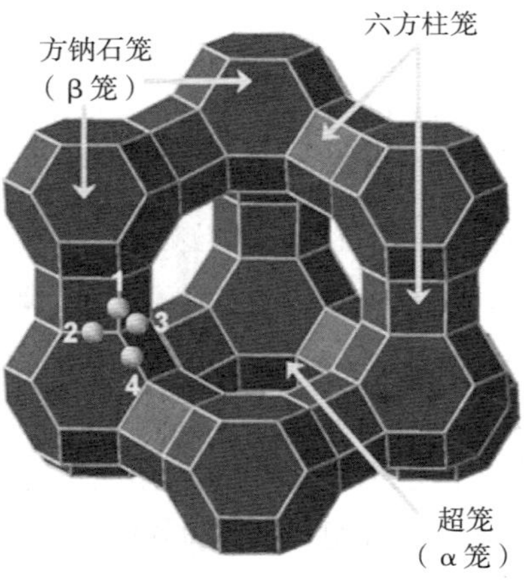

图1 Y型分子筛的笼状结构

近年涉及催化裂化分子筛材料研发的一个重要方向是如何将稀土离子尽可能定位在Y型分子筛的β笼中，从而最大限度提高稀土元素的利用率，并改善分子筛的水热稳定性。中国石油石化院研究了不同类型稀土离子、改性体系pH和水热焙烧条件等影响规律，创制了超高活性稳定性的HRSY系列分子筛，通过XRD Rietveld等对比分析表明，可以将98%的稀土离子定位在Y型分子筛β笼中，而传统的改性技术只有75%。

研究表明：引入稀土离子后，不仅显著增强Y型分子筛的结构稳定性，而且调变了分子筛酸性，使分子筛的中强酸数量增加，强酸中心数量减少。结合密度泛函理论（DFT）计算结果，进

入分子筛 β 笼的稀土可与骨架 O 原子相互作用，增加 Al-O 键作用力，提高分子筛的结构稳定性，从而避免骨架 Al 的脱除和非骨架 Al 的生成，并导致 REHY 分子筛的 B 酸强度弱于 USY，但强于 HY。通过 Rietveld 方法研究不同 REHY 分子筛的结构结果表明，游离在 α 笼中的稀土不能极化水分子，减少了分子筛的总酸量，只有定位于 β 笼的稀土离子才能使水分子产生极化作用，吸引着 OH^-，使 H^+ 处于一定程度的游离态，从而增加中强酸数量。结构计算表明，分布在 β 笼中的最佳稀土离子个数大致为 11 个，相当于分子筛的最佳稀土含量为 12.6%。秦玉才等[19]研究表明 REY 与 HY 均可通过 B 酸中心的质子化作用活化噻吩，而稀土离子有利于氢转移反应及低聚反应的发生，进而促进噻吩物种在改性 Y 分子筛上的裂化反应。刘小鹏等[20]采用稀土改性 FCC 催化剂时，发现当稀土含量较低时铈的稳定作用优于镧，适量铈改性 FCC 催化剂的优点是干气少，焦炭收率低，汽油和柴油收率高。镧、铈、镁分别与钒形成高熔点的 $LaVO_4$、$CeVO_4$ 和 MgV_2O_6，但是第二金属元素会使氧化钒还原温度升高，晶格氧的活性下降，$CeVO_4$ 和 $LaVO_4$ 上噻吩以氧化反应为主，环己烷以脱氢反应为主。为增加噻吩硫的反应活性，在稀土钒酸盐中引入镁，TPSR-MS 和重油微反评价表明，La-Mg-V 上噻吩的转化率明显提高，在催化剂中加入 10%La-Mg-V 时，汽油硫含量分数降低 67.2%。

除了在 FCC 催化剂技术研发中稀土发挥不可替代的作用外，稀土在其他石油化工领域也显示了优势。于杨[21]研究了 La、Ce、Pr、Nd 对 $Cu-ZnO-Al_2O_3$ 催化剂的改性作用及其在 CO 加氢制甲醇反应中的催化性能。Ce 改性催化剂的反应效果最佳，甲醇收率能提高 43.6%，归因于对反应物分子具有较高的吸附能力以及较强的 Cu-ZnO 相互作用。张立东等[22]在 ZSM-5 分子筛水热合成过程中引入适量的稀土氧化物制备了系列分子筛催化剂，考察其在苯与乙醇反应过程中的催化性能。适量稀土氧化物的引入明显提高了乙苯选择性。支岩辉等[23]采用溶胶 - 凝胶法制备了不同稀土金属和过渡金属离子为助催化剂的 SiO_2 负载型磷钼酸（HPMo）催化剂，研究此催化剂在模拟柴油的催化氧化脱硫反应中的性能。发现稀土金属和过渡金属离子的加入保持了磷钼酸的 Keggin 结构，促进磷钼酸活性中心在 SiO_2 表面的分布，稀土元素 Eu 的助催化作用最为明显。陈艳云等[24]以稀土硝酸盐为前驱体，采用等体积浸渍法制备了一系列稀土修饰 ZSM-5 催化剂，考察其对氯甲烷制低碳烯烃反应的催化性能。稀土修饰提高催化剂的稳定性和低碳烯烃选择性，其中 Ce 改性催化剂表现出较高的催化活性和低碳烯烃选择性。在 450℃、质量空速 0.45/h 条件下，氯甲烷转化率高达 97.6%，总低碳烯烃选择性达 77.6%。

（三）稀土催化材料在天然气催化燃烧中的应用

催化燃烧是燃料和氧气在催化剂表面发生的完全氧化反应。催化燃烧催化剂，按其组成可分为：①负载型贵金属（Pt、Pd）催化剂；②负载的过渡金属（Ni，Co，Mn，Cu 和 Fe 等）氧化物催化剂，③具有特定结构的复合氧化物催化剂，如含稀土的钙钛矿、尖晶石和六铝酸盐等。

对于负载型贵金属催化剂，载体的性质、载体与贵金属之间的相互作用等均可显著影响其活性和稳定性。研究表明，无论是直接作为载体还是助催化剂，稀土的应用可有效提高贵金属催化剂的活性或稳定性。如以 CeO_2 为载体时有利于 Pd 以高价态的形式存在，在 Pd/Al_2O_3 中引入 CeO_2 后可抑制甲烷催化燃烧反应中由于 PdO 和 Pd 之间的转化。

此外，CeO_2 的表面积和颗粒大小等也可显著影响到负载型金属催化剂反应性能。如当 CeO_2 的粒径从 16nm 减小到 4nm 时，比表面积从 70 增加到 $180m^2/g$，相应的 Au/CeO_2 对 CO 氧化的催化活性可增加两个数量级。

通过一步溶液燃烧法制备的 Pd/CeO_2 催化剂，和传统浸渍法制备的贵金属催化剂相比单位质量贵金属的反应速率提高了 3 ~ 5 倍，CH_4 完全转化温度降低了 100℃，且在 900℃下老化 15 小时不失活。表征结果表明，通过溶液燃烧法 Pd 可进入 CeO_2 晶格表面或者次表面形成超级单体结构，如图 2 所示，从而使 Pd 物种以高活性的 PdO 的形式存在。CeO_2 的不同暴露晶面也是影响贵金属 $/CeO_2$ 催化剂活性的重要因素，如：与 CeO_2 纳米立方体和纳米多面体相比，CeO_2 纳米棒具有丰富的（110）和（100）晶面，从而具有最强的稳定和活化 Au 的能力，具有高的水煤气变换反应的活性。

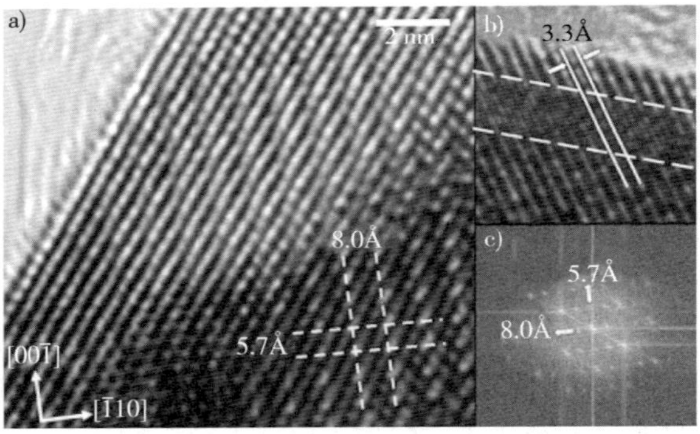

图 2　通过一步溶液燃烧法所制备样品的高分辨透射电子显微镜图片

（a）平面；（b）剖面图；（c）傅里叶变换图

虽然负载贵金属催化剂在甲烷催化燃烧中表现出高的反应性能，但在高温下活性组分烧结或者是贵金属的挥发，可导致催化剂的失活。对 $Pd/La/Al_2O_3$ 催化剂的甲烷氧化研究表明，采用 Pd、La 共浸渍法制备的催化剂，由于电子可从 LaO_x 转移到 Pd 上，使得 Pd 物种更稳定，经 1000℃下老化后催化剂比表面积虽大幅下降，但依然保持了较高的活性和高温稳定性。

与贵金属催化剂相比，氧化物催化剂由于优异的热稳定性而越来越受到关注。六铝酸盐具有很高的结构稳定性，利用一些可变价态的过渡金属离子取代六铝酸盐（$A_{1-x}A^{*}B_xAl_{12-X}O_{19}$）中的 A 位和 B 位，可在保持体系热稳定性的同时，提高其催化氧化的活性。利用反相微

乳法制备的 CeO_2 掺杂的 BHA（Ce–BHA）经 1300℃焙烧后比表面积大于 $100m^2g^{-1}$，甲烷的起燃温度约为 400℃。

钙钛矿型复合氧化物（ABO_3）具有良好的热稳定性和氧化活性。在典型的钙钛矿型氧化物中，La、Pr、Nd 和 Gd 等稀土元素占据 A 位，Mn、Co 等过渡金属元素占据 B 位，其中最具代表性的有 $LaMnO_3$、$LaCoO_3$ 及掺杂的钙钛矿型复合氧化物。一般而言，通过 A 位或 B 位取代所产生的氧空位或晶格空隙有利于提高氧的流动性，同时可很好地调变 B 位离子的价态，从而提高其对氧化反应的催化活性。针对 NO 氧化反应，Sr 掺杂的钙钛矿催化剂 $La_{1-x}Sr_xCoO_3$，其中 $La_{0.9}Sr_{0.1}CoO_3$ 具有较商业用 Pt 催化剂更高的 NO_2 转化率。对于 800℃下焙烧制备的 $LaMnO_3$，$La_{0.9}MnO_3$ 和 $LaMn_{0.9}O_3$，其中非化学计量比的 $LaMn_{0.9}O_3$ 催化剂表现出最高的活性，除了比表面积的原因外，主要原因是因为非化学计量比的钙钛矿由于 Mn 离子的缺失使得催化剂存在大量的缺陷位。

除了 A 位和 B 位的元素组成，钙钛矿型催化剂的比表面积对其性能也有较大的影响。因此，提高钙钛矿的比表面积成为研究的热点之一。如，采用柠檬酸法制备大比表面积的 $LaM_{1-x}Cu_xO_3$（M=Mn 或 Co）钙钛矿催化剂，在 800℃时可完全氧化 CH_4 生成 CO_2；Szabo 等采用球磨法制备的钙钛矿型氧化物，比表面积最高可达 $47.7m^2/g$；以有序介孔立方（Ia3d）乙烯基硅为模板剂，制备的介孔 $LaCoO_3$ 钙钛矿，比表面积可达 $96.7m^2/g$，CH_4 的起燃温度（T_{10}）和半转化温度（T_{50}）分别为335和470℃，与贵金属催化剂的活性相当。提高钙钛矿氧化物比表面积的另一条常用方法是利用具有大比表面积的载体（如 Al_2O_3，SiO_2，ZrO_2 等）制备负载型钙钛矿。

（四）稀土催化材料在 VOCs 净化中的应用

除了机动车尾气之外，由工业源排放的易挥发性有机化合物（VOCs）等有毒、有害气体也是大气的污染物，严重地影响了人们的身体健康和城乡经济的发展，同时由装饰材料等造成的室内空气污染也越来越引起人们的重视。经济高效的净化技术是解决此类问题的关键，其中催化净化技术是最有效的方法。

VOCs 催化净化具有操作温度低、净化效率高、无须辅助燃料、二次污染物生成量少等优点，被认为是最有效的和最有应用前景的 VOCs 净化技术。催化氧化法主要适应于中高浓度以上的有机废气的净化，对于低浓度的 VOCs 的催化净化，则需要运用吸附、热脱附和催化燃烧的联合技术以降低运行成本。目前的研究主要集中在：①三苯系 VOCs（苯、甲苯、二甲苯）等的催化净化；②卤代 VOCs 的催化净化；③萘、蒽等芳香族多环芳烃（PAHs）的催化净化；④大风量、低浓度条件下 VOCs 的催化净化等。作为 VOCs 净化氧化催化剂，稀土元素在其中依然发挥着不可替代的作用，如提高催化剂的热稳定性、增加催化剂的活性、减少活性组分的用量降低成本、延长催化剂的寿命等。如对于含氯有机物的催化氧化，含稀土的氧化物催化剂表现出高的净化性能，包括在水蒸气中进行氯代有机物的催化分解和低温催化燃烧等。

对于含氯 VOCs（CVOCs）的催化氧化，常用的催化剂体系有贵金属催化剂、过渡金属氧化物催化剂和固体酸催化剂等。对于含氯不饱和烃（如含氯烯烃、含氯芳烃等）CeO_2 表现出优异的反应性能。然而，由于 Cl 物种在催化剂表面的沉积导致催化剂易失活。因此，通过研究和开发 CeO_2 基复合氧化物催化剂，以进一步提高其活性和稳定性成为 CVOCs 催化氧化的研究热点之一。通过掺杂 Co、Cr 和 Mn 等可提高催化剂表面的氧的流动性，增加催化剂的反应活性和稳定性。如：CrO_x 与 CeO_2 的相互作用促进具有强氧化性能的 Cr^{6+} 物种的增加，232℃实现二氯乙烯完全氧化，水的引入在高温段有利于 Cl 物种移除[25]；在 Co_3O_4 中引入 Ce，不仅增加了活性 Co^{2+} 和 Ce^{3+} 物种的数量，而且形成 Co^{2+}/Co^{3+} 和 Ce^{3+}/Ce^{4+} 两个氧化循环对；改变了晶格氧的配位环境，促进了氧空穴的产生[26]。

动力学研究表明 Cl 物种的移除是整个反应的控制步骤，通过改变 Cl 物种在催化剂表面的吸附、脱附和催化剂的氧化还原性能都可以加速反应性能。对于氯物种的脱除途径一种认为是在活性氧物种的作用下的金属氧化物的氧化循环，如 $MnCl_2$ 和 MnOxCl 被快速氧化成 MnO_x，从而达到高效除氯的作用；也有认为表面吸附氯的脱除是通过 Deacon 反应得以实现。CeO_2 中引入贵金属（如 Ru）可有效促进催化剂的氧化性能，一方面有利于降低 CO 选择性；另一方面降低 Deacon 反应的温度，避免 HCl 在催化剂表面的积累，提高催化剂的稳定性。如 Ru/CeO_2 催化剂氯苯催化燃烧的 T_{90} 温度为 280℃，且产物中为 CO_2，HCl 和 Cl_2，仅有少量的二氯苯的生成．在 Ru/CeO_2 表面上氯苯脱除的反应机理见文献［27］。

除了 CeO_2 基氧化物催化剂，Ce 修饰的分子筛催化剂也表现出优异的 CVOCs 催化氧化的性能，如用稀土元素修饰 Co/HMS 催化剂，发现稀土元素修饰后的催化剂依然能够保持 HMS 的二维六面体介孔结构，其中 Ce 的引入有利于 Co 在 HMS 上形成 Co_3O_4 晶体簇活性中心，能够提高 Co 的氧化还原性能；Co 和 Ce 的电子结构有利于氯苯上的氯解离，形成氯自由基，加快氯苯氧化。将 CeO_2 和超稳分子筛 USY 混合发现 CeO_2–USY（8∶1）在 273℃可将二氯乙烯完全氧化，由于 CeO_2 的氧化还原性能与 USY 酸性之间的协同作用，使得催化剂具有最佳 HCl 和 CO_2 选择性。

钙钛矿性物氧化物（如 $LaMnO_3$）因具有的高温稳定性和良好的氧流动性使得在其含氯烯烃的催化氧化中也表现出良好的反应性能。$LaMnO_3$ 在 300℃可实现氯苯的完全氧化；对氯乙烯 T_{90} 为 240℃。A 位或者 B 位掺杂均可有效增加催化剂表面氧空穴的数量、提高氧的流动性，从而提高催化剂的氧化还原性能。如 A 位掺杂的 $La_{0.8}S_{r0.2}MnO_3$ 表现出更高的氯乙烯催化燃烧的活性，T_{90} 为 291℃，这是由于 Sr 的引入提高了催化剂的氧化还原性能和表面氧物种的浓度所致。

（五）稀土催化材料在固定源 NO_x 排放控制中的应用

NO_x 排放控制的主流技术是 NO_x 选择性催化还原，其技术的核心是 SCR 催化剂。工业上用的 SCR 催化剂基本上以 V_2O_5-WO_3（MoO_3）/TiO_2 为主，虽然钒钛基催化剂具有良好的催化性能和近半个世纪的工程应用历史，但是，V_2O_5 具有一定的毒性，其废旧催化剂的处置比较困难，因此，近几年很多的科学家纷纷研究非钒 SCR 催化剂，而 Ce 基材料成为其中的研究热点[28]。

一个优异的 SCR 脱硝催化剂强度合适且浓度高的表面酸中心和氧化还原中心。CeO_2 是一种以酸性为主的物质，具有较强的氧化还原性能，因此，CeO_2 的物理化学性质使之有可能成为 SCR 脱硝催化剂的一种有效组分。如图 3 所示，近几年，SCI 收录的 Ce 基 SCR 催化剂研究论文数量快速增加。

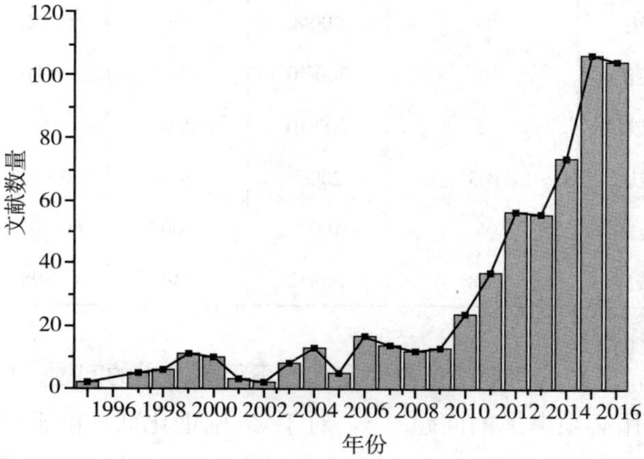

图 3　近 20 年 Ce 基 SCR 催化剂研究发表 SCI 论文情况

对于 Ce 基催化材料，当部分等价小尺寸离子嵌入其晶格后，氧物种的流动性明显改善，如 Zr^{4+}、Ti^{4+} 等。文献报道也证实，Ce 基催化材料的 SCR 脱硝活性明显高于纯相的 CeO_2[29]。利用 Ti^{4+} 替代 Ce^{4+}，提高载体 CeO_2 物种的氧化还原性能，能够显著提高 NH_3-SCR 催化性能[30]。对于 Ce 基复合氧化物材料，常用的制备方法有 Sol-gel 法、共沉淀法和燃烧法等，通过选择合适的制备方法，可使催化剂中 CeO_2 具有较高的暴露面积和表面活性氧物种，提高其 redox 性能。另外，通过调整催化剂组成，如改变掺杂元素的种类、浓度等，可以调节 Ce 物种的价态和表面氧空位数量[31]。结果表明，Ce 基催化剂中增加 Ce^{3+} 物种的量可以提高催化剂氧空位浓度，加速 $Ce^{3+} \rightleftharpoons Ce^{4+}$ 的 redox 循环[32]。如何获取较高的 Ce^{3+}/Ce^{4+} 比，改善催化剂 redox 性能，是提高 Ce 基催化材料活性的一个重要问题。以 $CeTiO_2$ 和 $CeMnO_2$ 为代表，并以其为基础制备得到的三元复合氧化物材料，表现出良好的脱硝活性，表 1 给出了近几年典型 Ce 基材料的 SCR 反应活性。

一般来讲，烟气中普遍存在不同浓度的 SO_2，而 SO_2 与 CeO_2 的相互作用很强，易发生氧化生成 SO_3，进而形成硫酸盐，基于上述原因，CeO_2 也被认为是一种脱硫剂。同时，由于 Ce 物种存在，提高催化表面 NO_x 物种的吸附，在 NH_3-SCR 反应气氛下，能够显著抑制催化剂表面硫酸盐物种及硫铵物种的形成，提高催化抗硫性能[33]。但是作为稀土脱硝催化材料，其耐硫性问题受到了业内人士的高度关注。

表 1　典型 Ce 基催化材料的 SCR 活性数据

催化剂	合成方法	空速（10^4h^{-1}or $mL\cdot g^{-1}\cdot h^{-1}$）	SO_2/H_2O（ppm/%）	温度（℃）	转化率 X_{NO_x}（%）	参考文献	年份
$CeTaO_x$	共沉淀法	12	150/5	300	~80	[34]	2015
$Mo/CeZrO_2$	浸渍法	9.8	50/5	350	~90	[35]	2015
$CeZrVO_3$	水热法	2.6	200/8	190	60（22h）	[36]	2016
$NiCeLaO_x$	共沉淀法	2	500/10	300	~80	[37]	2016
$TiCeSnO_x$	溶胶凝胶法	2	300/10	200	85	[38]	2016
TiCu/CeO2	浸渍法	4.5	200/5	300	60（17h）	[39]	2017
CeO_2/TiO_2	浸渍法	6	100/5	300	60（12h）	[40]	2017
$CuCeZr_x$	柠檬酸法	2.8	100/12	240	>95	[41]	2017

在工程应用中，SCR 催化剂的抗硫性是人们不得不考虑的问题，也是新型催化材料是否可以进行工业应用必须考虑的问题[42]。对于 Ce 基催化剂，由于其优异的氧化还原性能，即使在较低温度条件下，SO_2 的氧化率有可能偏高，生成的 SO_3 可以与还原剂 NH_3 或者催化剂中的金属氧化物作用生成硫酸盐。在 SCR 脱硝反应体系中，SO_3 可以和气态 NH_3 反应，生成的 NH_4HSO_4，而 NH_4HSO_4 的露点温度约为 220℃，在接近或低于这个温度下，气态的 NH_4HSO_4 会在催化剂表面结露和冷凝，进而覆盖催化剂表面，随着 NH_4HSO_4 在催化剂表面的累积，催化剂逐渐丧失 SCR 催化活性[43]。目前，无论在学术界还是工程界，还缺乏 NH_4HSO_4 在低温条件下对 SCR 催化剂影响规律的认识，即对烟气条件（SO_2 含量、水含量、O_2 含量、飞灰含量、流速、温度）–NH_4HSO_4 生成（时间和生成量）–SCR 催化剂失效（或堵塞）的规律缺乏清楚的认识，对于含不同 SO_2 浓度的烟气，尚缺乏实验数据以确定和选择 SCR 催化剂的最低运行温度。上述的问题阻碍了的新型 SCR 催化材料在含硫烟气脱硝工程上的应用。NH_4HSO_4 的分解温度约为 350 ℃，我们可以原位加热 SCR 催化剂，使覆盖于催化剂表面的 NH_4HSO_4 分解，催化剂得以再生。但是，对于 Ce 基催化剂，CeO_2 可以和 NH_4HSO_4 反应，生成 $CeOSO_4$ 或 $Ce(SO_4)_2$，使催化剂活性降低；$CeOSO_4$ 或 $Ce(SO_4)_2$ 的分解温度高于 700℃，因此，催化剂很难通过热处理的方法再生。但是 Ce 改性催化剂与 NH_4HSO_4 发生相互作用，降低 NH_4HSO_4 稳定性同时促进 NH_4HSO_4 的分解，从而有利于催化剂低温抗硫性能提高[44]。总而言之，Ce 基催化材料作为 SCR 脱硝催化剂是否可以长期应用，目前还没有统一的共识，还存在疑问和争论。

三、国内外研究进展比较

（一）机动车尾气净化催化剂

1. 机动车尾气催化剂

国内催化剂产业技术发展迅速，国六阶段我国催化剂产业将从国外的追赶者转变为同行者。当前欧洲已实施欧六排放法规，汽油车 TWC 技术持续提升、柴油机 CDPF 催化剂、NO_x 存储催化剂和 NO_x-soot 同时去除的四效催化剂等先进技术被研发及应用，虽然技术手段多，但面临国六法规更严于欧六法规的相关要求，这些新技术仍存在 soot 燃烧温度太高、NO_x 储存能力低、低温条件下（200 ~ 400℃）同时去除 soot 和 NO_x 等问题。国六阶段国内外均面临在中国暂未成熟的整机系统上解决 soot 和 NO_x 排放、真实驾驶工况技术开发、整车和催化剂系统标定匹配等等挑战，而且随着发动机更有效率以及更高压力涡轮增压发动机的开发，需要开发具备低温性能更优越的高效催化剂。“十二五”期间，国内昆明贵研催化剂有限责任公司（以下简称昆明贵研）、无锡威孚环保催化剂有限公司（以下简称无锡威孚）、四川中自环保科技股份有限公司（以下简称四川中自）等自主汽车催化剂产业通过与天津大学、清华大学、四川大学等科研院所的合作，掌握了国际先进水平的催化材料设计技术和催化剂涂覆制造技术。国五法规阶段，我国催化剂产业已具备成熟的、商业化的机动车尾气净化催化剂产品和技术，如汽油车和 CNG 车的三效催化剂技术，轻型柴油车的 DOC 与 CDPF（或 POC）系统应用技术，重型柴油车的 DOC 与 SCR 系统应用技术。应对国六法规，CGPF、SCRF 和 LNT（即稀燃 NO_x 捕集）等新技术国内尚处于空白，催化剂功能整合技术的研究基础薄弱，催化剂与整车配套开发周期长、数据积累慢，催化剂设计的预测模型应用与国外有较大差距。目前国内已具备先进的规模化自主汽车催化剂生产制造平台，催化剂涂覆误差不大于 3%，可实现二维码单颗产品追溯，汽油车和柴油车催化剂制造技术达到或接近国际先进水平，可满足国五排放标准要求并实现了批量配套，为上游关键材料行业及下游汽车产业的发展提供了强大的技术支撑。

对于催化剂载体技术，山东奥福环保科技股份有限公司与北京科技大学、中科院生态环境研究中心及天津大学等科研院所合作，突破了柴油车脱硝用大尺寸堇青石蜂窝载体的制备技术；但在满足国六排放标准的超薄壁（0.1mm）、大孔目数（900Cell/in^2）直通式堇青石蜂窝陶瓷载体，以及高孔隙率、窄孔分布、高耐热冲击的 SiC 壁流式蜂窝陶瓷载体等领域，国内目前与国外还有较大差距。

国内的科研院所在稀土氧化物、活性氧化铝及 Cu-Chabazite 等关键催化材料方面的研究异常活跃，但我国在汽车催化关键材料领域的基础研究优势未能转化为产业优势，导致我国的汽车催化关键材料产业技术水平与国际差距较大。在铈锆储氧材料方面，有研稀土、北京大学、天津大学、清华大学、华东理工大学、北京工业大学等研发团队，在铈锆储氧材料、铈铝复合材料及贵金属与稀土氧化物相互作用等方面进行了系统深入的研究，在铈基汽车催化材料学术领域占据了国际制高点。在活性氧化铝研究方面，华东理工大学在稀土和 Si 改性、四川大学在稀土与碱土金属改性等方面开展了系统深入的研究，天津大学提出了原创性磷改性氧化铝的思路。在车用 Cu-Chabazite 脱硝材料方面，天津大学、清华大学在 Cu/SAPO-34 材料合成及催化机理研究方面处于国际领先水平，其中天津大学开发出一步法合成 Cu/SAPO-34 的清洁生产工艺，实现了 1 ~ 10μm 范围内窄粒径分布的可控制备；浙江大学与中科院生态环境研究中心合作开展了低成本 Cu/SSZ-13 合成的探索，天津大学开展了高效催化材料的高通量设计制备工作，综合应用高通量材料计算、高通量材料制备与表征和材料数据库等核心技术，加速我国在催化新材料方面的研发。有研稀土将镧铈基稀土材料绿色制备产业化创新成果与江苏省国盛稀土有限公司通过产学研合作，已建成千吨级铈锆储氧材料生产线，但分子筛催化材料在国内还未形成产业支撑。因此稀土催化材料方面我国有丰富的基础研究资源和一批国际先进水平的研究成果，合理引导并有效解决工程化问题将会带来关键材料行业的发展。

2. 非道路移动机械尾气净化催化剂

受排放标准落后的影响，目前后处理方面的核心技术仍受国外公司控制，如德国 BASF 公司（以下简称 BASF）和英国 Johnson 6matthey 公司（以下简称 JM）的催化剂，美国天纳克公司和法国佛吉亚公司的系统集成，美国康明斯公司和奥地利 AVL 公司等的系统匹配与整机控制技术开发等。近年来在国家“973”、“863”研究计划的引领下，国内工程机械排放控制技术已具备了一定的条件。同时随着我国《非道路移动机械用柴油机排气污染物排放限值及测量方法中国（第三和第四阶段）》的颁布以及第三阶段的实施，国内整机厂大量启动非道路移动机械后处理技术研究和产品应用。目前，昆明贵研和无锡威孚已完成非道路移动机械用催化剂、后处理器的开发，并形成批量生产能力。考虑到国内油品以及成本要求，目前国内非道路移动机械后处理产品几乎都采用 SCR 催化剂，目前广西玉柴机器集团有限公司、云内动力股份有限公司、潍柴动力股份有限公司等市场都已开发出满足第三阶段排放要求的非道路移动机械发动机。从总体来看，非道路移动机械柴油机与车用柴油车的排放产物和限制排放物种类基本一致，所采用的后处理技术类似，但由于非道路移动机械柴油机相较于车用柴油机技术落后，且运行工作条件恶劣、负荷大、工况变化剧烈、功率范围大、燃油含量高、原始排放高等特点，使得其污染物处理难度极大，同时由于成本压力大，对催化剂的性能、耐硫性、成本等都提出了更高的要求，因此在非道路移动机械发动机领域的后处理催化剂技术还亟待提升，目前清华大学、天津大学、同济大学、北京工业大学和山东大学等在该领域开展了大量的研究。

目前，国产品牌第三阶段的非道路移动机械柴油机已在中国一拖集团有限公司、福田雷沃重工股份有限公司和中联重机股份有限公司等企业产品上大量应用，并推向市场。而满足国四排放的非道路移动机械柴油机技术仍处于探索和试验阶段，目前我国关于第三和第四阶段采用的后处理催化剂主要有三条技术路线：SCR、DPF、DOC+POC。其中 DPF 技术对燃油含硫量要求极高，且需要复杂的控制系统，因此目前还不具备成熟的应用条件，还在研究储备中；SCR 技术较 DPF 相对成熟，目前是非道路移动机械发动机的主流，尤其是在第四阶段；DOC+POC 无论从安装空间、成本、技术要求相较于 DPF、SCR 更低，因此现在也有不少厂家选择 DOC+POC 技术，但在该技术路线中需考虑颗粒物的泄漏问题，需及时清理。

3. 船舶用尾气净化催化剂

国际上目前船用催化剂主要还是 SCR 催化剂，DPF、DOC 尚未全面应用。1970 年日本日立公司成功开发出不锈钢板式 SCR，已在中国设立公司，尚未建生产基地；2007 年德国 Argillon 公司开发处板式催化剂，美国 Cormetech 公司蜂窝式 SCR 生产能力居世界首位，丹麦 Topsoe 公司以波纹板式 SCR 为主。尾气颗粒物处理产品，具有代表性的是法国 Citroen 公司的添加剂再生过滤器（DOF）、JM 公司的连续再生过滤器（CRT）、美国 Engelhard 公司的 CDPF，目前蜂窝陶瓷壁流式颗粒捕集器颗粒物过滤效率可达 90%，丹麦 Notox 公司开发的 SiC 蜂窝结构壁流式过滤器，过滤效率可达 99.8%；英国 Per-Tec 公司的微粒过滤器 Powertrap 的过滤效率为 70%，英国皮卡迪利公路运输公司已经应用这种类型的过滤器。

由于我国有关船舶发动机污染物排放相关法规出台较晚，2017 年 7 月 1 日实施《船舶发动机排气污染物排放限值及测量方法（中国第一、二阶段）》，目前国内已具备产能的大部分企业如东方凯特瑞、重庆远达、江苏龙源等技术均来源于国外，国内个别环保企业自主开发的 SCR 技术仍处于初期研究，DOC 和颗粒物处理技术尚处于空白，研究基础薄弱、缺乏系统产品及工程技术。

（二）石油炼制催化剂

随着全球原油重质化和劣质化日趋严重，如何实现重油的高效转化成为当今世界能源基础科学和技术研究的热点。FCC 技术在未来很长时间都将是经济实现重油高效转化的重要途径。而且，FCC 在中国炼油工艺中占有极为重要的地位，在原油加工中的比例远高于世界平均水平，高达 35%。国内石油石化行业在该技术领域进行了重点研究开发，经过几代科技工作者的努力，开发了具有中国特色的 FCC 催化剂体系和工艺技术，催化剂国内自给率多年维持在 90% 以上，部分产品已打入欧美炼油市场，并自主开发出系列 FCC 家族新工艺，在很大程度上满足了国内加工重质原料生产轻质油品和化工原料的多种需求。近年来，国内外研发机构又在重油高效转化、提高汽油辛烷值、多产低碳烯烃等功能化催化剂开发方面取得了新进展。

1. 重油裂化催化剂

重油高效转化是催化裂化工艺过程永恒的主题。随着世界范围原油重质化、劣质化日趋严重，需要催化剂具有更高的重油能力、抗金属污染能力和良好的焦炭选择性。中国石油石化院以首先提出的正碳离子“晶内产生、晶外传递、表面裂解”的重油高效转化模式为指导，发展了稀土离子在Y型沸石方钠石笼中的“定位”、超稳Y型分子筛分散、大孔基质材料、抗重金属污染以及新原位晶化催化剂制备等技术，开发形成了系列重油深度转化催化剂，先后完成工业转化，催化剂新产品在国内外几十套装置进行应用，并取得良好的应用效果，提升了中国催化裂化催化剂的市场竞争力和国际影响力。其中，开发的LDO-75重油深度转化催化剂已在大连石化公司进行了工业应用，结果表明：在催化剂单耗降低0.1kg/t的前提下，油浆产率降低1.84个百分点，总液收（液化气+汽油+柴油）提高1.93个百分点，显示出良好的焦炭选择性，较高的重油转化活性和理想的产品分布。随后得以在国内十余套装置推广应用，经济效益明显，同时该系列催化剂通过国际招标出口到雪佛龙公司美国盐湖城炼厂稳定使用，显示了国产FCC催化剂良好的使用性能。该公司研究了REUSY分子筛分散技术，有效减少催化剂中活性组分的聚集，实现分子筛外表面的高效利用，设计开发了LDO-70系列最大化生产轻质油品的重油裂化催化剂。该催化剂在乌鲁木齐石化公司进行工业应用，催化装置油浆降低0.35个百分点，焦炭+干气收率降低0.87个百分点，轻质油收率增加1.05个百分点，总液收增加1.19个百分点，汽油辛烷值增加1.1个单位，很好满足了用户需求。同时，从提高催化剂重油转化和抗重金属污染能力出发，该公司深入研究了高沸石含量原位晶化合成和重金属高效捕集技术，并采用中等含量稀土进行改性处理，工业化开发了新型高抗重金属原位晶化型裂化催化剂。固定流化床评价表明，与国外同类先进的催化剂相比，在8000ppm钒、5000ppm镍的高污染量下，该催化剂的微反活性提高7.0个单位，重油产率降低1.75个百分点，总液收增加1.69个百分点，表现出更优异的反应性能。针对扬子石化公司催化剂钒中毒严重和汽油收率低问题，中国石化石油化工科学研究院[88]采用促进稀土离子更多进入Y型分子筛方钠石笼技术、优先捕集钒组元技术以及基质酸性调变技术，设计开发了CGP-1YZ新型抗钒重油裂化催化剂。工业应用表明，在完全再生操作模式下，平衡催化剂上钒含量高达1%，该催化剂依然具有较好的综合反应性能，与空白标定相比，液化气和汽油收率分别增加3.39百分点和5.64个百分点，显示了良好的应用性能。

与此同时，国外也在持续研究重油催化裂化系列催化剂技术。Grace Davison、Albemarle、BASF等公司在FCC催化剂以及与之相关的分子筛、基质材料的研发方面取得了较大进展，开发了原位分子筛合成、Y型分子筛超稳化、ZSM-5择形分子筛改性、基质抗重金属污染以及基质孔结构和酸性控制等新技术。尤其是自2010年开始，国际市场稀土价格飙升，导致以稀土为主要原料的催化剂成本不断增加，各大公司也将研发重点转向如何降低催化裂化催化剂稀土用量以及寻找稀土替代品。Grace Davison开发的低稀土REpLaCeR®组合催化剂技术在2011年发展迅速，目前已经有超过50家炼厂将该技术应用于从低到中等金属含量的减压蜡油和高金属含量的渣油原料加工中。Albemarle公司开发的低稀土 LRT 技术及系列催化剂具有以下特点：①新型 ADZT-200 分子筛稳定化技术，可以在给定的稀土含量下提高分子筛活性 1.5% ~ 2%；②高活性和选择性氧化铝技术；③非稀土金属捕获技术；④高硅铝比（SAR）分子筛，具有较低的氢转移活性，可使汽油辛烷值和丙烯产率最大化；⑤高活性中心可接近性技术。该公司的低稀土催化剂技术已经完成了超过 30 个装置的工业应用。其中一个应用实例表明，当催化剂稀土含量保持在 2.2%，平衡催化剂可接近性指数提高 3 个单位，基质比表面积增加 $30m^2/g$。在可比条件下，催化剂添加速率有所降低，汽油产量增加 1.5%，油浆产量减少 0.8%。BASF 公司开发了 MSRC 多级反应催化剂平台技术，通过将两种或多种现有的催化剂功能组分结合到一个单一的催化剂颗粒中。利用该技术平台开发的第一个产品为 Fortress™ 重油裂化催化剂。在工业应用中，当停止加入外购平衡剂，由于催化剂加料速度的降低，平衡催化剂的金属含量不断上升，仅镍金属就从大约 7500ppm 增加到 9500ppm，但使用 Fortress 催化剂后，氢气的平均产率由 0.41%下降至 0.36%，显示出良好的金属钝化性能。Rive 技术公司通过在 Y 型分子筛上建构 2 ~ 6nm 的介孔，在分子筛晶体内部形成所谓的“分子高速路”，再经过中等稀土含量的改性处理，含有这种分子筛的催化剂在重油转化和焦炭产率上显示了明显优势，当焦炭产率固定在 3% 时，这种催化剂的重油产率比传统分子筛催化剂降低 1/3；同样，采用高稀土改性处理，含有这种改性分子筛的催化剂的汽油产率显著增加，而且重油转化能力和焦炭选择性也有所改善。

2. 高辛烷值催化裂化催化剂

中国石油石化院研究了催化剂孔结构、酸性与催化裂化汽油组成和辛烷值的关系，从提高 ZSM-5 择形裂化活性和降低 REUSY 分子筛晶胞参数等入手，研制了高效择形裂化分子筛和低稀土超稳 Y 分子筛，设计开发出 LDR 系列高辛烷值汽油裂化催化剂。在哈尔滨石化公司 60 万吨 / 年催化装置进行工业应用[45]，应用表明，该催化剂表现出重油转化能力强、焦炭选择性好和汽油辛烷值高的特点，其中，液化气增加 3.52 个百分点，干气降低 0.38 个百分点，油浆降低 0.67 个百分点，焦炭产率降低 0.58 个百分点，总液收增加 1.63 个百分点，汽油马达法和研究法辛烷值分别增加 1.5 个单位和 1.3 个单位，应用效果好。并根据市场需求开发形成 4 个牌号的裂化催化剂产品，陆续推广到国内十余套催化裂化装置。中国石化从改性 ZSM 择形裂化分子筛性能入手研制了 TXA-1 高辛烷值助剂[46]，在沧州炼油厂 120 万吨 / 年催化装置进行了工业应用，当加入助剂 3.4% 时，统计表明，炼厂催化汽油辛烷值平均增加了 1.12 个单位，每年可产生近 5 千万元的经济效益。

国外 Albemarle 公司针对美国炼厂加工致密油汽油辛烷值低的问题，开发了 ADZT-100 新型高硅铝比沸石生产技术，由于采用较低稀土含量的改性方法，抑制了催化裂化反应的氢转移活性，提高了异构化反应能力，研制的 ACTION 催化剂可以获得高烯烃液化气和高辛烷值汽油[47]。由于新型 ADZT-100 沸石具有较强的异构化活性，在不需要增加 ZSM–5 择形裂化分子筛的情况下，汽油研究法辛烷值和马达法辛烷值分别提高了 0.5 个单位和 0.3 个单位。同时，GRACE 公司开发了 ACHIEVE™ 催化剂[48]，该催化剂含有稀土改性的超稳分子筛，异构化反应活性好，在高金属污染时仍具有很好的活性稳定性，实现了汽油产率和液化气产率之间的最优平衡，使炼厂烷基化装置所需的丁烯产率最大化。通过稀土改性有效提高了催化剂活性，将装置的热平衡保持在相对合适的水平。其中 ACHIEVE™400 催化剂的裂化反应产物中丁烯产率超过了丙烯产率，汽油产物中具有更多的支链结构，汽油辛烷值得以增加。

3. 多产低碳烯烃裂化催化剂 / 助剂

中国石油石化院对择形分子筛进行多元素复合改性研究，强化了对 C_5–C_7 烯烃，尤其是 C_6 烯烃的裂解能力，使其裂解生成丙烯，在降低汽油烯烃的同时提高丙烯收率，并复配 REUSY 分子筛和中大孔基质材料，由此设计出 LIP–300 新型多产丙烯重油裂化催化剂，在兰州石化公司 300 万吨 / 年重催装置进行了工业应用[49]。与空白标定相比，油浆和柴油分别降低 1.05 个百分点和 2.73 个百分点，汽油、液化气和丙烯分别提高 0.94 个百分点，2.48 个百分点和 1.04 个百分点，汽油研究法辛烷值增加 0.6 个单位，显示了同时多产汽油和丙烯的优势。同时，该公司还针对碳 4、碳 5 醚化生产装置要求增加异构烯烃原料的迫切需求，研制开发了 LDC–200 多产异构低碳烯烃裂化催化剂，在兰州石化催化装置的应用表明，焦炭和油浆分别降低 10.7% 和 14.6%，总液收增加 2.15%，异戊烯上升 5.1%，异丁烯提高 14.0%，为炼厂带来了良好的经济效益。该公司还改善了 ZSM–5 功能裂化组分的异构化和芳构化功能，开发了 LOG–A 新型 FCC 助剂。在基础剂中添加 6% 助剂后，液化气和丙烯分别提高 4.80 和 2.23 个百分点，异丁烯产率提高 0.67 个百分点，增加幅度为 34.7%，汽油的辛烷值 RON 提高 2.0 个单位，焦炭产率有所下降，总液收基本不变，表现出丙烯产率和丙烯浓度高的特点。中国石化基于烃分子反应化学和催化材料化学，通过研究新型活性组元和基质匹配协同技术，设计开发了 FLOS– Ⅲ多产丙烯和异丁烯的催化裂化助剂[50]，在巴陵分公司 105 万吨 / 年催化装置进行工业应用，当助剂占系统催化剂藏量 6% 时，液化气增加 2.68 个百分点，其中丙烯增加 1.01 个百分点，异丁烯增加 0.54 个百分点；产品分布明显改善，品质差且附加值低的柴油下降 2.09 个百分点，焦炭下降 0.25 个百分点，总液体收率增加 0.17 个百分点，汽油 RON 相当，经济效益明显。

由于 FCC 过程在中国炼油工艺中发挥着不可替代的作用，国内研发机构持续进行催化新材料、催化剂和催化裂化工艺技术开发。中国催化裂化技术整体达到了国际先进水平。与国外技术相比，国产 FCC 催化剂在劣质重油转化、抗金属污染能力、降低汽油烯烃、多产低碳烯烃等方面具有一定优势，但是在降低焦炭产率、降低汽油硫含量、提高汽油产率 / 辛烷值等方面还存在一定差距。

目前，国内裂化催化剂品种不断翻新，日趋满足国内市场需求，已拥有自己的独特技术和生产体系，各类炼油催化剂品种已形成系列化，技术含量与国外催化剂相差无几，有的还具有自己的优势。与国外厂家的差距主要体现在规模效益和价格两个方面，国内催化裂化催化剂的总产量还不及国外一家大公司的生产能力，价格比国外同类产品进口完税价低 20% 左右。

炼油 FCC 催化剂的技术含量高，研发费用高，具有规模化生产效益，因此全球 FCC 催化剂的研发生产机构比较集中。目前主要集中在 Davison、BASF、Albemarle（原 AKZO 公司）、CCIC、中国石化和中国石油等几个主要公司。从全球 FCC 催化剂市场来看，亚洲仅次于北美洲，占全球总量的 29 %。从各大炼油商的 FCC 催化剂市场份额来看，中国石化和中国石油共占全球的 16 %。

中国自主研发的催化裂化催化剂进入国外市场以来，针对不同国家和地区原料油及装置特点“量体裁衣”的催化剂研发取得了长足进步，先后出口具有自主知识产权的裂化催化剂到泰国、韩国、印尼、中国台湾、沙特阿拉伯、美国、日本等地，并成功应用在国际知名炼油企业的多家炼油厂。中国始终本着科技第一、用户至上的原则，多年来不断跟踪用户的要求，根据催化裂化装置的实际情况进行催化剂的更新换代，得到了用户的广泛认可。至今，已经拥有强大的催化裂化技术研究团队、完善的技术服务体系和成熟的服务经验，在世界炼油催化剂领域占据重要地位。

在取得上述成绩的同时，我们依然认识到与国外存在一定的差距。①当前炼油技术的竞争主要体现在创新型催化剂的研发方面。世界许多大型石油公司均将催化剂技术研发置于优先发展的地位，通过实施催化材料和催化剂创新研究与工艺工程的集成，在各自专长的领域保持领先和垄断地位，并获取很好的效益。②稀土催化材料虽然在催化裂化中得到了很好的应用，并发挥着重要作用。但目前有关稀土催化裂化分子筛催化剂的改性大多基于常规分子筛，研究主要集中在性能评价与应用开拓上，有关其催化作用的本质与活性机理的研究尚处于初级阶段。③信息资料更新较慢，由于催化裂化催化剂行业专业性较强，且竞争对手对于产品、市场份额等信息均采取严格保密措施，详细资料很难得到，收集数据和调研的难度较大。④技术服务水平待遇进一步提高，与国际知名催化剂生产企业相比，国内的服务水平和质量需要加强。

（三）VOCs 与天然气催化燃烧催化剂

20 世纪 90 年代我国颁布实施了恶臭和大气污染物综合排放标准，促进了重点行业 VOCs 废气的治理。经过二十多年的努力，在溶剂吸收、活性炭吸附和热氧化等主流 VOCs 处理技术方面取得了较大进展，部分技术已接近国际先进水平。但是，最近两年来，北京、天津、广州和上海等地先后出台了一系列针对 VOCs 废气的排放标准，对 VOCs 排放控制提出了更加严格的要求，急需开发新材料、新技术以应对新要求。

用于 VOCs 净化的催化剂国外技术相对成熟，知名供应商包括庄信万丰（Johnson

Matthey）、托普索（Topsoe）、日挥－环球（Nikki-Universal）和克莱恩（Clariant）等。对于贵金属催化剂，国外主要发展方向包括，通过组分的优化以及形貌的设计来提高贵金属的分散性和热稳定性。但是，贵金属催化剂存在价格昂贵，对卤素和含硫 VOCs 敏感等问题，一定程度限制了应用范围。目前，钙钛矿型氧化物（ABO_3）、稀土金属氧化物等非贵金属催化剂的研究取得了一定进展，但与贵金属催化剂相比，在活性方面尚存在较大差距。华东理工大学、浙江大学、抚顺石化院和兰化研究院等单位，围绕提高贵金属利用效率和开发新型氧化催化剂进行深入研究，部分催化剂得到应用，但催化剂性能与国外相比，还存在较大差距。

（四）固定源 NO_x 选择性还原催化剂

SCR 催化剂在 20 世纪中期开始研发，70 年代开始了工业应用，到目前已有近 50 年的历史，因此，以 V_2O_5–WO_3（MoO_3）/TiO_2 催化剂为核心的中高温 SCR 脱硝技术非常成熟，其催化材料研发和工程应用的温度基本已经解决，对其应用，国内外也积累的大量的工程应用数据，因此，国际上对固定源领域 NOx 选择性还原催化剂的中高温性能研究基本上已偃旗息鼓。近 10 年来，中国环保问题的日益凸显，引起了各界的关注。为了克服钒基催化剂的缺点和开发新型的低温 SCR 催化剂，固定源 SCR 脱硝催化剂的研究在中国大陆掀起了一股浪潮，论文发表数量年迅速增加。图 4 给出了 Ce 基 SCR 催化剂研究方面的论文统计。近 20 年来，国内单位发表的 SCI 论文 523 篇，占同期可检索论文的 72.55%。

图 4　Ce 基 SCR 方面近 20 年 SCI 论文发表国家 / 地区分布情况

四、本学科发展趋势与展望

国际上对稀土催化剂的研究始于20世纪60年代中期，经过40多年的研究积累，人们对稀土的催化作用有了较深入的认识。大量的研究表明，稀土与其他组分之间可产生协同作用，从而显著提高催化剂的性能。现已发现它们的协同效应与增加催化剂的储/放氧能力，调节分子表面酸中心的种类和分布，增强催化剂的稳定性，提高活性组分的分散度，增强催化剂的环境适应性，减少贵金属活性组分的用量，稳定其他金属离子的化学价态等密切相关。

在催化裂化领域，催化剂将持续保持3%到5%的增长趋势，主要动力来自以下三方面原因：①劣质原油加工量的增加，而催化裂化是重油轻质化的主要手段之一；②炼油产品消费量的增加，尤其是汽油消费量的增加，催化裂化汽油占汽油量的80%以上；③严格的燃料油标准。因此，能源成本的攀升不会阻止催化剂生产商的发展步伐，相反会提供良好的发展机遇，未来会着重提高催化剂活性、改善产品质量以及优化工艺方面的发展。虽然稀土自20世纪60年代起就被应用到FCC催化剂中，经过2010—2016年的稀土优化发展，稀土将在FCC催化剂中持续发挥其重要作用，同时伴随着稀土开采、提纯、分离等技术的成熟，FCC催化剂中所用稀土将更趋于合理化。

随着对环境保护和新能源技术的日益重视，对以催化材料为核心的催化技术提出了更高的要求。如：在原油日趋重质化的前提下，如何生产出低烯烃和低硫含量的清洁汽油；开发可替代石油的能源利用新技术，以减少甚至摆脱对传统石油的依赖；煤层气和油田伴生气等轻质烷烃的高质利用；为机动车日益严格的排放法规提供高活性、高稳定性、低成本的尾气净化催化剂；大风量的挥发性有机物（VOCs）的净化技术，特别是含氯等杂原子的难降解、高毒性污染物的净化等；生物质的高效利用；CO_2的利用等。而这些过程的突破，必须依靠高性能催化剂体系的开发。

近年来在国家的支持下，我国在稀土催化材料及应用方面的研究也取得了显著的进展。如利用稀土元素对吸附剂电子性质的调控，提高了脱硫催化剂的脱硫活性和吸附选择性，为低硫燃油的生产奠定了良好的基础，实现了通过调控稀土复合催化剂表面氧空穴的活性和数量来提高催化剂的反应性能；设计制备了以“稀土－非贵金属－贵金属”为活性组分的机动车尾气净化催化剂，通过充分发挥稀土与贵金属之间的协同效应，显著提高了贵金属的分散性能和稳定性，在三效汽车尾气净化和VOCs的催化净化催化剂中得到了很好的应用。同时，突破稀土氧化物一般只作为助催化剂的限制，开发出以CeO_2为主催化成分的系列复合催化剂，在含氯烃的催化氧化和有机化工催化剂中表现出较贵金属催化剂更加优异的性能。

同时由于在环境保护和能源化工领域所涉及的反应过程的复杂性，如在汽车尾气净化过程中同时涉及氧化、还原、重整等多个反应过程，在柴油车尾气净化中涉及固－气－固的多相催化反应；在 VOCs 净化过程中涉及大空速、低浓度、变工况等情况；生产清洁燃油的高效“分子炼油”技术；在发展非石油路线的 C1 化工及生物质生产燃油过程中，涉及的多个化学反应和气－液－固三相催化反应等，对催化剂及应用技术提出了更高的要求。

这就需要进一步认识，在复杂反应条件下明确稀土对催化活性中心的修饰和调控机制，针对应用过程，充分发挥稀土的催化作用，开发多组分复合的、多种功能集成的催化剂体系，促进稀土催化材料及其相关领域的技术创新和技术进步，并积极开拓稀土催化材料的应用领域。2016 和 2017 年度，本学科需要重点发展的方向如下。

1）加强对稀土催化基础科学问题的研究，提升原始创新能力。针对催化裂化、汽油车尾气净化、柴油车尾气净化、NO_x 选择性催化还原、催化燃烧、聚合、湿式氧化等应用过程，研究稀土与其他组分（过渡金属氧化物、贵金属、分子筛）之间的相互作用对材料的表 / 界面性质的影响，及在反应条件下的动态变化规律；研究稀土催化材料的低温氧活化机理，明确其结构等对高温稳定性的影响机制；研究稀土复合催化材料的表面氧化还原性和酸碱性的匹配与调控机制。建立稀土对催化反应活性位的构建机制与调控作用，发展稀土催化材料的制备技术及相关应用技术。

2）针对机动车尾气催化净化，研发高活性、高稳定性催化剂技术，通过介孔和微孔调控技术、介孔和微孔纳米材料的新型合成策略改善催化剂性能，增强催化剂涂层热稳定性；研发核壳颗粒或合成物的形成等反应制备优秀的催化剂；研究催化剂的中毒劣化机理，抑制有毒物质危害，保持催化剂高活性，增强汽车催化剂耐久性；研发稀燃发动机的低温催化剂技术，研究在 150℃起燃且贵金属量低的新型催化剂技术；研发高效去除 NO_x-soot 的催化剂技术，开发在 soot 持续燃烧条件下，仍保持活性的颗粒物催化过滤器；研发低成本的后处理系统，实现 TWC、CDPF、DOC 催化剂的贵金属减量；研发多功能模型技术，实现新型催化材料高通量装备开发与工程化，实现新型催化材料规模化生产及应用示范；研究多功能催化剂整合技术，通过将多种催化剂单元的功能整合成为单一器件（如 SCRF 技术），减少系统复杂性和成本，研究船舶用催化剂技术，开发船用 DOC、DPF、SCR 等关键技术，实现船舶污染物治理规模化、工程化应用。

3）优化石油炼制催化剂制备工艺，提高稀土在催化剂中的使用效率，减少制备过程中稀土流失，研发稀土回收技术，进一步减少稀土的损耗；继续完善重油催化裂化和 FCC 家族技术的工艺和催化剂，提高 FCC 装置的重油加工能力；开发同时具有降烯烃和降硫功能的催化裂化重油催化剂，及具有深度脱硫功能的炼油工艺及催化剂；研究开发 FCC 催化剂稀土替代材料和新制备工艺，减缓稀土价格对催化剂造成的经济压力。

4）针对天然气、VOCs 等的催化燃烧，开发同时具有高活性和高稳定性的甲烷催化燃烧催化剂；开发具有高活性、广谱 VOCS 净化、低贵金属含量的催化燃烧催化剂及制备技术；开发可用于难降解、高毒性 VOCs 净化的稀土型催化燃烧催化剂；针对不同工业 VOCs 排放特征，特别是大风量、低浓度的工况条件下，开发高效、节能、环保的 VOCs 催化净化技术和设备等；研究以煤层气和煤矿乏风为燃料的蓄热催化燃气轮或燃烧发电技术，开发蓄热式催化燃烧发电系统。

5）针对工业锅（窑）NO_x 排放控制问题，研究和开发新型具有较低温度下抗硫中毒稳定性的稀土脱硝催化剂；研究稀土基 SCR 催化材料的硫中毒规律；研究稀土基 SCR 催化剂的原位再生问题；研究适合稀土基 SCR 催化剂运行的脱硫脱硝除尘新工艺和设备。

6）开发稀土催化材料的新功能，开拓稀土催化材料的应用领域。如开发多中心高效协同作用的稀土复合电极材料，提高固体氧化物燃料电池在中低温时电极活性、稳定性和对环境气氛的耐受性；开发具有高活性、高选择性、抗积炭的甲烷重整制合成气稀土复合催化剂；探索稀土催化材料在生物质高效转化、CO_2 捕集与利用等新兴领域中的作用，开拓稀土催化材料的应用新领域等。

参考文献

[1] 沈美庆，王军，王建强，魏光曦．一种具有多核共壳结构的微米氧化铈颗粒及其制备方法：中国，0.3［P］．2015-07-31.

[2] Nazarpoor Z., Golden S. J, OXYGEN STORAGE MATERIAL WITHOUT RARE EARTH METALS: WO, 2015026608［P］. 2015.

[3] Shen M., Lv L., Wang J., Zhu J., Huang Y., Wang J.. Study of Pt dispersion on Ce based supports and the influence on the CO oxidation reaction［J］. Chemical Engineering Journal, 2014, 255（7）: 40-48.

[4] 沈美庆，王军，翁端，翟燕萍．以磷化铝制备活性氧化铝的方法：中国，0317.8［P］．2004-10-02.

[5] 沈美庆，王军，翁端，翟燕萍．磷化铝熏蒸残渣的无害化处理并回收氧化铝的方法：中国，0316.3［P］．2004-10-02.

[6] Lupescu J. A., Schwank J. W., Fisher G. B., Chen X., Peczonczyk S. L., Drews A. R.. Pd model catalysts: Effect of aging duration on lean redispersion［J］. Applied Catalysis B Environmental, 2016, 185: 189-202.

[7] Ozawa M., Nishio Y.. Thermal stability and microstructure of catalytic alumina composite support with lanthanum species［J］. Applied Surface Science, 2016, 380: 288-293.

[8] 张丽丽．高比表面积介孔氧化铝的制备与表征［D］．沈阳：沈阳工业大学，2017，5.

[9] 杨雪娇，张瑾，崔雪娇，李冬霞，贾涵月，储刚．燃烧法合成 Y 掺杂改性的 γ-Al_2O_3 及其表征［J］．人工晶体学报，2017，46（1）：143-147.

[10] Patel K., Blair V., Douglas J., Dai Q., Liu Y., Ren S., Brennan R.. Structural Effects of Lanthanide Dopants on Alumina［J］. Scientific Reports, 2017, 7: 39946.

[11] 刘爽，吴晓东，翁端，冉锐．Ceria-based catalysts for soot oxidation: a review［J］．稀土学报（英文版），2015，33（6）：567-590.

[12] Bueno-L ó pez A.. Diesel soot combustion ceria catalysts［J］. Applied Catalysis B Environmental, 2014, 146: 1-11.

[13] Wei Y., Zhao Z., Liu J., Liu S., Xu C.. Duan A., Jiang G.. Multifunctional catalysts of three-dimensionally ordered macroporous oxide-supported Au@Pt core-shell nanoparticles with high catalytic activity and stability for soot oxidation [J]. Journal of Catalysis, 2014, 317: 62-74.

[14] Wei Y., Zhao Z., Liu J., Xu C., Jiang G., Duan A.. Design and Synthesis of 3D Ordered Macroporous CeO_2-Supported Pt@$CeO_{2-\delta}$ Core– Shell Nanoparticle Materials for Enhanced Catalytic Activity of Soot Oxidation [J]. Small, 2013, 9 (23): 3957-63.

[15] Ryou Y. S., Lee J., Lee H., Jin W. C., Yoo S., Kim D. H.. Roles of ZrO_2 in SO_2-poisoned Pd/ (Ce-Zr) O_2 catalysts for CO oxidation [J]. Catalysis Today, 2015, 258: 518-524.

[16] Hu X., Yang M., Fan D., Qi G., Wang J., Wang J., Yu T., Li W., Shen M.. The role of pore diffusion in determining NH_3-SCR active sites over Cu/SAPO-34 catalysts [J]. Journal of Catalysis, 2016, 341: 55-61.

[17] Seo C. K., Choi B.. Physicochemical characteristics according to aging of Fe-zeolite and V_2-O_5-WO_3-TiO_2 SCR for diesel engines [J]. Journal of Industrial&Engineering Chemistry, 2015, 25: 239-249.

[18] 韩冰，沈岳松，祝社民，刘优林，沈树宝. Promotional effect of phosphorylation on $CeSn_{(0.8)}W_{(0.6)}O_x/TiAl_{(0.2)}Si_{(0.1)}O_y$ for NH_3-SCR of NO from marine diesel exhaust [J]. 稀土学报（英文版），2016，34（10）：1010-1016.

[19] 秦玉才，高雄厚，裴婷婷，郑兰歌，王琳，莫周胜，宋丽娟. 噻吩在稀土离子改性 Y 型分子筛上吸附与催化转化研究 [J]. 燃料化学学报，2013，41（7）：889-896.

[20] 刘小鹏，王立成，张永明，于帅，刘晶晶. 稀土铈改性 FCC 催化剂及其性能 [J]. 有色金属工程，2016，6（4）：18-21.

[21] 于杨. 轻稀土元素改性 Cu-ZnO-Al_2O_3 催化剂对 CO_2 加氢制甲醇反应的催化性能 [J]. 石油化工，2016，45（1）：24-30.

[22] 张立东，李钒，周博，孙玉春. 稀土改性 ZSM-5 分子筛催化乙苯合成的研究 [J]. 天津化工，2016，30(3)：30-31.

[23] 支岩辉，姚月，田亚杰，高璐璐，莫冬梅，樊苗苗，吕树祥. 稀土和过渡金属助剂对氧化脱硫催化剂反应性能影响 [J]. 稀土，2016，(2)：1-8.

[24] 陈艳云，费兆阳，陈献，汤吉海，崔咪芬，乔旭. 稀土修饰 ZSM-5 对氯代甲烷制备低碳烯烃的催化性能 [J]. 石油学报（石油加工），2016，32（1）：28-34.

[25] Peng Y., Yang S., Shi Z., Meng Z., Zhou R.. Deep oxidation of chlorinated VOCs over CeO_2-based transition metal mixed oxide catalysts [J]. Applied Catalysis B Environmental, 2015, 162: 227-235.

[26] Wang C., Zhang C., Hua W., Guo Y., Lu G., Gil S., Giroir-Fendler A.. Catalytic oxidation of vinyl chloride emissions over Co-Ce composite oxide catalysts [J]. Chemical Engineering Journal, 2017, 315: 392-402.

[27] Huang H., Dai Q., Wang X.. Morphology effect of Ru/CeO_2 catalysts for the catalytic combustion of chlorobenzene [J]. Applied Catalysis B Environmental, 2014, 158 - 159 (3): 96-105.

[28] Tang C., Zhang H., Dong L.. Ceria-based catalysts for low-temperature selective catalytic reduction of NO with NH_3 [J]. Catalysis Science&Technology, 2016, 6 (5): 1248-1264.

[29] 宋丽云，何洪，李坚，邱文革. 铈基 NH_3-SCR 催化剂研究进展 [J]. 中国稀土学，2017，35（1）：69-82.

[30] Vuong T. H., Radnik J., Rabeah J., Bentrup U., Schneider M., Atia H., Armbruster U., Gr ü nert W., Br ü ckner A.. Efficient VO_x/Ce1-xTixO_2 catalysts for low-temperature NH_3-SCR: Reaction mechanism and active sites assessed by in situ/operando spectroscopy [J]. *ACS Catalysis*, 2017, 7 (3): 1693-1705

[31] Geng Y., Chen X., Yang S., Liu F., Shan W.. Promotional Effects of Ti on a CeO_2-MoO_3 Catalyst for the Selective Catalytic Reduction of NO_x with NH_3 [J]. ACS Applied Materials&Interfaces, 2017, 9 (20): 16951-16958.

[32] Wang H., Qu Z., Xie H., Maeda N., Miao L., Wang Z.. Insight into the mesoporous $Fe_xCe_{1-x}O_{2-\delta}$ catalysts for selective catalytic reduction of NO with NH_3: Regulable structure and activity [J]. Journal of Catalysis, 2016, 338: 56–67.

[33] France L. J., Yang Q., Li W., Chen Z., Guang J., Guo D., Wang L., Li X.. Ceria modified FeMnOx–Enhanced performance and sulphur resistance for low–temperature SCR of NO_x [J]. Applied Catalysis B Environmental, 2017, 206: 203–215.

[34] Zhang T., Qu R., Su W., Li J.. A novel Ce–Ta mixed oxide catalyst for the selective catalytic reduction of NO x with NH_3 [J]. Applied Catalysis B Environmental, 2015, 176–177: 338–346.

[35] Liu Z., Su H., Li J., Li Y.. Novel $MoO_3/CeO_2–ZrO_2$ catalyst for the selective catalytic reduction of NO x by NH_3 [J]. Catalysis Communications, 2015, 65: 51–54.

[36] Zhao X., Huang L., Li H., Hu H., Hu X., Shi L., Zhang D.. Promotional effects of zirconium doped $CeVO_4$ for the low–temperature selective catalytic reduction of NO_x with NH_3 [J]. Applied Catalysis B Environmental, 2016, 183 (9): 269–281.

[37] Zhang L., Qu H., Du T., Ma W.. Zhong Q.. H_2O and SO_2 tolerance, activity and reaction mechanism of sulfated Ni–Ce–La composite oxide nanocrystals in NH_3–SCR [J]. Chemical Engineering Journal, 2016, 296: 122–131.

[38] Yang B., Shen Y., Zeng Y., Li B., Shen S., Zhu S.. Effects of tin doping level on structure, acidity and catalytic performance of Ti–Ce–Ox catalyst for selective catalytic reduction of NO by ammonia [J]. Journal of Molecular Catalysis A Chemical, 2016, 418–419: 138–145.

[39] Li L., Zhang L., Ma K., Zou W., Cao Y., Xiong Y., Tang C., Dong L.. Ultra–low loading of copper modified TiO_2/CeO_2 catalysts for low–temperature selective catalytic reduction of NO by NH_3 [J]. Applied Catalysis B Environmental, 2017, 207: 366–375.

[40] Yao X., Zhao R., Chen L., Du J., Tao C., Yang F., Dong L.. Selective catalytic reduction of NO_x by NH_3 over CeO_2 supported on TiO_2: Comparison of anatase, brookite, and rutile [J]. Applied Catalysis B Environmental, 2017, 208: 82–93.

[41] Ali S., Chen L., Yuan F., Li R., Zhang T., Bakhtiar S. U. H., Leng X., Niu X., Zhu Y.. Synergistic Effect between Copper and Cerium on the Performance of $Cu_x–Ce_{0.5-x}–Zr_{0.5\ (x=0.1-0.5)}$ Oxides Catalysts for Selective Catalytic Reduction of NO with Ammonia [J]. Applied Catalysis B Environmental, 2017, 210: 223–234.

[42] Shan W., Song H.. Catalysts for the selective catalytic reduction of NO_x with NH_3 at low temperature [J]. Catalysis Science&Technology, 2015, 5 (9): 4280–4288.

[43] Li C., Shen M., Yu T., Wang J., Wang J., Zhai Y.. The mechanism of ammonium bisulfate formation and decomposition over V/WTi catalysts for NH_3–selective catalytic reduction at various temperatures [J]. Physical Chemistry Chemical Physics, 2017, 19 (23): 15194.

[44] Song L., Chao J., Fang Y., He H., Li J., Qiu W., Zhang G.. Promotion of ceria for decomposition of ammonia bisulfate over $V_2O_5–MoO_3/TiO_2$ catalyst for selective catalytic reduction [J]. Chemical Engineering Journal, 2016, 303: 275–281.

[45] 樊红超，汪毅，张忠东，魏晓明，李勇，柳召永. MIP–CGP 工艺专用催化剂 LDR–100HRB 的工业应用 [J]. 工业催化，2016，24 (6)：59–62.

[46] 李忠昌. 提高催化汽油辛烷值的 TXA–1 助剂工业试用 [J]. 石化技术，2016，23 (8)：20–22.

[47] G. Yaluris A. K., Albemarle. Take ACTION TM–to Maximize Distillate and Alky Feed from your FCC Unit.2014, AM–14–26. AFPM Annual Meeting, March 23–25, 2014, Hyatt Regency Orlando, Orlando, FL.

[48] Bryden K., Federal M., Habib T., Schiller R.. Processing tight oils in FCC: issues, opportunities and flexible catalytic solutions [J]. Grace Catalysts Technologies Catalagram, 2014, 114: 3–23.

[49] 蔡进军，黄校亮，丁伟，刘从华，郑云锋，周卫军. 高汽油收率多产丙烯 LIP-300 催化剂在裂化催化装置上的应用［J］. 石化技术与应用，2014，32（1）：1-3.
[50] 曾光乐，陈蓓艳，王中军，朱根权. 多产丙烯和异丁烯催化裂化助剂 FLOS-Ⅲ的工业应用［J］. 石油炼制与化工，2015，46（3）：24-28.

撰稿人：沈美庆　何　洪　郭　耘　贺小昆　崔梅生　刘从华　赵　震

稀土光功能材料研究

一、引言

稀土光功能材料是稀土应用的主要领域之一，而稀土发光材料是稀土光功能材料的主要材料之一，通常而言，稀土发光材料主要由基质和发光中心离子组成，它们共同决定了稀土光功能材料的基本光谱特性如激光光谱与发射光谱、荧光寿命、发射半峰宽、热猝灭特性、量子效率与能量传递方式与效率，等等。而这些基本光谱特征也最终决定了稀土光功能材料丰富多样的终端应用领域，比如照明、显示、医疗、生物荧光标记、农业、太阳能电池、激光器、传感器，等等。

近年来，稀土光功能材料研究领域取得了丰硕和长足的进展，新研究成果、新技术和新应用不断涌现，也带动了传统稀土光功能材料及其终端产业的更替与升级以及推动新的稀土光功能材料及其新产业的出现。

在照明与显示领域，技术革新与更替速度尤为快，传统三基色荧光灯与 CCFL 灯曾经一度是室内外照明与背光显示的主流技术，然而，由于该技术均采用汞蒸气所产生的紫外线激发稀土荧光粉获得白光的方式，存在环境污染和光效较低等技术瓶颈，随着人们绿色、环保和节能意识的逐渐提高，以及绿色和更高效节能的半导体芯片技术的迅速发展，目前，白光 LED 照明与背光显示技术已经成为市场主流技术；相应地，传统三基色荧光灯和 CCFL 灯用稀土发光材料市场规模大幅度缩水，2016 年其市场规模仅仅只有高峰期时候的 1/10 左右，约 1000 t 规模；此外，等离子体平板显示（PDP）完全退出历史舞台，相应的 PDP 荧光粉市场也完全萎缩，这进一步加剧了传统照明与显示用稀土荧光粉的需求疲软；取而代之，2016 年我国 LED 光源整体产值首次突破 5000 亿元，产业规模同比增长了 22.8%，因此，白光 LED 用稀土发光材料市场迅猛发展，尽管如此，由于单个器件所需稀土荧光粉用量很少，故其总体市场也仅仅达到百吨级规模。

作为市场主体应用的照明与显示领域主流技术的更替与市场兴衰，使得其对稀土资源的需求相对疲软，一方面节约了宝贵的稀土战略资源，另一方面也导致稀土资源相对过剩。幸运的是，这也促使科研工作者更加创新地开展稀土光功能材料研究，更加积极地开拓稀土光功能材料的新应用研究。

近年来，半导体芯片技术向着超高功率发展，而传统大功率 LED 芯片光效却随着注入电流密度增加不断下降，使得白光 LED 光源无法满足终端照明与显示市场大流明的技术需求。而激光（Laser diode，LD）芯片的光效与注入电流密度成正比，从而简单容易地实现器件的高亮度或大流明。因此，激光照明与显示被誉为继白光 LED 之后的下一代新兴照明与显示技术。由于激励光源的差异，传统白光 LED 用稀土光功能材料无法完全满足应用要求，这极大地推动了激光照明与显示用新型稀土光功能材料的研究与开发工作。

近年来，随着人们绿色环保意识的不断提高，太阳能电池等清洁能源技术成为前沿和热点，而在太阳能电池的光电转换过程中，如何进行实现太阳光高效利用与光子管理，成为提高太阳能电池光电转换效率的关键因素之一，这极大地推动了太阳能电池用稀土光谱转换材料的研究与研发工作。

20 世纪末到 21 世纪初，稀土长余辉发光材料的研究与开发曾经达到顶峰，其主要广泛应用于地铁、高楼与飞机等公共安全领域的紧急照明与指示，以及装饰与艺术品等。此后相关研究进入萧条期，近年来，稀土长余辉发光材料研究呈现新方向，主要从材料尺度上，由微米进入纳米，从材料余辉发光波长上，由可见光波段拓展到近红外波段，而相关应用研究则进入生物荧光探针全新领域。

此外，近年来，在稀土光功能材料的其他领域如稀土配合物发光材料、上转换发光纳米晶、稀土激光晶体等领域也取得了系列突破与进展。

二、本学科领域近年的最新研究进展

根据材料类别及其所面向的不同功能应用领域，本部分将主要重点介绍近年来白光 LED 用稀土发光材料、激光 LD 用稀土发光材料、太阳能电池用稀土光谱转换材料、生物荧光探针用稀土纳米发光材料（长余辉发光与上转换发光）、稀土配合物发光材料与器件、激光晶体等最新研究进展。

（一）白光 LED 用稀土发光材料

稀土发光材料作为白光 LED 中的光 / 光转换材料，对白光 LED 器件的性能起着关键作用，决定了器件的发光效率、色温、显色指数、色域、寿命和可靠性等[1-3]。

近些年来，根据 LED 芯片发展以及照明与显示白光 LED 器件的应用需求不同，白光 LED 用稀土发光材料主要呈现出三个方面的发展趋势：①新材料不断涌现；②随着半导体芯片技术发展，呈现大功率或大流明特点；③显示领域呈现宽色域特点。

以下将分别针对性地介绍稀土发光材料在以上三个方面的研究进展。

1. 新材料不断涌现

目前，尽管稀土发光材料的种类很多，但真正达到实用化水平的材料却为数不多。近年，稀土氮化物荧光粉作为一类新型发光材料备受瞩目，被誉为稀土发光材料领域中的一朵奇葩，这主要得益于其丰富的发光色、显著红移的激发和发射光谱、较高的发光效率和较小的热淬灭特性[2-5]。这些优异性质缘于氮化物具有的由 SiN_4 四面体构成的三维网络结构、较强的共价化学键以及氮与氧相比具有较大的形式电荷等，从而使得氮化物荧光粉在制备高显色、高可靠性固态照明器件中发挥了关键性作用。

氮化物材料体系非常丰富，为开发新型发光材料提供了很好的机会和可能。近年，随着合成方法和材料研究手段的发展，氮化物新材料不断涌现，极大地促进了稀土氮化物荧光粉的发展。同时，氮化物荧光粉的实际应用也有效地促进了固态照明器件的高性能化和固态照明技术的快速发展。近年，氮化物荧光粉的研究日益成熟，在基础和应用研究领域都取得了较大的进展。

早期的材料探索工作主要集中于在已知晶体结构的材料中通过稀土掺杂获得新型发光材料，如 $La_3Si_6N_{11}$：Ce^{3+}，JEM：Ce^{3+}，Li-α-sialon：Eu^{2+} 和 La-Si-O-N：Ce^{3+} 等，但是随着工作的深入开展，在数据库中筛选合适的氮化物基质材料将越发困难。于是，新材料探索方法应运而生，如德国 W. Schnick 的单晶生长法、韩国 K. S. Sohn 的固态组合化学法以及日本国立材料研究所的广崎尚登和解荣军等提出的单颗粒诊断法，极其有效地发现了众多具有新型晶体结构的氮化物发光材料，极大地了丰富了氮化物发光材料体系[6-13]。

稀土发光材料的发光机理与晶体结构以及局域结构密切相关，通过研究发光中心的配位环境和基质材料的能带结构，建立结构与性能之间的构效关系，明确了氮化物发光材料的发光机制和光谱调控（波长、峰位和峰宽等）原理。日本国立材料研究所的 Kimoto 等人利用 HAADF 技术首次直接观察到了 Eu^{2+} 在 β-sialon 中的占位，位于平行于 c 轴方向的孔道中，形成等距六配位，很好地解释了窄带光谱的现象[14]。该研究所的 Takeda 等人利用高分辨电子显微镜分析了 Eu^{2+} 在 AlN 中的层错缺陷位置，并提出了层状结构模型[15]。

2015 年，北京有研稀土庄卫东和刘荣辉等采用高温高压固相法，并通过 Eu 源的引入方式及反应历程的改变，解析出 β-sialon：Eu 绿粉反应机理，制备出高纯 β-sialon：Eu 绿粉产品[16]。同年，对 β-sialon：Eu 氮氧化物绿粉制备过程中反应动力学和反应热力学及反应机理分析，制定合理反应历程及优化基质组成，并探讨了各反应原料之间的互相侵蚀、成核生长及定向生长情况，实现了发光中心 Eu 的有效溶入，突破了高光效 β-sialon：Eu 绿粉产业化制备技术[17]。同年，采用 Al-N 替代 Si-N 键形式，在 $Sr_2Si_5N_8$ 晶格中引入了［SiN_4］四面体，改善了晶格的结构刚性，有效提升了 $Sr_2Si_5N_8$：Eu^{2+} 的热猝灭性能[18]。并首次研究了 Eu^{2+}，Ce^{3+} 共掺杂 $SrAlSi_4N_7$ 荧光粉的发光性能和能量传递机理，通过 Ce^{3+}-

Eu^{2+} 能量传递，荧光粉的光效得到显著提升[19]。

2016 年，北京有研稀土庄卫东和刘荣辉等研究了 $SrSiN_2$：Eu 荧光粉制备、结构和发光性能，研究发现采用 $Sr_2Si_5N_8$ 结构转化形式制备的 $SrSiN_2$：Eu 荧光粉结晶较好，在紫外和蓝光激发下均能有效激发，发射波长在深红色区域[20]。同年，在 YAG：Ce 掺 La 实验中发现，随着 La 的掺杂量增大发射光谱逐渐发生蓝移，并通过第一原理计算发现 La 的引入导致 Ce 离子晶格环境的各向异性的扩张，有力地解释了蓝移现象，并打破了在 YAG：Ce^{3+} 中 Y 位引入更大半径的稀土离子会导致发射光谱红移的经验看法[21]。同年，对大功率用超高效氮化物荧光粉的光谱移动机理进行研究，制备出了 $La_{2.86-x}Y_xSi_6N_{11}$：0.14Ce 系列样品，发现 Y^{3+} 更易取代与离子半径或平均键长更相近的 La2–N 配位，且随着 Y^{3+} 掺杂量在一定程度上的增加，荧光粉光谱发生从 535 ~ 552nm 的红移，获得了一款适合蓝光 LED 用的黄色氮化物荧光粉[22, 23]。同年，设计开发出了一系列紫外 LED 激发用氧化物荧光粉。首先根据元素周期表对角线原理，开发出新型石榴石结构荧光粉 $Ca_{3-3x/2}Zr_2SiGa_2O_{12}$：xCe[24] 及 $Ca_2Lu_{1-x}ZrScAl_2GeO_{12}$: xCe[25, 26] 系列新型荧光粉，并对其结构特征进行了研究，两者的激发范围均为 300 ~ 450nm，发射峰值范围分别为 470 ~ 510nm 和 465 ~ 490nm；同时设计并合成了 $REScSi_4N_6C$（RE=Y，La，Gd，Lu）系列新型荧光粉，其结构类似 $MRESi_4N_7$（M=Ca，Sr，Ba；RE=Yb，Y）系列，激发光谱覆盖 290 ~ 450nm，激发峰分别位于 360 和 400nm 左右[27]。

由于氮化物发光材料的发光光谱丰富，能够实现高性能白光 LED 器件的制备要求。采用氮化物红色荧光粉 $CaAlSiN_3$：Eu^{2+} 并结合其他绿色荧光粉可以制备显色指数大于 90 的白光 LED，而且通过调控 $CaAlSiN_3$：Eu^{2+} 的光谱，可同时解决光效和显色指数不能兼顾的问题，获得了 Ra 和 R9 均大于 95 的超高显色白光 LED[28, 29]。采用短波长的 β–sialon：Eu^{2+} 或者 γ–alon：Mn^{2+} 并结合 K_2SiF_6：Mn^{4+} 可以制备色域超过 95（CIE1931）的 LED 背光源，极大地改善了器件的性能。

2. 大功率或大流明白光 LED 用稀土玻璃陶瓷

白光 LED 伴随着高光效和低成本的优势，芯片输入电流和芯片结温也不断攀升。目前，以 3W 大功率芯片为例，输入电流已经超过 1A，芯片结温也高达 150 ~ 200℃，这最终导致白光 LED 器件的使用寿命缩短，也同时导致白光品质随着时间延长不断劣化。众所周知，传统白光 LED 主流技术是基于“LED 芯片 + 荧光粉 + 封装胶”方案，因此，从材料的角度，高芯片结温导致白光 LED 器件加速老化的原因主要有：①随着芯片结温攀高，紫外或蓝光芯片光效降低，发射波长漂移；②随着芯片结温攀高，荧光粉发光量子效率降低，发射峰值波长漂移且半高宽展宽；③随着芯片结温攀高，有机封装胶发生热致分解，光学透过率骤降；总之，随着芯片结温升高，芯片、荧光粉和封装胶均发生老化或不稳定的问题，最终导致白光 LED 器件出现整体光效下降、使用寿命降低、白光品质（色温、显色指数、色坐标等）严重不稳定等等系列问题，这严重阻碍了大功率白光 LED 技术未来全面走向通用照明市场[30]。

与传统“LED 芯片 + 稀土荧光粉 + 封装胶”技术相比，“LED 芯片 + 稀土荧光玻璃 / 陶瓷”白光方案在高结温下具有优良的热传导性能、热稳定性和光稳定性，因而成为大功率白光 LED 研究的前沿热点，其中，稀土荧光玻璃 / 陶瓷则成为材料研究的重中之重。近年来，国内外学者，主要包括韩国公州国立大学 W. J. Chung、中国台湾中山大学郑木海、韩国全南国立大学 W. B. Im、中科院王元生与陈大钦、中山大学王静以及东华大学王连军等在面向白光 LED 应用的荧光玻璃陶瓷的设计、制备、构效关系研究上取得了显著的进展。

东华大学王连军[31]等人采用放电等离子体烧结技术（Spark Plasma Sintering，简称 SPS）成功制备了荧光微晶玻璃。该工艺直接将 SiO_2 粉体和 YAG：Ce 荧光粉混合均匀后放入 SPS 装置中烧结，冷却后磨抛处理成一定形状的微晶玻璃荧光片。

中科院王元生等基于折射率匹配原则设计前驱玻璃组分，将红光改性的 Ce^{3+}，Mn^{2+}，Si^{4+}：YAG 荧光粉引入 TeO_2–B_2O_3–ZnO–Na_2O–Al_2O_3 玻璃中[32]，获得了透明性好的 PiG 荧光微晶玻璃。热猝灭性能测试显示，PiG 的热稳定性优于荧光粉在硅胶中的表现。通过改变 Mn^{2+} 掺杂含量和微晶玻璃荧光片层厚度，可以使具有不同色温 LED 器件的色坐标准确落于普朗克轨迹线上，满足美国普通照明标准（ANSI C78.377）的要求。类似地，该研究团队制备了 Ce^{3+}：$Y_3Mg_2AlSi_2O_{12}$ 橙红粉，并将其与商用 Ce^{3+}：$Y_3Al_{4.6}Ga_{0.4}O_{12}$ 绿粉共同混入玻璃基质中，成功调控了微晶玻璃白光 LED 的显色指数和色温[33]。此外，为了获得高光效暖白光 LED，将商用 Eu^{2+}：$CaAlSiN_3$ 红粉混合于硅胶中，并旋涂于 PiG 微晶玻璃表面。红粉 – 硅胶层在玻璃表面的成膜性良好，膜厚度约为 20μm。将之耦合蓝光芯片构建远程白光 LED，在 350mA 电流驱动下，其光效为 93.87lm/W，色温为 3346K，显色指数为 77.3，与普朗克曲线的偏离值仅为 0.0034[34]。

2016 年，中山大学王静等在 SiO_2–Al_2O_3–B_2O_3–ZnO–BaO 玻璃基体中成功引入在紫外光激发下产生可调谐发光的 Eu^{2+}，Mn^{2+}：$Ca_9Gd(PO_4)_7$ 单基质荧光粉，制备了 PiG 荧光微晶玻璃，进而构建出一种新型的长寿命、高功率暖白光 LED。这是首例用于紫外激发白光 LED 的 PiG 材料的报道。值得一提的是，由于玻璃基体对紫外线吸收作用较强，该材料可有效防止紫外激发白光 LED 的紫外光泄露问题[35]。

2017 年，中山大学王静等又报道了一种稀土硅酸盐 YAG 发光玻璃陶瓷，系统研究了该荧光玻璃陶瓷的光谱性质、发光效率、热猝灭行为、耐热性能及耐湿性能等，结果显示：外量子效率达到 64%；热导率约为 0.59W/mK，是大功率 LED 封装商用硅胶（0.18W/mK）的 3 倍；该稀土玻璃陶瓷表现出性能优异的透过率、耐热、耐光及耐湿性能。在 200℃热老化 36 天之后，稀土玻璃陶瓷的透过率和体色基本不变，而对应的传统封装材料硅胶出现了严重的透过率损失且体色黄变严重；在 150℃和 200℃稀土陶瓷的发光强度仍保持其在室温下发光强度的 93.6% 和 88.6%；在 200℃热老化 14 天之后，在 450nm 蓝光激发下，其发光强度仅仅下降 0.7%；经 85℃水中浸泡 60 h 后，发光强度能够保持湿老化前的 100%。结合 12W 蓝光 LED 大功率 COB 芯片，在 300mA 电流下，获得光效为 92 lm/W 的白光 LED 器件[36]。

3. 宽色域显示用窄带稀土发光材料

随着对白光 LED 器件性能要求（如高显色、高光效和宽色域等）日益高涨，具备特定发光特性的材料的研制越发紧迫。其中，宽色域 LED 背光源要求发光材料的发射光谱更窄、发射峰位更为合理，日本国立材料研究所的广崎尚登和解荣军等人相继开发了短波长的 β-sialon：Eu^{2+} 和更窄带的 γ-alon：Mn^{2+} 绿色发光材料，使制备超宽色域白光 LED 的背光源成为可能[37-41]。德国慕尼黑大学的 Schinck 等人研制了具有窄带发射的红色发光材料 $Sr[LiAl_3N_4]$：Eu^{2+}，能有效地减少光谱的红外成分，提高了整个器件的发光光效[42]。

此外，非稀土窄带发光材料研究也成为研究热点，2015 年北京有研稀土庄卫东和刘荣辉等采用刻蚀法合成 K_2（Si，Ge）F_6：Mn 系列氟化物红粉，通过发光离子晶体场调节和离子电荷补偿，调节并提高了红色荧光粉的荧光性能，该红色荧光粉配合一定波长绿粉应用于液晶显示 LED 背光源之后可显著提升器件显示色域[43]。2016 年，进一步采用湿化学沉淀法首次在常温下合成了具有八面体形貌的 K_2（Ge，Si）F_6：Mn 共掺型氟化物系列红色荧光粉，该荧光粉具有与 K_2GeF_6（六方晶系、P-6_3mc（186）空间群）相同的晶体结构，具有形貌好、发光效率高和稳定性好等特点，利用上述荧光粉与蓝光 LED 芯片组合制成的发光器件可以用于液晶显示背光源[44]。

目前，所有商用氟化物窄带荧光粉的合成方法均涉及高毒性、挥发性和刺激性的高浓度 HF 的使用，这严重地制约了其规模化生产和广泛应用。针对这个技术瓶颈，中山大学王静等首次报道了一种绿色合成制备方法，以 Mn^{4+} 的可溶配合物溶液和氟氢化钾 KHF_2 等简单易得的试剂作为原料，在没有 HF 添加的情况下成功制备了较高发光效率的 KSFM，有效解决了非高浓度 HF 溶液中，Mn^{4+} 遇水分解导致 KSFM 发光效率低下的技术难题；并深入进行了绿色合成机理研究，为未来无 HF 溶液法绿色合成 Mn^{4+} 掺杂的复合氟化物提供一种新的思路[45]。

稀土配合物与白光 OLED

随着近紫外 LED 芯片技术的发展，稀土配合物用作有机荧光粉的研究也是人们研究热点之一。张献明[46]等利用共掺稀土离子（Eu^{3+}，Tb^{3+}）跟有机配体 CPOMBA 自组装合成单相白光荧光粉 MOFs 材料（$Eu_{0.045}Tb_{0.955}$CPOMBA/$La_{0.6}Eu_{0.1}Tb_{0.3}$CPOMBA）。利用有机配体 CPOMBA 作为天线分子在 MOFs 材料中敏化稀土离子发光，可得到一种近紫外光（365nm）激发的白光荧光粉。制作的白光 LED 器件具有低的色温 CCT（5733K），高显色指数 CRI（Ra=73.4），为单相 UV 荧光粉发展提供了一中新的视角。王苏宁[47]等利用含两个三芳基硼基团的一类大环胺类的衍生物（do3a-pic）敏化稀土 Eu（Ⅲ）和 Tb（Ⅲ），通过调节不同稀土离子的含量得到明亮的白光。

针对稀土配合物发光材料光稳定性问题，黄春辉[48]等利用 4- 羟基 -1，5 萘啶类衍生物敏化铕离子得到了高效高光稳定性的稀土铕配合物发光材料，其敏化效率接近100%，发光量子产率高达84%，紫外辐射200h（$10W/m^2$ 340nm）发光亮度未见明显衰减。且该系列材料具有较好热稳定性（分解温度>420℃）。闫冰[49]等将稀土配合物Tb^{3+}（AA）和镧系元素多金属氧酸盐[$NaLnW_{10}O_{36}·32H_2O$，Ln=（Eu，Tb）]通过气体扩散“瓶中造船法”和共价接枝两种方法共同修饰L型沸石得到红光和绿光杂化发光材料。该系列材料为提高稀土配合物的光稳定性提供了新的思路。

近年来，新型杂化稀土配合物材料也开展了许多研究。李焕荣[50]等通过八氨基功能化笼形倍半硅氧烷（$POSS-NH_2$）与Na_3[Ln（dpa）$_3$]之间的氢键作用得到水溶性杂化配合物材料Ln（dpa）$_3$@$POSS-NH_2$。其中Eu（dpa）$_3$@$POSS-NH_2$固态发光量子产率为56.5%，水溶液中发光量子产率为46.3 %；并且该材料在水溶液中对Cu^{2+}离子有明显的荧光响应。王振玲[51]等合成了双功能螯合配体4-乙烯吡啶-2，6-二羧酸（4-VDPA）用于敏化稀土铕和铽离子，得配合物[Ln（4-VDPA）$_3$]$_3$。将这种配合物与N-异丙基丙烯酰胺（NIPAM）通过自由基引发聚合一锅法共价接枝得到PNIPAM-Eu_xTb_y(DPA)$_3$水凝胶，通过调节稀土离子Eu^{3+}，Tb^{3+}摩尔比得到一系列发光可调水凝胶。而且该系列材料具有较高的荧光寿命和量子产率（71.9%）。

黄阳[52]等报道将稀土配合物Eu（TTA）$_3$与一维多孔氮化硼（BN）超细纤维结合合成新型有机无机杂化发光材料Eu（TTA）$_3$@BN。配合物Eu（TTA）$_3$在BN超细纤维孔道内不仅减少Eu^{3+}离子的团聚发光淬灭现象，而且还有效改善其热稳定性。Pecoraro[53]等报道了通过一锅法合成新型近红外及可见光发射的Ga^{3+}/Ln^{3+}金属冠醚（MC）配合物[$LnGa_4$（shi）$_4$（$C_6H_5CO_2$）$_4$（C_5H_5N）(CH_3OH)]（Ln^{3+}=Sm，Eu，Gd，Tb，Dy，Ho，Er，Tm，Yb；H_3shi=水杨基氧肟酸）且具有较高的量子产率。固态Yb MC配合物近红外量子产量可达5.88%，为目前Yb（Ⅲ）配合物近红外发光效率的最佳纪录。

同时，由于稀土有机电致发光材料具有色纯度高、发光亮度强，窄带发射等独特优势，将其作为发光层和空穴传输层组成有机电致发光器件，具有驱动电压低、制作方便、原料来源广等许多非常突出的优点，在照明及显示领域均具有良好的发展前景。此外，许多稀土化合物都具有近红外发光的性质可以制作成近红外发光OLED器件，用于通信、红外探测、生物成像等领域。

近几年稀土配合物电致发光材料及器件国内外已有许多报道。张洪杰课题组[54]研究了将Eu（TTA）$_3$phen掺杂在26DczPPy主体材料中，并选用MoO_3为阳极修饰层，4′，4″三（咔唑基-9-yl）三苯胺（TcTa）作为空穴传输层用于促进空穴的注入和传输，最终优化的器件表现出最大亮度为3278cd/m^2，最大电流效率为12.45cd/A，功率效率为11.50 lm/W，外量子效率（EQE）6.6%。100cd/m^{2}实用亮度下，电流效率为9.10cd/A。他们还报道将Eu（TTA）$_3$phen作为电子“陷阱”和传能“梯子”掺杂在红光铱器件中，在低浓度掺杂时可明显提高器件效率[55]。

Avetissov[56]等合成了系列基于吡唑取代氟化烷基 1.3– 二酮类配体的稀土 Eu（Ⅲ）配合物 Eu（L）$_3$（Phen），并将其作为发光层制作了一系列器件。他们通过增加掺杂剂分子尺寸和支化可以增加 EL 器件能量效率，高于一般 Eu（TTA）$_3$（Phen）配合物荧光粉的能量效率。

黄维课题组[57]报道了基于双齿氧膦基团的新型中性配体（EDPO）与 Eu（DBM）$_3$ 桥联得到一维 Eu^{3+} 配位聚合物 Eu–FDPO，并以此作为发光层制作了白光电致发光器件。由于氧膦基团使中性配体表现出良好的电子传输性，Eu–FDPO 薄膜的量子产率可达 80%，且具有较高的电子迁移率 $10^{-6}cm^2/(V\cdot s)$。最终，双层旋涂 Eu–FDPO 发光器件在 $100cd/m^2$ 实用亮度下启动电压仅为 10.2V；最大亮度为 $215cd/m^2$。另外，稀土 Eu（Ⅲ）配合物在电致发光领域还有一些较为独特且创新的应用。L.D.Barip[58]等首次利用手性阴离子配体制作了手性铕配合物，通过旋涂法制作了圆偏振发射的 OLED 器件。

K. Iftikhar[59]等报道了六氟乙酰丙酮作为阴离子，吲哚作为中性配体的 Tb（Ⅲ）稀土配合物的发光。器件 ITO/CuPc（15nm）/Tb（hfaa）$_3$（indazole）$_2$：CBP（1∶10）（80 nm）/BCP（25nm）/Alq$_3$（30nm）/LiF（1nm）/Al（200nm）的最大亮度为 $693cd/m^2$，最大电流效率 30cd/A。

卞祖强[60]等研究了配合物 Tb（PMIP）$_3$DPPOC 并引入具有两个咔唑基团偏空穴传输性且具有高三重态能级的主体材料 DCPPO，并以该材料为第一发光层制备双发光层器件。最终优化的器 ITO/MoO$_3$（1nm）/TCTA：MoO$_3$（20%，20nm）/TCTA（15nm）/Tb（PMIP）$_3$：DCPPO（1∶1，10nm）/Tb（PMIP）$_3$：DCPPC（1∶1，10nm）/3TPYMB（50nm）/LiF/Al 的启亮电压仅为 3.4V，最高电流效率为 57cd/A，功率效率为 52 lm/W，$100cd/m^2$ 实用亮度下，电流效率仍为 30cd/A，功率效率为 11.50lm/W，最大 EQE 为 14.8%。为目前基于 Tb（Ⅲ）配合物 LED 效率的最佳纪录。

（二）激光（LD）照明与显示用稀土发光材料

随着蓝光 LED 芯片的注入电流密度增大，其发光效率却持续下降，即所谓的效率下降现象（Efficiency Droop），导致单颗粒白光 LED 的功率和流明效率都相对较小，无法满足未来大流明、高功率照明器件应用需求；虽然可以通过增加芯片数量或者芯片面积等方式缓解效率下降现象，但是，生产成本大幅上升，且存在光路系统复杂化等一系列问题，无法在高端照明产品如汽车前照大灯、高亮度投影仪和影院放映机等市场应用；因此，突破蓝光 LED 在发光效率上的技术瓶颈是未来发展大流明和高功率照明的必然要求与趋势，新材料与新技术的革新刻不容缓。

激光照明技术为超高亮度光源提供了有效解决办法[46, 47]。与蓝光 LED 芯片不同，激光芯片不存在光效下降问题，其发光效率与电流密度成正比，在大电流下，轻松实现高亮度发光；诺贝尔物理学奖得主、蓝光 LED 发明者中村修二先生多次表示激光照明是继白光LED照明之后的下一代照明技术；2016年年底，中村修二联合深圳市政府建立了激光照明实验室，助力激光照明技术的产业发展[48]。然而，传统激光光源主要采用RGB三色激光光源，存在成本高、光效低、视觉安全性低和显示分辨率低等等严重不足；严重制约了激光光源作为下一代新兴照明与显示技术的广泛应用。

深圳光峰光电[49]提出利用"蓝色激光LD+稀土荧光粉"的组合来实现高亮度、长寿命和高视觉安全性等，同时成本远低于传统激光光源方案。具体而言，所采取的技术方案是"蓝光激光+荧光粉膜片"的第一代激光照明技术。荧光粉膜片目前制备方法是：将黏结剂（有机硅胶或者无机黏结剂）与荧光粉按照比例混合均匀，涂覆于基板色轮上，在一定温度下固化形成荧光粉膜片。然而，由于激光激发光源具有高激发密度，使得激光光源具有很高的热效应（局部高达500℃），从而导致荧光膜片中的有机胶产生严重的热老化问题，最终导致激光光源的可靠性和光效显著降低；深圳光峰光电进一步开发出高频转动荧光膜片，一定程度上有效解决了热效应的难题；在此基础上，深圳光峰光电于2013年和2014年先后推出了100in（英寸）超大屏幕激光电视和20000lm激光电影放映机；同时，境外大公司也积极开发基于稀土荧光转换的激光电视，2016年明基电通有限公司[50]推出了"蓝核激光"技术，采用蓝光激光激发多色荧光粉，实现激光投影的高亮度、宽色域显示。

尽管如此，从材料的角度，严重匮乏大功率高强度蓝光激光（>30W光功率）激发的耐高温型高效稀土发光材料，因此现有稀土荧光粉材料的耐受温度低（<300℃）、高功率激发条件下的光转换效率、抗热淬灭和抗老化性差。与荧光粉相比，玻璃陶瓷在耐热和耐光方面具有先天优势，因此稀土玻璃陶瓷发光材料成为当前激光照明与显示领域的研究热点和前沿。

2016年，美国加州大学圣芭芭拉分校诺贝尔奖获得者中村修二等[51]报道了YAG单晶及其在激光照明的应用研究，结果表明：在输入电流1.4A和电压4.24V时，器件峰值光效达到86.7lm/W，而在输入电流3A和电压4.85V时，器件峰值光效达到75.6lm/W，亮度达到1100lm；同年，日本国立材料研究所解荣军等[52]采用放电等离子烧结炉在1400℃左右，成功制备了Al_2O_3-YAG：Ce陶瓷，结果显示该陶瓷具有高达18.5W/（m·K）的热导率，在激光功率密度高达50W/mm^2时，仍未表现出明显的发光饱和现象；蓝光激光激发下，材料光效达到370lm/W，而YAG荧光粉则在107lm/W最高流明效率后即出现发光饱和现象；作者未报道激光器件实验。2017年，中山大学王静等[36]用传统玻璃融淬法在700℃左右获得YAG-PiG玻璃陶瓷，其外量子效率达到64%，蓝光激光激发下，材料蓝光吸收效率达到93.6%，光效达到366.9lm/W；结合1W小功率蓝光LD芯片，获得光效为110lm/W的白光LD原型器件。

此外，日本国立材料研究所解荣军等[53]报道了一种基于硼铝酸盐玻璃基体的β-Sialon：Eu复合玻璃陶瓷发光材料，其在激光功率密度小于0.7W/mm^2范围内，没有出现明显发光饱和现象；2017年，该课题组[54]采用放电等离子烧结炉在1400～1600℃左右，成功制备了 $CaAlSiN_3$：Eu 红色发光陶瓷，结果显示其热导率达到 4W/（m·K），在激光功率密度高于 1.8W/mm^2 以后，出现明显发光饱和现象。

（三）太阳能电池用稀土光谱转换材料

太阳能被认为是满足将来能源需求的一种极有发展潜力的能源，如何高效利用太阳光就成为关键的科学问题。光－电转换材料是一类重要的太阳能利用方式，但目前光伏产业存在光电转换效率低，成本高等问题而限制了其应用，每年在全球总能耗中占的比例不到 1%。限制光伏材料光电转换效率低的原因主要是太阳能电池材料的吸收区间与标准太阳能辐射光谱（Globe AM1.5）不匹配的问题[55]。

以太阳能电池市场主体产品单晶硅（c-Si）太阳能电池为例，太阳光到达地球表面的标准太阳能辐射光谱（Globe AM1.5）中，主要是波长位于 300 ~ 2500nm 的可见光和红外光；然而，理论上，只要波长等于 1000nm 的光辐照硅半导体，电子即可从半导体材料的价带跃迁至导带底部附近，产生光电流；但是，当波长位于 300 ~ 1000nm 之间的高能可见光辐照硅时，电子将从半导体材料的价带跃迁至导带底部以上，即导带内部，这样在产生光电流的同时，大部分可见光的能量将以晶格热损失的形式损耗[56]；相反，波长位于 1000 ~ 2500nm 之间的低能红外光辐照硅半导体时，则不会产生任何光电流，也就是说这部分长波红外光直接透过硅电池，并未得到充分利用；因此，如何提高太阳光的可见光和红外光的利用效率，并最终提高光电转化效率成为晶体硅太阳能电池技术未来广泛应用所面临的关键。

针对上述问题，提高硅基太阳能电池转换效率的途径有两种：将紫外－可见光转换为 1000nm 左右的红外光，以及将更长波的中红外和远红外光上转换为约 1000nm 的光。其中，将紫外－可见光转换为红外光的方式有量子剪裁和频率转换两种方式[57, 58]。对硅太阳电池而言，量子剪裁是将 1 个高能光子（300 ~ 500nm）转换成 2 个的低能光子（约 1000nm），故理论上可获得最高 200% 的高能可见光利用率；同时，通过下转换修饰后的光波长与硅半导体禁带宽度完美匹配，将大幅度减少硅电池的晶格热损失，有助于提高光电转换效率；而能量低于 500nm 的可见光则可以通过吸收一个可见光的高能光子，转换成 1000nm 的低能红外光子的频率转换方式来实现光谱修饰，因为这部分的光子能量不足以达到 2 个红外光子（约 1000nm）能量的 2 倍。此外，太阳光谱中 300 ~ 500nm 波段光能量约为 149W/m^2，而硅太阳电池目前实际利用的整个太阳光能量约为 468W/m^2，前者能量是后者的 32%，故太阳能量利用率有很大提高空间；因此，下转换方式是实现太阳光高效利用和提高硅电池光电转换效率的重要的太阳光谱修饰途径。

过去 10 年的早中期，稀土光谱转换材料研究中的重点主要放在材料新体系（包括新组成与不同材料形态，如块材、纳米粉体、玻璃与薄膜等）的探索、稀土光谱转换性能优化与光谱转换机理研究等上面。近些年来，相关研究聚焦到如何开展稀土光谱转换材料在太阳能电池的应用研究方向上。2015年中国的台湾交通大学陈登明[59]等报道了一种亚微米 Gd_2O_2S：Eu^{3+}-PVP复合材料，并成功将其应用到硅基太阳能电池。其中，纯亚微米 Gd_2O_2S：Eu^{3+} 粉体的量子效率达到36.2%；器件对比结果表明：参比硅太阳能电池的能量转换效率（PCE）、短路电流密度（J_{sc}）和开路电压（V_{oc}）分别是10.44%、25.76mA/cm^2 和0.5798V，此外填充因子（F.F.）约69.9%。利用复合材料所制作的稀土光谱转换型太阳能电池器件的短路电流密度达到6mA/cm^2，相对增幅达到23%，能量转换效率增幅达到8.9%。

（四）生物荧光探针用稀土纳米发光材料

近年来，随着生物医学的快速发展，生物医学成像也取得了大量的进展。磁共振成像，超声波成像，X射线成像，正电子发射断层成像，光学成像和核医学成像等可视化技术纷纷被开发出来并运用到临床上。其中，光学成像凭借着其高灵敏性和低花费等优势成为了最有开发前景的成像技术。光学成像技术的开发最基本的需求可分为两项，一是光学成像探针，二是光学信号探测技术。因此，目前光学成像领域大部分的研究都关注到了新型光学成像探针的开发上，有机染料，量子点发光材料和上转换发光材料以及长余辉发光材料等典型的传统发光材料都被科学家开发并应用到了生物活体成像领域。本部分重点介绍近年来，稀土长余辉纳米发光材料和上转换纳米发光材料的研究进展。

长余辉发光材料是一种激发光源停止后，仍然可以持续发光几秒、几小时甚至几天的发光材料[60]。关于长余辉发光材料的文字记载最早可以追溯到我国宋代时期。虽然长余辉发光材料研究历史悠久，但真正取得巨大突破是在20世纪末，特别是稀土铝酸盐绿色长余辉发光材料的发现将长余辉发光材料的应用和研究推向了一个全新的阶段[61, 62]。在之后的20年中，人们通过不同余辉发光离子与基质材料的调控成功研制了紫、蓝、青、绿、黄、橙、红以及白色等各色可见光长余辉发光材料。如今，长余辉发光材料已经被广泛应用在了安全指示、夜间照明、玩具制造、装潢和军工等领域[63]。

近些年，长余辉发光材料这个既古老又鲜活的材料被科学家赋予了全新的使命。2007年，法国科学研究中心的Scherman等研究员将一种稀土硅酸盐近红外长余辉材料（650 ~ 1300nm）应用到了生物活体成像领域[64]。凭借着这种新型活体成像方式的超高信噪比优势，近红外长余辉发光材料迅速吸引了国内外研究人员的注意。近红外长余辉发光材料的开发与应用为长余辉发光材料的研究开启了新的篇章。

近红外长余辉发光纳米材料用于生物活体成像的具体步骤可分为以下三步：①将近红外长余辉发光纳米材料溶于生理溶液中，通常在体外使用紫外光激发；②将激发过的近红外长余辉发光纳米材料生理溶液通过小鼠尾部静脉注射进小鼠体内；③使用光学探测装置收集纳米材料所发射出的近红外长余辉光学信号，得到活体成像图[65, 66]。

从上述步骤可以看出近红外长余辉发光纳米材料用于生物成像具有两个特点。一是体外激发与体内超长延迟发光，凭借这一独特的发光方式，近红外长余辉发光纳米材料可以在生物活体体内成像。这种方式可以避免紫外光对生物体的损伤并且完全避免由紫外灯照射生物体引起的组织发光，大大减少背景干扰。二是发射波段处于光学窗口，近红外长余辉发光纳米材料的发射一般位于 600 ~ 1400nm 之间，生物组织对在这个范围内的发光吸收较少，使得近红外光能够到达更深的生物组织，实现深组织成像。因此，相比与传统的光学成像探针，近红外长余辉发光纳米材料具有更深的组织成像能力，更少的背景干扰和更高的信噪比。近红外长余辉光学成像探针一经报道便迅速吸引了国内外研究者的广泛注意和研究。

表 1 总结了已经报道的用于生物活体成像的近红外长余辉光学成像探针。从表 1 可以看出，2007 年，法国国家科学研究院的 Daniel Scherman 等在美国科学院院报上首次提出将近红外长余辉发光纳米材料 Mn^{2+} 离子激活的硅酸盐材料，即 $Ca_{0.2}Zn_{0.9}Mg_{0.9}Si_2O_6$：$Eu^{2+}$，$Dy^{3+}$，$Mn^{2+}$ 用于生物活体小鼠成像[64]。其中，Mn^{2+} 离子作为余辉发光中心，而稀土离子是作为陷阱或者缺陷中心；2011 年，同一课题组开发了一种新的 Mn^{2+} 离子激活的硅酸盐近红外长余辉纳米材料 $CaMgSi_2O_6$：Mn^{2+}，Eu^{2+}，Pr^{3+}[66]，并通过共掺杂不同的稀土离子，可以调节近红外长余辉纳米材料的陷阱深度。当共掺杂 Pr^{3+} 时，$CaMgSi_2O_6$：Mn^{2+}，Eu^{2+}，Pr^{3+} 近红外长余辉纳米材料的陷阱深度约为 0.7eV，在室温下可以得到最强的长余辉发射，长余辉性能可达到共掺杂 Dy^{3+} 时的 10 倍。小鼠活体成像信号明显强于未经过调控的近红外长余辉纳米材料的信号。

表 1　已报道的用于生物活体成像的近红外长余辉光学成像探针

基质材料	掺杂离子	颗粒尺寸（nm）	长余辉时间	长余辉波段（nm）	报道年份	参考文献
$Ca_{0.2}Zn_{0.9}Mg_{0.9}Si_2O_6$	Eu^{2+}，Dy^{3+}，$M^{n2}+$	50 ~ 100	>24h	550 ~ 800	2007	[64]
$Ca_{0.2}Zn_{0.9}Mg_{0.9}Si_2O_6$	Eu^{2+}，Dy^{3+}，Mn^{2+}	80 ~ 180	>24h	550 ~ 800	2011	[65]
$CaMgSi_2O_6$	Eu^{2+}，Mn^{2+}，Pr^{3+}	~ 140	>1h	550 ~ 800	2011	[66]
$LiGa_5O_8$	Cr^{3+}	50 ~ 150	>10d	600 ~ 850	2013	[67]
$Zn_{2.94}Ga_{1.96}Ge_2O_{10}$	Cr^{3+}，Pr^{3+}	33 ~ 63	>15d	600 ~ 800	2013	[68]
$ZnGa_2O4$	Cr^{3+}	20 ~ 60	>1.5h	600 ~ 800	2014	[69]
$ZnGa_2O_4$	Cr^{3+}，Gd^{3+}	40 ~ 150	>0.5h	600 ~ 800	2014	[70]
$Zn_{1.1}Ga_{1.8}Ge_{0.1}O_4$	Cr^{3+}，Eu^{3+}	~ 50	~ 15d	600 ~ 800	2014	[71]
$ZnGa_2O_4$	Cr^{3+}	~ 10	>1h	600 ~ 800	2015	[72]
$ZnGa_2O_4$	Cr^{3+}	~ 6	>1h	550 ~ 800	2015	[73]
$CaTiO_3$	Pr^{3+}	~ 450	>1h	550 ~ 700	2015	[74]
$ZnGa_2O_4$	Cr^{3+}，Bi^{3+}	~ 200	>1h	600 ~ 800	2016	[75]
$ZnGa_2O_4$	Cr^{3+}，Eu^{3+}	5 ~ 7	>0.5h	600 ~ 800	2016	[76]
$Zn_{1.25}Ga_{1.5}Ge_{0.25}O_4$	Cr^{3+}，Yb^{3+}，Er^{3+}	33 ~ 56	>20d	600 ~ 800	2016	[77]

2013，国内南开大学严秀平等也报道了一种新型 Cr^{3+} 离子激活的镓酸盐近红外长余辉纳米材料 $-Zn_{2.94}Ga_{1.96}Ge_2O_{10}$：$Cr^{3+}$，$Pr^{3+}$[68]。该课题组开发的新型 $Zn_{2.94}Ga_{1.96}Ge_2O_{10}$：$Cr^{3+}$，$Pr^{3+}$ 近红外长余辉纳米材料拥有极佳的近红外长余辉性能，从近红外长余辉成像图可以看出，$Zn_{2.94}Ga_{1.96}Ge_2O_{10}$：$Cr^{3+}$，$Pr^{3+}$ 近红外长余辉纳米材料的长余辉信号在 15 天之后仍然可见。在生物活体成像实验中，该近红外长余辉纳米材料的初始信噪比高达 72，450 分钟后仍然具有 5.1 的信噪比。

2015 年，法国国家科学研究院 Daniel Scherman 等再次在近红外长余辉发光纳米材料用于生物成像领域取得了突破性的进展。该课题组使用水热法制备得到的 $ZnGa_2O_4$：Cr^{3+} 近红外长余辉纳米材料具有优异的长余辉性能并且可用使用白光 LED 激发得到近红外长余辉。克服了由近红外长余辉纳米材料余辉时间有限导致的无法进行长时间成像的难题，更为重要的是该材料的信噪比远高于量子点荧光探针[69]。进而，该课题组通过将具有 MRI 造影能力的稀土离子 Gd^{3+} 共掺杂进 $ZnGa_2O_4$：Cr^{3+} 近红外长余辉纳米材料当中，成功实现了多模成像，不但具有优异的生物活体荧光成像能力，而且也有不错的 MRI 活体成像能力。两种成像模式可以实现互补，解决了荧光成像空间分辨率不高和 MRI 成像灵敏性不高的问题[70]。

同年，南开大学严秀平等[78]将 $Zn_{2.94}Ga_{1.96}Ge_2O_{10}$：$Cr^{3+}$，$Pr^{3+}$ 近红外长余辉纳米材料与具有 CT 成像能力的 TaO_x 通过 SiO_2 组装到了一起。通过在 $Zn_{2.94}Ga_{1.96}Ge_2O_{10}$：$Cr^{3+}$，$Pr^{3+}$@$TaO_x$@$SiO_2$ 近红外长余辉纳米材料的表面嫁接上能够靶向识别癌细胞的多肽，成功地实现了活体癌细胞的靶向荧光成像和 CT 成像。

2017 年，中山大学王静等[79, 80]成功开发出一种纳米复合体近红外长余辉多模探针，利用介孔 SiO_2 作为反应容器和模板成功制备了 100nm 大小的核壳结构 $ZnGa_2O_4$：Cr^{3+}/Sn^{4+}@MSNs@Gd_2O_3 近红外长余辉纳米材料。制备得到的双模式成像探针兼具出色的磁共振成像和优异的近红外长余辉荧光成像能力，其中，与目前临床上应用的商用造影剂 Gd-DTPA 相比，由 T_1 和 T_2 弛豫速率计算结果，可以得到 ZGOCS@MSNs@Gd_2O_3 的 r_1 和 r_2 值分别为 9.16 和 35.51，均优于 Gd-DTPA（r_1=6.13，r_2=5.68）。此外，尾静脉注射 ZGOCS@MSNs@Gd_2O_3 后小鼠肝脏部位的 MRI 信噪比相比于注射前增强了 46.2%。综合体外和体内优异的 MR 成像效果，我们可以认为我们制得的 ZGOCS@MSNs@Gd_2O_3 完全可以成为一种高效的 MRI 造影剂。

（五）稀土配合物发光材料与器件

稀土离子 f-f 跃迁禁阻，其摩尔吸光系数非常低［通常 <3（M · cm）］，直接激发稀土离子需要使用较多的稀土材料才能达到对发光强度的要求。在稀土配合物中，有机配体具有较强的吸光能力，可以通过“天线效应”将能量传递给稀土离子敏化稀土离子发光，使用少量的稀土材料就可以达到较强的发射。同时，由于配体的阻隔，稀土离子之间距离通

常较大，避免了常见的浓度淬灭，非分散的配合物发光性能依然良好。另外，稀土配合物在溶剂及高分子中良好的溶解性（或分散性）使其更容易应用于生物成像、转光膜及电致发光等领域。尽管如此，实现稀土配合物发光材料产业化应用仍然面临诸多挑战：一是稀土离子配位数较大（通常 7 ~ 9），外界溶剂分子易参与配位或竞争配位，影响发光量子产率；二是有机配体的光、热稳定性通常不如无机材料好，尤其是最常使用到的 β－二酮类配体，其差的光稳定性严重限制了它在光致发光领域的应用。因此，如何设计合成具有高发光效率、光稳定、热稳定的稀土配合物发光材料并拓展其在生物成像、传感、固态照明、显示、太阳能电池及农用转光膜等领域的应用，是当前研究的热点。以下将从基础研究和应用研究两个方面介绍稀土配合物发光材料近年的研究进展。

1. 基础研究进展

有目的地设计、合成特定性质的配体及其配合物是稀土配合物研究的重要基础工作。最常见二齿、三齿和多齿配体制备的配合物分子式为 $Ln(L2)_3(L)_x$,$Ln(L3)_3$ 及 Ln(LM)，其中 L2 为二齿阴离子配体，L3 和 LM 分别为三齿和多齿配体，L 为辅助中性配体，一般含有 1 ~ 3 个配位点。

对于二齿配体，最常见的为 β－二酮类配体，Ga-lai Law 等[81]合成了一系列的 β－二酮类具有摩擦发光性能的稀土配合物，研究发现非中心对称和中心对称的配合物都可具有摩擦发光活性。唐怀军等[82]报道了基于双 β－二酮类配体的铕配合物 [Eu_2（2，7-BTFDBC）$_{3-n}$（DBM）$_{2n}$（Phen）$_2$]（n=0，1，2），配合物吸收边最大到 450nm，固体状态下可实现蓝光激发的红光发射，在 LED 照明领域有潜在的应用价值。

辅助配体的设计选择对三元配合物的发光性质有重要影响。闫鹏飞等[83]利用 1，8-萘二甲酰亚胺－吡啶 N- 氧化物（NIPyNO）作为辅助配体敏化铕离子，制备了双核铕配合物 Eu_2（hfa）$_6$（4-NIPyNO）$_2$，其发光量子产率（33%）较之前 Eu（hfa）$_3$（H_2O）$_2$ 提高了近 13 倍。此外他们[84]还利用基于柔性席夫碱配体的锌配合物作为辅助中性配体敏化稀土离子，制备了双金属配合物 [$Zn_2L_2Ln_2$（hfa）$_6$]（Ln=Eu，Tb，Dy），并将铕、镝共掺制备配合物，实现了白光发射。王远等[85]设计合成了可以敏化 Yb 的中性配体 DFQZ，配合物 PMMA 薄膜的发光强度随温度增强而增强，且不受外界氧气的干扰，有望成为温度传感探针。

除了 *β*- 二酮类配体，黄春辉等[86]发展了一类新型二齿阴离子配体羟基萘啶，其结构更加刚性，制备的配合物光致发光量子产率可高达 84%，此类配合物光稳定性和热稳定非常优异，在照明领域、转光膜领域的应用正在进一步研究中。进一步，他们[87]将羧基引入羟基萘啶配体，制备了水溶性基于三齿配体的铕配合物，表现出良好的发光效率（28%）、光稳定性及灵敏的 pH 响应特性。他们[88]还制备了基于新型三齿配体的可升华稀土配合物。

对于多齿配体，张俊龙等[89]报道了全氘代或全氟代的卟啉配体，与氘代 Kläui 配体一起制备了敏化效率达 100%，CD_2Cl_2 中量子产率达 63% 的 Yb 配合物。此外，他们[90]还通过调节卟吩内酯 β-酯基的取向（顺式-反式），得到具有不同三重态能级的配体，可以实现对镱配合物发光量子产率的调节。

另外一类常见的多齿配体为大环多胺，与稀土离子形成 1∶1 的具有良好配位稳定性的配合物。Ga-lai Law 等[91]合成了具有手性的大环配体，其铕配合物具有很强的圆偏振发光。王苏宁等[92]利用在 N-臂上引入三芳基硼基用于敏化铕、铽离子，通过调节不同稀土离子的比例或温度可得到白光发射。

除了配合物材料本身，设计合成稀土配合物杂化材料，提高配合物的稳定性和光物理性质进而拓宽其应用领域也是人们研究的重点。陈晓等[93]将离子液体配合物 $EAEu(TTA)_4$（EA 为乙基铵阳离子）分散在嵌段共聚物 P123 中，得到了具有四个中间相的柔性高分子材料，由于 EA 与配合物和高分子均有较强的相互作用，得到的掺杂材料光稳定性比配合物在乙腈溶液中有大幅提高。闫冰等[94]利用 MOF 后修饰的方法制备杂化发光材料 Eu-MIL-61，该材料可以选择性检测水溶液中的 Ag^+。李焕荣等[95]将 Eu^{3+}, Tb^{3+} 和 β-二酮类配体 acac 共掺在纳米沸石（NZL）的孔道中，制备了复合材料 $Eu_4Tb_6(acac)_n$@NZL，可对胺蒸气进行比率传感。利用类似的方法，王静等[96]制备了铕配合物-纳米沸石杂化材料，并用含咪唑基的硅酯封堵沸石孔道，将这种杂化材料制备薄膜覆盖到具有黄绿色发光的器件上得到了高效稳定的暖白光发光器件。此外，李焕荣等[97]还通过在辅助配体三联吡啶上引入柔性甲基咪唑基团制备了配合物胶束 $Eu(TTA)_3$tpy-mim，进一步将聚丙烯酸钠修饰的剥离锂皂石纳米片作为无机包覆层通过静电作用包覆在胶束表面，制备了超分子水凝胶，其具有高机械强度、自修复功能和优异的光物理性质。吴彪等[98]将 PABI-Eu 稀土有配合物接枝在 Au@SiO_2 纳米核壳结构的表面上得到纳米复合材料，通过 Au 核的等离子体共振增强稀土离子的发射。利用层层自组装[99]、溶液浇铸[100]、挥发溶剂[101]、自由基聚合[102]等方法制备配合物掺杂薄膜，并用于气体[100]、阴离子[103]、阳离子[99]的传感也有很多报道。

2. 应用研究

生物成像与传感：稀土配合物发光具有大的 Stokes 位移，窄带发射和长激发态寿命的特点。大的 Stokes 位移和窄带发射有利于区分稀土发光信号和背景信号，而长激发态寿命则可利用时间分辨技术排除背景发射的干扰，因此稀土配合物作为生物探针被广泛研究[104]。

David Parker 等[105]长期从事稀土配合物用于生物成像和传感的研究。最近，他们[106]合成了四种大环多胺配体，带有酯基的配合物可以进入细胞并特异性染色溶酶体，并可以通过发光寿命指示溶酶体内的 pH 值；带有磺酸基的配合物不能进入细胞，但可以通过荧光共振能量转移（FRET）机理向细胞表面的荧光探针传能，实现 FRET 成像。Nima Sayyadi 等[107]将亲水性四甘醇引入到丁二酰亚胺和芳基 β-二酮之间，配合物即使和抗体 MIL38 结合形成免疫交联物仍为溶解状态。进一步将铕配合物-MIL38 免疫交联物用于前列腺癌细胞（DU145）染色，配合门控技术，得到了高对比度的细胞成像，为癌细胞的诊断提供支持。吴海臣等[108]将光致变色基团二芳基环戊烯（DAE）引入到辅助配体三联吡啶中，制备了具有光开关性质的配合物 DAE@TpyEu（tta）$_3$：在 DAE 关环状态下，会淬灭配合物的发光，而在波长大于 600 nm 的可见光下 DAE 会开环，配合物的发光得到恢复。此外，DAE@TpyEu（tta）$_3$ 还可以进入小鼠胚胎纤维细胞中，实现细胞内的光学“开关”成像。杨楚罗等[109]将具有聚集诱导发光性质的四苯乙烯（TPE）基团引入到配合物中，通过调节 TPE 的激发态是否淬灭进而能否将能量传递给铕离子来调控配合物发光。配合物在溶液中发光很弱，但加入牛血清白蛋白后，抑制了 TPE 的激发态淬灭，会得到 TPE 和铕的较强发光，配合物还被成功用于在线虫体内的成像。吴晶等[110]使用可见激发敏化铕离子的辅助中性配体 DPBT，制备了配合物 Eu（HDPH）$_3$（DPBT）（DPBT 为含氟的 β－二酮类配体），其发光对过氧亚硝酸根有线性响应，将配合物装载入细胞可实现细胞内过氧亚硝酸根的检测。袁景利等[111]设计合成了线粒体靶向铕配合物 Mito–NPSTTA–Eu^{3+}，并用作活细胞线粒体内 HOCl 灵敏检测的荧光探针。其中三苯基膦基团用于选择性定位线粒体，三联吡啶用于敏化并配位铕离子，对硝基巯基用于淬灭铕离子发光，且可以与 HOCl 反应后“开启”发光。利用时间门控成像成功实现了 RAW 264.7 细胞中内源产生 HOCl 的成像和斑马鱼 HOCl 外源摄取的成像，为稀土配合物细胞器靶向发光探针的设计提供了新方法。另外，他们[112]还设计合成了一种稀土配合物纳米杂化材料，可实现对 HClO 的比率响应：纳米材料的内核是铽配合物掺杂的二氧化硅，其发光不受到 HClO 的影响（作为发光内标）；而 SiO_2 外层则为与其共价连接的铕配合物，其发光会被 HClO 淬灭。这样的杂化材料表现出很好的稳定性和灵敏的响应性，并可以用于细胞和活体动物体内对 HClO 的检测。

照明与显示器件：利用稀土发光配合物作为照明、显示材料可分为两类：一类是 LED 用配合物发光材料（利用紫外或可见的 LED 发光作为激发源）；另一类是有机电致发光（OLED）配合物发光材料（利用直流电作为激发源）。

稀土配合物作为 LED 荧光粉与稀土无机荧光粉相比，最大的优点是吸光能力强，可以大幅减少稀土材料的用量，且配合物种类丰富、能级可调，具有很好的应用前景。其中，很多文献报道了白光材料的构筑。如吕兴强等[113]采用预配位再聚合的方法，通过制备具有乙烯基的配合物与甲基丙烯酸甲酯聚合得到 Eu^{3+}–Tb^{3+}–Gd^{3+} 接枝聚合物（分别发红、绿、蓝光）。由于 PMMA 的分散作用，Tb^{3+} 向 Eu^{3+} 的传能受到抑制，在近紫外光激发下，得到的发光效率为 17.8%，显色指数高达 94 的白光发射（色坐标 x=0.322，y=0.331）。熊克才等[114]构筑了具有白光发射的稀土金属有机框架材料（MOF，Ln=Eu^{3+}，Tb^{3+}，Dy^{3+}）。类似的思路，张献明等[115]利用铕、铽共掺制备白光发光的 MOF 材料，并且将 MOF 材料涂覆在紫外 LED 芯片外制作了白光 LED 器件。与商用 YAG∶Ce 相比，其具有较低的色温（5733K），较高的显色指数（Ra=73.4）。王弋戈等[116]利用配合物 Eu（TTA）3–tpyIL 并将其涂覆在 370nm 的 InGaN 芯片上用做紫外光激发有机荧光粉，可得到红光 LED 器件。

稀土配合物作为 OLED 电致发光材料具有色纯度高，理论内量子效率可达 100% 等特点，将其制备电致发光器件在照明尤其是显示领域具有很大商业潜力。张洪杰等[117]通过设计阶梯能级的器件结构，以 Eu（TTA）$_3$phen 为发光材料，具有双极性的 26DczPPy 为主体材料，MoO_3 为阳极修饰层，TcTa 为空穴传输层：最终优化的器件最大亮度为 3278cd/m^2，最大电流效率为 12.45cd/A，功率效率为 11.50lm/W，外量子效率（EQE）6.6%，100cd/m^2 实用亮度下，电流效率为 9.10cd/A。陈忠宁等[118]合成了新型基于 β－二酮类阴离子配体的可见光激发稀土配合物 NBu_4［LnL_4］（Ln=Sm^{3+}，Eu^{3+}），其量子发光产率最高可达 80±8%。通过旋涂的方法制备了电致发光器件：ITO/PEDOT：PSS（50nm）/（NBu_4［LnL_4］）（5%）：CBP（66.5%）–OXD7（28.5%）（50nm）/BCP（50nm）/LiF（1.5nm）/Al（120nm）。最大亮度 1234cd/m^2，电流效率 3.5cd/A，功率效率 1.3lm/W，外量子效率为 2.3%。黄春辉等[119]设计了基于绿光配合物 Tb（PMIP）$_3$ 的新颖电致发光器件。以 Tb（PMIP）$_3$：DCPPO 和 Tb（PMIP）$_3$：DPPOC 为双发光层，且选用具有较高三重态能级的功能层材料实现对激子的限域作用。优化的器件 ITO/MoO_3（1nm）/TCTA：MoO_3（20%，20nm）/TCTA（15nm）/Tb（PMIP）$_3$：DCPPO（1：1，10nm）/Tb（PMIP）$_3$：DPPOC（1：1，10nm）/3TPYMB（50nm）/LiF/Al 启亮电压为 3.4V，最大电流效率为 57d/A，功率效率为 52lm/W；100cd/m^2 实用亮度下，电流效率仍为 30cd/A，功率效率为 11.50lm/W，最大 EQE 为 14.8%。此为目前基于铽配合物电致发光器件的最好表现。

太阳能电池：由于稀土配合物优良的荧光性能，有机配体可高效吸收紫外光，传递给稀土离子发生下转换发光，可用于提高太阳能的利用率，此外与纯无机粉体相比，稀土配合物很容易分散并制作成膜。因此，将稀土配合物材料制成高效转光膜用于光伏电池转光膜，近几年越来越被人们所重视。

近期，包头稀土研究院天津分院在稀土光谱转换材料实际应用研究方面取得了重要进展；经过多年的研究开发，合成的稀土有机光转换材料具有较高的量子产率，材料的抗老化性能较好，天津地区户外 1 年半、加速老化 5000 小时，材料性能基本保持稳定。研究开发稀土无机光转换材料加入到太阳能电池封装膜（EVA），满足了封装膜的基本性能要求，同时具有光转换效果，其抗老化性能已经超过国家标准的 2 倍（即抗紫外老化和抗湿热老化达到了 2000 小时以上）。

将稀土有机光转换材料和稀土无机光转换材料与高分子材料结合制备一定厚度的膜用于太阳能电池，经权威评价机构的多次测试评价（太阳能电池组件大小为 1484mm×669mm），可以提高太阳能电池的组件功率 2.4%，达到同行业先进水平。

研究开发的兼具光转换、减反射和自清洁于一体的膜，在多晶、单晶和异质结太阳能电池组件上均取得了功率提升的效果，尤其在异质结太阳能单体电池组件上获得了功率提升 3.5% 的效果。

将研究开发的稀土光转换膜用于自建的屋顶太阳能测试电站进行评价其发电效果，已经运行 3 个多月（天津地区），可以使电站的发电量提高 3% 左右，该实验还在进行中。

除了以上的应用，稀土配合物在可控药物释放[120]、防伪[121–122]、光学信息存储[123]，农用转光膜[124–125]等领域都有着广泛应用。

（六）激光晶体

中国科学院上海硅酸盐研究所、上海光机所成功地研制了口径 Φ150mm 以上 Nd，Y：SrF_2 激光晶体，峰值发射截面 $5.3\times10^{-20}cm^2$，小信号增益系数达到 2.1 倍，高于同等条件下 N3122 钕玻璃的 1.8 倍，并基于 Nd，Y：SrF_2 晶体建立了二极管直接泵浦的重频啁啾脉冲放大系统，5Hz 重频工作条件下获得了 5.1mJ 的脉冲能量输出。在中红外激光晶体方面，首次在 4at.%Er：CaF_2 晶体中实现超宽带调谐中红外激光输出，调谐范围为 2692 ~ 2820nm（128nm）；在 3%Er：SrF_2 晶体中实现了高效率的中红外激光输出：斜效率达到 30.7%、输出功率 1.06W；在 Er，Pr：CaF_2 晶体中，首次实现了 2.8μm 自调 Q 脉冲激光输出。本项研究成果入选“2016 年中国稀土十大科技新闻”。

山东大学在倍半氧化物晶体、激光自倍频晶体、可见激光晶体以及电光调制晶体等方面获得进展。发展生长技术，突破倍半氧化物晶体的生长瓶颈；发展功能复合思想，拓展激光自倍频晶体波长，首次实现瓦级黄光输出；发展蓝光泵浦可见光波段激光晶体新器件，获得高效超短脉冲激光输出；发展功能交互理论，实现旋光性电光晶体器件新设计，获得高重复频率（200kHz）电光调制脉冲激光。

中科院安徽光机所探索出了口径为 5 英寸的低损耗、高均匀性 Nd 和 Yb 掺杂的 YAG 晶体制备技术及其热键合技术、板条加工技术，并达到了良好的工程化水平，单片大尺寸激光元件的输出功率达到数千瓦水平。高光学质量 Er：YSGG 晶体生长尺寸已达 Φ50mm × 100mm，实现了灯泵 1.1J、5Hz 和 LD 泵 30W、30Hz 的 2.79μm 激光输出。

同济大学、山东大学、中国科学院上海硅酸盐研究所、上海光机所、江苏师范大学等研究机构开展了单晶光纤的研究工作，采用微下拉技术分别成功生长了 Yb：YAG、Nd：YAG、Er：YAG、Yb：LuAG、Tm：LuAG、Yb：$CaYAlO_4$、Nd：BGO 等系列激光单晶光纤。2017 年 2 月，采用 LD 泵浦 F2.3 × 10mm 的 Tm：LuAG 无包层单晶光纤实现 1.41W@2μm 斜效率 41.9% 激光输出。2017 年 7 月采用 SiO_2 包层 Yb：YAG 晶体芯 42cm 长光纤实现 >400mW、斜效率 27.8% 激光输出。

三、国内外研究进展比较

近年来，中国稀土发光材料总体研究水平整体上升明显，部分领域仍以跟踪仿制为主，研究水平与国外同步；另外一部分领域已初步实现超越，拥有原创性和自主核心知识产权，处于共同领跑水平。

在白光 LED 用稀土发光材料方面，从材料研制角度，国外注重材料的原始创新，国内侧重材料的合成制备与性能优化。总体上而言，国内在新材料的开发能力方面有待进一步加强；从构效关系角度，国内外均注重于构效关系研究，并应用于对材料的光谱和性能控制。从应用角度，国外注重高性能 LED 器件和新型器件的开发（如超高显色、超宽色域 LED、场发射显示器等），国内仍处于跟踪阶段，原创性产品相对匮乏。而从产业化角度，国外注重产品品质，国内注重产品成本，但差距越来越小。

相比 LED 而言，激光 LD 在超高流明或大功率密度的光源器件领域呈现出明显的优势，被誉为继白光 LED 之后的下一代新兴照明与显示技术。目前，对比国内外科研工作者所取得的令人瞩目进展，在材料研制方面，国内外均注重材料的原始创新，但是在材料的合成制备路线上存在差异化发展趋势；在构效关系方面，国内外均注重于构效关系研究，并应用于对材料的光谱和性能控制。在应用方面，国内外均关注高性能 LD 器件和新应用市场的开发，国内更侧重显示领域，如激光电视、影院投影、微型投影仪等等，而国外更侧重于照明领域，如汽车照明。总体而言，国内企业在原创性产品研发水平方面不亚于国外企业，可喜的是，国内企业与国外企业在产业化技术水平方面，几乎并驾齐驱，国内企业在新型市场拓展与布局方面更具有前瞻性。

在太阳能电池用稀土光谱转换材料领域，国内外在稀土光谱转换材料研究热度达到顶峰，其中，国外学者如荷兰 Andries Merjerink 和德国 Bryce S. Richards 等侧重稀土光谱转换材料的光谱设计与光转换机理，以及光谱转换型器件的理论研究等，而国内学者侧重新材料探索，性能优化，特别是近些年大力推动了稀土光谱转换材料在太阳能电池的实际应用研究，且取得了重要进展。

近年来，近红外长余辉纳米材料在生物成像领域的研究取得了巨大的进展，极大地推动了长余辉发光材料的研究热情，为这个古老的课题注入了新的活力；从激活离子的角度，目前，主要研究热点在过渡金属离子，特别是 Cr^{3+} 离子；而稀土离子作为余辉发光中心的纳米探针主要是 2015 年中科院张洪武课题组报道的 $CaTiO_3:Pr^{3+}$，相关研究仍然严重匮乏，这与稀土离子在传统长余辉块材中的研究和产业地位严重不对称；从陷阱或缺陷中心角度，稀土离子丰富而精细的半径和电负性的差异，使得它们成为优良的余辉性能调控剂；从国内外对比的角度，国内学者主要包括南开大学严秀平、中科院厦门城市与环境研究所张洪武、华南理工大学邱建荣、中山大学王静、武汉大学袁荃、中科院福建物构所陈学元等，国外学者主要包括法国 Scherman、美国 Han Gang、日本 Tanabee 等；国内学者在稀土长余辉纳米探针研究领域几乎与国外同步，特别是在纳米材料新体系探索、余辉性能调控及其在生物成像新应用探索研究等方面。

四、本学科发展趋势与展望

稀土光功能材料是我国稀土战略资源高附加值应用的重要领域之一，是照明与显示等电子信息产业、太阳能电池等新能源产业以及生物医学等前沿领域的重要支撑。当前稀土发光材料产业正处于新旧技术更替期，相关研究正处在关键转折期，从学科发展角度进一步调整研究与产业方向，凝练研究与产业目标，将决定我国未来稀土发光材料产业的下一个高峰期何时到来。

总体而言，未来我们仍需进一步加强在稀土发光材料的基础研究，包括组成、结构与性能及其构效关系，同时，要夯实规模化制备技术与工艺研究，更重要的是要加强新应用研究与市场拓展和培育，只有这样才能摆脱稀土发光材料研究与产业整体长期跟踪模仿的现状，只有这样才能在近年部分领域的原创性工作基础上，保持并跑，甚至实现领跑。

具体而言，本学科各方向发展趋势与展望如下：

（1）白光 LED 用稀土发光材料：随着固态照明技术的不断进步，对稀土发光材料进一步提出了迥异或新的性能要求，未来白光 LED 用稀土发光材料亟待在以下方面开展深入研究：①新材料及其性能优化：利用单晶生长法、固态组合化学法或者单颗粒诊断法探索、筛选和发现新型高性能稀土发光材料；研制宽色域 LED 显示用新一代稀土荧光粉；改善现有氟化物荧光粉的耐湿性能；进一步开发稀土配合物发光材料；②合成制备方法与技术：针对窄带氟化物红色荧光粉研究绿色规模化制备方法；针对氮化物荧光粉，开发低成本简易化生产工艺；开发新型合成方法、制备纳米氮化物发光材料；③探索新应用：针对大功率 LED 芯片发展与新型应用，进一步开发大功率 LED 用稀土发光玻璃陶瓷和农用 LED 照明用特定波长的稀土发光材料研制；

（2）激光 LD 用稀土发光材料：针对激光 LD 光源的特点，未来稀土发光材料需要加强研究：①进一步优化黄色稀土玻璃陶瓷材料的耐热、导热和发光性能，特别要加大高激发密度的激光用绿色和红色稀土玻璃陶瓷的研发；②深入研究稀土玻璃陶瓷材料在激光激发下的光和热饱和现象与机理，总结耐强光激发密度和高导热率的材料设计规律，以及发光优化设计理念；③加大材料的二次热和光学结构设计，以及器件的设计与性能优化研究；

（3）太阳能电池用稀土光谱转换材料：未来稀土光谱转换材料需要结合器件应用，加强材料设计、光谱转换性能优化和应用研究：①进一步探索新型稀土近红外光谱转换材料的设计、合成与性能优化研究；②加大纳米尺度或配合物类型的高效稀土光谱转换材料的研发，进一步拓展并提高紫外 – 蓝光区的高能太阳光子向长波区的低能光子即红光 – 红外光的转换效率，以及其薄膜材料的透过率，开展其在太阳能电池的应用研究；③进一步开展现有紫外转红光的高效稀土光谱转换材料在太阳能电池器件或模组的户外应用研究，优化规模化合成与封装工艺，降低生产成本等；

（4）生物荧光探针用稀土纳米发光材料：面向未来生物荧光探针应用需求，进一步开展：①进一步开发出更多更高效的制备方法，实现近红外长余辉纳米颗粒的形貌可控合成；②稀土离子 Nd^{3+}、Er^{3+} 和 Tm^{3+} 等都具有产生近红外发光的能级，亟待开发基于上述离子的近红外长余辉纳米材料；③进一步拓展近红外长余辉纳米发光材料除过生物活体成像领域之外的新应用领域，例如体外离子检测，指纹识别，防伪和编码等多方面应用；④探索第二生物窗口的稀土纳米上转换和长余辉纳米发光材料设计、合成与应用基础研究；

（5）稀土配合物发光材料：面向照明与显示应用，未来需要进一步开发具有优异载流子传输性能以及兼具优良热稳定性、成膜性的稀土配合物，以有利于将电能高效转化为光能，制作高效发光器件。此外，需要拓展稀土配合物新应用。

参考文献

[1] Ye S, Xiao F, Pan Y X, et al. Phosphors in phosphor-converted white light-emitting diodes: Recent advances in materials, techniques and properties [J]. Mater. Sci. Eng. R, 2010, 71 (1): 1-34.

[2] Xie R J, Li Y Q, Yamamoto H, et al. Nitride Phosphors and Solid State Lighting [M]. CRC Press, 2011.

[3] Lin C C, Liu R S, Advances in Phosphors for Light-emitting Diodes [J]. J. Phys. Chem. Lett., 2011, 2 (11): 1268-1277.

[4] Xie R J, Hirosaki N. Silicon-based oxynitride and nitride phosphors for white LEDs [J]. Sci. Technol. Adv. Mater., 2007, 8: 588-600.

[5] Xie R J, Hintzen H T. Optical Properties of (Oxy) Nitride Materials: A Review [J]. J. Am. Ceram. Soc., 2013, 96: 665-687.

[6] Suehiro T, Hirosaki N, Xie R J, et al. Blue-emitting $LaSi_3N_5$: Ce^{3+} fine powder phosphor for UV-converting white light-emitting diodes [J]. Appl. Phys. Lett., 2009, 95 (5): 05103.

[7] Takahashi K, Hirosaki N, Xie R J, et al. Luminescence properties of blue $La_{1-x}Ce_xAl$ ($Si_{6-z}Al_z$) ($N_{10-z}O_z$) $La_{1-x}Ce_xAl$ ($Si_{6-z}Al_z$) ($N_{10-z}O_z$) (z~1) oxynitride phosphors and their application in white light-emitting diode [J]. Appl. Phys. Lett., 2007, 91: 091923-091925.

[8] Xie R J, Hirosaki N, Mitomo M, et al. Wavelength-tunable and thermally stable Li-α-sialon: Eu^{2+} oxynitride phosphors for white light-emitting diodes [J]. Appl. Phys. Lett. 2006, 89: 241103-241105.

[9] Hirosaki N, Takeda T, Funahashi S, et al. Discovery of New Nitridosilicate Phosphors for Solid State Lighting by the Single-Particle-Diagnosis Approach [J]. Chem. Mater. 2014, 26: 4280-4288.

[10] Wang X J, Wang L, Takeda T, et al. Blue-Emitting $Sr_3Si_{8-x}Al_xO_{7+x}N_{8-x}$: Eu^{2+} Discovered by a Single-Particle-Diagnosis Approach: Crystal Structure, Luminescence, Scale-Up Synthesis, and Its Abnormal Thermal Quenching Behavior [J]. Chem. Mater. 2015, 27: 7689-7697.

[11] Park W B, Shin N, Hong K P, et al. A New Paradigm for Materials Discovery: Heuristics-Assisted Combinatorial Chemistry Involving Parameterization of Material Novelty [J]. Adv. Funct. Mater. 2012, 22: 2258-2266.

[12] Pust P, Hintze F, Hecht C, et al. Group (Ⅲ) Nitrides M [$Mg_2Al_2N_4$] (M = Ca, Sr, Ba, Eu) and Ba [$Mg_2Ga_2N_4$] Structural Relation and Nontypical Luminescence Properties of Eu^{2+} Doped Samples [J]. Chem. Mater. 2014,

26：6113–6119.
［13］Schmiechen S，Strobel P，Hecht C，et al. Nitridomagnesosilicate Ba［Mg_3SiN_4］：Eu^{2+} and Structure–Property Relations of Similar Narrow–Band Red Nitride Phosphors［J］. Chem. Mater. 2015，27：1780–1785.
［14］Kimoto K, Xie R J, Matsui Y, et al. Direct observation of single dopant atom in light–emitting phosphor of β–SiAlON：Eu^{2+}［J］. Appl. Phys. Lett. 2009，94：041908–041910.
［15］Takeda T，Hirosaki N，Xie R J，et al. Anomalous Eu layer doping in Eu，Si co–doped aluminium nitride based phosphor and its direct observation［J］. J. Mater. Chem. 2010，20：9948–9953.
［16］氮氧化物发光体及其发光器件. 中国发明专利. 申请号：201510821446.5.
［17］白光 LED、背光源及液晶显示装置. 中国发明专利. 申请号：201510809205.9.
［18］Chen L，Liu R H，Zhuang W D，et al. Structure，photoluminescence，and thermal quenching properties studies for Eu^{2+} doped $Sr_2Al_xSi_{5-x}N_{8-x/3}$ red phosphor［J］. CryEngComm，2015，17：3687–3694.
［19］Chen L，Liu R H，Zhuang W D，et al. A study on photoluminescence and energy transfer of $SrAlSi_4N_7$：Eu^{2+}，Ce^{3+} phosphors for application in white–light LED［J］. J. Alloys Compd.，2015，627：218–221.
［20］Chen L，Liu R H，Zhuang W D，et al. Preparation，structure and luminescence properties of deep red phosphors $SrSiN_2$：Eu^{2+}［J］. J. Rare Earths，2016，34（1）：30–35.
［21］Zhong J Y，Zhuang W D，Xing X Y，et al. Blue–shift of spectrum and enhanced luminescent properties of YAG：Ce^{3+} phosphor induced by small amount of La^{3+} incorporation［J］. J. Alloys Compd.，2016，674：93–97.
［22］Du F，Zhuang W D，Liu R H，et al. Effect of Y^{3+} on the local structure and luminescent properties of $La_{3-x}Y_xSi_6N_{11}$：Ce^{3+} phosphors for high power LED lighting［J］. RSC Adv.，2016，6：77059–77065.
［23］氮化物荧光体及其制备方法和包含其的发光器件. 中国发明专利. 申请号：201610883760.0.
［24］Zhong J Y，Zhuang W D，Xing X R，et al. Synthesis，structure and luminescence properties of new blue–green–emitting garnet–type $Ca_3Zr_2SiGa_2O_{12}$：Ce^{3+} phosphor for near–UVpumped white–LEDs［J］. RSC Adv.，2015，6：2155–2161.
［25］Zheng Y L，Zhuang W D，Xing X R，et al. Synthesis，structure and luminescent properties of a new blue–green–emitting garnet phosphor $Ca_2LuScZrAl_2GeO_{12}$：Ce^{3+}［J］. RSC Adv.，2016，6：68852–68859.
［26］石榴石型结构的荧光粉及其制成的发光装置. PCT 发明专利. 申请号：PCT/CN2016/111495.
［27］含 Sc 破氖化物麦光粉及其制备方法以及含核菱光粉的器件. 中国发明专利. 申请号：201610620132.3.
［28］Kimura N，Sakuma K，Hirafune S，et al. Extrahigh color rendering white light–emitting diode lamps using oxynitride and nitride phosphors excited by blue light–emitting diode［J］. Appl. Phys. Lett.，2007，90：051109–051111.
［29］Wang L，Xie R J，Li Y Q，et al. $Ca_{1-x}Li_xAl_{1-x}Si_{1+1+x}N_3$：$Eu^{2+}$ solid solutions as broadband，color–tunable and thermally robust red phosphors for superior color rendition white light–emitting diodes［J］. Light：Sci. Appl.，2016，5：e16155–e16163.
［30］Zhang X J，Huang L，Pan F J，et al. Highly Thermal–Stable Single–Component White Emitting Silicate Glass for Organic–Resin–Free White–Light–Emitting Diodes［J］. ACS Appl. Mater. Inter. 2014，6（4）：2709–2717.
［31］Zhang Y，Liu S，Xu H J，et al. Preparan and Performance of Ce：YAG Phosphor–in–Glass［J］. J. Inorg. Mater.，2015，30：588–592.
［32］Chen H，Lin H，Xu J，et al. Chromaticity–Tunable Phosphor–in–Glass for Long–Lifetime High–Power Warm W–LEDs［J］. J. Mater. Chem. C，2015，3：8080–8089.
［33］Lin Z B，Lin H，Xu J，et al. A Chromaticity–Tunable Garnet–Based Phosphor–in–Glass Color Converter Applicable in w–LED Layer［J］. J. Eur. Ceram. Soc.，2016，36（7）：1723–1729.
［34］Lin Z B，Lin H，Xu J，et al. Highly Thermal–Stable Warm W–LED Based on Ce：YAG PiG Stacked with A Red Phosphor Layer［J］. J. Alloys Compd.，2015，649：661–665.

[35] Zhang X J, Yu J B, Wang J, et al. Facile Preparation and Ultrastable Performance of Single-Component White-Light-Emitting Phosphor-in-Glass Used for High Power Warm White LEDs [J]. ACS Appl. Mater. Interfaces, 2015, 7 (51): 28122-28127.

[36] Zhang X J, Yu J B, Wang J, et al. All-Inorganic Light Convertor Based on Phosphor-in-Glass Engineering for Next-Generation Modular High-Brightness White LEDs/LDs [J]. ACS Photonics, 2017, 4: 986-995.

[37] Takahashi K, Xie R J, Hirosaki N, et al. Toward Higher Color Purity and Narrower Emission Band β-sialon: Eu^{2+} by Reducing the Oxygen Concentration [J]. Electrochem. Solid-State Lett., 2011, 14: E38-E40.

[38] Xie R J, Hirosaki N, Liu X J, et al. Crystal structure and photoluminescence of Mn^{2+}-Mg^{2+} codoped gamma aluminum oxynitride (γ-AlON): A promising green phosphor for white light-emitting diodes [J]. Appl. Phys. Lett., 2008, 92: 201905-201907.

[39] Xie R J, Hirosaki N, Takeda T. Wide Color Gamut Backlight for Liquid Crystal Displays Using Three-Band Phosphor-Converted White Light-Emitting Diodes [J]. Appl. Phys. Express 2009, 2: 022401-022403.

[40] Yoshimura K, Fukunaga H, Izumi M, et al. Achieving superwide-color-gamut display by using narrow-band green-emitting γ-AlON: Mn, Mg phosphor [J]. Jpn. J. Appl. Phys., 2017, 56: 041701-041705.

[41] Wang L, Wang X J, Takahashi K, et al. Highly efficient narrow-band green and red phosphors enabling wider color-gamut LED backlight for more brilliant displays [J]. Opt. Express, 2015, 23: 28707-28717.

[42] Pust P, Weiler V, Hecht C, et al. Narrow-band red-emitting Sr [$LiAl_3N_4$]: Eu^{2+} as a next-generation LED-phosphor material [J]. Nat. Mater., 2014, 13: 891-896.

[43] 红色荧光粉、红色荧光粉的制备方法及发光装置．中国发明专利．申请号：201510823041.5.

[44] 红色荧光粉及其制备方法及包含该红色荧光粉的发光器件．中国发明专利．申请号：201511018726.9.

[45] Huang L, Zhu Y W, Zhang X J, et al. A HF-free hydrothermal route for synthesis of highly efficient narrow-band red emitting phosphor $K_2Si_{1-x}F_6$: xMn^{4+} for warm white LEDs [J]. Chem. Mater., 2016, 28 (5): 1495-1502.

[46] Wierer J J, Tsao J Y, Sizov D S. Comparison between blue lasers and light-emitting diodes for future solid-state lighting [J]. Laser Photonics Rev., 2013, 7: 963-993.

[47] Kuritzky L Y, Speck J S. Lighting for the 21st century with laser diodes based on non-basal plane orientations of GaN [J]. MRS Commun., 2015, 5: 463-473.

[48] http: //www.ledinside.cn/news/20170223-40759.html

[49] 深圳光峰光电技术有限公司，http: //www.appotronics.com/

[50] 明基电通有限公司，http: //www.benq.com.cn/prj/edu

[51] Michael C, Nathan P, Robert M F, et al. High luminous flux from single crystal phosphor-converted laser-based white lighting system [J]. Optics Express, 2016, 24 (2): A215-221.

[52] Li S X, Zhu Q Q, Tang D M, et al. Al_2O_3-YAG: Ce composite phosphor ceramic: a thermally robust and efficient color convertor for solid state laser lighting [J]. J. Mater. Chem. C, 2016, 4: 8648-8654.

[53] Zhu Q Q, Wang X J, Wang L, et al. β-Sialon: Eu phosphor-in-glass: a robust green color converter for high power blue laser lighting [J]. J. Mater. Chem. C, 2015, 3 (41): 10761-10766.

[54] Li S X, Zhu Q Q, Wang L, et al. $CaAlSiN_3$: Eu^{2+} translucent ceramic: a promising robust and efficient red color convertor for solid state laser display and lighting [J]. J. Mater. Chem. C, 2016, 4: 8197-8205.

[55] Richards B S. Enhancing the performance of silicon solar cells via the application of passive luminescence conversion layers [J]. Sol. Energy Mater. Sol. Cells, 2006, 90: 2329-2337.

[56] Shockley W, Queisser H J. Detailed balance limit of efficiency of p-n junction solar cells [J]. J. Appl. Phys., 1961, 32: 510-519.

[57] Shalav A, Richards B S, Green M A. Luminescent layers for enhanced silicon solar cell performance: Up-conversion [J]. Sol. Energy Mater. Sol. Cells, 2007, 91: 829-842.

[58] Huang X Y, Han S Y, Huang W, et al. Enhancing solar cell efficiency: the search for luminescent materials as spectral converters [J]. Chem. Soc. Rev., 2013, 42: 173–201.

[59] Hung W B, Chen T M. Efficiency enhancement of silicon solar cells through a downshifting and antireflective oxysulfide phosphor layer [J]. Sol. Energy Mater. Sol. Cells, 2015, 133: 39–47.

[60] Van E K, Poelman D, Smet P F. Persistent luminescence in non-Eu^{2+}-doped compounds: a review [J]. Materials, 2013, 6, 2789–2818.

[61] 宋庆梅，陈暨跃. 铝酸锶铕的合成与发光的研究 [J]. 发光学报，1991，12：144–150.

[62] Matsuzawa T, Aoki Y, Takeuchi N, et al. A New Long Phosphorescent Phosphor with High Brightness, $SrAl_2O_4$: Eu^{2+}, Dy^{3+} [J]. J. Electrochem. Soc., 1996, 143: 2670–2673.

[63] Van E K, Poelman D, Smet P F. Persistent luminescence in Eu^{2+}-doped compounds: a review [J]. Materials, 2010, 3: 2536–2566.

[64] Chermont Q M, Chanéac C, Seguin J, et al. Nanoprobes with near-infrared persistent luminescence for in vivo imaging [J]. Proc. Natl. Acad. Sci., 2007, 104: 9266–9271.

[65] He Z, Wang X J, Yen W. Behavior of Mn^{2+} ions in the trapping process of $SrMg(SiO_3)_2$: Mn, Dy [J]. J. Lumin., 2007: 122, 381–384.

[66] Maldiney T, Lecointre A, Viana B, et al. Controlling electron trap depth to enhance optical properties of persistent luminescence nanoparticles for in vivo imaging [J]. J. Am. Chem. Soc., 2011, 133: 11810–11815.

[67] Liu F, Yan W, Chuang Y J, et al. Photostimulated near-infrared persistent luminescence as a new optical read-out from Cr^{3+}-doped $LiGa_5O_8$ [J]. Sci. Rep., 2013, 3: 1554–1562.

[68] Abdukayum A, Chen J T, Zhao Q, et al. Functional near infrared-emitting Cr^{3+}/Pr^{3+} co-doped zinc gallogermanate persistent luminescent nanoparticles with superlong afterglow for in vivo targeted bioimaging [J]. J. Am. Chem. Soc., 2013, 135: 14125–14133.

[69] Maldiney T, Bessière A, Seguin J, et al. The in vivo activation of persistent nanophosphors for optical imaging of vascularization, tumours and grafted cells [J]. Nat. Mater., 2014, 13: 418–426.

[70] Maldiney T, Doan B T, Alloyeau D, et al. Gadolinium - Doped Persistent Nanophosphors as Versatile Tool for Multimodal In Vivo Imaging [J]. Adv. Funct. Mater., 2015, 25: 331–338.

[71] Shi J, Sun X, Li J, et al. Multifunctional near infrared-emitting long-persistence luminescent nanoprobes for drug delivery and targeted tumor imaging [J]. Biomaterials, 2015, 37: 260–270.

[72] Srivastava B B, Kuang A, Mao Y. Persistent luminescent sub-10 nm Cr doped $ZnGa_2O_4$ nanoparticles by a biphasic synthesis route [J]. Chem. Commun., 2015, 51: 7372–7375.

[73] Teston E, Richard S, Maldiney T, et al. Non-Aqueous Sol-Gel Synthesis of Ultra Small Persistent Luminescence Nanoparticles for Near-Infrared In Vivo Imaging [J]. Chem.-Eur. J., 2015, 21: 7350–7354.

[74] Shi J, Fu H, Sun X, et al. Magnetic, long persistent luminescent and mesoporous nanoparticles as trackable transport drug carriers [J]. J. Mate. Chem. B, 2015, 3: 635–641.

[75] Dai W, Lei Y, Ye S, et al. Mesoporous nanoparticles Gd_2O_3@ $mSiO_2/ZnGa_2O_4$: Cr^{3+}, Bi^{3+} as multifunctional probes for bioimaging [J]. J. Mate. Chem. B, 2016, 4: 1842–1852.

[76] Shi J, Sun X, Zhu J, et al. One-step synthesis of amino-functionalized ultrasmall near infrared-emitting persistent luminescent nanoparticles for in vitro and in vivo bioimaging [J]. Nanoscale, 2016, 8: 9798–9804.

[77] Li Y J, Yan X P. Synthesis of functionalized triple-doped zinc gallogermanate nanoparticles with superlong near-infrared persistent luminescence for long-term orally administrated bioimaging [J]. Nanoscale, 2016, 8: 14965–14970.

[78] Lu Y C, Yang C X, Yan X P. Radiopaque tantalum oxide coated persistent luminescent nanoparticles as multimodal probes for in vivo near-infrared luminescence and computed tomography bioimaging [J]. Nanoscale,

2015, 7: 17929-17937.
[79] Zou R, Gong S M, Shi J P, et al. Magnetic-NIR Persistent Luminescent Dual-Modal ZGOCS@MSNs@Gd_2O_3 Core-Shell Nanoprobes For In Vivo Imaging [J]. Chem. Mater., 2017, 29: 3938-3946.
[80] Zou R, Huang J J, Shi J P, et al. Silica shell-assisted synthetic route for mono-disperse persistent nanophosphors with enhanced in vivo recharged near-infrared persistent luminescence[J]. Nano. Res., 2017, 10 (6): 2070-2082.
[81] Wong H Y, Lo W S, Chan W T K, et al. Mechanistic Investigation of inducing triboluminescence in lanthanide (Ⅲ) β-diketonate complexes[J]. Inorg. Chem., 2017, 56 (9): 5135-5140.
[82] Wang Z L, Yang H, He P, et al. A highly-efficient blue-light excitable red phosphor: intramolecular π-stacking interactions in one dinuclear europium (iii) complex[J]. Dalton Trans., 2016, 45 (7): 2839-2844.
[83] Wang Z, Liu N N, Li H F, et al. The role of blue-emissive 1, 8-naphthalimidopyridine N-oxide in sensitizing EuIII photoluminescence in dimeric hexafluoroacetylacetonate complexes[J]. Eur. J. Inorg. Chem., 2017, 2017(15): 2211-2219.
[84] Jia R, Li H F, Chen P, et al. Synthesis, structure, and tunable white light emission of heteronuclear Zn_2Ln_2 arrays using a zinc complex as ligand[J]. CrystEngComm, 2016, 18 (6): 917-923.
[85] Tang M X, Huang Y J, Wang Y, et al. An ytterbium complex with unique luminescence properties: detecting the temperature based on a luminescence spectrum without the interference of oxygen[J]. Dalton Trans., 2015, 44(16): 7449-7457.
[86] Wei H B, Zhao Z F, Wei C, et al. Antiphotobleaching: A type of structurally rigid chromophore ready for constructing highly luminescent and highly photostable europium complexes[J]. Adv. Funct. Mater., 2016, 26 (13): 2085-2096.
[87] Wei C, Wei H B, Yan W B, et al. Water-soluble and highly luminescent europium (III) complexes with favorable photostability and sensitive pH response behavior[J]. Inorg. Chem., 2016, 55 (20): 10645-10653.
[88] Wei C, Yao X N, Sun B X, et al. Evaporable luminescent lanthanide complexes based on novel tridentate ligand[J]. J. Rare Earths, 2017, 35 (1): 7-14.
[89] Hu J Y, Ning Y Y, Meng Y S, et al. Highly near-IR emissive ytterbium (iii) complexes with unprecedented quantum yields[J]. Chem. Sci., 2017, 8 (4): 2702-2709.
[90] Ning Y Y, Ke X S, Hu J Y, et al. Bioinspired Orientation of β-Substituents on Porphyrin Antenna Ligands Switches Ytterbium (Ⅲ) NIR Emission with Thermosensitivity[J]. Inorg. Chem., 2017, 56 (4): 1897-1905.
[91] Dai L X, Lo W S, Coates I D, et al. New Class of Bright and Highly Stable Chiral Cyclen Europium Complexes for Circularly Polarized Luminescence Applications[J]. Inorg. Chem., 2016, 55 (17): 9065-9070.
[92] Wang S N, Wu T Z, Park H J, et al. Highly Stable Eu (III) and Tb (III) Complexes Based on Triarylborane-Functionalized Cyclen Derivatives as Visual Temperature Probes and White-Light Emitters [J]. Adv. Opt. Mater., 2016, 4 (11): 1882-1892.
[93] Yi S J, Yao M H, Wang J, et al. Highly luminescent and stable lyotropic liquid crystals based on a europium β-diketonate complex bridged by an ethylammonium cation [J]. Phys. Chem. Chem. Phys., 2016, 18 (39): 27603-27612.
[94] Sun N N, Yan B. A reliable amplified fluorescence-enhanced chemosensor (Eu-MIL-61) for the directional detection of Ag^+ in an aqueous solution[J]. Dalton Trans., 2017, 46 (3): 875-881.
[95] Li P, Li H R. Amine vapor responsive lanthanide complex entrapment: control of the ligand-to-metal and metal-to-metal energy transfer[J]. J. Mater. Chem. C, 2016, 4 (11): 2165-2169.
[96] Zhang J H, Gong S M, Yu J B, et al. Thermally Stable White Emitting Eu^{3+} Complex@Nanozeolite@Luminescent Glass Composite with High CRI for Organic-Resin-Free Warm White LEDs [J]. ACS Appl. Mater. Interfaces,

2017, 9 (8): 7272–7281.

[97] Li Z Q, Hou Z H, Fan H X, et al. Organic–Inorganic Hierarchical Self–Assembly into Robust Luminescent Supramolecular Hydrogel [J]. Adv. Funct. Mater., 2017, 27 (2): 1604379.

[98] Li H Q, Kang J M, Yang J H, et al. Distance Dependence of Fluorescence Enhancement in Au Nanoparticle@ Mesoporous Silica@Europium Complex [J]. J. Phys. Chem. C, 2016, 120 (30): 16907–16912.

[99] Li Y L, Xu Y, Wang Y G. Preparation and Properties of Transparent Ultrathin Lanthanide–Complex Films [J]. Chem.–Eur. J., 2016, 22 (31): 10976–10982.

[100] Yang D Q, Wang Y G, He L, et al. Carboxyl–Functionalized Ionic Liquid Assisted Preparation of Flexible, Transparent, and Luminescent Chitosan Films as Vapor Luminescent Sensor [J]. ACS Appl. Mater. Interfaces, 2016, 8 (30): 19709–19715.

[101] Xiao P, Zhang J J, Wang Z Q, et al. Photon Conversion and Radiation Synergism in Eu/Tb Complexes Incorporated Poly Methyl Methacrylate [J]. Adv. Mater. Sci. Eng., 2016, 2016: 11.

[102] Li Q F, Du X D, Jin L, et al. Highly luminescent hydrogels synthesized by covalent grafting of lanthanide complexes onto PNIPAM via one–pot free radical polymerization [J]. J. Mater. Chem. C, 2016, 4 (15): 3195–3201.

[103] Chu T S, Zhang F, Wang Y, et al. A Novel Electrophoretic Deposited Coordination Supramolecular Network Film for Detecting Phosphate and Biophosphate [J]. Chem.–Eur. J., 2017, 23 (32): 7748–7754.

[104] Bünzli J C G, Lanthanide Luminescence for Biomedical Analyses and Imaging [J]. Chem. Rev., 2010, 110 (5): 2729–2755.

[105] Butler S J, Parker D, Anion binding in water at lanthanide centres: from structure and selectivity to signalling and sensing [J]. Chem. Soc. Rev., 2013, 42 (4): 1652–1666.

[106] Starck M, Pal R, Parker D, Structural Control of Cell Permeability with Highly Emissive Europium (Ⅲ) Complexes Permits Different Microscopy Applications [J]. Chem.–Eur. J., 2016, 22 (2): 570–580.

[107] Sayyadi N, Justiniano I, Connally R E, et al. Sensitive Time–Gated Immunoluminescence Detection of Prostate Cancer Cells Using a TEGylated Europium Ligand [J]. Anal. Chem., 2016, 88 (19): 9564–9571.

[108] Cheng H B, Hu G F, Zhang Z H, et al. Photocontrolled Reversible Luminescent Lanthanide Molecular Switch Based on a Diarylethene–Europium Dyad [J]. Inorg. Chem., 2016, 55 (16): 7962–7968.

[109] Zhu Z C, Song B, Yuan J L, et al. Enabling the Triplet of Tetraphenylethene to Sensitize the Excited State of Europium (III) for Protein Detection and Time–Resolved Luminescence Imaging [J]. Adv. Sci., 2016, 3 (12): 1600146.

[110] Wu J, Yang Y Z, Zhang L, et al. A visible–light–excited Eu^{3+} complex–based luminescent probe for highly sensitive time–gated luminescence imaging detection of intracellular peroxynitrite [J]. J. Mater. Chem. B, 2017, 5 (12): 2322–2329.

[111] Liu X L, Tang Z X, Song B et al. A mitochondria–targeting time–gated luminescence probe for hypochlorous acid based on a europium complex. [J] J. Mater. Chem. B, 2017, 5 (15): 2849–2855.

[112] Ma H, Song B, Wang Y X, et al. Dual–emissive nanoarchitecture of lanthanide–complex–modified silica particles for in vivo ratiometric time–gated luminescence imaging of hypochlorous acid [J]. Chem. Sci., 2017, 8(1): 150–159.

[113] Liu L, Fu G R, Li B N, et al. Single–component Eu^{3+}–Tb^{3+}–Gd^{3+}–grafted polymer with ultra–high color rendering index white–light emission [J]. RSC Advances, 2017, 7 (11): 6762–6771.

[114] Gai Y L, Guo Q, Xiong K C, et al. Mixed–Lanthanide Metal–Organic Frameworks with Tunable Color and White Light Emission [J]. Cryst. Growth Des., 2017, 17 (3): 940–944.

[115] Zhao Y W, Zhang F Q, Zhang X M. Single Component Lanthanide Hybrids Based on Metal–Organic Framework

for Near-Ultraviolet White Light LED［J］. ACS Appl. Mater. Interfaces，2016，8（36）：24123-24130.

［116］ Yang D Q，Xu Y，Yao Y L，et al. A red light-emitting ionic europium（Ⅲ）complex applied in near UV LED［J］. Synth. Met.，2016，221：236-241.

［117］ Zhou L，Jiang Y L，Cui R Z，et al. Efficient red organic electroluminescent devices based on trivalent europium complex obtained by designing the device structure with stepwise energy levels［J］. J. Lumin.，2016，170：692-696.

［118］ Biju S，Xu L J，Alves M A H，et al. Bright orange and red light-emitting diodes of new visible light excitable tetrakis-Ln-β-diketonate（Ln = Sm^{3+}，Eu^{3+}）complexes［J］. New J. Chem.，2017，41（4）：1687-1695.

［119］ Yu G，Ding F，Wei H，et al. Highly efficient terbium（iii）-based organic light-emitting diodes obtained by exciton confinement［J］. J. Mater. Chem. C，2016，4（1）：121-125.

［120］ Zhang Y，Shen T T，Deng X，et al. Design of a versatile nanocomposite for 'seeing' drug release and action behavior［J］. J. Mater. Chem. B，2015，3（43）：8449-8458.

［121］ Li X，Chen H，Kirillov A M，et al. A paper-based lanthanide smart device for acid-base vapour detection，anti-counterfeiting and logic operations［J］. Inorg. Chem. Front.，2016，3（8）：1014-1020.

［122］ Wang Y，Čépe K，Zbořil R. UV light-switchable transparent polymer films and invisible luminescent inks based on carbon dots and lanthanide complexes［J］. J. Mater. Chem. C，2016，4（30）：7253-7259.

［123］ Li X，Xie Y J，Song B，et al. A Stimuli-Responsive Smart Lanthanide Nanocomposite for Multidimensional Optical Recording and Encryption［J］. Angew. Chem.，Int. Ed.，2017，56（10）：2689-2693.

［124］ Kataoka H，Nakanishi T，Omagari S，et al. Drastically Improved Durability and Efficiency of Silicon Solar Cells Using Hyper-Stable Lanthanide Coordination Polymer Beads［J］. Bull. Chem. Soc. Jpn.，2016，89（1）：103-109.

［125］ Fix T，Nonat A，Imbert D，et al. Enhancement of silicon solar cells by downshifting with Eu and Tb coordination complexes［J］. Prog. Photovolt.，2016，24（9）：1251-1260.

撰稿人：王　静　庄卫东　解荣军　刘荣辉　卞祖强
张忠义　周　亮　刘元红　苏良碧

稀土储氢材料研究

一、引言

自 1969 年荷兰菲利浦公司发现稀土储氢合金 $LaNi_5$ 后，经过多年的体系创制、成分优化、结构调制和表面改性研究，稀土储氢合金性能逐年提高。稀土储氢材料已成为第二大稀土功能材料，在电化学储氢和气固相储氢等方面得到大量应用，尤其是新能源、新能源汽车和节能环保领域受到人们的日益关注。

稀土储氢材料可应用的领域很多，包括镍氢电池、氢能储运、氢气纯化、氢同位素分离、热泵、压缩机、催化剂、传感器等，目前镍氢电池是其最大的应用领域。近年来，可替代一次电池的低自放电镍氢二次电池和稀土储氢负极技术逐年进步，混合动力汽车销量的增长带动了稀土储氢材料产销量的增长。新能源和新能源汽车的快速发展为稀土储氢材料的发展提供了广阔空间，风能等间歇性新能源的储存、燃料电池的高密度氢源，太阳能光热发电储热正逐渐成为稀土储氢材料的应用重点。

为满足这些新的应用需求，稀土储氢材料研发向高性能化和低成本化的方向发展。不同应用方向需要差异化的稀土储氢材料以及对应的应用技术，需要在偏重某一实用性能指标（如高容量、长寿命、高功率、宽温区、低自放电）的前提下，平衡其他性能，保证材料的高性价比，提高市场竞争力。同时，开发新组分、新结构的稀土储氢材料是扩大材料应用范围的重要途径。

二、本学科领域近年的最新研究进展

（一）AB_5 型稀土储氢合金的深入研究

AB_5 型稀土储氢合金具有易活化、储氢容量较高（理论容量为 372mAh/g）、动力学性能好等优点，是目前镍氢电池生产中被广泛采用的负极材料，占商业化储氢材料的主体地位。近年来，由于锂离子电池具有更高的能量密度，使镍氢电池的发展受到了极大的冲击与挑战。为了拓宽镍氢电池的应用领域提高其竞争力，国内外科学家在改善负极用 AB_5 型稀土储氢合金的性能和降低成本方面做了大量的研究。

1. 低成本 AB_5 型稀土储氢合金

20 世纪 80 年代，储氢合金最早使用纯 La，当时稀土分离成本高，La 的价格远高于混合稀土，因此逐步用混合稀土替代了部分 La 来降低成本，混合稀土在储氢合金中的使用就沿用至今。随着国家对稀土开采和出口的控制，2011 年稀土价格飞速上涨，尤其是混合稀土在镍氢电池中占据的成本比例升高，因此迫切需要使用廉价稀土替代混合稀土来降低成本。钕铁硼稀土永磁材料是第一大稀土应用领域，钕铁硼稀土永磁材料生产需要消耗大量的 Pr、Nd，因此在稀土上涨过程中，Pr、Nd 价格上涨幅度远高于其他轻稀土。市场原有合金体系中 A 侧稀土包含 3.5wt.% 左右 PrNd，将储氢合金中的 Pr、Nd 用廉价 La、Ce 替代，储氢合金原材料价格可以降低约 10% ~ 15%。储氢合金中，La/Ce/Pr/Nd 作用大体相似，都起着稳定氢化物的作用，但由于元素化学性质的差异，在具体效果上又有些不同。如 La 的原子半径大，形成的氢化物稳定性高，富 La 合金的吸氢量高，循环寿命差；Ce 的原子半径小，形成的氢化物稳定性低，富 Ce 合金的吸氢量低，循环寿命好；而 Pr/Nd 则介于 La 和 Ce 之间。因此采用 La/Ce 来代替 Pr/Nd 在理论上是可行的。李倩等研究了市售 AB_5 型储氢合金 A 侧成分中 Pr、Nd 元素缺失对其储氢性能和微观结构的影响。发现 Pr、Nd 元素完全被 La 元素取代后，合金电化学容量略微升高、高倍率放电能力不受影响，但合金气相吸 / 放氢平台压力略微下降、循环寿命略有下降[1]。栗欢欢等[2]采用 Ce 部分替代 La 的 $La_{0.75}Ce_{0.25}Ni_{3.46}Al_{0.17}Mn_{0.04}Co_{1.33}$ 合金制备的 29 Ah 的镍氢电池具有较好的综合性能。循环 2000 次容量保持率为 99%，在 −25℃时容量为 21Ah，12.5C、10s 内放电 0.9Ah，6.25C 50% SOC 放电条件下，放电 17.7Ah，放电电压可保持 0.95V。

内蒙古稀奥科贮氢合金有限公司公开了一种以 La、Ce 为主要稀土成分的组成为 $AB_{4.83}$ 的储氢合金，除了 La/Ce 以外，A 侧添加 Y、Zr、Gd 中的一种，在制备过程中，采用结膜方式去除合金中的气体及杂质，并使原料充分合金化，辅以退火处理，能够明显减少合金的成分偏析，消除晶格缺陷及晶格应力。采用该方法制备的储氢合金具有放电容量高、抗粉化能力强、生产成本低等特点，能够满足 Ni-MH 电池的生产成本及性能要求[3]。

我国厦门钨业股份有限公司前期在低成本无 Co 合金中去除了 PrNd，在开发高容量储氢合金和高功率储氢合金中注重性能的提高。随着稀土市场的巨变，进一步实施全系列无 PrNd 储氢合金的开发，已开发出十几种规格配方，形成一个新的无 PrNd 体系。通过配方调整，去除了混合稀土，实现了稀土资源的平衡利用。该系列合金已被市场认可，产品成本降低 10% ~ 15%，性能方面与含镨钕的产品一致、经镍氢电池厂家综合评估可替代使用。从 2012 年开始 MC 系列产品逐渐成为生产、销售的主力，2013—2016 年 MC 系列产品年销量在 1700 ~ 2000t，占总销量的 70% ~ 80%。

2. 镍氢动力电池用 AB_5 型稀土储氢合金

搭载镍氢动力电池的 HEV 是目前新能源汽车的主流，因其节能减排效果明显，且安全可靠，被认为是解决稀土储氢材料、镍氢电池产业以及高丰度轻稀土应用不平衡困境的重要途径之一。目前全球投入使用的 HEV 大多数仍采用绿色清洁镍氢二次电池，镍氢电池已经成为 HEV 的主要动力电池，这也为储氢材料、镍氢电池和稀土行业迎来了新的发展机遇。

车载动力电池用 AB_5 型储氢合金是最近几年重点开发的新方向，作为镍氢电池的负极材料，储氢合金粉的性能对电池的性能有关键影响。不同厂家的电池工艺不一样，对合金粉的具体指标要求也不完全一样。一般来说，HEV 车用电池要求使用寿命、倍率特性、温度特性等综合性能要好，车用储氢合金粉同样也要具备这些性能。日本经过 10 多年的开发应用，AB_5 型合金已经非常成熟。国内，厦门钨业股份有限公司 2010 年前后为江苏春兰开发一款采用传统铸锭工艺制备的富镧六钴配方产品作为车载储氢合金。2011 年科力远收购了日本松下的湘南工厂，将其车载镍氢电池技术转移至国内，在其子公司科霸建设车载镍氢电池生产线。2012 年丰田中国推进云动计划，2015 年实现混合动力车批量国产化，下属公司 PEVE 与科力远合资在常州建设车载镍氢电池生产线，采用厦门钨业股份有限公司提供的储氢合金。

黄玲等人[4]对无镨钕高功率型合金 $La_{1-x}Ce_x(NiCoM)_5$ 微观结构、动力学性能及电化学性能进行了研究，发现合金中添加适量的 Ce（x=0.08 ~ 0.46）有利于提高合金内部氢原子的扩散，改善电极表面的电催化活性，提高合金电极的表面反应动力学性能。内蒙古稀奥科贮氢合金有限公司朱惜林报道了一种未掺杂 Pr、Nd 的 AB_5 型储氢合金在镍氢动力电池中的应用情况，应用到电动大巴的方形电池，目前已安全运行超过 10 万公里[5]。

除了合金成分的优化，表面处理方式也会大大提高合金倍率性能，通常通过表面处理获得具有高活性的富 Ni/Co 表面层，以一直表面钝化层的阻碍作用。Zhou 等人[6]采用热的 KOH 溶液对预水化的 AB_5 合金颗粒进行表面处理，采用表面处理后的镍氢电池具有非常好的倍率性能，余姚原因是经表面处理合金比较面积增大，反应活性提高。此外，近年来碳材料飞速发展，在负极合金中添加具有高导电性的碳材料对改善合金电极的倍率性能具有较好的作用。Cui 等[7]在采用高能球磨方法将石墨烯纳米片（GNP）与商业 $MmNi_{3.55}Co_{0.75}Mn_{0.4}Al_{0.3}$ 储氢合金混合，球磨后在放电电流密度为 3000mA/g 时，合金电极的容量保持率可达 53.0%，进一步添加 GNP 后的容量保持率为 68.3%，是原合金电极的 3.2 倍。这种优异的 HRD 性能主要是由于球磨后较小的合金粒径来可减少氢原子的扩散距离，高电导率的 GNP 加速电荷转移，降低电池内阻。甘辉辉等[8]采用 12mol/L NaOH+0.5mol/L NH_4F+0.1mol/L KBH_4 混合溶液对储氢合金 $MlNi_{4.07}Co_{0.45}Mn_{0.38}Al_{0.31}$ 进行表面处理，并以纳米碳粉作为导电剂，提高储氢合金电极的高倍率充放电性能。实验结果表明：处理后的储氢合金表面生成了纳米棒状微粒；合金表面的 Al、Mn 和 Fe 部分溶解，形成富 Ni 层。以 10% 超细镍粉、5% 乙炔黑和 5%DJ-01 导电炭黑为导电剂时，处理后合金电极常温 10. 0℃ 放电至 0.8V 时的比容量分别为 50.6mAh/g、102.2mAh/g 和 120.6mAh/g。

3. 宽温区 AB_5 型储氢合金

在 -40℃ ~ 60℃温区内放电性能优异的宽温镍氢电池有特定的市场需求，可应用于电动汽车、军事、通信、离网电源等领域，该电池研制的关键突破是负极储氢合金。随着温度的升高，合金电极的放电电压、容量和高倍率性能呈现先增加后降低的趋势。在低温条件下，合金电极表面电荷转移速度和合金内部氢原子扩散能力降低导致高倍率性能恶化，高温条件下，储氢合金腐蚀加剧和氢化物稳定性显著降低合金电极的放电容量[9]。

近年，长春应化所在国家项目的资助下，研制出了新型非化学计量比的可在 -35 ~ 60℃温区有效充放电的超熵化储氢合金[10]。$AB_{4.7}$ 非化学计量比超熵变储氢合金负极材料以 $MmNi_{4.3}Al_{0.3}Fe_{0.05}Sn_{0.05}$ 为基体，以金属锂为再次加入的超熵变试剂，通过二者非均相扩散制备，显著地提高了低温放电容量，与通常商业 AB_5 型储氢合金相比，在 -36℃ 或 -30℃，低温放电的容量，提高到 3 倍以上；显著地提高了储氢合金粉的低温放电电压，低温放电电压平均提高约 280mV；解决了 MH-Ni 电池或电池组低温放电功率难达标的技术难题。该合金已完成产业化试制（500kg）工作，利用该合金研制的方形 100Ah 镍氢动力电池以及 24V 100Ah 的电池组，电池组在 60℃放电平台电压中值接近室温，20V 以上放电容量是额定容量的 75% 以上，-40℃放电平台电压中值约为 21V，放电容量是额定容量的 80%。

提高耐高温特性通常方法是在电极或者合金中加入抗腐蚀的物质或元素，对 AB_5 合金，如采用 Fe、Co、Mn、V 替代 Ni，以及采用 Y、Ce 等替代 La。Al 是合金中通常添加的元素，可提高合金的抗腐蚀性，但通常研究含 Al 元素的合金在常温下的性能。而且对 Al 在高温下的作用还存在争议，在高温下可以发现 Al 明显的溶出，溶液中 Al 离子的浓度明显高于 La、Ce、Ni、Co，却并没有观察到生成钝化膜。四川大学陈云贵等研究表明 Al 有利于改善高温下的放电容量和高倍率放电性能，主要原因是 Al 在高温电解液中的溶出[11]。

（二）稀土 - 镁 - 镍系 AB_3 ~ $AB_{3.8}$ 型稀土储氢合金深入研究

作为电极材料研究最早的稀土系 AB_5 型储氢合金最大吸氢量受到 $CaCu_5$ 型单胞结构的制约其吸放氢量 H/M 只有 1.4wt.%，经优化的合金电极容量已近极限，能量密度也相对较低，自放电性能较差，已不能满足当前电子产品发展的需求。近年来，高容量 La-Mg-Ni 系储氢合金（理论容量超过 400mAh/g，实际最大容量 390mAh/g）受到了人们的广泛关注，对 La-Mg-Ni 合金的研究也获得了许多有价值的成果。通过组成设计和制备工艺控制能够极大地改善合金的循环稳定性和自放电性能，对其结构与性能的关系的认识也越来越深入。

1. 结构与性能的关系

燕山大学韩树民等[12]对单相 La_2MgNi_9、La_3MgNi_{14} 和 La_4MgNi_{19} 合金的研究发现，不同种类的合金其循环稳定性随着［$LaNi_5$］相 /［$LaMgNi_4$］相比例的增加而增大，主要原因是由于［$LaNi_5$］相 /［$LaMgNi_4$］相比影响合金分子间的应变。对于主相为（La，Mg）$_2Ni_7$ 相并含有不同含量的（La，Mg）$_5Ni_{19}$ 相的稀土镁基储氢合金而言，由于（La，Mg）$_5Ni_{19}$ 相晶胞体积较小，在充放电过程中合金应力减小，粉化减少，合金循环稳定性提高。同时由于（La，Mg）$_5Ni_{19}$ 相中 Ni 含量较高，有利于 H 的脱附，倍率性能显著提高。因此，认为含有少量（La，Mg）$_5Ni_{19}$ 相的（La，Mg）$_2Ni_7$ 合金是高功率、长寿命镍氢电池的理想电极材料[13]。研究发现对于 $La_{0.59}Nd_{0.14}Mg_{0.27}Ni_{3.3}$ 合金，随着退火温度的由 1148K 升高至 1248K，Gd_2Co_7 相（3R–A_2B_7）向 Ce_2Ni_7（2H–A_2B_7）相转变，合金循环寿命改善，说明 2H–A_2B_7 相结构稳定性好于 3R–A_2B_7，抗非晶化能力较强[14]。邢磊等[15]研究了快淬法制备的 La_4MgNi_{19} 合金经过退火后的失效行为，发现退火合金粉化加剧的原因在于退火过程中形成了大量的显微台阶，显微台阶之间的结合较弱，容易开裂；此外，退火过程中合金发生了部分氧化，在晶界处引入了氧化物质点，弱化了晶界的结合力。

相界面为氢提供了扩散的通道，并且作为缓冲区域释放了晶格的应力，从而改善了合金的储氢性能。因此，多相 RE–Mg–Ni 合金优良的储氢性能成为未来的研究方向。华南理工大学研制的具有复相结构的 $La_{0.45}Sm_{0.4}Mg_{0.15}Ni_{3.5}Mn_{0.2}Al_{0.1}$ 合金，以 AB_3 为主相，以 AB_5 相和 AB_2 相为协同相和催化相，最大放电比容量为 383mAh/g，10C 最大放电比容量为 273mAh/g。四会市达博文实业有限公司在稀土 – 镁 – 镍系多相型储氢合金中添加 Ag、Sr、Ge、Au 等替代 B 侧元素和改变 AB_5 相与 A_2B_7 相比值，提高储氢合金的放电容量及循环寿命，改善其自放电及低温性能[16]。在多相 $La_{0.8}Mg_{0.2}Ni_{3.5}$ 合金中，由于发生氢致非晶化导致合金性能下降。研究表明合金中各相的稳定性 $LaNi_5$ >（La，Mg）$_5Ni_{19}$ >（La，Mg）$_2Ni_7$，（La，Mg）$_5Ni_{19}$ 和（La，Mg）$_2Ni_7$ 相的氢致非晶化出现在 100 周以后[17]。

2. 无 Pr、Nd 的 $AB_{3.5}$ 型稀土储氢合金

化学计量比介于 AB_2 型和 AB_5 型之间的 $AB_{3.5}$ 型稀土 – 镁 – 镍储氢合金较 AB_3 型和 $AB_{3.8}$ 型合金具有更优异的综合电化学性能和低自放电性能。

2005 年 11 月日本三洋公司首次宣布稀土 – 镁 – 镍系储氢材料的批量化生产，随后推出了用其制备的 AA 型超低自放电 Eneloop 电池。截至 2016 年 10 月，全球累计销售量已达 3.6 亿块。Eneloop 电池采用了 $AB_{3.5}$ 型储氢合金、其中 A 端含有较多的稀土 Nd 元素，A 侧钕元素的添加被认为有助于提高合金中耐腐蚀相的含量，从而保证电池寿命。近年来由于稀土永磁材料的高速发展导致稀土 Nd 消耗量增加，且金属钕价格为镧铈稀土的近 10 倍，基于稀土元素的平衡利用，同时为了降低 $AB_{3.5}$ 合金成本保证合金性能，国内外许多单位进行了替代 Nd 元素的相关研究及产业化推进。

汤浅株式会社公开了含有 Y 元素在 2θ=31° ~ 33° 的范围内出现的最大峰强度相对于

在 $2\theta = 41^\circ \sim 44^\circ$ 的范围内出现的最大峰强度之比为 0.1 以下的 LaYMgNiAl 合金和具有至少二个相的含有 La、Ni 及 Y 或重稀土元素的储氢合金。添加 Y 元素的作用主要是易形成氧化物膜，可能还原临近的氧化物，提高合金的耐腐蚀性。三洋株式会社公开了一系列含有 Sm 元素的稀土镁基储氢合金，合金晶格的平均 C 轴长度 α 为 30 ~ 41Å，Sm 的加入主要为了提高 La 含量较高的合金的坪台压，制备的镍氢电池具有高输出功率特性和优异的输出稳定性。

我国的北京有色金属研究总院、浙江大学、内蒙古科技大学、兰州大学、燕山大学等也先后开展了可用于低自放电电池的稀土－镁－镍系储氢材料的研发工作，并取得了较大突破。北京有色金属研究总院[18]研究发现适量的 Y 可以有效提高合金的循环稳定性和坪台压，有利于合金倍率性能改善。Sm 元素作用与 Y 类似，通过研究 Sm、Y 共同替代，发现了 Sm、Y 元素的协同作用，显著降低 $CaCu_5$ 型相的含量，增加 Ce_2Ni_7 相的含量，合金容量和循环稳定性明显提升。制备的具有高容量和长寿命的 $LaSmYMg(NiAl)_{3.5}$ 稀土储氢合金，较商用含 Pr、Nd、Gd 元素的长寿命低自放电合金成本下降了近 30%，同时在荷电保持率和低温性能方面有显著提升，充放电循环 500 周的容量保持率为 74.2%[19]。同时，Y 元素部分替代不但有利于 $(La, Mg)_2Ni_7$ 相的形成，也可以改善合金电极高温动力学性能。合金 $La_{0.80-x}Y_xMg_{0.20}Ni_{2.85}Mn_{0.10}Co_{0.55}Al_{0.10}$ 当 x 从 0.00 增加到 0.10，合金电极高倍率放电性能 HRD_{1800} 从 23.6% 增加到 39.7%。随着温度升高，合金电极交换电流密度增加，氢扩散系数降低，高倍率放电性能 HRD 在 318K 下达到最大[20]。华南理工大学[21]开发了无 Pr、Nd，低钴，成分为 $La_{0.95}Sm_{0.66}Mg_{0.40}Ni_{6.25}Al_{0.42}Co_{0.32}$ 的合金具有高容量和良好的循环稳定性。

厦门钨业股份有限公司在配方调整方面，合金 B 侧少添加或者不添加易溶出的钴锰元素保证自放电性能，A 侧通过 La/Ce/Sm/Y 等元素对 Nd 进行取代来降低合金成本。制备工艺方面，熔炼工序采用真空感应熔炼快淬工艺，熔制过程中通过特殊控制抑制镁元素的挥发、保证镁元素在合金熔融液中的均匀性，冷却过程中通过快淬冷却得到均质化的物料；退火工序通过优化升降温机制、调整保温温度和时间进一步细化晶粒、稳定镁元素分布提升产品性能。

由于锂电市场的快速发展、镍氢电池一部分应用市场被挤压，尤其是民用市场萎缩严重；$AB_{3.5}$ 合金在民用低自放电镍氢电池方面仍有一定优势、通过配方和工艺的一系列优化、有效降低了无镨钕的 $AB_{3.5}$ 合金成本。

（三）稀土储氢材料新体系的开发

1. 不含 Mg 元素的稀土储氢合金

含 Mg 的 $AB_{3.5}$ 储氢合金虽然在自放电性能方面较 AB_5 合金有很大优势，但在耐腐蚀性、循环寿命、制备工艺等方面有不足之处。活泼金属元素 Mg 的蒸汽压高，易挥发，使得高温熔炼合金的成分难以控制，同时挥发的微细镁粉易燃易爆而存在安全隐患。生产中主要使用高价值的氦气作为保护气制备 La-Mg-Ni 合金，或者采用熔炼 La-Ni 合金然后扩散 Mg 的二次制备工艺技术。但制备 La-Mg-Ni 合金的工艺成本高，工艺过程复杂。为了解决 La-Mg-Ni 基储氢材料难以制备的问题，近年来，国内的一些研究单位开始探索不含镁的稀土储氢合金。

包头稀土研究院发展了一种新的 La-Fe-B 三元金属间化合物，调节合金中 B 和 Fe 元素的含量可以得到吸放电性能好、成本低的储氢合金，制造成本比 $LaNi_5$ 型合金约低 30%，其具有室温下优良的吸放氢动力学特性、活化特性以及大倍率放电特性。近两年，又对 La-Fe-B 系储氢材料进行了元素替代[22]和热处理[23]方面的研究，以期提高其储氢性能。研究表明 $La_{15-x}Ce_xFe_{14}Ni_{64}Mn_5B_2$（$x$=0，2，4，6）储氢合金，随替代元素 Ce 替代量的逐渐增加，合金的活化性能、最大放电容量和高倍率放电性能都有所降低，但循环稳定性明显改善。充放电循环 100 次的容量保持率 S_{100} 从 62.4%（x = 0）增加到 81.4%（x=6）。退火热处理 $La_{15-x}Sm_xFe_2Ni_{76}Mn_5B_2$（$x$=0，2，4，6）合金明显提高了合金电极的最大放电容量，改善了合金电极的自放电性能。退火合金电极的高倍率放电能力均低于快淬合金，表明储氢合金电极的电化学动力学性能有所下降。2014 年后又用 Y 元素替代 La-Mg-Ni 基储氢合金中的 Mg 元素，获得了高容量的 La-Y-Ni 储氢合金，可直接用真空感应熔炼法制备。A_2B_7 型 La-Y-Ni 储氢合金经合理的成分优化后实际放电容量可达到 390mAh/g，与 La-Mg-Ni 基储氢合金的容量相当，具有良好的循环寿命，具备了产业化技术开发的基础。且对合金 $La_{0.9}Y_{1.8}Sm_{0.3}Ni_{10}Mn_{0.5}$ 进行热处理研究发现，适当的热处理温度合金最大放电容量、循环稳定性和倍率放电性能较快淬态进一步增加[24]。Charbonnier V 等人[25, 26]对 Y_2Ni_7、Gd_2Ni_7 和 Sm_2Ni_7 合金稳定性的研究表明 Gd_2Ni_7 和 Sm_2Ni_7 更容易非晶化，循环稳定性差。Y_2Ni_7 抗非晶化明显，循环稳定性好。解释了采用 Y 元素替代 Mg 元素的原理。

除了 Y 具有较好的抗非晶化作用以外，罗永春[27]等研究了 Sc 元素的替代，$La_{1-x}Sc_xNi_{2.6}Co_{0.3}Mn_{0.5}Al_{0.1}$（x=0 ~ 0.5）合金当 x=0.2 时合金性能最好，在 A 端掺入适量 Sc 元素后可以抑制 A_2B_7 型合金的氢致非晶化，但掺入 Sc 后合金易形成难吸氢的 $ScNi_2$ 相，这是合金电极容量不高的主要原因。

TiFe 系储氢合金具有高的储氢容量和低廉的价格受到研究者的高度关注，但是其活化非常困难，很难满足实用化的要求，国外采用挤压变形来增加合金中的晶体缺陷密度，从而提高活化性能，但这些方法很难适应大规模产业化的需求，钢铁研究总院通过添加适量稀土使TiFe合金在一次吸放氢循环后可逆吸放氢达1.8以上，且制备工艺适合规模化生产。

2. 高容量 Mg 基稀土储氢合金

非镍基稀土系合金研究较多的是 Mg 基稀土储氢合金。传统稀土储氢合金主要由吸氢元素 A 和不吸氢元素 B 构成金属间化合物，而 Mg 基稀土储氢合金是一个特例，因为合金中的 Mg 和稀土元素都是吸氢元素，例如 Mg_3La、Ce_5Mg_{41}、La_2Mg_{17}、$CeMg_{12}$ 等。稀土 La、

Y 等形成的氢化物对 Mg 氢化物的分解起到催化作用，而借助于 Mg 的高储氢容量，使稀土与 Mg 合金化将会优势互补，起到提高储氢合金综合性能的效果。尽管这些合金的储氢容量高，但其吸放氢温度太高，而难以得到应用。镁基稀土储氢合金通过合金成分优化、纳米化等方法可提高合金储氢密度及改善动力学性能。

华南理工大学朱敏等[28]通过在室温和 7MPa 氢压下球磨 La_2Mg_{17} 和 Ni 得到 MgH_2 + LaH_3+Ni 的混合氢化物，由于该混合物经球磨颗粒细化，且存在具有催化作用的 LaH_3 和 Ni，因此具有优异的放氢性能，在室温下 40min 可放氢 1208 mL/g，该反应活化能为 52.9 kJ/mol。Lin 等[29]提出了一种通过气固反应制备具有可控微晶尺寸并适于大规模生产的 Mg 基纳米复合材料的方法，控制活化温度和氢气压力在无定形 $Mg_{80}Ce_{10}Ni_{10}$ 合金上制备由包埋在纳米 MgH_2 基体中的良好分散的催化纳米 $Mg_2NiH_4/CeH_{2.73}$ 的纳米复合材料，MgH_2 和 $CeH_{2.73}$ 随着脱氢 / 再氢化循环的增加而逐渐增长，Mg_2NiH_4 在循环期间保持稳定。在 15 个脱氢 / 再氢化循环后，纳米复合材料脱氢活化能为 87 ± 7kJ/mol。Wang 等[30]通过将 $Mg_{93}Y_7$ 合金粉末氢化原位形成约为 50nm 分散在 MgH_2 颗粒表面上的 YH_2，并将表面氧化获得了 Y_2O_3。与 YH_2 催化的 MgH_2 相比，YH_2/Y_2O_3 催化的 MgH_2 显示出更好的储氢动力学性能，特别是脱氢率显著提高 3 倍，证明了通过可控的氢化和氧化处理大量生产用于 Mg 基储氢合金的有效复合催化剂的可行性。

北京大学李星国[31]等采用离子体法制备了 Mg-Ni-La 纳米粉，吸放氢动力学显著得到提高，在 350℃环境下 15 min 内就能吸收 3.2wt.% 的氢。通过 PVD 方法添加纳米 Ni-Al 化合物作为 La_2Mg_{17} 合金的稳定催化剂，吸放氢速率明显改善。Liu 等[32]采用磁控溅射方法制备了 Mg-La-Pd 三层纳米膜，La 元素层的厚度为 3nm 时，氢的脱附速率最快，60min 内放出 80% 的 H_2，在 6M KOH 中的最大储氢量为 377.8mAh/g。

在探索高容量储氢材料过程中，具有新的储氢机理的新材料体系成为研究的重要方向。一些研究小组已经研究了异于传统成分的稀土 -Mg-Ni 合金，发现 $LaMg_2Cu$ 合金和 $LaMg_2Ni_{1.67}$ 合金展现了良好的储氢动力学性能，这与合金的多相结构有关，两种合金分别由 $LaMg_2Cu_2$ 相、$LaMg_3$ 相和 La_2Mg_{17}、$LaMg_3$、Mg_2Ni 相组成。Shtender VV 等[33]首次研究了 R_4MgCo（R=Y、La、Nd、Tb）合金，储氢容量可达约 2wt.%，在低的氢压和适当的温度下合金能保持初始晶体结构。

3. 新结构稀土储氢合金

国外稀土储氢合金的研发主要是以三洋、三德、汤浅、松下、FDK 等为主的日本公司，其成果主要在国内申请的镍氢电池负极合金和工艺专利，其中一些是国际专利。这些公司的专利基本覆盖了目前主要的 AB_5 和 $AB_{3\sim3.8}$ 合金成分和结构，使我国在合金生产和研发方面非常被动。

目前商业应用的稀土系储氢合金，主要是 La-Ni 系和 La-Mg-Ni 系（AB_3、$AB_{3.5}$、$AB_{3.8}$）合金，这些合金的 B 侧元素为 Ni，Ni 价格偏高，且近年来其价格波动较大，这也严重影响了应用稀土储氢合金作为负极的镍氢电池的市场竞争力。以往对非镍基稀土系储氢合金的研究大多集中于二元合金的结构计算和吸氢理论值预测等方面，在三元合金中开展合金元素替代和热处理工艺对合金储氢性能和组织结构影响规律的研究报道较少。

Y–Fe 系列合金中 YFe_2 合金理论吸氢容量可达 2.09wt.%，远高于 $LaNi_5$ 的储氢容量，但它在吸氢过程中易发生非晶化转变，生成 YH_2，降低合金循环稳定性。YFe_3 合金具有 $PuNi_3$ 型结构，合金储氢量为 1.87 wt.%（50℃），高于 $LaNi_5$ 合金理论储氢量，且合金活化性能较好，是一种潜在可应用的稀土储氢合金。Li Ziming 等[34]为了抑制 YFe_2 相的非晶化转变用 Al 元素部分替代 Fe，制备了 $YFe_{2-x}Al_x$（x=0.3、0.5、0.7）合金，研究表明 C_{15} Laves 相在热处理后以及吸放氢后能稳定存在。成分为 $YFe_{1.7}Al_{0.3}$ 的合金初始吸氢量为 1.56wt.%，最大可逆储氢量为 1.38wt.%，但是放氢坪台压较低。北京有色金属研究总院以 YFe_2、YFe_3 合金为基础，通过 Ce 替代及热处理工艺的研究，改善了 $Y_{1-x}Ce_xFe_2$ 合金（x=0，0.15，0.25）的吸放氢动力学性能和循环性稳定性，提高了 $Y_{1-x}Ce_xFe_3$ 合金（x=0，0.15，0.25 和 0.5）的吸氢坪台压力[35]。华南理工大学[36]研制了组成为 YFe_xM_{xy}（M 为金属铝、锰或者钴元素中的一种以上）（$1 \leq x \leq 2$，$0 \leq y \leq 1.2$，$1.8 \leq x+y \leq 2.2$）的钇－铁基合金材料，该材料储氢容量达（1.0 ~ 1.8）wt.%，可逆吸放氢性能优异，经过多次吸放氢循环后晶体结构保持不变，不发生歧化分解，储氢容量保持率高。以上研究探讨了性能接近 La–Ni 系的低成本非镍基稀土储氢合金的可能性，为开发出具有我国自主知识产权的、以高丰度稀土为主要原料的非镍基稀土系储氢合金探索一条新路径。

（四）稀土储氢材料的新应用领域研究

1. 低自放电型电池

三洋 eneloop 电池容量为 AA2000mAh，第一代 Eneloop 电池循环寿命 1000 次，经过近十年的发展第四代 eneloop 电池的循环寿命达到 1800 次，5 年后的容量保持率 70%。这一电池的应用可以节省宝贵的有色金属资源，缓解干电池的污染问题。Eneloop 超低自放电镍氢电池利用先进技术拓宽了镍氢电池的生存空间，主要涉及三项比较先进的技术：磺化隔膜接枝丙烯酸；微包覆 $Ni(OH)_2$；耐蚀稀土储氢合金。在负极储氢合金方面除了通过合金成分和相结构控制提高合金在碱溶液中的稳定性以外，又通过表面包覆微颗粒进一步增强合金的耐蚀性。

合金表面特性对合金以及电极的整体性质有着重要影响，通过表面处理合金的活化性能、高倍率放电性能、低自放电和循环稳定性可以得到不同程度的提高。电极合金的表面处理方法最常用的有两种，一是通过化学镀在合金表面镀一层 Ni、Cu 等金属薄膜，即表面微包覆处理，如 Xie 等[37]采用化学镀的方法在 AB_5 型合金表面包覆了颗粒状的 Ni 和片状 Co，合金活化、倍率和循环稳定性明显改善。Li 等[38]在 $La_{0.75}Mg_{0.25}Ni_{3.48}$ 合金表面电沉积 Ni–Co 层，显著提高了合金表面的电催化活性和导电性。北京有色金属研究总院将过渡金属氧化物包覆在稀土镁基储氢合金表面，包覆的氧化物层较共混添加的氧化物与储氢合金粉的结合力更强，分散更均匀，具有防止合金氧化和允许原子H或H离子穿过的功能，减少储氢合金表面元素的溶解，提高储氢合金的循环稳定性，减少自放电[39]。二是用酸碱等化学试剂对合金表面进行侵蚀处理，可以改善合金表面活性，但这类方法对合金的循环稳定性及电化学容量等性能改善并不显著。日本松下株式会社研究发现，含有Mg元素的稀土储氢合金采用LiOH碱溶液处理效果较好。北京有色金属研究总院Yuan等[40]进一步研究发现采用5 ~ 6M的LiOH溶液较低浓度的LiOH溶液处理后，合金性能更优异，主要体现在循环稳定性和荷电保持率的提升，这可能与LiOH对合金表面Mg的氧化物有较好的侵蚀作用有关。

2. 镍氢动力电池

镍氢动力电池由于具有容量高、无污染、寿命长、无记忆效应、宽温区使用范围、大功率放电特性等一系列优良品质，成为HEV（混合动力汽车）、PHEV（插电式混合动力汽车）、混合动力大巴用蓄电池的首选。作为控制电池大功率放电、循环寿命、低温放电、容量等电性能的关键部分，负极储氢合金的稀土成分起到了非常重要的作用。

湖南科力远新能源股份有限公司镍氢电池所用储氢合金稀土占合金成分34wt.%。按照当前的产量，以年产13万台套电池能量包（HEV用）计算：年用稀土储氢合金约为537.7t，年稀土用量182.8t，随着后续HEV、PHEV、混合动力大巴市场的不断扩大，储氢合金用量也将随之加大，所用稀土量同样水涨船高，为我国的稀土高端利用开拓了新型市场。

随着汽车动力电池市场的不断扩大，对电池性能的要求也在逐步提高。更高比能量密度、更长循环寿命的镍氢汽车动力电池是后续重点发展方向，对负极储氢合金的性能也提出了更高的要求。国内AB_3、A_2B_7等新型储氢合金在突破国外专利限制，克服低循环寿命、高粉化率、高自放电等一系列课题后，全面应用于汽车动力电池市场也将可期可待。广州有色金属研究院公开了一种镍氢动力电池用储氢合金，A侧由元素La、Ce和Mg组成；B侧由元素Ni、Co、Mn等组成，储氢合金成本与现有低成本储氢合金相当，寿命比现有长寿命储氢合金长50%以上，且容量比一般AB_5型储氢合金高15%以上，同时具有易活化、高放电电压及容量、良好的大电流放电等性能[41]。Huang等[42]研究发现将$Mm_{0.89}Mg_{0.11}Ni_{2.97}Mn_{0.14}Al_{0.20}Co_{0.54}$按照不同比例混入$M1Ni_{3.5}Co_{0.6}Mn_{0.4}Al_{0.5}$合金，复合合金的容量、循环稳定性和高倍率性能均得到提高，也为$AB_{3.0\sim3.8}$型稀土镁基储氢合金的应用提供可能性。

虽然在HEV上镍氢电池的使用比较成熟，但在纯电动车上还不能满足使用要求，倍率充放电会严重影响镍氢电池的使用寿命，限制了其在纯电动车上的推广应用。超级镍氢电池研究的突破，让人们看到了解决纯电动汽车动力性能的希望。超级镍氢电池将镍氢电池和超级电容器一体化，既具有超级电容器充电快、寿命长、倍率性能好的特点，又具有镍氢电池容量大的优势。在电动汽车启动时，超级电容器提供的高功率能够满足功率需求。在电动汽车行驶过程中，作为电化学储能器件的镍氢电池能提供足够能量保证电动汽车的正常行驶，满足电动汽车在行驶过程中对续驶里程的要求。在电动车停止工作或休息的间隙，超级电容器能够快速地对超级电池充电，不仅可以有效延长超级电池的使用次数，而且不会因等待电池充电而影响电动车的正常使用，满足电动车在使用过程中易于快速充放电和长寿命要求。

淄博国利新电源科技有限公司将储氢合金与碳等材料非对称结合，系统集成创新的电容型镍氢动力电池，具有商用动力电池安全、环保、耐低温、大功率、寿命长和价格适中六大要求。可耐零下 50℃的超低温，200Ah 电容型镍氢动力电池循环寿命达 3000 次，电池容量仅衰减 2%[43, 44]。经过长达近五年的测试和中试，截至 2016 年 7 月底，我国首批配载该电池的百余辆纯电动公交车在山东淄博已安全运行千万千米。目前，公司年产 12 亿 Ah 的稀土新电源 – 电容型镍氢动力电池产业化项目已动工，一期工程将在 2017 年 6 月底前投产。在纯电动公交车用动力电池负极中，镧铈用量大约占 30%。一辆 12m 纯电动公交车需要稀土镧铈约 300kg。电池本身含有稀土元素，回收技术成熟，在电池生产和使用过程中可实现稀土、镍等国家稀有战略资源的循环利用和动态储备。该电池如能成功应用不仅能改变我国现有工业经济模式和能源供应模式，减少对石油的依赖，对能源替代战略乃至安全战略均具有重要的现实意义。

3. 风电制氢储氢

将太阳能、风能、地热等新能源发电多余的电量进行电解水制氢，将氢气用储氢容器储存起来，需要时再通过燃料电池进行发电，能够有效解决新能源稳定并网问题，并大幅度降低碳排放。与高压气态储氢相比，金属氢化物储氢是一种固态储氢技术，具有储氢压力低、体积储氢密度高、安全性能好、吸放氢过程简单的优点。近年来，将风能和太阳能等不稳定的可再生能源转化为氢气，实现能源的高效利用，成为国际上研发的热点。我国也在推动风能 / 太阳能＋电解制氢＋燃料电池的电力系统。2012 年，中国移动结合风能、太阳能、氢能的电力自给式绿色通讯基站在河北廊坊投入运行。绿色基站的能源体系把风能和太阳能作为主要的能源供应。2014 年，由中国节能环保集团公司牵头组织实施的“风电直接制氢及燃料电池发电系统技术研究与示范主题项目”获得科技部国家高新技术研究发展计划（“863”计划）先进能源技术领域的项目立项。2015 年，国家电网开始建设风电制氢储能小型示范站。

清洁、环保、高效的氢储能技术，能够削峰填谷，有效解决新能源稳定并网问题，大幅度降低碳排放。研发高效、低成本的储氢材料是氢能大规模利用的核心问题。对于以氢的储存、输送及其利用为宗旨的技术对储氢合金性能有如下一些要求：①高的储氢容量；②合适的平衡压力，尽可能在室温下吸放氢操作；③易于活化；④吸放氢速度快；⑤良好的抗气体杂质中毒特性和长期循环稳定性。

部分国家正在进行的氢能发电项目采用的储氢材料为稀土储氢合金。如希腊的 RES_2H_2 氢能发电项目，其储氢罐由弗雷德里克理工学院设计，Labtech SA 公司制造。采用的储氢材料为 AB_5 型 $La_{0.75}Ce_{0.25}Ni_5$ 合金，材料本身储氢容量为 1.28wt.%，而储氢罐整体的储氢容量则为 0.66wt.%。Bossi 等报道了用氢作燃料的 3kW 高分子燃料电池体系，使用商业化的 $LaNi_{4.65}Al_{0.35}$ 粉作为储氢装置，能够提供 6.5Nm^3 的储氢容量。不同的应用环境对储氢材料的性能的要求也不同，Molinas B. 等[45]探讨了公共运输船舶在以海或湖水作为冷却剂的情况下，同时要综合考虑冬季和夏季温度的变化，通过 Vant' Hoff 图谱可以获得 $MmNi_{5-x}Al_x$（x=0.15、0.20、0.25）合金的最佳组成。

在 AB_n（n=3 ~ 3.8）型稀土镁基储氢材料中，AB_3 型储氢材料容量最高，但在碱溶液中循环稳定性最差，在电池中的应用受到限制，却较适合在气固态储氢领域应用。AB_3 型合金原料成本低于商业化 AB_5 型合金，具有高性能和高性价比。部分 AB_3 型二元材料的 PCT 曲线没有明显的吸放氢平台，如 $LaNi_3$；部分材料有吸放氢平台，如 $CaNi_3$，YNi_3，$CeNi_3$ 等。从平衡稀土应用出发，着重考虑 $LaNi_3$、$CeNi_3$ 和 YNi_3 材料。A 侧以 Mg 替代 La，由于 Mg 的原子半径较小，使得 AB_2 结构单元吸氢膨胀由各向异性转变为各向同性，提高了吸氢后的结构稳定性，避免了吸放氢过程中材料结构的非晶化和歧化分解。同时，Ca 元素部分替代 Mg 后，材料晶体结构中的 Mg–Ni 及 Ni–Ni 原子间的距离要明显大于原有三元材料，也即意味着材料中拥有较大的可以容纳氢原子的四面体和八面体空隙，能显著提高材料的储氢容量。Xin 等[46]制备的成分为 $La_{0.65-x}Y_xMg_{1.32}Ca_{1.03}Ni_9$（$x$=0、0.05、0.2、0.4）的 AB_3 型储氢合金。吸放氢焓变值均为 30kJ/mol 左右和 $LaNi_5$ 体系的焓变值相近，是 H_2 的良好载体。合金在 25℃，10MPa H_2 下的最大吸氢量为 1.83wt.%；25℃，0.1MPa H_2 下的最大放氢量为 1.62wt.%，循环 2000 次后的吸氢容量保持率为 85.2%，放氢容量保持率为 80.3%，非常有利于气固态储氢领域的应用。

钢铁研究总院研制了一种燃料电池用 Mg–RE–Ni 基 A_2B 型储氢合金[47]，该储氢合金将 A 侧元素多加入 25wt.%，并由稀土元素部分替代 Mg，由 Ti 和 Al 部分代替 Ni，储氢合金具有较高的储氢容量和较快的吸放氢动力学；氢化物放氢温度明显降低，能在 200℃温度下进行可逆的吸放氢；吸放氢循环稳定性得到显著改善。此外，还可将少量 $LaNi_5$ 合金与钛铁储氢合金混合，制备风电储能用储氢合金。由于 Ti、Fe 元素在自然界中储量丰富，价格便宜，有利于大规模推广应用。制备方法上采用快淬工艺科制备出具有高密度纳米晶晶粒的合金，经过机械球磨，使合金形成高密度晶体缺陷。此工艺简单、易于掌握，适用于规模化生产[48]。

4. 太阳能光电发热储热

近年来，太阳能光热发电技术发展迅速，由于光热发电具有电力品质高、易于电网消纳和可控性好等优势，在国际国内都受到了广泛重视。储热系统是太阳能光热技术的重要组成部分，通过储热系统的集成，可以实现大容量的热量存储，在需要能量时再平稳地释放热量以供发电，从而有效地解决太阳能间歇性吸收带来的电力输出波动，使其提供的电力具有可调度、可调节、可持续平稳输出的优点。储热系统的性能直接决定了发电系统的效率，目前常用的熔融盐储热材料仍存在着储热密度相对较低、成本相对较高、使用寿命不理想及对管道的腐蚀性等技术问题。与之相比，镁 – 稀土系金属氢化物材料的储热密度可达 2MJ/kg 以上，将其应用于太阳能光热发电储热系统，可大大提高储热系统的储热密度，且我国镁和稀土矿产资源十分丰富，价格低廉，因此镁 – 稀土系氢化物在规模储热应用方面具有显著优势。

针对我国目前 La、Ce 稀土相对过量和太阳能热发电受夜间波谷限制无法连续供电的行业瓶颈问题，北京有色金属研究总院经过多年的系统研究，开发出了具有自主知识产权的高容量、高热焓 Mg–Re–Ni（Re=La、Ce 一种及其混合物）基氢化物材料，该材料在 390℃下储氢量达 6.03wt.%，反应热焓达 73.9kJ/mol · H_2，储热密度可达 2337kJ/kg，是已有商业化熔融盐储热材料的 10 倍以上。该材料在 390℃下进行 100 次吸放氢循环，容量保持率达 99.3%，表现出优异的循环稳定性。在成功研制出高储热密度，长循环寿命的 Mg–Re–Ni 储热材料的基础上，经过系统的制备工艺放大研究，突破了具有纳米晶结构的 Mg–Re–Ni 储热材料工程化制备技术，实现了该材料制备能力由单批次 g 级到单批次 50kg 级的跨越，为其在规模储能上的应用奠定了坚实的技术基础[49]。此外，国内北京科技大学也研究了稀土 –Mg 基储热材料，获得了高热焓值（75.5kJ/mol · H_2）低坪台压（0.91MPa，400℃），且循环稳定性优越的储热材料。钢铁研究总院张羊换等[50, 51]通过感应熔炼发制备了 Sm_5Mg_{41}、$Mg_{88}Y_{12}$ 等稀土元素改性的镁基储氢材料，其热焓值分别为 76.52 kJ/mol · H_2 和 79.8 kJ/mol · H_2，是潜在的优良储热材料。

三、国内外研究进展比较

稀土储氢合金具有优良的动力学性能、循环稳定性以及较高的储氢容量，是目前仅有的实现大规模产业化的储氢合金种类，主要应用于镍氢二次电池领域。在各类储氢材料中，稀土储氢合金的专利申请量占有绝对的优势，目前全球主要研发热点集中在改善合金的循环寿命、储氢容量、抗氧化和粉化、提高吸放氢速度以及改善吸放氢的条件等方面。

国内对于 AB_5 型稀土储氢合金和 $AB_{3\sim3.8}$ 型稀土镁基储氢合金，主要向高性能化和低成本化方向发展。具有高性能的储氢合金通常为综合性能指标，同时兼顾合金的性价比，这决定了其市场竞争力。寻找各个指标平衡点满足实际应用需求，是储氢合金生产和研发工作的重点和方向。近两年，稀土镁基储氢合金的研发方面虽然有了较大的进展，性能优异，但鉴于日本专利的限制在生产和应用上受到了阻碍。日本松下、FDK、汤浅等公司近年来已将重点转移至 $AB_{3.5}$ 型合金的开发利用，产业化较为成熟的是 FDK 和松下、产销量最大的是 FDK 公司。而我国研究领域还主要局限在合金组分的控制上，研发进度远落后于日本。对 $AB_{3.5}$ 型稀土镁基储氢合金在镍氢电池中的应用技术方面虽然国内也不乏研究，但主要为研究院所和高校，还属于探索阶段，企业在这方面研究和应用较少。对新型稀土储氢合金的探索工作逐渐增多，希望能扩大稀土储氢合金的应用领域，同时跳出日本对于 AB_3 型稀土镁基储氢合金专利的限制。

日本生产储氢合金材料的企业主要为中央电气工业、三井金属矿业、重化学工业，年产销量共 1 万吨左右，前两家主要供给丰田混合动力车，关注 AB_5 型合金研发[52]。在稀土储氢合金研发方面，日本公开的专利多涉及材料组成和结构，如限定 X 射线衍射峰位置[53]以及不同峰之间的强度关系[54]，限定的范围较宽。近两年的专利中比较关注 Y 元素在合金中的应用，采用 Y 元素替代的合金具有较好的循环稳定性和放电特性。株式会社杰士汤浅国际公开了含有 Y 元素且具有复相的 AB_3 型储氢合金，该合金具有优异的耐腐蚀特性[55]。含有 Y 元素的 AB_5 型合金在 2.0M 以上的 NaOH 的电解液中具有长的寿命[56]。松下电器产业株式会社公开了一种含有 Y 元素的合金，兼顾优良的放电特性和高的寿命特性的电极用合金粉末[57]。株式会社三德[58]就 A_2B_7 型储氢合金的制备工艺、成分组成、晶体结构及应用等方面在日本、美国、欧洲、中国等地区申请了大量的专利，形成了全面的知识产权保护体系。包头三德公司是我国唯一拥有自主知识产权的 A_2B_7 型稀土镁基储氢合金制造商。松下知识产权经营株式会社将 AB_5 型储氢和金与 AB_2 型或 AB_3 型储氢合金混合，得到容量高、自放电低的镍氢蓄电池电极用合金粉末[59]。此外，在稀土储氢合金应用技术方面，还涉及电解液配方，合金的表面处理，添加剂等方面的研究[60–63]。

四、本学科发展趋势与展望

民用及高技术产品配套设备的更新换代，对高性能镍氢电池仍有一定量的需求。在小型镍氢电池应用领域的发展方向是便利性、差异化和高性价比。不同行业的特点需要差异化定位的镍氢电池，如消费市场中高容量、长寿命是重要的性能指标，动力型市场对高倍率放电性能提出更高的要求，个人护理产品要求快充、耐过充、耐过放性能，而应急灯市场则要求耐高温性能，而一致性高、内阻低对于电动汽车领域至关重要。因此，要求作为负极材料的储氢合金也具有相同的特性。

近几年，整个电动车市场呈现稳定增长的态势，镍氢动力电池 HEV 因较为成熟的技术、安全性高、不需要辅助基础设施和高效节能等优势，成为新能源乘用车发展不能忽视的阶段。虽然我国镍氢动力电池技术正日趋成熟，但发展速度和技术落后于日本、欧美等发达国家，尤其是在先进技术的研发和应用层面上与国外有一定的差距。镍氢动力电池材料、应用技术、成套工程化技术以及回收技术的研发，是我国镍氢电池研究开发的重点方向。

随着能源短缺和环境污染问题日益突出，利用新能源发电几乎成为所有国家的战略选择。对于风、光电发电制氢－储氢体系而言，储氢体积密度是更为重要的指标，其次是要求价格低廉和安全性能好。在众多储氢材料和方式中，金属氢化物储氢最适用于大规模的风电储能。但是金属氢化物储氢质量密度低，进一步提高合金的储氢密度是今后研究开发的重点。高储氢量的稀土储氢材料还有许多问题和难点需要解决，因此研究开发高性能新型稀土储氢材料体系的工作任重道远。研究开发新组分、新结构的稀土储氢材料是扩大材料应用范围的重要途径，也是拥有该领域原创知识产权的必由之路。此外，还要对平台压、PCT 特性、滞后性、吸氢量、反应热、活化特性、寿命、膨胀率等进行综合考虑，以实现与燃料电池的良好匹配，提高燃料电池的发电效率。

对于金属氢化物储氢技术在大规模风、光电储能中的应用，另一个障碍是成本过高。目前储氢材料主要采用 $LaNi_5$ 体系，储氢容量为 1.4wt.%，稀土和镍的价格较高是其成本过高的一个重要原因。就目前稀土应用而言，由于钕、铕、铽、镝、钪等在光、电、磁等功能材料中的重要作用，使之成为极为“稀缺”的元素。相反，镧、铈、钇等元素则因自然储量相对较大，出现“过剩”现象。因此，需要高效、平衡利用稀土资源。开发利用高丰度稀土并采用 Fe 等其他金属替换减少 Ni 用量的储氢材料，不但有利于储能成本降低，促进规模化应用，而且将在一定程度上缓解镧铈应用不足、镨钕供应紧张的局面，促进稀土资源平衡利用。

参考文献

［1］李倩，徐津，吉力强，等. La 替代 Pr、Nd 对 AB_5 系储氢合金成本及性能的影响［J］. 金属功能材料，2016，23（5）：27–31.

［2］Li H H，Fei Y，Wang Y P，et al. Crystal structure and electrochemical performance of $La_{0.75}Ce_{0.25}Ni_{3.46}$–$Al_{0.17}Mn_{0.04}Co_{1.33}$ alloy for high–power–type 29 Ah Ni–MH battery［J］. Journal of Rare Earths，2015，33（6）：633–638.

［3］内蒙古稀奥科贮氢合金有限公司. 一种镍氢电池用储氢合金及其制备方法：中国，CN201510879635.8［P］. 2016–04–06.

［4］Huang H X，Li G H，Wang X Y，et al. Electrochemical properties of $MlNi_{3.5}Co_{0.6}Mn_{0.4}Al_{0.5-x}$ wt% $Mm_{0.89}Mg_{0.11}Ni_{2.97}Mn_{0.14}Al_{0.20}Co_{0.54}$ composites［J］. Rare Metals，2015，34（5）：338–343.

［5］朱惜林. 无镨钕 AB_5 型储氢合金在镍氢动力电池领域的应用前景［C］. 中国储能与动力电池及其关键材料学术研讨与技术交流会，2015.

［6］Zhou Y，Noreus D. Metal hydride electrodes：The importance of surface area［J］. Journal of Alloys & Compounds，2015，664：59–64.

［7］Cui R C，Yang C C，Li M M，et al. Enhanced high–rate performance of ball–milled $MmNi_{3.55}Co_{0.75}Mn_{0.4}Al_{0.3}$ hydrogen storage alloys with graphene nanoplatelets［J］. Journal of Alloys & Compounds，2016，693：126–131.

［8］甘辉辉，杨毅夫，邵惠霞 . $MlNi_{4.07}Co_{0.45}Mn_{0.38}Al_{0.31}$ 储氢合金的高倍率性能［J］. 电池，2015，45（4）.

［9］刘文平，秦海青，林峰，等 . 温度对 Ni/MH 电池储氢合金负极电化学性能影响的研究［J］. 化工新型材料，2016（8）：221–223.

［10］中国科学院长春应用化学研究所 . $AB_{≈7}$ 非化学计量比储氢合金的超熵变方法：中国，CN201110109306.7［P］.

2012-05-02.

[11] Zhou W, Zhu D, Wang Q, et al. Effects of Al content on the electrochemical properties of $La_{0.78}Ce_{0.22}Ni_{3.95-x}Co_{0.65}Mn_{0.3}Si_{0.1}Al_x$ alloys at 20–80 ℃ [J]. International Journal of Hydrogen Energy, 2015, 40 (32): 10200-10210.

[12] Liu J, Li Y, Han D, et al. Electrochemical performance and capacity degradation mechanism of single-phase La-Mg-Ni-based hydrogen storage alloys [J]. Journal of Power Sources, 2015, 300: 77-86.

[13] Liu J, Han S, Han D, et al. Enhanced cycling stability and high rate dischargeability of (La, Mg) $_2Ni_7$-type hydrogen storage alloys with (La, Mg) $_5Ni_{19}$ minor phase [J]. Journal of Power Sources, 2015, 287: 237-246.

[14] 吴聪. $AB_{3.3}$ 型 RE-Mg-Ni 基储氢合金相组成及电化学性能的研究 [D]. 燕山大学, 2016.

[15] 邢磊，李一鸣，张羊换，任慧平，金自力. 快淬 - 退火 La_4MgNi_{19} 合金的电化学储氢性能及其失效行为 [J/OL]. 稀有金属, http: //www.cnki.net/kcms/detail/11.2111.TF.20160908.0843.001.html.

[16] 四会市达博文实业有限公司. 一种镍氢电池用稀土 - 镁 - 镍系多相储氢合金及其制备方法: 中国, CN201410222437.X [P]. 2014-12-10.

[17] Li Y, Ren H, Zhang Y, et al. Hydrogen induced amorphization behaviors of multiphase $La_{0.8}Mg_{0.2}Ni_{3.5}$, alloy [J]. International Journal of Hydrogen Energy, 2015, 40 (22): 7093-7102.

[18] 北京有色金属研究总院. 一种 La-Mg-Ni 型储氢材料: 中国, CN201410355959.7. 2016-01-27.

[19] 北京有色金属研究总院. 一种无镨钕长寿命镍氢电池负极用储氢材料: 中国, CN201510573817.2. 2015-09-10.

[20] 刘治平. 元素替代对 A_2B_7 型 La-Mg-Ni 基合金相结构和电化学性能的影响 [D]. 秦皇岛: 燕山大学, 2016.

[21] Cao Z, Ouyang L, Li L, et al. Enhanced discharge capacity and cycling properties in high-samarium, praseodymium/neodymium-free, and low-cobalt A_2B_7, electrode materials for nickel-metal hydride battery [J]. International Journal of Hydrogen Energy, 2015, 40 (1): 451-455.

[22] 李宝犬，熊玮，王利，等. $La_{(15-x)}Ce_xFe_{(14)}Ni_{(64)}Mn_5B_2$ (x=0 ~ 6) 储氢合金结构及电化学性能研究 [J]. 稀土, 2014 (2): 1-6.

[23] 胡学超，闫慧忠，熊玮，等. 退火热处理对快淬态 $La_{(15-x)}Sm_xFe_2Ni_{(76)}Mn_5B_2$ 储氢合金组织结构及电化学性能的影响 [J]. 稀土, 2015 (4): 20-26.

[24] 王鹏飞. Sm 部分替代 La、Y 对 $LaY_2Ni_{10}Mn_{0.5}$ 储氢合金机构及电化学性能影响 [D]. 呼和浩特: 内蒙古大学, 2016.

[25] Charbonnier V, Monnier J, Zhang J, et al. Relationship between H_2, sorption properties and aqueous corrosion mechanisms in A_2Ni_7, hydride forming alloys (A =Y, Gd or Sm) [J]. Journal of Power Sources, 2016, 326: 146-155.

[26] Puga B, Joiret S, Vivier V, et al. Electrochemical Properties and Dissolution Mechanism of A_2Ni_7, Hydrides (A=Y, Gd, La-Sm) [J]. Chemelectrochem, 2015, 2 (9).

[27] 梅兴志，罗永春，张国庆，康龙，等. 稀土系 A_2B_7 型 $La_{1-x}Sc_xNi_{2.6}Co_{0.3}Mn_{0.5}Al_{0.1}$ (x=0 ~ 0.5) 储氢合金相结构和电化学性能研究 [J]. 无机材料学报, 201530 (10): 1049-1055.

[28] Zhong H, Wang H, Liu J W, et al. Enhanced hydrolysis properties and energy efficiency of MgH_2 base hydrides [J]. Journal of Alloys & Compounds, 2016, 680: 419-426.

[29] Lin H J, Zhang C, Wang H, et al. Controlling nanocrystallization and hydrogen storage property of Mg-based amorphous alloy via a gas-solid reaction [J]. Journal of Alloys & Compounds, 2016, 685: 272-277.

[30] Wang H, Hu J, Han F, et al. Enhanced joint catalysis of YH_2/Y_2O_3, on dehydrogenation of MgH_2 [J]. Journal of Alloys & Compounds, 2015, 645: S209-S212.

[31] Zhang H, Zheng X, Wang T, et al. Significantly improved hydrogen desorption property of La_2Mg_{17}, alloy modified

with Ni–Al nanocrystalline［J］. Intermetallics，2016，70：29–32.

［32］Liu T，Cao YR，Li H，Chou WS，Li XG，et al. Superior hydrogen storage and electrochemical properties of Mg–La–Pd trilayer films at room temperature［J］. Journal of power sources，2014，267：598–602.

［33］Shtender V V，Paul–Boncour V，Riabov A B，et al. Hydrogenation behavior of the R_4MgCo（R =Y，La，Nd，Tb）compounds［J］. Journal of Solid State Chemistry，2015，229：135–140.

［34］Li Z，Wang H，Ouyang L，et al. Reversible hydriding in $YFe_{2-x}Al_x$，（x = 0.3，0.5，0.7）intermetallic compounds［J］. Journal of Alloys & Compounds，2016，689：843–848.

［35］杨康. Y–Fe 基稀土储氢合金的性能研究［D］. 北京有色金属研究总院，2016.

［36］华南理工大学. 一种钇–铁基合金材料、制备方法及应用：中国，CN201610109516.9［P］. 2016–06–22.

［37］Xie D. Effect of Surface Coating on Electrochemical Properties of Rare Earth–Based AB_5 type Hydrogen Storage Alloys［J］. 2016，11（11）：9153–9163.

［38］Li Y，Yang T，Ke D，et al. Electrochemical kinetic performances of electroplating Co–Ni on La–Mg–Ni–based hydrogen storage alloys［J］. Applied Surface Science，2015，357：1714–1719.

［39］北京有色金属研究总院. 一种镍氢二次电池负极材料：中国，CN201310638203.9［P］. 2015–06–03.

［40］Yuan H，Yang K，Jiang L，et al. Surface treatment of rare earth–magnesium–nickel based hydrogen storage alloy with lithium hydroxide aqueous solution［J］. International Journalof Hydrogen Energy，2015，40（13）：4623–4629.

［41］广州有色金属研究院. 一种镍氢动力电池用储氢合金：中国，CN201610209606.5. 2016–07–20.

［42］Huang H X，Guo H，et al. Electrochemical properties of $M1Ni_{3.5}Co_{0.6}Mn_{0.4}Al_{0.5-x}$ wt% $Mm_{0.89}Mg_{0.11}Ni_{2.97}Mn_{0.14}Al_{0.20}Co_{0.54}$ composites［J］. Rare Metals，2015，34（5）：338–343.

［43］淄博国利新电源科技有限公司. 稀土电容电池用储氢合金及其制备方法：中国，CN201310129564.0［P］. 2013–04–15.

［44］淄博君行电源技术有限公司. 非对称稀土电容电池的制备方法：中国，CN201310060209.2［P］. 2013–02–26.

［45］Molinas B，Pontarollo A，Scapin M，et al. The optimization of $MmNi_{5-x}Al_x$，hydrogen storage alloy for sea or lagoon navigation and transportation［J］. International Journal of Hydrogen Energy，2016，41（32）：14484–14490.

［46］Xin G，Yuan H，Yang K，et al. Promising hydrogen storage properties of cost–competitive La（Y）–Mg–Ca–Ni AB_3 type alloys for stationary applications［J］. Rsc Advances，2016，6（26）：21742–21748.

［47］钢铁研究总院. 一种低温高容量 Mg–RE–Ni 基 A2B 型贮氢合金及其制备方法：中国，CN201610037285.5［P］. 2016–06–15.

［48］钢铁研究总院. 一种风电储能用稀土–钛铁储氢合金及其制备方法：中国，CN201510623781.4［P］. 2015–12–09.

［49］北京有色金属研究总院. 一种镁基氢化物复合储热材料：中国，CN201510740806.9［P］. 2015–11–27.

［50］Yuan Z M，Yang T，Bu W G，Shang H W，Qi Y，Zhang Y H. Structure，hydrogen storage kinetics and thermodynamics of Mg–base Sm_5Mg_{41} alloy［J］. International Journal of Hydrogen Energy，2016，41（14）：5994–6003.

［51］Yang T，Yuan Z M，Bu W G，Jia Z C，Qi Y，Zhang Y H. Evolution of the phase structure and hydrogen storage thermodynamics and kinetics of $Mg_{88}Y_{12}$ binary alloy［J］. International Journal of Hydrogen Energy，2016，41（4）：2689–2699.

［52］三井金属矿业株式会社. 储氢合金：中国，CN201580002514.3［P］. 2016–07–06.

［53］松下知识产权经营株式会社. 储氢合金、电极用合金粉末、碱性蓄电池用负极及碱性蓄电池：中国，CN201580012235.5［P］.2016–11–09.

[54] 株式会社杰士汤浅国际，厦门钨业股份有限公司．贮氢合金及其制造方法：中国，CN201410409393.1［P］．2016-02-24.
[55] 株式会社杰士汤浅国际．贮氢合金、电极、镍氢蓄电池及贮氢合金的制造方法：中国，CN201310045698.4［P］．2013-08-21.
[56] 株式会社杰士汤浅国际．镍氢蓄电池：中国，CN201310447163.X［P］．2014-04-02.
[57] 松下电器产业株式会社．电极用合金粉末、采用了该粉末的碱性蓄电池用负极及碱性蓄电池：中国，CN201380009382.8［P］．2011-10-22.
[58] 株式会社三德．吸氢合金粉末、负极和镍氢二次电池：中国，CN201380019178.4［P］．2016-10-12.
[59] 松下知识产权经营株式会社．电极用合金粉末、使用了其的镍氢蓄电池用负极及镍氢蓄电池：中国，CN201480060929.1［P］．2016-06-29.
[60] FDK 株式会社．镍氢二次电池：中国，CN201580017241.X［P］．2016.11.16.
[61] FDKTWICELL 株式会社．镍氢二次电池：中国，CN201310100125.7［P］．2013-10-23.
[62] FDKTWICELL 株式会社．镍氢充电电池：中国，CN201310525884.8［P］．2014-05-14.
[63] 松下电器产业株式会社．储氢合金粉末与其表面处理方法、碱蓄电池用负极以及碱蓄电池：中国，CN200980100547.6［P］．2010-08-18.

撰稿人：蒋利军　苑慧萍　闫慧忠　李星国

稀土陶瓷材料研究

一、引言

作为无机材料晶体、玻璃、陶瓷这三大形态之一的陶瓷材料透明化及其应用是涉及学科发展、国家重大需求、国际前沿、国民经济的关键之一，在人类科学技术和经济社会发展中占一席之地。稀土在陶瓷中的应用本质上源于稀土元素的金属性、离子性、4f 电子衍生的光学和磁学性能，这四种基本属性是贯穿稀土陶瓷材料发展的主线。其中由于具有 f 电子是稀土离子的独特性，而其相应的物理性质体现为 f 电子层内跃迁（f–f）和层间跃迁（f–d）以及未成对 f 电子展现出来的磁性。在稀土陶瓷材料中，稀土既可以作为基质组分，也可以作为掺杂改性元素，因此稀土陶瓷的功能主要体现在光学和磁学两大方面。前者主要有稀土透明光学陶瓷，稀土荧光粉和稀土陶瓷釉等各种稀土光学材料，后者主要有稀土永磁材料、稀土磁致伸缩材料、稀土磁致冷材料等各种稀土磁性材料。此外，由于稀土离子半径较大、稀土元素容易与其他元素，尤其是非金属的氮族、氧族和卤素元素结合，而且还具有变价的性质，因此稀土离子可以作为添加剂调整材料内部的微观结构，改变材料的宏观性能，从而得到各种稀土结构陶瓷和稀土改性功能陶瓷。

现代稀土陶瓷材料体系就是以稀土离子的光学和磁学为主的各种性质作为出发点，利用材料基因设计、材料计算、新型表征技术等先进手段，在激光、闪烁、光电、磁光、陶瓷材料的微结构等方面的材料性能得到突破，其内涵既包括结构–性能关系，还涉及陶瓷制备工艺以及陶瓷表征技术。

20 世纪后期结构陶瓷的晶界工程研究与关键制备技术、纳米技术的发展与突破，为陶瓷的功能化与结构增强等性能的提升提供了理论研究与技术支撑，综合而言，稀土功能陶瓷不但具有陶瓷材料的耐高温、高强度等特性；光谱特性与晶体一致；在制备成本、尺寸（与单晶相比）、力学性能以及热性能（与玻璃相比）等方面也具有独特优势。陶瓷材料是一种多晶组成，与单晶（晶体材料）和无定形（玻璃材料）不同，晶粒与晶粒之间的界面是陶瓷材料所特有和极为重要的结构特征，是晶粒与晶粒之间连接的“纽带”，也是微观物质迁移和性能体现以及传递的桥梁。因此针对光学材料的特点，开展稀土在陶瓷的晶界与微结构的功能作用机理和调控研究是提高稀土陶瓷材料性能的基础与必经之路。

二、本学科领域近年的最新研究进展

（一）稀土增强结构陶瓷

稀土增强结构陶瓷中稀土离子的作用主要在物相转变、晶间相形成、固熔掺杂和晶粒成长控制等方面发挥作用，从而改善结构陶瓷的各种力学参数。此项工作主要集中在利用稀土添加在陶瓷基体中产生在碳化硅、氮化硅、氧化锆等结构陶瓷的物相中固熔或者部分固熔相，促进材料的烧结与影响陶瓷材料的晶粒尺寸等来提高陶瓷材料的力学性能。此项研究工作在稀土氧化锆结构陶瓷方面国内仍然受到关注，虽然目前日本依靠其超大规模生产和先进制备技术在世界陶瓷市场中占主导地位，占有 60% 以上的市场份额。中国科学工作者近期在稀土掺杂复合氧化锆粉体及其应用方面取得一系列成果[1-3]。

中国是全球最大的光纤陶瓷插芯供应市场，2015 年我国光纤陶瓷插芯产销量分别达到了 13.6 亿只和 12.8 亿只，钇锆粉体每年需求 2500t，至 2018 年，全球光纤连接器用陶瓷插芯的市场销售额将增长至 27 亿元，年复合增速约为 8%。

光通信设备及器件功能的增加和小型化发展，促使作为主要核心部件的光纤陶瓷插芯及套筒亦朝着小型化、多规格方向发展。目前市场中插芯外径 2.5mm 的产品占主要地位，插芯外径 1.25mm 的产品已经得到快速发展，更小型的产品（插芯外径 0.8mm）也已经在市场开始使用。小型化产品对材料性能、成型技术及研磨技术提出了更高的要求，同时将引领未来的发展趋势（见图 1）。

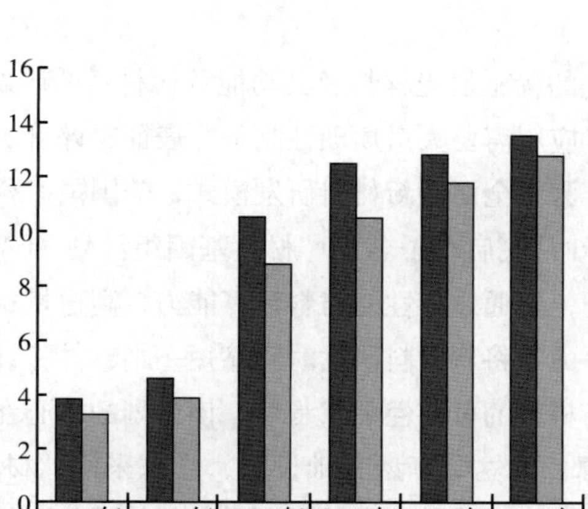

	2010年	2011年	2012年	2013年	2014年	2015年
■光纤陶瓷插芯产量/亿只	3.8	4.6	10.5	12.5	12.9	13.6
■光纤陶瓷插芯需求量/亿只	3.3	3.9	8.8	10.5	11.8	12.8

图 1　2010—2015 年中国光纤陶瓷插芯行业供需情况

其次稀土掺杂的氧化锆陶瓷专用于牙科陶瓷，通透性好，透明度高，玉质感强，做出来的牙齿白、亮、光洁、硬度高，成为市面上极其畅销的产品。近年来出现的氧化锆纳米陶瓷，其众多的优秀品质如室温超塑性、高韧性以及其在功能方面的应用，是其他陶瓷无法代替的。我国每年全冠修复需求将达到200万例，将形成40亿元人民币的口腔修复市场。

稀土掺杂的氧化锆陶瓷应用于手机底盖。2016年起在国内宣传力度较大，但由于其性价比尤其是制造成本于其他材料的手机底盖的竞争还有待验证其市场价值。

今后材料科学者还将进一步加强稀土掺杂对陶瓷性能影响的机理研究来指导新型稀土氧化物掺杂陶瓷的开发力度，有效提升稀土氧化物在先进陶瓷材料中的应用价值，使其在陶瓷行业中发挥更大的作用。可以相信，随着稀土元素在新型陶瓷材料中应用研究的进一步深入和开展，稀土元素将在结构陶瓷和功能陶瓷中发挥越来越重要的作用。

（二）稀土增强功能陶瓷

利用稀土元素的化学活泼型和大离子半径等化学性质来改善材料的其他物理效应，这就产生了稀土增强功能陶瓷。常见的有快离子导体（离子导电）、压电、铁电、热电、气敏、热敏、压敏、声敏和湿敏陶瓷等。这部分的工作主要以产品的形式体现。

（三）光功能陶瓷迅猛发展

光功能晶态材料是通过微结构调控和稀土离子（或过渡离子）掺杂实现单晶或多晶陶瓷体系高透光性及光学功能的结构功能一体化材料，它的出现不仅丰富了材料科学的研究内涵，更拓展了光功能晶态材料在信息、能源、医疗、先进制造和国家安全等高技术领域的应用。激光材料和闪烁材料作为光功能材料的典型代表，在高端装备制造、高能激光武器、激光核聚变点火、核医学成像、高能物理探测和国家安全检测等应用领域具有不可替代的作用。

按照传统的稀土发光材料及其功能替代材料的研发模式——“试错法”，一种新材料从发现到获得应用需要大量烦琐性制备、表征、评价实验反复比对，导致新材料开发周期长，效率低。为了全面创新材料研发模式，美国国家科技顾问委员会和总统科技政策办公室于2011年6月底启动了名为“材料基因组计划”（Materials Genome Initiative，MGI）的国家科学计划，拟通过高性能材料计算能力、高通量材料试验平台和材料数据共享平台的建立与协同，力争将新材料研发时间缩短一半，并将计算机全程控制技术用于材料制备过程监控，提高材料的可靠性和重复性。该计划的核心在于整合计算技术、高通量实验手段和数据库资源，建立共享型基础设施，尝试采用“材料设计”的新理念，即通过理论预测、计算仿真模拟等手段“设计”所需材料体系，再经过快速实验手段进行验证。相比传统方法，此法对材料的预测有独特优势，可以降低对原有经验的依赖，增加对材料可预测性能的复杂性认识，提高预测的准确性，加速新材料研发与应用的进程。

鉴于稀土光功能材料对国家工业发展的重要作用，目前美国、法国、德国、日本、俄罗斯等均高度重视稀土发光材料及其功能的研发，并取得显著成效。

发达国家在稀土光功能材料方面的领先地位很大程度上取决于其创立的先进研究模式，其中高通量计算已成为研究新型光功能材料不可或缺的手段。目前美国、欧洲、日本方面在材料计算中均取得了快速进展，并开发出第一性原理计算等相关的软件包，极大地促进了材料设计及性能预测。同时基于“能带工程”的材料计算设计与性能预测也加速了新型高性能闪烁材料及长寿命节能白光 LED 荧光材料的研发进程。2015 年起安装有发光陶瓷材料的激光照明灯具已在宝马和奥迪等品牌的高端系统车型中得到应用，与传统的车灯相比，消耗功率有所下降，亮度提高。

近些年，我国稀土光功能材料研究也取得了长足发展，且有较多创新性成果。尤其是在闪烁晶体及陶瓷制备和产业化（如稀土掺杂含氧酸盐、卤化物等）方面已在国际上占有一席之地，但新材料体系创新设计与国际先进水平仍有相当大的差距。目前我国部分研究机构已可实现通过第一性原理对闪烁材料进行能级设计与导带结构性能调控，并获得了能实现闪烁性能提升的最佳稀土掺杂的方案。同时利用组合材料芯片技术对计算得出的掺杂方案进行最佳组分的快速实验筛选及验证，由此制备了性能优异的闪烁材料及白光 LED 荧光材料。

三、国内外研究进展比较

近年来，随着核医学成像设备如 PET 机，高性能 X–CT 机及高能物理大型磁性量能器的建立，对闪烁材料提出了更高的要求，新一代的闪烁材料希望具有更高的光产额，更快的衰减时间，优异的能量分辨率，低余辉和抗辐照损伤等等，传统的闪烁材料已经不能满足需求，亟待发展新型高性能的闪烁材料。卤化物和石榴石结构的物相二大材料体系是目前国际上发展的重点。美国通用（GE）公司是全球医用 PET 和安检 CT 整机的主要生产商；法国圣戈班公司研发的闪烁晶体是整机生产厂家的重要供货商；德国西门子公司和日本东芝公司都具有很强的核医学成像和安检设备研发能力。而俄罗斯和乌克兰是传统的材料研发大国，材料研发投入大，尤其是闪烁晶体生产水平较高。

稀土掺杂闪烁陶瓷是近 20 年来快速发展起来的一类新的多晶闪烁体材料。与闪烁单晶相比，闪烁陶瓷可同样具有良好的物理化学稳定性和优异的闪烁性能。更重要的是，闪烁陶瓷在制备温度，组分设计（高浓度，多种类掺杂）和大尺寸制备上具有更大的优势，而立方对称石榴石结构是发展闪烁透明陶瓷的理想基质，因此石榴石结构的透明闪烁陶瓷是新一代高性能（快衰减，高光产额，抗辐照损伤和低余辉等）闪烁材料的重要发展方向之一。

目前作为稀土陶瓷重要的组成部分石榴石结构体系与该体系在医疗仪器装备上的应用

成为国际上的研究热点。从21世纪初的相关国外专利的申请情况来加以分析和研究，自2000年以来钇铝石榴石领域专利进入了快速增加阶段，尤其在2003年后，达到爆发性增长，钇铝石榴石领域专利已经转入快速增长成熟期。经过近十几年的发展，钇铝石榴石稀土陶瓷材料的应用开始进入成熟期（见图2）。例如西门子公司已经成功地把超快稀土陶瓷应用在CT上，在扫描速度（737mm/s）和空间分辨率都有性能提升。

产品参数对比		
品牌	Siemens	GE
型号	Somatom Force	Revolution CT
扫描速度	737毫米/秒	300毫米/秒
探测器材料	超高速稀土陶瓷	人造宝石
探测器排列	96mm × 0.6mm × 2mm	256mm × 0.625mm
时间分辨率	66ms	29ms
空间分辨率	$0.15mm^3$	$0.23mm^3$
360°扫描时间	0.25s	0.28s
工作电流	20–1300mA	5–835mA
工作电压	70/80/90/100/Sn100/110/120/130/140/150KV/Sn150	70/80/100/120/140KV

图2　国外企业CT性能[4]

以石榴石体系，尤其是常用的稀土离子掺杂钇铝石榴石（YAG）和镥铝石榴石（LuAG）为重点检索对象，从1985年起（中国开始实施专利制度）至2016年国际上相关申请和授权专利的分布，见图3。2014—2016年石榴石体系材料的材料研究及其应用申请数量在500项左右，授权在400项以上。中国在石榴石体系材料及其应用中专利数量在美国与日本之后占据第三位，见图4。

在世界范围为，主要申请单位包括荷兰飞利浦公司、美国通用电气公司、德国贺利氏公司、日本神岛化学公司、日本奥林巴斯公司、法国罗纳普兰克等单位。

石榴石结构的材料体系由于其优异的特性在激光、闪烁、光电、磁光等领域受到各国

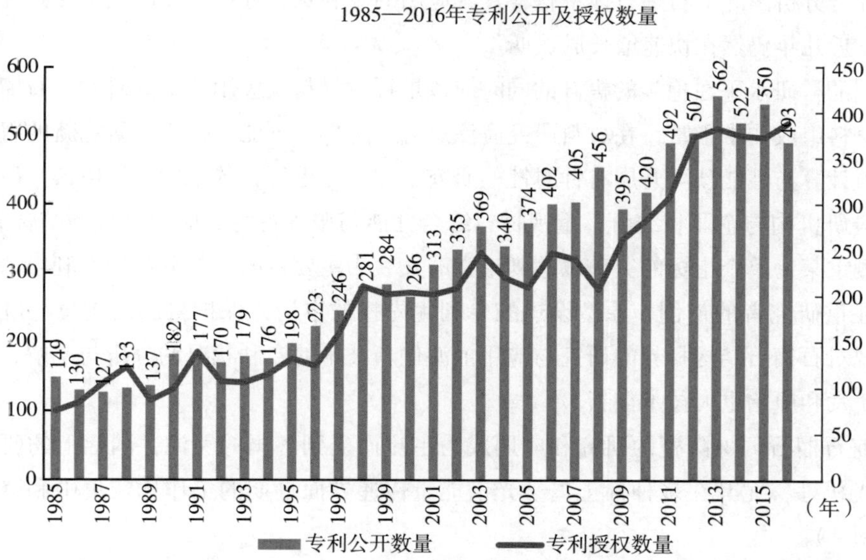

图 3　国际上 1985 年起至 2017 年 3 月石榴石体系材料与应用的专利公开与首度获得授权的年度分布图

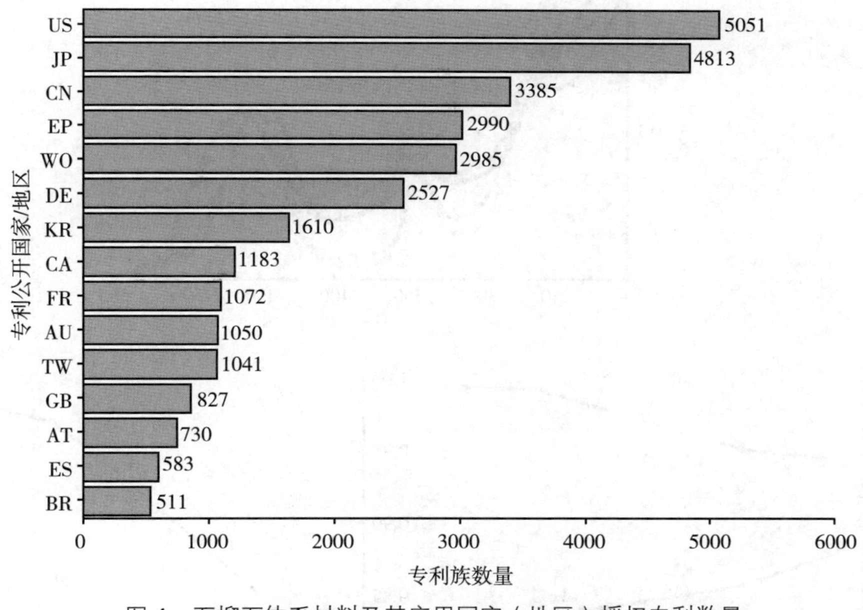

图 4　石榴石体系材料及其应用国家（地区）授权专利数量

的重视，鉴于其特殊的结构，稀土离子的特性可以广泛地被利用，因此我们可以通过材料基因设计、材料计算、快速筛选技术、新型表征技术等先进手段，研究结构—性能关系，快速研发具有石榴石结构的新材料与提升综合性能。

国际上在石榴石结构材料及应用的专利所有权前 30 位统计国外的大公司占绝对主要

位置，综合分析国际上石榴石体系材料及其应用的专利状态分析，该研究正受到各方的广泛关注，近几年仍然在快速增长成熟期。

中国的科研水平在稳步的提升的同时应该重视对材料及应用技术的研发，石榴石结构体系的材料组成非常丰富，在材料研究应注意有所选择，不能一味追求研究新的组分，应结合材料计算与性能预测开展有针对性的研究工作，注重材料的应用专利申请，研究所与大学的科研机构与企业相结合，重视材料综合性能与服役行为、应用领域的结合的研究，而不是侧重某一单个指标的突破以达到论文的发表为主要目的。充分利用专利申请的游戏规则，注重研究者的初创、原型设想的专利优先权的申请，保护自己的构思与应用可能性。重视对石榴石结构材料的研究与应用上游创新技术的专利状况的分析与了解，以促进其基础研发和原始重大技术创新。

目前石榴石闪烁陶瓷的研究和应用成为主流而受到各国的关注，国际上的研究主要集中发光机理，尤其在多种稀土离子光谱能量传递方面近期的工作比较集中和突出（见图5～图9）。

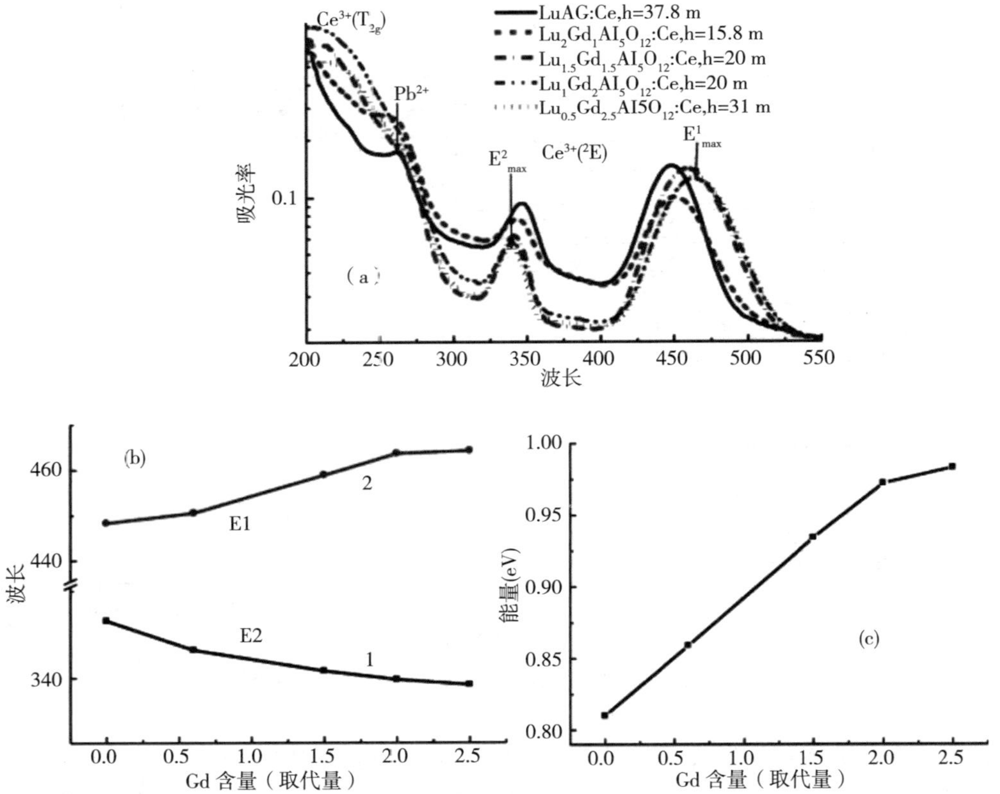

图 5　Gd 含量对 Ce 离子发光的影响[5]

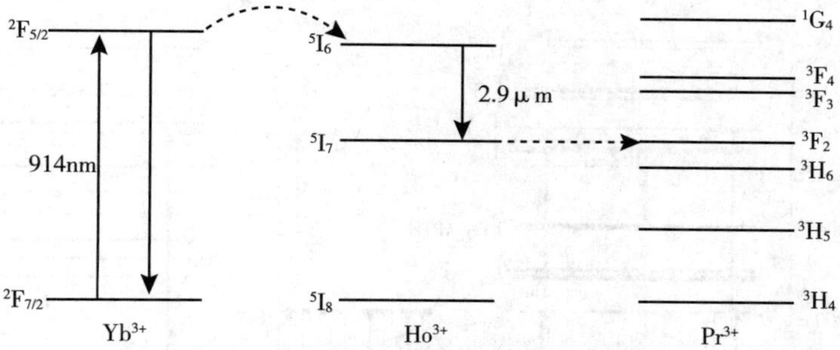

图 6　稀土离子能量传递实现 3μm 激光输出[6]

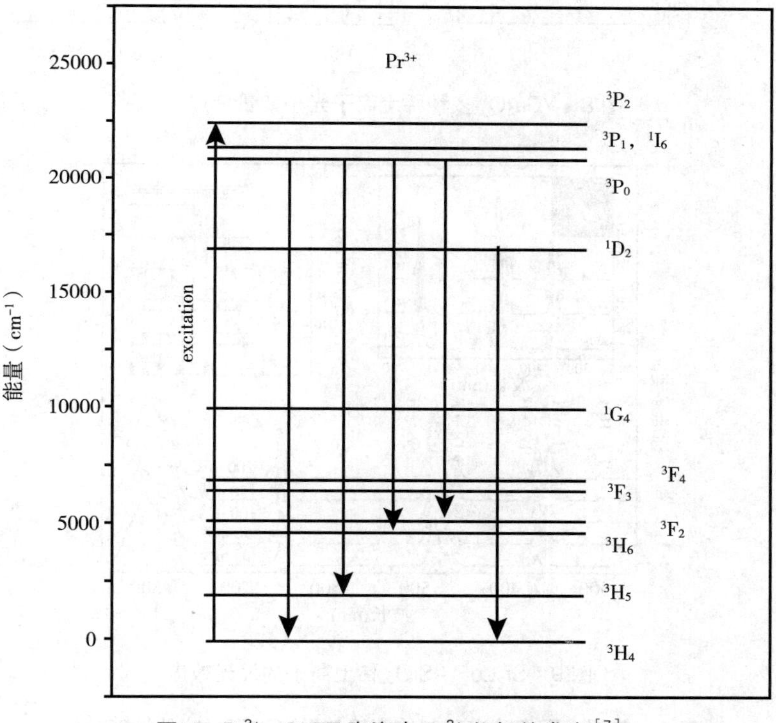

图 7　Pr^{3+}：PLZT 陶瓷中 Pr^{3+} 能级的发光[7]

近年来其他的组分稀土陶瓷的 Pr^{3+}：PLZT，YCa_4O_3，Sr_2LuF_7–SiO_2 等在发光机理上也开展了研究工作。

美国海军实验室（NRL）对陶瓷窗口与激光材料仍然一如既往地开展深入的研究，从表 1 可以看到他们在稀土倍半氧化物方面投入了相当的注意力。

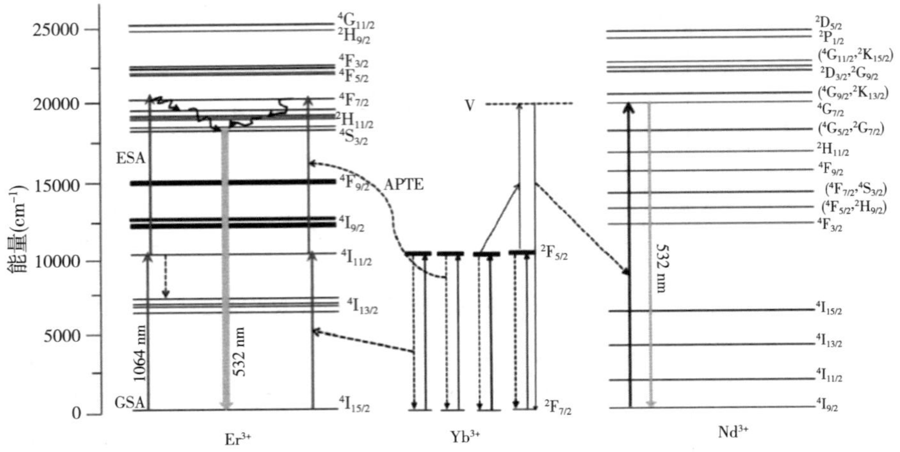

图 8 YCa_4O_3 多种稀土离子光子能量传递[8]

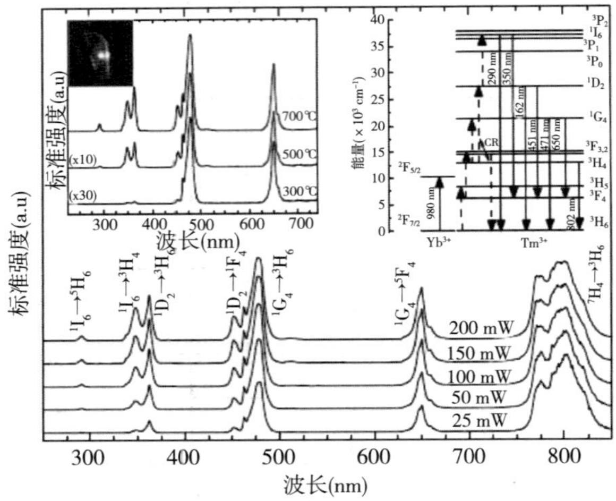

图 9 Sr_2LuF_7–SiO_2 稀土离子的发光效应

表 1 美国海军实验室研制的窗口与激光陶瓷材料的性能[9]

材料 性能	尖晶石	蓝宝石	氧氮化铝	β-SiC	Y_2O_3	Lu_2O_3
密度（g/cm^5）	3.58	3.98	3.77	3.1	4.8	9.4
热膨胀（$\times 10^{-6}$/℃）	5.9	5.3	5.7	3.8	7.4	5.5
弹性模量（GPa）	271	344	323	400	173	178
断裂韧性（MPa $m^{1/2}$）	1.9	1.8	1.4	4.6	2	2
光传输范围（μm）	0.2~5	0.2~4.7	0.2~4.5	0.4~5	0.2~9	0.4~8
热导（W/m · K^{-1}）	13.4	35	9.6	220	13.6	12.5
泊松比	0.26	0.27	0.24	0.21	0.31	0.3

我国国民经济正处在高速发展时期，人民生活水平进一步提高同时我国又是一个拥有13亿人口的大国，正步入老龄化社会，对医疗服务的需要非常迫切。社会医疗保障体系日益完善，人民群众自我保健意识逐步增强以及农村医疗体系的启动和发展给医疗设备产业带来了新的增长点。

医疗设备是指单独或组合使用于人体的仪器、设备、器具及所需软件等，进而实现对疾病的预防、诊断、治疗、监护、缓解。医疗设备行业是知识密集、资金密集、多学科交叉的高科技产业，它是一个国家制造业和尖端科技水平的标志之一。20世纪50—60年代，随着超声和核素显像技术的日益成熟，出现了超声成像和闪烁显像。20世纪70年代末医学影像学检查手段、检查技术和检查内容都发生了革命性的改变，医学影像图像由过去的单一方向、单一角度观察转变为多角度、多方位观察。近年来随着信息技术和生物医学工程技术的发展，X射线断层扫描（CT）、磁共振（MRI）、正电子发射型计算机断层显像（PET）、医用电子直线加速器等为代表的一大批尖端精密设备被广泛应用于医疗卫生领域，技术进步推动医疗设备市场销售有着惊人的增长。当前美国与欧洲等发达国家的人均医疗消费超过9000美元，美国医疗费用支出约占到GDP的18%，其中大概9.8%用于诊断成像，也就是说美国GDP的1.8%用于医学成像。因此未来成像技术是医疗消费增加的主要推动力之一。美国科学院医学研究所2013年确立的100项比较有效益的优先研究项目，其中多项涉及肿瘤成像中的PET，MRI，CT等成像技术（见图10）。

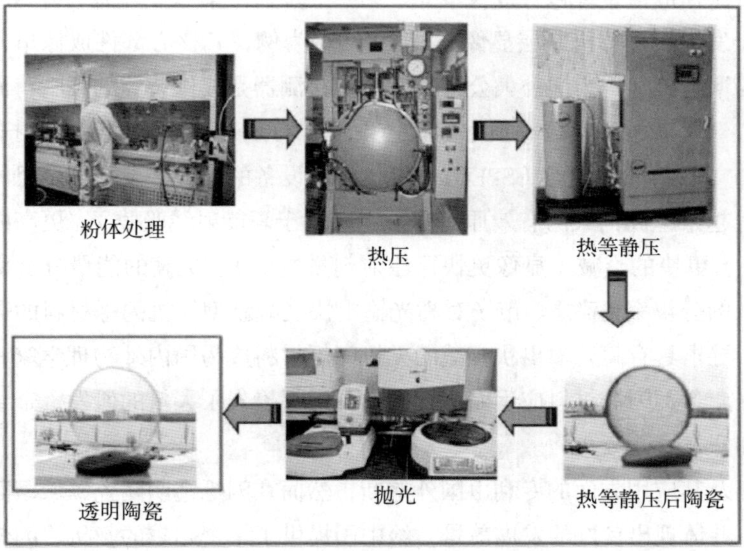

图10 美国海军实验室透明陶瓷的制备过程[9]

对于中国来说，随着经济的快速发展，用于医疗的费用也在大幅上升，比如从2006年的1560亿美元增加到2011年的3570亿美元，人均医疗消费也从119美元上升到261

美元。中国医疗支出占 GDP 总量的 4%，低于世界平均水平为 8%，医疗设备规模总量的扩充预示着未来的一段时期我国医疗设备市场还将继续保持增长态势。同时，国家推行新医改政策，积极推动医疗设备行业的发展。持续、稳定的需求增长活跃了市场也成为厂商对新技术新产品研发的动力，而新技术新产品的推出必将拉动新一轮需求。同时有资料显示我国 17.5 万家医院拥有的医疗设备约有 15% 是 20 世纪 70 年代前后的产品，有 60% 是 80 年代中期以前的产品。这些医疗设备已经或即将进入自然淘汰期，而更新换代过程中将在未来 10 年甚至更长一段时间推动我同医疗设备市场需求的快速增长。然而在高端医疗设备市场中，发达国家的进口产品在我国的市场占有率约为 70% 以上，其中以飞利浦、G E、西门子三家公司为代表的发达国家厂商掌控着核心信息技术成为高端产品市场的主导者，占有很大的市场比例，居垄断地位。

医疗设备制造业是一个多学科渗透、知识与资金密集的高新技术产业，进入门槛相对较高、生产工艺复杂通常被视为一个国家制造业水平和高科技的重要标志。由于我国医疗设备厂商尚未拥有自主知识产权的核心技术，没有能力参与高端医疗设备的市场竞争，大部分企业以购买专利以及关键部件为主组装成产品销售。中国医疗改革正在为国产化医疗设备带来新的机遇，国内的医疗设备企业正跃跃欲试，寻找新的生机。如何结合社会的现实需求，理顺产学研链条，提高自主创新能力，树立中国的产业品牌，在未来几年内显得至关重要。

一般而言医疗成像装置包含成像单元、第一处理器、第二处理器、显示单元和输出单元，以正电子发射型计算机断层显像（PET）医用为例，其核心部件成像单元（包括闪烁材料与光电倍增管等）均为国外大公司所垄断。探测器是成像装置的眼睛，而闪烁材料是探测器的核心。随着核医学成像技术的快速发展，特别是正电子发射断层扫描仪结合 CT 技术（PET/CT）及单光子成像（SPECT）等核医学设备的发展，及全球反恐的需求，对闪烁体的要求也越来越高：大的有效原子序数（有利于高能射线吸收）、更高的光输出（提高信号强度）、更快的衰减（显像更快，注射剂量更低）、更高的能量分辨率（提高信噪比，临床图像的分辨率更高）。市场对高光输出快衰减新型无机闪烁材料的需求也将日益迫切，因此，寻求具有高光输出快衰减的无机闪烁材料成为国内外物理学家和材料学家研究的热点之一。各类闪烁材料应运而生，促使各国都投入了大量的研发资金致力于新型闪烁体的研究和开发。

闪烁材料及其应用方面的专利由国外垄断，然而在闪烁透明陶瓷领域国际上处于快速发展的初期，并体现出良好的发展前景，给中国提供了一个超越的契机。闪烁透明陶瓷具有广阔的应用前景及市场，如：医疗装备，高分辨探测器、快速成像探测器以及超快 X 射线探测器技术上的应用。重点是突破材料的规模化制备关键技术和应用。

早在 20 世纪 80—90 年代，GE 公司（General Electric Company）就先后提出了制备石榴石结构陶瓷 $Gd_3Ga_5O_{12}$：Cr，Ce 陶瓷用于高速抗辐照 X-CT 机的专利，并已经成功实现批量化生产和在 X–CT 机上的商业应用。随着陶瓷制备技术的发展，近年来，人们相继又开发出一些新型高质量的闪烁陶瓷，如 Ce：YAG 陶瓷，Ce：YGAG 陶瓷，Ce：GAGG 陶瓷，Ce：LuAG 陶瓷，Pr：LuAG 陶瓷等。这些陶瓷的特点是普遍具有更高的光学透过率，且通过离子共掺等工艺，在光产额、衰减时间等重要闪烁性能参数上得到更大优化，相关性能甚至超过了同组分的单晶，充分体现了陶瓷制备和发展的优势。中国在闪烁陶瓷领域也取得了出色研究成果。2014 年，通过二价离子共掺策略使得 LuAG：Ce，Mg 的闪烁性能获得突破，该陶瓷在 1μs 门宽下光产额为 21900 ph/MeV，比同等条件下测试的 LuAG：Ce 单晶最高光产额高出 20% 以上[1]。并发现了为 Ce^{4+} 离子的 CT 态吸收带。由此确定，低价离子掺杂能够诱导 Ce^{4+} 离子的产生。2013 年起中国科学院上海硅酸盐研究所通过与企业合作，自我设计开发的形式建成了国内首套套宽光谱 X 射线激发光谱 / 低温热释光测试系统，可以完成 77 ~ 500k 热释光和 X 射线激发光谱的采集，光仪器波段范围 200 ~ 1600nm 覆盖了深紫外 – 可见 – 近红外几乎所有的闪烁材料，该仪器已经与 2014 年 10 月获得验收，有关该仪器的研制开发已提交中国发明专利一项，采用该仪器获得的低温热释光（TSL）和 X 射线激发光谱（XEL）数据得到了国际同行的认可[11–23]。中国科学院上海硅酸盐研究所在中国科学院的支持下 2014 年主持召开了国际上第一届石榴石结构闪烁材料国际会议（见图 11）。

中国科学院
国际会议（展览）批件

科发外审字〔2014〕78 号

中国科学院关于同意举办石榴石与多组分闪烁陶瓷国际研讨会的批复

上海硅酸盐所：

图 11　第一届石榴石闪烁材料国际会议

随着材料研究与应用的竞争日益激烈，尤其是美国材料基因计划的实施，材料计算在材料的设计、制备及材料服役行为的模拟正体现出巨大的潜力。材料的组成、结构、性能、服役性能是材料研究的四大要素，传统的稀土陶瓷研究以实验研究为主，计算机模拟技术可以根据有关的基本理论，在计算机虚拟环境下从纳观、微观、介观、宏观尺度对材料进行多层次研究，也可以模拟超高温、超高压，强辐照和长时间等极端环境下的材料服役性能，演变规律和失效机理，进而实现材料设计和材料服役性能的改善。因此，将计算材料科学引入稀土陶瓷的研究中，将极大地提高研究的理论水平，加快新材料研发速度。国外学者在 YAG 与 LuAG 中，掺杂 Ce 或者 Pr 闪烁材料以及多组分的石榴石体系中开展材料计算与性能预测 2010 年以后做了大量的研究工作并取得了进展[24–29]。

材料计算学是一门前沿交叉学科，在提高材料高级科学发现、缩短材料开发和产业化周期方面发挥着重要的作用。美国、欧盟、日本、新加坡等世界主要国家 / 地区都非常注重材料计算与模拟的发展，组织实施了一系列相关的研究计划和项目。特别是 2011 年 6 月美国发布“材料基因组计划”后，引起了各国对材料计算与模拟的进一步重视。我国也于 2011 年 12 月召开“材料科学系统工程”香山会议，重点研讨材料计算与模拟的发展。

计算材料学涉及材料的各个方面，如不同层次的结构、各种性能等，如图 12 所示。因此，有很多相应的计算方法。目前常用的计算方法包括：①第一原理从头计算法；②分子动力学方法；③蒙特卡洛方法；④有限元分析。

不同的计算方法，解决不同的空间和时间尺度的问题，因此在进行材料计算时，首先要根据所要计算的对象、条件、要求等因素选择适当的方法。

材料计算在透明稀土陶瓷研究中的应用

传统的闪烁陶瓷研究以实验研究为主，但是，随着对材料性能的要求不断的提高，研究对象的空间尺度在不断变小，研究内容从微米级的显微结构，如气孔等，深入到纳米级层次的晶界结构，对氧空位、反位置缺陷、和色心等缺陷问题的研究甚至要到原子和电子级层次。另外，服役性能（抗辐照损伤，热稳定性等）在材料研究中越来越受到重视，仅靠实验来进行材料研究已难以满足新型高性能闪烁陶瓷研究和发展的要求。

1. 材料计算用于性能（发光效率）提升的研究，第一性原理方法

如图 12 所示，无机闪烁材料的发光是一个复杂而微观的过程，可以分为五个阶段：①电离辐射的吸收以及一次电子和空穴的产生；②一次电子和空穴的弛豫，即大量次级电子、空穴、光子、元激子及其他电子激励等的产生；③低能次级电子和空穴的弛豫（热能化），即具有约为禁带宽度 Eg 能量的热化电子空穴对的形成；④热化电子空穴对到发光中心的能量转移和发光中心的激发；⑤处于激发态的发光中心发射紫外或可见荧光，即闪烁光。

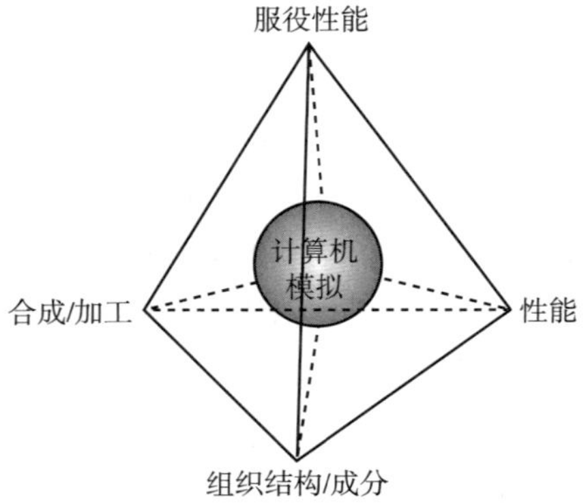

图 12　材料计算与材料各种特性的相关性示意图

更加深入地研究发现在材料中存在的各种浅能级缺陷，如空位，反位置缺陷，色心等，将形成不同深度的陷阱，影响载流子的输运过程，在衰减过程中产生慢分量，从而导致光产额降低，影响材料的闪烁性能。

因此研究不同掺杂离子和浓度对导带价带调控作用，研究缺陷的形成能，从及其对材料性能的影响规律，对指导材料性能改进将具有重要意义，这些研究设计到原子级的微观尺度，适用于第一性原理计算。

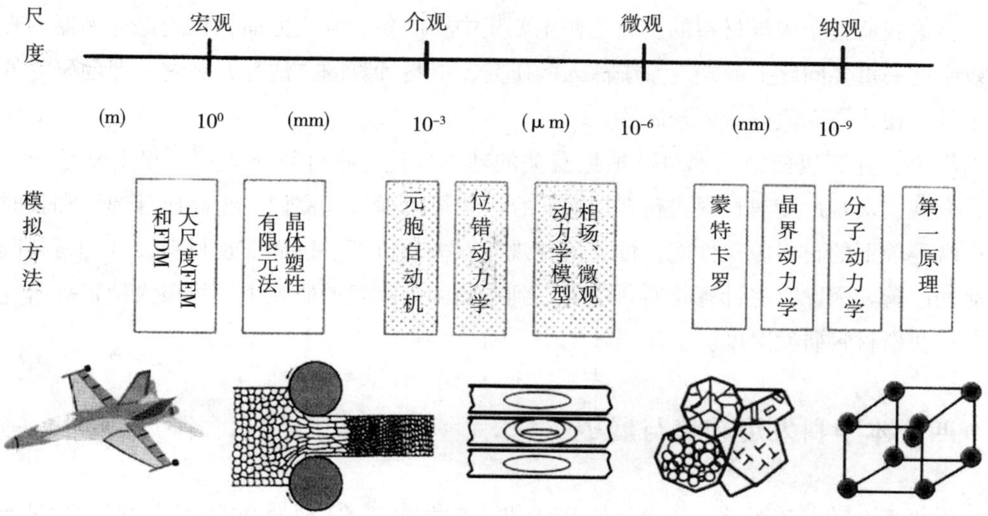

图 13　计算材料学中典型模拟方法所对应的空间和时间尺度示意图

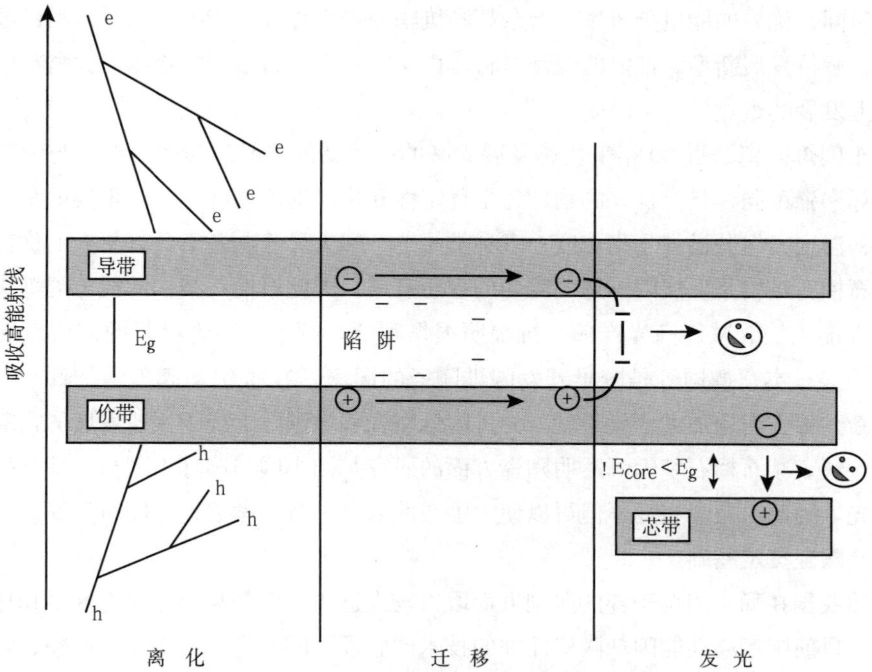

图 14　闪烁材料的闪烁机理

2. 材料计算用于性能（光收集效率）提升的研究，蒙特卡罗方法

由于闪烁光在闪烁体内传输与被光电转换器所收集效率的高低，对整个闪烁探测系统来说是至关重要的，所以闪烁光传输与收集的研究一直受到关注。根据待测射线的类型及探测系统的应用场合，要对闪烁体的种类形状及反射材料等进行合理选择，才能获得较高的光收集效率，从而改善探测器的能量分辨率，提高探测效率，使系统性能最佳。

目前我所关于闪烁材料的研究工作主要集中在制备和合成方面，在闪烁探测器的光收集效率这一重要问题上尚缺乏系统深入的研究，材料计算的方法是开展这一课题研究的有力工具，相关研究值得深入开展。

综上，计算机模拟技术可以根据有关的基本理论，在计算机虚拟环境下从纳观、微观、介观、宏观尺度对材料进行多层次研究，也可以模拟超高温、超高压强辐照和长时间等极端环境下的材料服役性能，性能演变规律、失效机理，进而实现材料设计和材料服役性能的改善。因此，将计算材料科学引入到透明闪烁陶瓷的研究中，将极大地提高研究水平，加快新材料研发速度。

四、本学科发展趋势与展望

近年来，随着核医学成像设备如 PET 机，高性能 X-CT 机及高能物理大型磁性量能器的建立，对闪烁材料提出了更高的要求，新一代的闪烁材料希望具有更高的光产额，更快的衰减时间，优异的能量分辨率，低余辉和抗辐照损伤等等，传统的闪烁材料已经不能满足需求，亟待发展新型高性能的闪烁材料。卤化物和石榴石结构的物相二大材料体系是目前国际上发展的重点。

稀土闪烁陶瓷是近 20 年来快速发展起来的一类新的多晶闪烁体材料。与闪烁单晶相比，闪烁陶瓷可同样具有良好的物理化学稳定性和优异的闪烁性能。更重要的是，闪烁陶瓷在制备温度，组分设计（高浓度，多种类掺杂）和大尺寸制备上具有更大的优势，而立方对称石榴石结构是发展闪烁透明陶瓷的理想基质，因此石榴石结构的稀土闪烁陶瓷是新一代高性能（快衰减，高光产额，抗辐照损伤和低余辉等）闪烁材料的重要发展方向之一。美国、日本、德国等是较早开发闪烁陶瓷的国家。21 世纪初起美国、日本、德国等更是在新型稀土陶瓷加大研发力度。先进闪烁陶瓷领域国际上处于快速发展的初期，在高光产额、快衰减石榴石基闪烁透明陶瓷方面的研究基础中国与国际上同步，部分研究达到国际领先。因此，及早布局不但可以使中国在此领域占有一席之地，同时为新型、高性能闪烁稀土陶瓷奠定基础。

虽然我国在稀土闪烁陶瓷的研制方面取得较大进步，但是与国际先进水平相比仍有一定差距。目前国产高性能闪烁陶瓷面临的技术“瓶颈”问题是：①提高光产额、降低衰减慢分量；②提高闪烁陶瓷的发光均匀性和性能一致性。具体措施包括：

（1）注重闪烁材料核心制备装备的自主研制和更新升级，突破国外对核心设备限制与封锁；

（2）注重在工艺上的创新性，实现原材料陶瓷粉体生产国产化，进一步提高闪烁陶瓷的综合性能；

（3）加强闪烁陶瓷器件（X-CT、PET 等）的研制进展和水平，加强材料与器件之间的配合，注重材料应用专利的申请与标准的建立；

（4）针对闪烁陶瓷的特殊性，完善对闪烁陶瓷的性能表征和标准化建设；

（5）宽波长、高精度光谱测试，可应用于紫外－中远红外（6000nm）的光学检测系统：①提供稳态的激发光谱和发射光谱数据，以便研究材料和器件的能量吸收与输出范围；②提供瞬态的衰减寿命数据，以便研究材料和器件能量转换的动力学过程；③提供块体微区发光性能，以便研究组装器件的块体材料的发光均匀性或者宏观缺陷的存在和成因；④提供多种气氛和温度，模拟服役环境，以便研究器件的服役性能；

（6）提高探测器整体的时间分辨能力、信噪比和临床图像的分辨率。

氧化锆特种陶瓷的关键技术在于粉体，随着高端稀土陶瓷性能的不断提升和新型功能稀土陶瓷的开发力度不断加强，对稀土陶瓷粒径分布、晶粒尺寸、产品一致性差提出了更高的要求。我国稀土复合氧化锆陶瓷需着力提高力学和热学稳定性、电学和衰减性能，增强研发原创性与前瞻性，突破日美等专利布局垄断。①将技术研究走出实验室阶段，实现产业规模应用，与相关的生产企业合作，迅速将新技术转化为工业应用。②突破高端材料和技术，增强自主知识产权和模块自主设计能力。③建立全面、科学、规范、可操作性强的产品检测及应用性能评价体系，特别是高端超微细陶瓷粉体材料的应用性能测试。

中国的科研水平在稳步提升的同时应该重视对材料及应用技术的研发，石榴石结构体系的材料组成非常丰富，在材料研究应注意有所选择，不能一味追求研究新的组分，应结合材料计算与性能预测开展有针对性的研究工作，注重材料的应用专利申请，研究所与大学的科研机构与企业相结合，重视材料综合性能与服役行为、应用领域的结合的研究，而不是侧重某一单个指标的突破以达到论文的发表为主要目的。充分利用专利申请的游戏规则，注重研究者的初创、原型设想的专利优先权的申请，保护自己的构思与应用可能性。重视对石榴石结构材料的研究与应用上游创新技术的专利状况的分析与了解，以促进其基础研发和原始重大技术创新。

参考文献

[1] 徐宏，薛倩楠，张建星，冯宗玉，黄小卫. Sc_2O_3 稳定 ZrO_2 电解质材料及其研究进展，稀土学报 [J]. 2016，34（6）：739-747.

［2］ 吴龙，吴迪，叶信宇，等．稀土氧化物复合 ZrO 陶瓷的制备及应用研究进展［J］．有色金属科学与工程，2012（4）：36–42.

［3］ 徐宏，张赫，薛倩楠，王磊，张建星，冯宗玉，龙志奇，黄小卫，王春梅．钪锆氧化物复合体、电解质材料及包含其的固体氧化物燃料电池［P］．中国专利：201510609504.8，2015.

［4］ http：//www.360doc. com/content/16/C204/23/29658862_532783613. shtml

［5］ U. Zorenkoa，V. Gorbenkoa，Ja Vasylkivb. Growthand luminescent properties of scintillators based on the single crystalline films of Lu3xGdxAl5O12：Ce garnet［J］. Materials Research Bulletin，2015，64：355 – 363.

［6］ Ronald W. Stites，Thomas R.. Spectroscopic investigation of Yb，Ho，Pr：YAG as a 3 μm laser source. Harris Air Force Research Laboratory. Proc. of SPIE Vol. 9726 972610–1.

［7］ Malgorzata Plonska，Wojciech A. Pisarski. Excitationan demission of Pr3þ：PLZT ceramics［J］. Ceramics International，2016，42：17822 – 17826.

［8］ M. Kalidasan，K. Baskar，R. Dhanasekaran. Investigation of Er^{3+}，Yb^{3+}，Nd^{3+}doped yttrium calcium oxyborate for photon upconversion applications，Solid State Sciences 57（2016）9e15.

［9］ A. C. Yanes，J. del–Castillo，D. Luis，J. Puentes，Novel Sr_2LuF_7 – SiO_2nano–glass–ceramics：Structureand up–conversion luminescence［J］. Journal of Luminescence，2016，170：789 – 794.

［10］ WOOHONG KIM，GUILLERMO VILLALOBOS，COLIN BAKER，etc. Overview of transparent optical ceramics for high–energy lasers at NRL，Vol. 54，No.31/November 1 2015/Applied Optics F211 – 221.

［11］ C. Hu，S. Liu，M. Fasoli，A. Vedda，M. Nikl，X. Feng，and Y. Pan，O – centers in LuAG：Ce，Mg ceramics. Phys［J］. Status Solidi RRL 2015，9（4）：245–249.

［12］ C. Hu，S. Liu，M. Fasoli，A. Vedda，M. Nikl，X. Feng，and Y. Pan，ESR and TSL study of hole and electron traps in LuAG：Ce，Mg ceramic scintillator［J］. Opt. Mater，2015，45（c）：252–257.

［13］ C. Hu，Y. Shi，X. Feng，Y. Pan. YAG：Ce/（Gd，Y）AG：Ce dual–layered composite structure ceramic phosphors designed for bright white light–emitting diodes with various CCT，Opt［J］. Express，2015，23（14）：18243–18255.

［14］ C. Hu，S. Liu，Y. Shi，H. Kou，J. Li，Y. Pan，X. Feng，Q. Liu. Antisite defects in non–stoichiometric Lu3Al5O12：Ce ceramic scintillators，Phys. Status Solidi B，2015，doi：10.1002/pssb.201451762.

［15］ 胡辰，刘书萍，冯召东，秦秀波，石云，潘裕柏．LuAG：Ce，Mg 闪烁陶瓷的 X 射线平板探测器成像研究［J］．无机材料学报，2015，30（8）：814–818.

［16］ S. Liu，X. Feng，Y. Shi，L. Wu，J. Luo，W. Wang，Y. Pan. Fabrication，microstructure and properties of highly transparent Ce^{3+}：$Lu_3Al_5O_{12}$ scintillator ceramics［J］. Optical Materials，2014，36：1973–1977.

［17］ S. Liu，X. Feng，M. Nikl，L. Wu，Z. Zhou，J. Li，H. Kou，Y. Zeng，Y. Shi，Y. Pan，Fabrication and Scintillation Performance of Nonstoichiometric LuAG：Ce Ceramics［J］. Journal of the American Ceramic Society，2015，98：510–514.

［18］ S. Liu，X. Feng，J. A. Mares，V. Babin，M. Nikl，A. Beitlerova，Y. Shi，Y. Zeng，Y. Pan，C. D' Ambrosio，Y. Huang，Optical，luminescence and scintillation characteristics of non–stoichiometric LuAG：Ce ceramics［J］. Journal of Luminescence，2016，169：72–77.

［19］ S. Liu，J. A. Mares，X. Feng，A. Vedda，M. Fasoli，Y. Shi，H. Kou，A. Beitlerova，L. Wu，C. D' Ambrosio，Y. Pan，M. Nikl. Towards bright and fast Lu3Al5O12：Ce，Mg optical ceramics scintillators，Advanced Optical Materials，peer review.

［20］ 沈毅强，石云，潘裕柏，冯锡淇，吴乐翔，寇华敏，章志明，魏龙，高光输出快衰减 Pr：$Lu_3Al_5O_{12}$ 闪烁陶瓷的制备和成像［J］．Journal of Inorganic Materials，2014，5（29）：534–538.

［21］ Shuping Liu，Xiqi Feng，Zhiwei Zhou，Martin Nikl，Yun Shi，and Yubai Pan，Effect of Mg^{2+} co–doping on the scintillation performance of LuAG：Ce ceramics［J］. Phys. Status Solidi RRL，2014，1（8）：105 – 109.

[22] Shuping Liu, Xiqi Feng, Yun Shi, Lexiang Wu, Jialiang Luo, Wei Wang, Yubai Pan, Fabrication, microstructure and properties of highly transparent Ce^{3+}: $Lu_3Al_5O_{12}$ scintillator ceramics [J]. Optical Materials, 2014, 36: 1973 - 1977.

[23] Yiqiang Shen, Xiqi Feng, Yun Shi, Anna Vedda, Federico Moretti, Chen Hu, Shuping Liu, Yubai Pan, Huamin Kou, Lexiang Wu, The radiation hardness of Pr: LuAG scintillating ceramics [J]. Ceramics International, 2014, 2 (40): 3715 - 3719.

[24] Ogino, H., Yoshikawa, A., Nikl, M., et al., Growth and luminescence properties of Pr-doped $Lu_3(Ga, Al)_5O_{12}$ single crystals [J]. Japanese Journal of Applied Physics Part 1-Regular Papers Brief Communications & Review Papers, 2007, 46 (6A): 3514-3517.

[25] Nikl, M., Pejchal, J., Mihokova, E., et al. Antisite defect-free Lu3 $(Ga_xAl_{1-x})_5O_{12}$: Pr scintillator [J]. Applied Physics Letters, 2006.88 (14).

[26] Fasoli M., Vedda A., Nikl M., et al., Band-gap engineering for removing shallow traps in rare-earth $Lu_3Al_5O_{12}$ garnet scintillators using Ga^{3+} doping [J]. Physical Review B, 2011, 84 (8).

[27] Cherepy N. J., Seeley Z. M., Payne S. A., et al. Development of transparent ceramic Ce-doped gadolinium garnet gamma spectrometers [C] //Nuclear Science Symposium and Medical Imaging Conference (NSS/MIC), 2012 IEEE. IEEE, 2012: 1692-1697.

[28] Munoz-Garcia A. B., L. Seijo, Structural, electronic, and spectroscopic effects of Ga codoping on Ce-doped yttrium aluminum garnet: First-principles study [J]. Physical Review B, 2010.82 (18).

[29] Kamada K., Endo T., Tsutumi K., et al. Composition Engineering in Cerium-Doped $(Lu, Gd)_3(Ga, Al)_5O_{12}$ Single-Crystal Scintillators [J]. Crystal Growth&Design, 2011, 11 (10): p.4484-4490.

撰稿人：潘裕柏　徐　宏

稀土超导材料研究

一、引言

稀土超导材料是以稀土钡铜氧化物为主的超导材料［RE（Y）$Ba_2Cu_3O_{7-\delta}$，其中 RE 为 Gd，Sm，Dy 等稀土元素，简称 REBCO］。稀土超导材料是实用超导材料，包括块、膜及带材。值得一提的是实用超导材料的发展，先后经历了低温超导材料（金属材料）、高温超导材料［包括以铋系氧化物为主的第一代高温超导带材（铋锶钙铜氧）和稀土钡铜氧化物为主的第二代高温超导带材］以及近年来发现具有潜在实用价值的 MgB_2 和铁基超导材料几个阶段。其中稀土钡铜氧高温超导材料在高温温区，特别是在外加磁场的条件下，具有较高的载流能力，是不可替代的实用超导材料。当前，随着产业化技术逐渐成熟、生产成本不断下降，以第二代高温超导带材的研发应用上呈快速发展趋势。主要瞄准电力输变电系统中的强电应用器件，基于强磁场的特种医疗、大科学装备、超导感应加热、工业选矿设备等。近年来，随着薄膜制备和外延生长技术的日臻完善，第二代高温超导带材发展迅速，正向低成本、批量化的方向发展，国际竞争日趋激烈。

近年来，第二代高温超导材料发展呈现出两个主要趋势。第一，工业化程度不断提高。体现在单根带材长度增加，载流能力提高方面；第二，提高外场下带材载流能力的“人工磁通钉扎”研究不断深化。体现在中高温区（30 ~ 77K），外场下载流能力提高方面。

稀土氧化物高温超导单畴块体材料具有俘获或冻结外磁场的能力，在诸如磁力支撑、高转速磁悬浮轴承等技术领域有着重要的应用前景，是实用高温超导材料领域中的一支重要研究方向。由于采用了定向凝固生长工艺，高温超导单畴材料内部超导晶粒主要沿 c 轴定向排列，晶粒间界弱连接行为得到显著改善，大大提高了材料的工程临界电流密度。

二、本学科领域近年的最新研究进展

（一）第二代高温超导带材

第二代高温超导带材即稀土钡铜氧化物超导涂层导体，它是基于 $REBa_2Cu_3O_{7-\delta}$（RE123，RE=Y、Gd、Ho 等稀土元素）薄膜外延和双轴织构技术发展起来的。随着薄膜制备和外延生长技术的日臻完善，第二代高温超导带材发展迅速，正向低成本、批量化的方向发展，国际竞争日趋激烈。

在第二代高温超导工业化长带制备方面，美、日、韩和欧洲多国依然保持领先地位。以单根长度、77K 下的单位宽度临界电流值为生产水平的主要标志。已有多家公司先后成功研制出长度超过 100m，最长达到 1000m 且能够传输数百安培以上超导电流（在 77 K，自场条件下，每厘米宽度）的第二代高温超导带材，如图 1 所示。

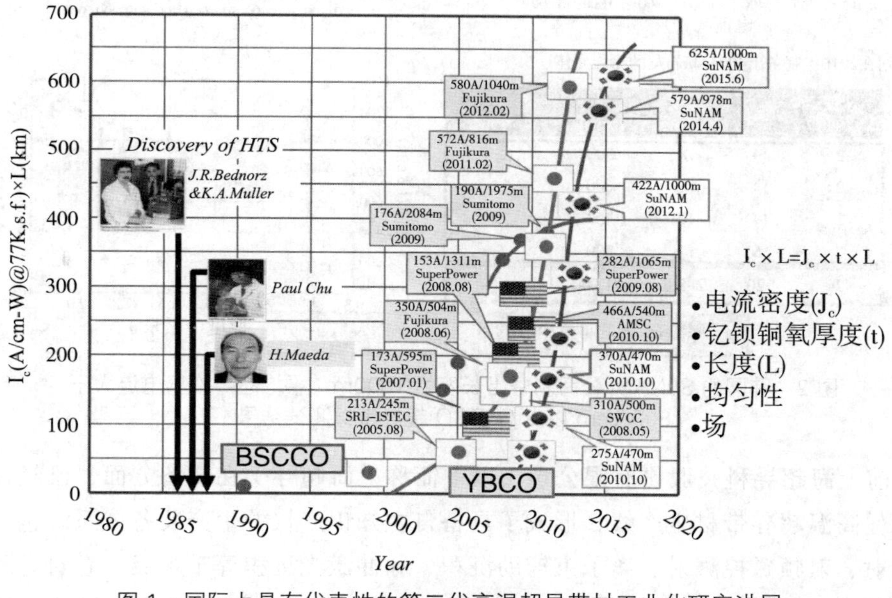

图 1　国际上具有代表性的第二代高温超导带材工业化研究进展

日本的 Fujikura 公司制备出长度为 1040m、超导电流为 582A/cm GdBCO 超导带材[1]，美国的 SuperPower 公司制备出长度为 1065m、超导电流为 282A/cm YBCO 超导带材[2]，韩国的 SuNAM 公司 2015 年制备出长度为 1000m、超导电流为 625A/cm GdBCO 超导带材[3]。日本 Showa 公司 2008 年制备出 500m 长、超导电流为 310A/cm 的钇系涂层导体长带，美国 AMSC 公司制备出 500m 长、超导电流为 300A/cm 的钇系涂层导体。

在高温超导带材短样的研究方面，这些技术发达国家也取得了重大进展，如日本的 Fujikura 公司制备出 6μm 厚、能传输超导电流为 1003A/cm GdBCO 超导样品[4]，德国的图宾根大学和 Theva 合作制备出 5.9μm 厚、能传输超导电流为 1018A/cm 的 GdBCO[5]，美国橡树岭国家实验室制备出 2μm 厚、能传输超导电流为 1010 A/cm 的 GdBCO 超导样品[6]。

近期更新的结果：韩国的 SuNAM 公司 2016 年底制备出长度为 1000m、平均超导电流大于 800A/cm 以上 GdBCO 超导带材[7]，结果公开于 2017 年 1 月在香港召开的“Accelerator Physics”会议，如图 2 所示（来源于会议的报告）。

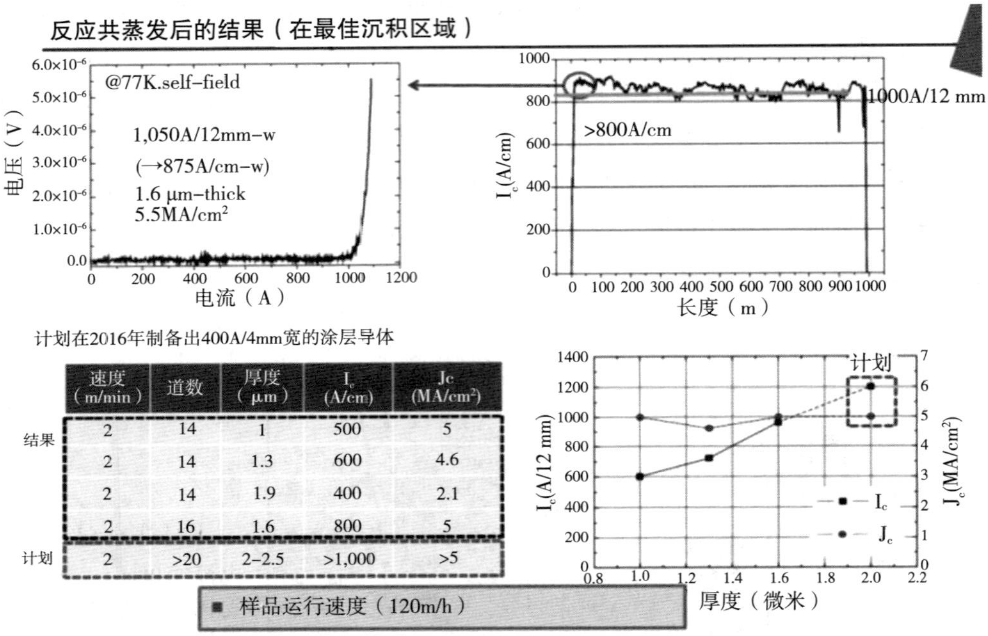

	速度（m/min）	道数	厚度（μm）	I_c（A/cm）	Jc（MA/cm²）
结果	2	14	1	500	5
	2	14	1.3	600	4.6
	2	14	1.9	400	2.1
	2	16	1.6	800	5
计划	2	>20	2–2.5	>1,000	>5

图 2　韩国的 SuNAM 公司制备出长度为 1000m、平均超导临界电流大于 800A/cm 以上 GdBCO 超导带材测试结果

目前上海超导科技股份有限公司（以下简称上海超导）在装备方面，已经拥有两条第二代高温超导带材生产线，形成了具备自主知识产权的生产装备体系。包括直流磁控溅射、射频磁控溅射、离子束辅助沉积、脉冲激光沉积等千米级“卷对卷”连续带材镀膜设备，实现二代高温超导带材中隔离层、籽晶层、超导层、保护层等各层镀膜工艺的产品化生产，具有工艺稳定、镀膜速度快、成膜质量好、自动化水平高等特点。

在产品研发方面，上海超导采用磁控溅射 + 离子束辅助沉积（IBAD）+ 脉冲激光沉积（PLD）技术，可在哈氏合金 C276 基带上制备出具有良好织构的隔离层。目前在 IBAD 基带上，可重复制备出每厘米宽超导临界电流高达 780A（77K，0T）的第二代高温超导带材短样[8]。其结构如图 3 所示。上海超导采用上述工艺技术与材料匹配结构，研发产品的性能测试结果示于图 4 和表 1。

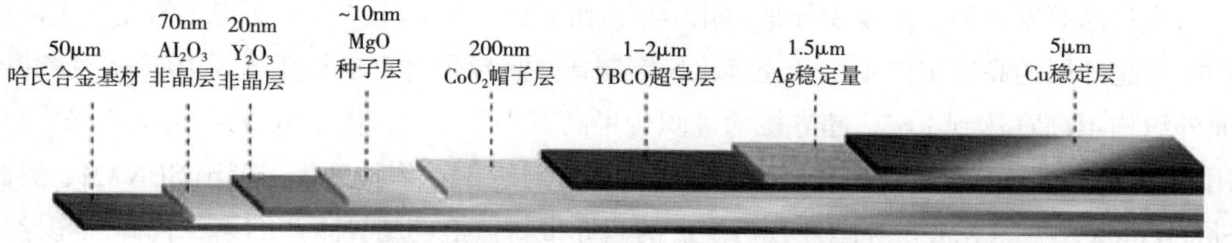

图 3　第二代高温超导带材典型结构

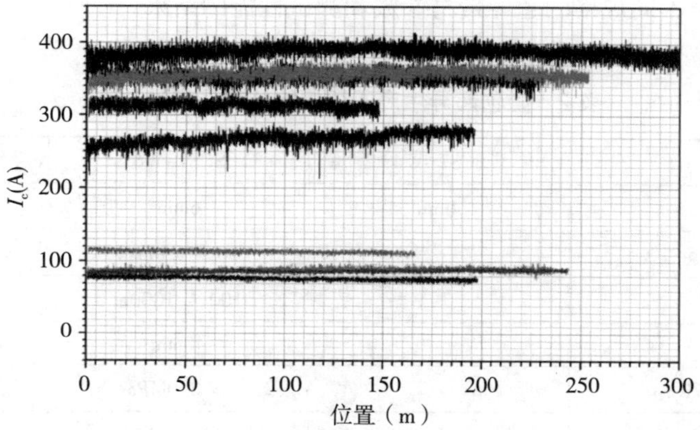

图 4　上海超导生产不同规格的超导带材临界电流在长度方向上的分布

表 1　上海超导生产不同规格的超导带材

	ST-04-E 系列	ST-05-L 系列	ST-05-E 系列	ST-06-L 系列	ST-10-E 系列	ST-12-L 系列
带材结构	镀铜保护	封装加强	镀铜保护	封装加强	镀铜保护	封装加强
带材宽度	4mm	4.8mm	4.8mm	5.8mm	10mm	12mm
临界电流范围	80~200A	80~200A	80~200A	80~200A	200~300A	200~300A
带材厚度	60~130μm	70~350μm	60~130μm	170~350μm	60~130μm	170~350μm
抗拉应力	＞600MPa	＞400MPa	＞600MPa	＞400MPa	＞600MPa	＞400MPa
抗拉形变	0.4%	0.4%	0.4%	0.4%	0.4%	0.4
均一性	±15%	±15%	±15%	±15%	±15%	±15%
最小转弯直径	11~15mm	15~20mm	11~15mm	15~20mm	11~15mm	15~20mm

上海上创超导科技有限公司（简称上创超导）依托上海大学的成果转移和技术支撑，承担着上海市产业化重大项目，于 2013 年在国内率先实现了低成本千米级第二代高温超导带材装备、工艺、组分的国产化，可生产国内最宽、走带速度最快、成本最低的第二代高温超导带材，成为国内首家千米级第二代高温超导带材生产商。其低成本 MOD 工艺技术路线填补了国内空白，产品成为国内首家应用于军工超导装备领域的企业。

在产品研发方面，上创超导采用化学溶液沉积法（MOD）[9-10]，实现了氧化物缓冲层和高温超导层的高度定向生长和连续化稳定制备，超导带材单根长度达到1050m，缓冲层面外织构半高宽达到1.6°，超导层面外织构半高宽小于1.5°，优于俄罗斯SuperOx公司采用PLD方法制备的带材；超导层面内织构半高宽到达3°，织构度优于韩国SUNAM、美国SuperPower、美国AMSC等国外公司生产的超导带材。上创超导生产的第二代高温超导带材临界电流达到365A/cm-width，接近美国AMSC生产的超导带材，超过日本SWCC。表2为上创超导生产不同规格的超导带材参数和测试性能的结果。

表2　上创超导生产不同规格的超导带材参数

	SCST-W4	SCST-W6	SCST-W12
平均宽度	4mm	6mm	12mm
平均厚度	80 ~ 250μm		
单根长度	100 ~ 1000m		
最小弯曲半径（77K）	40mm		
临界拉应力强度（77K）	> 290MPa		
临界电流范围（77K，自场）	90 ~ 140A	140 ~ 210A	280 ~ 420A
加强层材料	紫铜，黄铜，不锈钢		

REBCO超导涂层在强电领域的一个重要应用就是电流传输，如何在高温和高磁场下仍然保持很高的J_c就成为一个普遍关注的焦点。2003年和2004年开始通过在YBCO薄膜中添加纳米尺寸的磁通钉扎缺陷来提高高场下临界电流密度（J_c），如添加$BaZrO_3$，即引入“人工磁通钉扎中心”。目前引入有效钉扎中心的方法有多种，如引入非超导纳米颗粒；引入沉淀相；调整沉积衬底基片结构以产生有效的钉扎源；离子辐照；元素置换等。这些作为磁通钉扎中心的缺陷又是相互关联和相互影响的，在超导层中表现出混合钉扎效果。其中，引入非超导纳米颗粒（常被称为掺杂），使REBCO薄膜内部产生高密度且尺寸与磁通涡旋直径接近的缺陷作为钉扎中心，被认为是一种简单有效且易于工业化生产的技术路线。常用的有效掺杂相包括稀土氧化物（如Y_2O_3等），烧绿石结构（$RETaO_7$，RE为稀土元素如Er、Gd、Yb）、钙钛矿结构材料（如$BaMO_3$，其中M主要为Zr，Sn，Hf，对应的化合物简写为BZO、BSO、BHO）及双钙钛矿结构材料Ba_2YTaO_6（BYTO）等）。

作为第二代高温超导带材生产商领导者，SuperPower公司2015年最新的研究结果表明，即使在BZO掺杂量高达25mol.%的情况下，超导母相GdYBCO也可以保持高度的晶体学取向，其在低温高场下展现出非常优异的超导电性，如J_c高达20 MA/cm^2（30K，3T）。TEM研究表明除了形成的BZO柱状组织以外，GdYBCO超导母相中还存在大量的2 ~ 3nm富Cu、Zr相，作为非关联的各向同向磁通钉扎中心[11]。美国SuperPower公司近期一个研究创新就是将高 Zr 掺杂量的研发成果转化成生产，取代公司标准的 5%Zr 掺杂二代超导带材。SuperPower 公司通过工艺优化，将带材在磁场下的性能提高到 2 倍，制备出 130 米长，在 77K 和自场下能传输 400A 临界电流的 15%Zr 掺杂 REBCO 超导薄膜，在 30K 和 2T、B//C 条件下，临界电流达到 900A/4mm。他们下一步的计划之一是继续增加 Zr 含量，提高超导带材在磁场下的性能[12]。

针对磁场下的应用，美国超导公司也开展了在 YBCO 涂层中添加稀土元素和纳米颗粒以及金离子轰击的技术来提高超导涂层的磁通钉扎能力的研究。美国超导公司制备的 YBCO 涂层导体在 75K、0.52T 下，外加磁场平行于 c 轴和 a–b 面的临界电流分别为 45A 和 85A。这些带材已经提供给美国、韩国、中国等用于超导限流器、储能、磁体等方面应用开发[13]。

图 5 给出了具有代表性的在超导母体中引入磁通钉扎中心的截面 TEM 照片。可以看出，由于生长机制的差异，不同技术引入磁通钉扎中心的种类和形态各不相同，对外场下载流能力提升的作用也存在较大差异。因此，该方向的研究依然有待进一步深入。

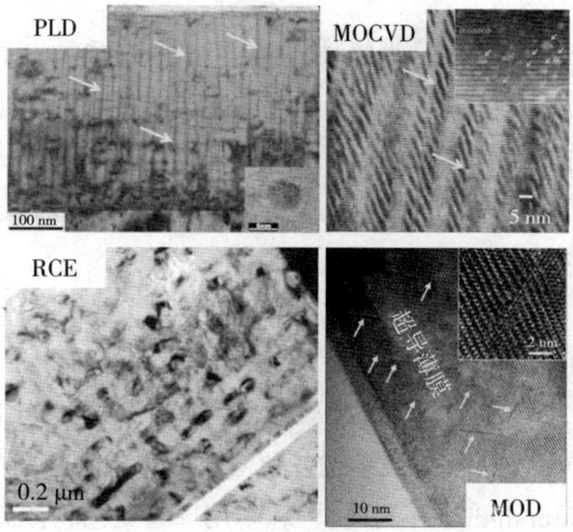

图 5　不同沉积技术获得 YBCO 复合超导薄膜的透射电镜照片

（左上为脉冲激光沉积技术，右上为化学气相沉积技术，

左下为反应共蒸发，右下为化学溶液沉积）

（二）稀土超导块材

采用顶部籽晶熔融织构法制备的优质钇系（YBCO）和钆系（GdBCO）单畴块材其工程临界电流密度可以接近 10^5A/cm^2（77K，自场），基本能够满足部分领域的实际应用需求（如高速磁悬浮轴承装置等）。由于内部宏观超导电流密度可以达到 10^4 ~ 10^5A/cm^2（77K）量级（随着温度降低 J_c 还会进一步增大），高温超导单畴的剩余磁化强度远高于钕铁硼等常规永磁体。有报道称[14]，在 26K 温度下，两块直径 25mm 的掺银 GdBCO 单畴

之间可以产生 17.6T 的恒定磁场，这一结果对于常规永磁体是不可能实现的。

从制备技术层面来看，高温超导单畴熔融生长技术主要包括有：早期发展起来的顶部籽晶熔融织构生长法（TSMTG）和淬火熔融生长法（QMTG），以及近来发展起来的顶部籽晶熔渗法（TSIG）。

采用 TSMTG 法制备高温超导单畴是国际上的惯用方法。这是因为这一制备方法具有工艺过程相对简单、可实现批量化制备且单畴块材成品率较高等优点。TSMTG 法制备的 30mm 直径 YBCO 单畴块材，77K 下的磁通俘获场达到 0.7 ~ 0.9T，少数可以达到 1.2T。这类超导单畴材料已经实现商用化。诸如日本新日铁公司（Nippon Steel）生产的钇系、钆系单畴块材、德国 ATZ 公司和德国德累斯顿固体研究所制备的实用化钇系单畴、美国波音飞机公司飞轮储能实验室制备的钇系单畴材料等，均采用了 TSMTG 制备方法。我国实用化高温超导单畴的主要研制单位北京有色金属研究总院和上海大学也基本采用 TSMTG 制备方法。日本国际超导技术研究中心（ISTEC）采用热籽晶 TSMTG 法生长出的 60mm 直径 GdBCO 单畴能够俘获 3.0T（77K）的磁通密度[15]。这是目前在液氮温度下实现的最高俘获磁通密度。

相对 TSMTG 法，QMTG 法在前驱粉体制备上增加了 1200℃ 高温反应过程和冷却碾磨工序，制备过程复杂度增大，但是成品单畴内的 211 相的分布更加均匀。原则上采用这一方法制备的单畴性能要优于前者。日本 ISTEC 采用 QMTG 法生长出迄今最大直径 150mmGdBCO 超导单畴[16]。由于其工艺过程的复杂性，对于批量化制备商用超导单畴来说目前较少采用这一制备方法。

相比较前两种制备方法，TSIG 法的优点在于能够大大减少单畴内部气孔率以及坯体的形变率。 但是在成品单畴的磁通钉扎性能方面还略逊于前者。剑桥大学研究小组采用 TSIG 法生长直径 25mm 超导单畴得到的磁通俘获场为 0.69T（77 K），这是目前 TSIG 法单畴的最高纪录[17]。前驱 211 坯体微结构优化对于 SIG 单畴材料的性能提高也至关重要；日本铁路技术研究所的 Muralidhar 等发现[18]，采用球磨工艺粉体制备的 Y211 前驱坯体能够将 YBCO 单畴试验样品的临界电流密度提高至 $2.25 \times 10^5 Acm^{-1}$（77K）。

顶部籽晶诱导生长行为也是制备优质超导单畴的重要影响因素。 理想的籽晶要求具有较高的熔解温度、与 Re-123（Re=Y，Gd 等）晶体相匹配的点阵结构，以保证熔体的外延结晶生长。制备 YBCO/GdBCO 单畴时可选用熔点更高的 SmBCO/NdBCO 单畴材料作为籽晶，母晶体与籽晶属于同一点阵结构，熔体沿籽晶的外延生长效果比较理想。对于制备 SmBCO/NdBCO 单畴时，可以选用同质籽晶，但更多选用 MgO 单晶作为籽晶。 最近，采用薄膜籽晶技术替代传统籽晶已经受到人们的关注[19]。

国内单畴制备研究进展情况：北京有色金属研究总院和西北有色金属研究院是国内较早开展了实用高温超导单畴的研究，在直径 30 ~ 50mmY-Ba-Cu-O 超导单畴的批量化制备方面具有一定特色，尤其是西北有色金属研究院周廉、张平祥等提出的粉末熔化工艺

（Powder Melting Process）受到国际同行的高度关注，成为高温超导单畴熔融生长技术中的一种重要方法。高温超导单畴内部的微裂纹是影响超导环流通道的重要因素，多年来一直没有得到解决。北京有色院焦玉磊等对单畴生长过程中微裂纹的形成机理进行了研究，寻找到了抑制微裂纹的有效方法[20]。

上海大学在大尺寸、高性能超导单畴方面开展了深入的研究。利用顶部籽晶熔融织构生长技术，成功制备了直径 75mm 单籽晶 YBaCuO 单畴块材[21]，直径 93mm 多籽晶 YBaCuO 单畴块材（见图 6）。最近，该课题组在冷籽晶熔融织构生长机制下利用前驱坯体分层技术，将直径 30mmYBaCuO 单畴的俘获磁通密度提高到 1.2T（77K）、批量化直径 25mm 单畴的平均俘获磁通密度达到 0.9T（77K）[22]，均已进入国际先进水平。

图 6　上海大学徐克西教授课题组研制的直径 93mm 多籽晶 YBaCuO 单畴块材

陕西师范大学杨万民教授课题组在熔渗法生长高温超导单畴方面开展了深入研究。该课题组用 Re_2O_3+$xBaCuO_2$ 混合坯体取代传统 Y211 前驱坯体，生长出直径 93mm 的 YBCO 单畴。相关内容请参见文献[23-25]。

三、国内外研究进展比较

（一）第二代高温超导带材进展比较

在二代高温超导带材的国外主要研究机构中，采用金属有机物化学气相沉积（MOC-VD）技术路线的主要有美国 SuperPower 公司和日本 Chubu 公司两家，其中以美国 Super-Power 公司最具代表，其磁场下综合性能最佳，已具备二代高温超导带材商业化生产能力；采用金属有机物化学溶液沉积（MOD）技术路线的主要有美国超导公司和日本 SWCC 公司，其中以美国超导公司最具代表，年产能处于世界先列，已具备二代高温超导带材商业化生产能力；采用脉冲激光沉积（PLD）路线的主要有德国 Bruker 公司和日本 Fujikura 公司，虽然都还没有形成商业化生产能力，但也具备 100 ~ 500m 长度带材的生产能力。此外，二代高温超导带材中自场载流性能最优的是韩国 SuNAM 公司采用的反应共蒸发（RCE）技术路线，技术发展较快。

从总体发展情况看，国外二代高温超导带材技术发展迅猛，百米级短样带材制备工艺已经逐渐稳定并实现了商业化生产；部分企业已经具备千米级长带材制备能力，正在逐步形成商业化生产能力。

在第二代高温超导线材制作技术上，中国与国际水平的差距曾很大。但是，2014 年以来这种差距迅速减小，其主要贡献来自三个团队：上海上创超导科技有限公司 + 上海大学、上海超导科技股份有限公司 + 上海交通大学、苏州新材料研究所有限公司 + 东北大学。2014 年中至 2016 年年底，由三家公司开发的 REBCO 带材工艺都经历了开始运作 – 短带样品制备 – 百米级带材制备 – 千米级长带制备的快速发展。

国内 MOD 技术路线的典型代表企业是上海上创超导科技有限公司。2013 年 3 月，该公司通过自主设计建成了拥有自主知识产权的两条千米级带材生产线，同年 6 月试制出国内首条千米级带材，最长达到 1050m。百米级单根带材临界电流达到 250 ~ 300A/cm(77K，自场)，并已开始提供产品。目前上创超导已完成第三条工业级生产线的调试并投入生产。

国内 MOCVD 技术路线的典型代表企业是苏州新材料研究所有限公司，其高温超导带材制备技术主要包含高强镍合金基带抛光、隔离层薄膜沉积、高温超导（YBCO）薄膜外延生长、后期加工及测试等工艺流程。苏州新材料制备的 4mm 宽 REBCO 超导带材的最好水平是在 280m 长度上 77K 自场平均临界电流达 256A/4mm–w，均匀度为 3.7%[26]。

最新成果于 2017 年 3 月，制备出 4mm 宽、1130m 长 REBCO 超导带材，带材双面锡焊覆铜，总宽度即铜稳定层宽度为 5mm；77K 自场平均临界电流 244A，均匀程度好于 3.6%；传输电流法测试的临界电流分布曲线示于图 7。

国内 PLD 技术路线的典型代表企业是上海超导科技股份有限公司。上海超导科技股份有限公司（简称上海超导）为上海市“十二五”期间特别培育的战略性新兴产业企业和高新技术企业，是中国二代高温超导材料和应用系统产业的领跑者，世界上能够具有年生产 100km 以上高性能二代高温超导带材能力的五家生产商之一（其他四家分别为美国 SuperPower 和 AMSC，日本 Fujikura，韩国 SuNAM），同时也是世界上唯一能够自主设计和制造全部二代高温超导带材千米级生产装备的企业。

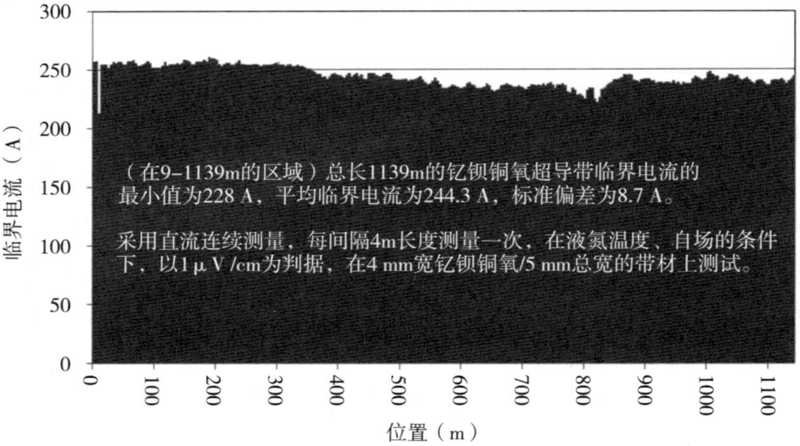

图 7　苏州新材料与东北大学团队 1139m 长的 REBCO 超导带上的临界电流分布

（直流四端法测试，每 4m 长度一测，1μV/cm 判据，液氮温度，自场。REBCO 带材已双面锡焊覆铜；总宽度即铜稳定层宽度为 5mm。其中，1130m 长度上临界电流最低值是 228A）

在批量化二代高温超导长带产品性能方面，国际国内目前用于评判高温超导带材产品性能的指标主要包括：低温高场（4.2K，10 ~ 20T）临界电流；中低温中场（10 ~ 40K，3~5T）临界电流；高温中低场（65 ~ 77K，0 ~ 3T）临界电流；封装质量。在低温高场（4.2K，10~20T）临界电流方面，上海超导曾于2015年第一季度创造了4.2K，12T环境下临界电流高达1000 A/cm的世界纪录并通过中科院等离子体所认证，但这一纪录由美国SuperPower于2015年第三季度打破（1500 A/cm）。在中低温中场（10 ~ 40K，3 ~ 5T）临界电流方面，居于国际领先的同样是日本美国SuperPower，上海超导产品性能与德国布鲁克（Bruker）、俄罗斯超牛（SuperOx）以及美国超导公司（AMSC）相当。在高温中低场（65 ~ 77K，0 ~ 3T）临界电流方面，居于国际领先的是韩国SuNAM，可稳定输出临界电流超过500A/cm（77 K，0T）的数百米级高温超导带材。上海超导产品性能位于日本藤仓（Fujikura）和俄罗斯超牛（SuperOx）之后，与德国布鲁克（Bruker）相当。此外，目前能够稳定进行不同材料、不同厚度连续封装的生产商国际上只有美国超导公司（AMSC）、韩国SuNAM和上海超导三家。经过封装与大型应用系统环氧浸渍工序之后，产品性能不发生衰减的生产商目前只有美国超导公司（AMSC）和上海超导两家。能够对带材进行限流器用不锈钢封装的生产商国际上同样只有美国超导公司（AMSC）和上海超导两家。表3给出了国内外一些第二代高温超导材料主要研发公司的技术水平对比表。

从总体发展情况看，国内二代高温超导带材技术呈现三种技术路线有序并存、同步发展、相互竞争、整体均衡的发展特点。上海超导科技股份有限公司、苏州新材料研究所有限公司、上海上创超导科技有限公司，三家民营企业已初具规模，在地方政府的指导和支持下，三家公司通过科研成果转移和社会资本相结合的方式，基本具备200m级二代高温超导带材批量化生产能力；初步完成了千米级二代高温超导带材样品试制，但成品率仍较低，尚不具备规模化生产能力。

表3　第二代高温超导材料水平对比表

	美国超导	SuperPower	SuperOx	SuNAM	上海超导	上创超导 / 上海大学	苏州新材料
标准带材宽度（mm）	4	4	4	4	4	4	4
77K自场电流（A）	70 ~ 100	80 ~ 150	>100	100 ~ 200	80 ~ 150	90 ~ 140	256A
封装工艺	紫铜，黄铜，不锈钢	紫铜	紫铜	紫铜，黄铜	紫铜，黄铜，不锈钢	紫铜、黄铜，不锈钢	双面锡焊覆铜
最大拉伸应力为小于5%电流衰减（MPa）	>250	>550	>500	>250	>450	>290	

续表

	美国超导	SuperPower	SuperOx	SuNAM	上海超导	上创超导 / 上海大学	苏州新材料
最小弯曲半径（mm）	<35	<25	<22	<30	<30	<40	
抗拉形变为小于 5% 电流衰减	0.30%	0.45%	0.30%	0.30%	0.40%	0.30%	
数据来源	http：//www.amsc.com/library/BRS-AMP8700_DS_A4_0514_WEB.pdf	http：//www.superpower-inc.com/content/wire-specification	http：//www.superox.ru/en/products/42-2G-HTS-tape/	http：//www.i-sunam.com/home/en_prgoduct，1，3，1，1，1	http：//www.shsctec.com/products.asp?classid=14	http：//www.china-superconductor.com/	文献［26］

（二）稀土超导块材进展比较

相比较国际上相关研究进展，国内超导单畴的应用研究相对滞后，有关单畴块材的应用研究多见于磁悬浮力的计算模拟或应用基础研究层面，完整的系统装置研究近年来少有报道。最近，上海大学利用本课题组生长的 YBCO 超导单畴块材，自主研发了一套高温超导磁悬浮飞轮储能系统。该磁悬浮飞轮的径向约束和轴向约束全部采用超导块材 / 永磁体结构，实现了超导磁悬浮的工作模式[27]。这一结果为进一步研发高速磁悬浮转子系统提供了重要实验依据[28]。

四、本学科发展趋势与展望

稀土超导材料在材料基础研究和工艺研究方面都有长足进展，材料性能已基本满足应用需求，并接近国际先进水平。从总体发展情况看，国内外二代高温超导带材技术发展迅猛，百米级短样带材制备工艺已经逐渐稳定并实现了商业化生产；部分企业已经具备千米级长带材制备能力，正在逐步形成商业化生产能力。

国际上该领域发展重点和挑战是建立低成本、大规模的批量制备技术，拓展材料的市场应用，包括民用和军用。REBCO（RE 为稀土元素）涂层导体制备技术及其应用开发仍然是超导领域研究的重中之重，以美国 Superpower、日本 Fujikura、韩国 SuNAM 公司为代表的研发单位在单根带材的临界电流和长度上，不断创造新的世界纪录，带材制备已经取得产业化突破，生产速度不断提高，已经可以批量提供数百米至千米的产品，我国于 2014 年后已有几家公司成功制备出长度百米至千米量级的带材，综合性能达到国际先进水平，该类材料在应用领域的研究也已展开。

目前我国稀土超导材料大规模应用面临的挑战是降低制备成本以降低材料价格。这就需要进一步提高技术成熟度、提升规模产业化能力，进一步改善材料综合性能，从而提高材料性价比。研发出公里级能传输1000A以上临界电流（77K，自场）的第二代稀土超导长带材。在民营企业已初具规模的基础上，加强政府的指导和支持，解决公里级成膜工艺技术的稳定性、产品重复性和性能均匀性，大幅降低生产成本。同时加大力度开展长带上简单有效且易于工业化生产的引入有效钉扎中心技术的研究。针对超导磁体、超导限流器、超导电缆、超导变压器、超导电机等超导电力产品对高温超导带材性能的不同要求建立起相应的工艺流程，提高成品率，使其具备规模化生产能力。生产出一系列满足各类超导电力器件不同要求的多规格第二代高温超导带材。争取超导带材年产量达到1000km，超导带材载流能力达到500 ~ 1000A，全面实现超导带材产业化，并实现装备完全自主化。

高温超导单畴块材在强电领域可应用于超导磁悬浮轴承、磁悬浮实验列车和磁悬浮飞轮储能装置。这种飞轮储能装置通过与之相连接的电动/发电一体机实现电能→机械能→电能之间的转换，在电网质量管理中可发挥重要作用。另外，这种飞轮储能装置亦可作为UPS电源应用于一些特殊场合。与常规飞轮储能装置相比，超导磁悬浮飞轮储能技术具有高能量密度、低功耗、长寿命、免维护、无污染等优点。美国航天航空局（NASA）已经将这一技术应用到近地轨道航天器上[29]。最近，日本铁路技术研究所研发了一种新型超导飞轮储能装置，飞轮转子和定子分别采用高温超导单畴块材和超导线圈，实现了100KWh的储能功率[30]。积极开展超导块材在强电领域的应用将是重要的发展方向。

参考文献

[1] Iijima Y, Kakimoto K, Igarashi M, et al. BMO doped RE123 coated conductors with uniform In-field Ic by hot-wall PLD process using IBAD template. ASC2016 presentation, to be published in IEEE Transactions on Applied Superconductivity. 2017.

[2] www. superpower-inc. com 2010-11.

[3] Lee, Jae-Hun, Lee, Hunju, Lee, Jung-Woo, et al. RCE-DR, a novel process for coated conductor fabrication with high performance [J]. Supercond. Sci. Technol, 2014, 27 (4): 044018 (6pp).

[4] Kakimoto K, Igarashi M, Hanyu S, et al. Long RE123 coated conductors with high critical current over 500A/cm by IBAD/PLD technique [J]. Physica C, 2011, 471 (21-22), 929 - 931.

[5] Duerrschnabel, M, Aabdin, Z, Bauer, M, et al. $DyBa_2Cu_3O_{7-x}$ superconducting coated conductors with critical currents exceeding 1000 A $cm^{(-1)}$ [J]. Supercond. Sci. Technol., 2012, 25 (10): 105007 (4pp).

[6] Feldmann D M, Holesinger, T G, Maiorov B, et al. 1000 A $cm^{(-1)}$ in a 2 mu m thick $YBa_2Cu_3O_{7-x}$ film with $BaZrO_3$ and Y_2O_3 additions [J]. Supercond. Sci. Technol., 2010, 23 (11): 115016 (8pp).

[7] Hunju Lee, Jae-Hun Lee, Woosuk Chung, et al. Recent Highlights from SuNAM; HTS Conductor & Magnet. "Aceelerator Physics" Meeting, Hong Kong, 2017.1.19.

[8] Yue Zhao, Xiang Wu, Jiamin Zhu, et al. Progress in R&D for 2G HTS wires in Shanghai. Superconductor [C]. Applied Superconducting Conference (ASC) Denver, USA 2016.9.

[9] Cui Chuanwei, Liu Zhiyong, Lin Jianxin, et al. Thick DyBCO/YBCO Multilayer Films on $LaMnO_3$ Substrate Derived by Metal Organic Deposition Method [J]. J. Supercond. Nov. Magn. 2016, 29 (6): 1611 - 1616.

[10] Y. Q. Guo, C. W. Cui, C. B. Cai. Artificial Multilayers of REBaCuO/YBaCuO and YBCO/CuO (Y2O3) for High-Performance Long Tapes of Coated Conductors Derived by Metal Organic Solution Deposition [J]. IEEE Transactions on Applied Superconductivity, 2017, 27 (4): 6610504 (4pp).

[11] Selvamanickam V, Gharahcheshmeh, M Heydari, Xu A, et al. High critical currents in heavily doped (Gd, Y) Ba_2Cu_3Oxsuperconductor tapes [J]. Applied Physics Letters, 2015, 106 (3): 032601 (5pp).

[12] Sundaram A, Zhang Y, Knoll AR, et al. 2G HTS wires made on 30μm thick Hastelloy substrate [J]. Superconductor Science & Technology, 2016, 29 (10): 104007 (6pp).

[13] T Ozaki, V Solovyov, L Wu, et. al. Doubling in-field critical current in HTS coated conductors by a roll-to-roll ion irradiation process ASC 2016 presentation, to be published in IEEE Transactions on Applied Superconductivity, 2017.

[14] Durrell, J H, Dennis, A R, Jaroszynski J, et al. A trapped field of 17.6T in melt-processed, bulk Gd-Ba-Cu-O reinforced with shrink-fit steel [J]. Superconductor. Science. Technology, 2014, 27 (8): 082001 (5pp).

[15] Nariki S, Sakai N, Murakami M. Melt-processed Gd - Ba - Cu - O superconductor with trapped field of 3 T at 77 K [J]. Supercond. Sci. Technol, 2005, 18 (2): 126-130.

[16] Nariki S, Teshima H, Morita M. Performance and applications of quench melt-growth bulk magnets [J]. Supercond. Sci. Technol., 2016, 29 (3), 034002 (9pp).

[17] Namburi D K, Shi Y, Palmer, K G, et al. Control of Y-211 content in bulk YBCO superconductors fabricated by a buffer-aided, top seeded infiltration and growth melt process [J]. Supercond. Sci. Technol., 2016, 29 (3), 034007 (9pp).

[18] Muralidhar M, Ide N, Koblischka M. R, et al. Microstructure, critical current density and trapped field experiments in IG-processed Y-123 [J]. Supercond. Sci. Technol., 2016, 29 (5), 054003 (10pp).

[19] Volochjova D, Kavecansky V, Yao X, et al. Thermal stability of NdBCO/YBCO/MgO thin film seeds [J]. Supercond. Sci. Technol., 2016 29 (4), 044004 (7pp).

[20] 焦玉磊，郑明辉. 第十三届全国超导学术研讨会. p69, 2015 中国 苏州.

[21] Wu Xingda, Xu Kexi, Fang Hua, et al. A new seeding approach to the melt texture growth of a large YBCO single domain with diameter above 53 mm [J]. Supercond. Sci. Technol., 2009, 22 (12) 125003 (6pp).

[22] Tang Tianwei, Wu Dongjie, Xu Kexi. Enhancement of trapped field in single grain Y - Ba - Cu - O bulk superconductors by a modified top-seeded melt-textured growth [J]. Supercond. Sci. Technol., 2016, 29 (8), 085009 (7pp).

[23] Wang Miao, Yang Pengtao, Yang Wanmin, et al. The fabrication process of a high performance and purec-axis grown GdBCO bulk superconductor with the TSMT-IG technique [J]. Supercond. Sci. Technol., 2015, 28 (10) 105011 (10pp).

[24] Li Guozheng, Li Jiawei, Yang Wanmin. A combined powder melt and infiltration growth technique for fabricating nano-composited Y-Ba-Cu-O single-grain superconductor [J]. Supercond. Sci. Technol., 2015, 28 (10), 105002 (5pp).

[25] Yang W M, Chen L P, Wang X JA new RE + 011 TSIG method for the fabrication of high quality and large size single domain YBCO bulk superconductors [J]. Supercond. Sci. Technol., 2016, 29 (2), 024004 (7pp).

[26] Ping Jiang, Yimin Chen, et al., Development of Multi-pass MOCVD Process for Fabricating (Gd, Y) $Ba_2Cu_3O7_{-\delta}$ Coated Conductors [J]. IEEE Transactions on Applied Superconductivity, 2017, 27, 6600405.

[27] Xu Kexi, Wu Dongjie; Jiao Y L, et al. A fully superconducting bearing system for flywheel applications [J]. Supercond. Sci. Technol., 2016, 29 (6), 064001 (8pp).

[28] Ainslie Mark, Izumi Mitsuru, Miki Motohiro. Recent advances in superconducting rotating machines: an introduction to the 'Focus on Superconducting Rotating Machines [J]. Supercond. Sci. Technol., 2016, 29 (6), 060303 (3pp).

[29] Strasik M, Hull J R Mittleider, J. A, et al. An overview of Boeing flywheel energy storage systems with high-temperature superconducting bearings [J]. Supercond. Sci. Technol., 2010, 23 (3), 034021 (5pp).

[30] Ogata M, Matsue H, Yamashita T, et al. Test equipment for a flywheel energy storage system using a magnetic bearing composed of superconducting coils and superconducting bulks [J]. Supercond. Sci. Technol., 2016, 29 (5), 054002 (7pp).

撰稿人：赵 跃 徐克西 杨 坚

稀土铸铁材料研究

一、引言

铸铁是稀土应用的主要领域之一，从 20 世纪 70 年代开始，稀土就在球墨铸铁、蠕墨铸铁、灰铸铁、合金铸铁中得到广泛应用。经过四十多年的开发研究，稀土在铸铁领域的应用日臻成熟，创造出了巨大的技术经济效益。

稀土在铸铁中的应用，在技术上具有不可替代的作用，稀土具有一定的球化作用和良好的抗微量反球化元素的干扰作用，故是球墨铸铁生产使用的球化剂中的重要组成元素；以稀土作为主要成分的蠕化剂，利用稀土元素的弱球化作用原理，拓宽了获得蠕墨铸铁的工艺范围，使之在工程条件下也能稳定地获得蠕墨铸铁件；此外，在灰铸铁中采用稀土硅铁孕育剂，具有较强的抗衰退、降低白口、改善断面均匀性能力，可提高铸件的力学性能；在白口合金铸铁中加入稀土，可有利于初生共晶碳化物的断网，促使共晶碳化物团球化，从而较大幅度地提高白口铸铁的韧性和抗磨性。

二、本学科领域近年的最新研究进展

（一）稀土镁球墨铸铁

众所周知，稀土具有一定的球化作用，但球化效果不如镁，表现在石墨圆整度较差（只有 2 ~ 3 级），且易产生石墨畸变。球化剂中镁是主导球化的元素，而加入稀土的作用，一是可促进石墨球化，二是它具有抗微量反球化元素干扰的作用，并能克服硫以及杂质元素的影响，以保证球化。

在我国球铁生产中，作为稀土 – 镁球化剂所应用的稀土以轻稀土为主（铈占 50% 左右，含稀土氧化物量为 1% ~ 4%），在厚大断面球铁中一般使用有一定抗衰退作用的重稀土钇等，近年来研究表明，以钇为主的重稀土元素也有很好的球化效果，并具有球化反应平稳、抗衰退能力强等优点。采用适量的钇基重稀土复合球化剂，相应的强制冷却、顺序凝固、延后孕育等生产工艺措施，以及必要时添加微量锑、铋元素等，解决了大断面（壁厚≥ 120mm）球铁件中心部位的石墨畸变和组织疏松等问题，成功地制作了各种重、大、特型球铁件。另外，近年来，镧系球化剂也有较大的发展，它具有白口倾向小、收缩倾向小、石墨球细小的特点。

（1）近年来，采用钇基重稀土制造厚大断面球墨铸铁件应用成功实例如下。

1）球墨铸铁曲轴。我国在研制厚大断面的大型球墨铸铁曲轴时，存在着废品率高（曾高达 15% ~ 35%），力学性能低、波动大、不稳定，有较多缩松、夹渣、石墨漂浮等问题。经过 20 多年的努力，特别是通过对大断面球墨铸铁件的研制，已基本上解决了上述问题，铸件质量有了明显的改善，废品率已降低到 10% 以下。

2）球墨铸铁轧辊。采用钇基重稀土制作断面为 805mm 的球墨铸铁薄板轧辊，可以提高使用寿命 50%，这是由于钇基重稀土改善了轧辊芯部的组织，白口倾向小，石墨变得细小，均匀分布，球化级别得到了提高，从而提高了综合力学性能，因而轧辊的折断率显著降低。

3）数控桥式双龙门镗铣床的固定横梁。其毛坯重量达 123t，该球铁件的本体球化率为 80% ~ 90%，球化级别为 2.5 级，石墨大小 7 ~ 8 级，石墨球数≥ 130 个 /mm^2，抗拉强度达 677MPa。

4）QT450-10 注塑机模板。该铸件最重达 70t，最厚处 900mm，芯部性能可达到 QT350-7 水平，且无异型石墨出现，组织均匀性好。

5）各种重、大、特型球铁件。中信重工已经批量生产水泥立式磨机用百吨级球墨铸铁磨盘，毛坯重 142t。也有柴油机企业生产出 17.5t 重柴油机缸体。

（2）我国研究成功具有高强度（$\sigma b \geq$ 1000MPa，最高可达≥ 1600MPa）、高韧性（A ≥ 11%）的奥铁体球铁（ADI），它具有动载性能高（弯曲疲劳强度达 420 ~ 500MPa、接触疲劳强度达 1600 ~ 2100MPa）、耐磨性及吸震性好等许多优点，产量和应用领域正逐年增大，已在汽车、柴油机、拖拉机和工程机械的齿轮、曲轴和各种结构件中应用。等温淬火球铁的另一项重要应用是抗磨铸件，约占 ADI 产量的 1/2 以上。随着引进并采用先进的 ADI 专业热处理装备，ADI 生产控制更加精确方便、稳定可靠，ADI 的产量将迅速增加。

在 ADI 的基础上，添加碳化物形成元素，适当降低硅元素，使之在奥铁体的基体上形成一定数量的碳化物，进一步增强 ADI 材料的抗磨料磨损性能，称之为 CADI。河北工业大学研究的 CADI 材料已经在磨球产品上得到成功应用，在湿磨工况下效果显著。

（3）近些年我国离心球墨铸铁管得到迅猛发展，2016 年产量达到 695 万 t，连续多年居世界第一，目前我国离心球铁管装备水平国际领先，技术水平国际先进。

（4）“轨道交通用低温铁素体球墨铸铁件”。近年来我国高速铁路快速增长，在高寒地区使用的高速铁路，需采用适用于温度在 –20℃至 –50℃之间工作的耐低温铁素体球墨铸铁件。目前，该铸铁件在我国已经开始大量使用，并在进行了许多基础性研究和工业化生产基础上，制订了《轨道交通用低温铁素体球墨铸铁件》行业标准。该标准有两个牌号：QT350–22LT、QT400–18LT。基体中铁素体含量≥ 95%，布氏硬度 HBW ≤ 175；在 –50 ± 2 ℃低温条件下，最小冲击功 A_{KV} 为 12J（三个试样平均值）。

（5）“硅强化铁素体球墨铸铁的研究与应用”。近年来研究认为，通过硅（3.2% ~ 4.3%）强化铁素体，可使该类铁素体球墨铸铁的伸长率提高 2 倍，屈服强度提高，屈强比从 0.6 提高到 0.8，疲劳强度也有所提高。该种材质具有铸造充型性能良好，本体性能更均匀；由于基体是单相组织，硬度低又均匀，切削性能好，刀具寿命长，故机加工成本可大幅度降低等优点，被德国铸造杂志评为：“21 世纪德国铸造材料排位第一的新成果”。国内共享集团已对“硅强化铁素体球墨铸铁”进行系统的试验研究。我国保定华龙公司长期以来都用高硅来生产 QT500–7 牌号的球墨铸铁：在 Mn 量 0.3% ~ 0.4% 时，采用 Si 量 3.06% ~ 3.20%，抗拉强度达 509 ~ 540MPa，伸长率都在 12% ~ 14% 之间。

（6）研制水平连续铸造球墨铸铁型材，应用于液压、空压机、汽车、通用和纺织机械的零部件，目前年生产能力达数万吨。

（7）厚大断面球墨铸铁件在代替铸钢件和锻钢件：风力发电机主轴，风电主轴常常在 –20 ~ –40℃的低温下，工作在几十米甚至上百米高空，且要求 20 年不更换，因此，对材料性能要求极高，必须满足高疲劳强度和低脆性断裂敏感性要求，常规材料主要为锻钢件。中信重机采用 QT400–18L 代替通用的锻钢件，成功地制造出 2MW 风力发电机 16t 球墨铸铁空心主轴，包括 –20℃冲击性能在内的全部力学性能完全满足技术指标要求。降低了生产成本，大大缩短了生产周期，创造了可观的经济效益。另外，以生产 6300 型曲轴为例，该曲轴净重 900kg，锻钢毛坯重达 4t，而球墨铸铁毛重仅 1.2t，而且加工工时也节省了近 5/6，由此生产成本下降了 85%。

（二）蠕墨铸铁

蠕墨铸铁兼有球墨铸铁和灰铸铁的性能。其组织中的石墨大部分呈蠕虫状、部分呈球状。蠕墨铸铁具有良好的综合力学性能（$\sigma b = 300 \sim 500MPa$）和铸造性能（流动性好、收缩率适中），在高温下有较高的强度，氧化生长较小、组织致密、热导率高和断面敏感性小等特点，尤其是具有优越的综合耐热疲劳性能。

蠕虫状石墨的长与宽之比值，一般为 2 ~ 10，其侧面高低不平，端部圆钝，互不相连。由于石墨形态的特殊性，获得蠕墨铸铁的技术难度很大，工艺范围特别窄，工艺控制很难。以稀土作为主要成分的蠕化剂，利用稀土元素的弱球化作用原理，拓宽了获得蠕墨铸铁的工艺范围，使之在工程条件下也能稳定地获得蠕墨铸铁件。

（1）近年来，我国采用稀土蠕化剂制造高端蠕墨铸铁件成功应用实例如下。

1）生产柴油机的蠕墨铸铁缸盖。利用蠕墨铸铁良好的力学性能和高热导率等材质特点，以较大幅度地提高缸盖的耐热疲劳性能。与铝缸体比较，蠕墨铸铁缸体有如下优势：价廉、耐磨、抗震、降低能耗和减少污染。

2）在温度（热）交变工况下工作的零件，如汽车排气管、增压器壳体、钢锭模、焦炉配件、制动零件和玻璃模具等得到成功的应用。

3）该材质已开发应用于要求致密性很高的铸件，如液压元件等。

（2）我国在蠕墨铸铁的常温和高温性能、处理工艺、铁液熔炼和炉前质量控制等方面进行了广泛而深入的研究。不少工厂在冲天炉熔炼条件下，也能稳定地生产蠕墨铸铁。

（三）基础性应用研究

20 世纪 40 年代末 50 年代初出现了球墨铸铁，60 年代出现了蠕墨铸铁、70 年代出现了奥铁体球墨铸铁，这些新出现的铸铁新材料都需要变质合金，即球化剂和蠕化剂，在我国，稀土在铸铁中应用的基础性研究在“六五”、“七五”期间相对集中，内容包括稀土元素在铸铁中的作用机理，稀土球化剂和稀土蠕化剂的研究，元素的干扰作用与控制等等。在此基础上形成了稀土球化剂、稀土蠕化剂系列，这是稀土在球墨铸铁与蠕墨铸铁中应用的重要研究和发展时期。近年来，随着对材料高性能化、高可靠性的追求，稀土在铸铁中应用的基础性研究再次引起研究人员的关注，由于近年来熔炼装备和熔炼水平的提高，铁水的硫、氧、氮以及其他有害夹杂物含量已经有了显著下降，为稀土的成功应用和生产高品质铸铁提供了有利条件。但是，另一方面，由于近些年来汽车和产业机械中强化元素的添加，导致废钢炉料的成分却越来越复杂，干扰元素比以前增多了，稀土依然是生产铸铁不可或缺的元素，基础性的研究依然在继续，特别是大型、复杂、特殊铸件的生产促进了钇等重稀土应用研究的开展，钇对高碳过共晶铁液有很好的球化作用，它的球化能力比铈强，略逊于镁。与镁、铈不同之处，钇可以过量加入，在碳当量和冷却速度适当时，加入量达到正常球化需要量的 3.5 倍，也不出现白口。钇的脱硫能力极强，经钇处理的铁液硫质量分数可在 0.008% 以下，而且不回硫。钇球墨铸铁抗衰退能力较强，除允许增大残余量外，还与不回硫有关。钇可以在高温（≥ 1450℃）进行球化处理，反应很平稳，为提高球墨铸铁浇铸温度创造了有利条件。

2010 年以来，由于世界稀土供求关系的变化，一些稀土进口国开始探讨稀土减量化应用问题，为此，试图从基础研究入手，探讨削减稀土用量的可能性和具体措施。这是在继 20 世纪七八十年代后铸造合金领域国际上又一次较大规模的稀土应用研究。其中：日本的研究人员做了很多研究，其工作集中发表在 2012 年第 12 期《铸造工学》稀土专辑上，有综述 3 篇、研究论文 3 篇、技术报告 10 篇，研究工作较为集中和系统，涉及球墨铸铁、蠕墨铸铁稀土减量化应用和无稀土化研究、稀土球化剂的球化机理、石墨数量与稀土加入量的关系、薄壁球铁件的白口倾向与控制，La 或 Ce 纯稀土单独使用和混合使用的球化效果等等。这些论文比较一致的研究结果归纳如下：

（1）稀土减量使用后，球化处理过的铁水容易衰退，后期还需要孕育；

（2）稀土添加有一个最佳值，在该值附近出现石墨球数的峰值，少加或过量添加都不好；

（3）稀土加入量减少，凝固收缩倾向增强。

2013 年日本三重县工业研究所，对 2010 年以来的稀土减量化和稀土替代的研究应用效果进行了调查，在区域内的 9 家企业调查结果表明：大家都在研究稀土加入量的最佳值，1.0% 稀土含量的球化剂效果较好。当稀土加入量少时，随流孕育和型内孕育都有效果，但是，当稀土加入量较多时，孕育效果就不明显。因此，稀土的加入量存在一个合适的数值。不加稀土铸件容易产生缩松，添加稀土可以改善缩松。后期孕育与添加稀土并用可以有效减少表面缩孔。

此外，罗马尼亚布加勒斯特理工大学 Iulian Riposan 等学者和美国 ASI 国际公司的研究人员也基于同样的原因和目的，开展了稀土对于球墨铸铁球化和孕育影响的系统研究，认为稀土的添加要考虑铁水中的反球化元素的含量，并用系数 K 表达铁水中反球化元素总水平［K=4.4（%Ti）+2.0（%As）+2.4（%Sn）+5.0（%Sb）+290（%Pb）+370（%Bi）+1.65（%Al）］，研究表明：在 K=2.0 水平，可以通过添加稀土元素来抵消；当使用高纯生铁时，K=0.7 ~ 0.8，残留 Mg 量在 0.04% ~ 0.05% 时，无论是否孕育，增加稀土残留量都会增加白口倾向；而当 K<0.8，对于较低的残余稀土量（0.005% ~ 0.01%），用含钙硅铁孕育就足够有效，此时没必要添加稀土，添加甚至是有害的。

对于蠕墨铸铁，国内河北工业大学进行了以提高和稳定蠕化率为目标的控制技术的研究，其技术路线是基于铸铁凝固热分析原理和数字化技术，在线预测蠕墨铸铁蠕化率和调控技术，从而控制批量生产蠕墨铸铁的蠕化率，相关研究工作取得了进展。

三、国内外研究进展比较

国外相关研究进展主要如下。

（1）国外已成功地解决了大断面（壁厚≥ 120mm）球铁件中心部位的石墨畸变和组织疏松等问题，成功地制作了包括重达百吨的大型球墨铸铁核燃料储运器在内的各种重、大、特型球铁件。对此大型核燃料储运器，我国尚未有产品问世。

（2）目前国外奥铁体球铁产量和应用领域迅速增加和扩大，已广泛地应用于汽车、柴油机、拖拉机和工程机械的齿轮、曲轴和各种结构件。国外已采用先进的 ADI 专业热处理装备，组成专业热处理生产线（中心），使 ADI 生产控制更加精确方便、稳定可靠，产量迅速增加。

（3）德国等一些国家已经把蠕墨铸铁应用在发动机缸体这样的高端产品上进行批量生产，如：奥迪、宝马、大众等品牌汽车的气缸体，并获得巨大成功：在某些缸体上，缸筒间连接厚度由 7mm 减为 3mm，单位马力缸体重量减少了 70.2%，柴油机的比功率有了显著的提高，这与包括稀土应用在内的铸造综合技术水平有关，精准而稳定的铁水成分控制，为稳定地控制蠕化率打下了基础。

（4）“轨道交通用低温铁素体球墨铸铁件”，国外已大量使用，且质量十分优良、可靠。

（5）“硅强化铁素体球墨铸铁的研究与应用”。欧盟在 2013 年修改 DIN EN1563 球墨铸铁标准时，增加了一类硅强化铁素体球墨铸铁，它有 EN-GJS-450-18、EN-GJS-500-14、EN-GJS-600-10 三个牌号，它们均可在铸态就可获得。

（6）稀土消耗水平。德国一些企业采用转包法单一铈稀土作球化处理，取得了吨铁水 35g 的好成绩，相当于每吨铸件 50 多克，我国大约每吨球铁件消耗稀土 500 多克。

（7）2010 年来，出于稀土资源的考虑，一些稀土进口国开展了稀土替代和用量削减的研究，取得了一些研究结果和进展。

（8）先进的监测和控制手段。一些先进国家在熔炼装备和检测控制手段方面优于我们大部分铸铁企业，增强了稀土应用的效果，瑞典的 Sintercast 法也为获得高而稳定的蠕化率提供了一个有效的方法。

目前我国稀土在铸铁中应用研究上差距主要如下。

（1）我国厚大断面球墨铸铁件整体质量水平，以及对壁厚中心或热节处石墨形态和的组织控制水平，铸件质量的稳定性等方面，与国外相比，还有一定的差距。国外大型铁素体球铁的核燃料储运罐已经成功应用。

（2）虽然经历了 40 多年的研发，但我国应用高强度、高韧性的等温淬火球铁（ADI）的整体水平还是相对落后，表现在：产品应用领域较窄，规模化生产的技术和装备不配套，生产质量控制手段未能达到精确方便、稳定可靠。尚未形成现代化规模的生产技术，CADI 的研究和应用还有待加强和扩大。

（3）蠕墨铸铁件在现代化生产技术、质量控制等方面与西欧先进工业国家还有不少差距。国外已建成多条大批量流水生产线，成功地用于发动机缸体，而国内在汽车上只是用于排气歧管和少量的缸盖。

（4）硅强化铁素体球墨铸铁的研究与应用，欧盟已开始大量地进行工业化生产，而我国尚处于研发的初始阶段，距工业应用还要做不少技术性工作。对此种新型材料还需要优化孕育技术、适当控制碳当量等配套技术作支撑。

（5）稀土蠕墨铸铁生产技术

蠕化技术是稳定获得优质蠕铁的重要环节，与瑞典的 Sintercast 以及德国的 OCC 法相比，我们还缺乏稳定可靠的方法，因此需要进一步加大研究和推广力度，特别是批量生产蠕墨铸铁的炉前在线检测技术急需加强研发。

（6）欧洲和美日等国家稀土球化剂中的稀土含量较低，牌号之间稀土含量间距较小，国内稀土球化剂蠕化剂中稀土的含量范围很大，稀土含量的间距也较大，尽管近年来有些降低，还有进一步降低的趋势，用户选用时，也常选用稀土含量低的球化剂。这与铁水成分和质量的精确稳定地控制有关。

四、本学科发展趋势与展望

（1）2016 年我国铸铁件产量达到 4720 万吨，其中球墨铸铁件 1320 万吨，稀土在铸铁中的应用取得了举世瞩目的成就，很多应用技术已达到国际领先水平。根据《铸造行业“十三五”发展规划纲要》，到 2030 年，球墨铸铁件产量将达到铸铁件总量的 50%。然而，由于历史原因，目前国内采用的熔炼设备、炉料、球化工艺杂多，还有大量的球墨铸铁件生产厂采用稀土–镁冲入法进行球化处理，造成现场烟尘微粒污染，车间生产环境十分恶劣。近年来，随着环保压力的不断上升，熔炼和球化工艺必将更加注重环保，生产条件将得到改善，客观上为稀土铸铁的清洁生产创造了有利的基础条件。另外，随着资源循环再利用趋势的加大，废钢炉料使用比例将有所上升，铁液成分将更加复杂化，稀土的作用将不可或缺，含稀土球化剂将继续发挥不可替代的重要作用。同时，冲入球化法将受到限制，转包法、盖包法、喷镁法、喂丝法等清洁球化技术将得到大力研究和发展。

（2）钇基重稀土和 La 作为球化剂将进一步受到关注。我国已利用钇基重稀土元素具有抗衰退能力强的优点，配合其他技术措施，成功地解决了大断面球铁件中心部位的石墨畸变、球数减少、组织粗大、化学成分偏析、晶间碳化物和组织疏松等问题，成功地制作了多种重、大、特型球铁件。但在铸件质量的稳定性、石墨形态控制等方面，与国外相比，还有较大的差距，因此，钇基重稀土球化技术还有待进一步研究和完善。La 作为单一稀土球化剂的应用研究最近受到关注。

（3）等温热处理装备的采用大大促进了 ADI 和 CADI 在我国的研究和推广，目前，ADI、CDAI 的半数以上用来生产耐磨铸件，鉴于 CADI 的抗磨性能和 ADI 优秀的综合机械性能，其应用将会进一步增加。预计，到 2030 年，ADI 将占到球墨铸铁总量的 15%。同时，由于后续等温处理用到硝盐，失效硝盐的处理和安全生产、清洁化生产将是一个需要认真研究和必须解决的课题，因此，将引导人们开展新型等温淬火技术和淬火介质的研究。

（4）目前我国蠕墨铸铁产量在 30 万 ~ 40 万吨，应用比例偏小，随着铸铁熔炼技术和蠕化技术的进一步提高，蠕铁的应用会显著增加。依据《铸造行业“十三五”技术发展规划纲要》，到 2025 年我国蠕墨铸铁产量达到 140 万吨。其中，蠕墨铸铁的炉前在线检测技术和蠕化控制技术在现有的基础上还会有进一步的发展，Sintercast 法、OCC 法和国内一步喂丝法将并存发展。

（5）硅强化铁素体球墨铸铁的应用研究。硅固溶强化铁素体球铁除了具有高强度、高韧性外，还具有硬度均匀的特点，因而加工性能优于混合基体球铁。针对欧盟已在 2013 年增加了一类“硅强化铁素体球墨铸铁”标准的现实情况，我国必将加强对这种新型材料的开发和研究，扩大其产品应用领域，优化孕育技术、适当控制碳当量等配套技术研究也将得到加强。

（6）轨道交通用低温铁素体球墨铸铁将进一步扩大应用，同时需要继续进行许多基础性研究和工业化生产技术、工艺和装备的研究。

（7）稀土将在高性能球铁中发挥重要作用。强化基体可获得综合性能更为优良的球铁件，如通过等温淬火处理获得奥铁体，使综合性能达到 QT800-10 ~ QTl400-1 的水平；通过硅固溶强化铁素体，得到 QT450-18-QT600-10 且硬度均匀加工性能好的铁素体球铁；通过高温固溶处理加轧制、利用“TWIP”效应得到 QT700-20 的高强韧性球铁等。可以相信，通过“优化石墨类型、净化晶界、强化基体”等一系列措施，球铁的应用范围还将扩大，甚至被预言为“新的铁器时代来临”，而在此过程中稀土的作用将不仅是辅助球化、中和反球化元素，还将在优化石墨类型、净化晶界、强化基体过程中发挥重要作用，为此，关于稀土在球铁中的应用研究将进一步受到关注和深入研究，以期获取高性能球铁并实现稳定生产。

参考文献

［1］张伯明. 蠕墨铸铁在发动机上的应用［C］. 2014（北京）铸造工业新技术论坛.

［2］Kathy L. Hayrynen. New Engineering and Standards Developments in Austempered Ductile Iron（ADI）［C］. UK: Proceedings of 67# World Foundry Congress，2006（071）.

［3］曾艺成，等. 高强度、高低温冲击韧性铁素体球铁生产技术［C］. 2014（北京）铸造工业新技术论坛.

［4］鋳鉄の溶解とレアアース低減溶湯処理技術［C］.（日本鋳造工学会誌）鋳造工学特集，2012.

［5］盛达. 含稀土的球化剂及其品质的评价［M］. 北京：清华大学出版社，2005.

［6］邱汉泉，蠕墨铸铁及其生产技术［M］. 北京：化学工业出版社，2010.

［7］万仁芳. 汽车蠕墨铸铁的应用与发展［J］. 现代铸铁，2006（1）：12-19.

［8］刘金城. 可靠和一致的大批量蠕墨铸铁生产技术［C］. 2014（北京）铸造工业新技术论坛.

［9］Iulian Riposan.et al.The importance of Rare Earth Contribution From Nodulizing Alloys and Their Subsquent Effect On The Inoculation of Ductile Iron［J］.International Journal of Metalcasting，2014，8（2）：65-80.

［10］张伯明，等. 高 Si 球墨铸铁的新发展［J］. 现代铸铁，1013（5）：49-58.

［11］张绥鹏，等. 喷吹法蠕化处理蠕墨铸铁的组织及性能研究［J］. 铸造，2015，64（7）：676-680.

［12］宋发贤. 复合稀土球化剂对球铁石墨形态和球数的影响［J］. 铸造设备与工艺，2016，（3）：24-27.

［13］近藤義大，等. 球状黒鉛鋳鉄製造におけるレアアースレス技術の開発動向調査 および予備実験三重県工業研究所. 研究報告，No.37（2013）.

［14］李翠英，等. 高品质球墨铸铁的生产技术［J］. 汽车工艺与材料，2015（1）：45-49.

［15］Larker Richard. 固溶强化铁素体铸铁［J］. 铸造，2010，59（6）：622-627.

［16］万仁芳. 浅谈近年来铸铁的发展［J］. 现代铸铁，2014（3）：15-24.

［17］曾大新，等. 铸态高强度高延伸率球墨铸铁的研究进展［J］. 铸造，2017，66（1）：38-49.

撰稿人：关成君　胡家聪　刘金海　刘俊友　李克锐

稀土在有色金属中的应用研究

一、引言

稀土在有色合金中的应用分散在金属加工与制造的各个领域。其中稀土元素作为主要成分的镁合金具有较高的力学性能和耐热性能，目前，工作温度超过 200 ℃的镁合金均为稀土镁合金，应用于航空航天、军事工业等领域，并用作飞机、导弹、卫星上的重要部件。可降解医用镁合金被誉为“革命性的金属生物材料”，是许多发达国家竞相发展的研究方向，稀土在其中也发挥着重要的作用。由于稀土对人体的毒性小，能有效提高镁合金的强度、塑性和耐腐蚀性，因此是不可或缺的元素。近些年快速发展起来的能源汽车产业，也是稀土镁合金产品的重要应用领域。

活泼的稀土易于和铝中其他合金元素结合，可以用来消除有害杂质。但随着铝熔炼技术的提高，铝中杂质含量越来越低，现在的稀土主要用于微合金化和在高硅铝合金、高铁铝合金中作变质处理，应用在新型的电工铝合金和过共晶型铝硅合金中。

近年来，随着高温钛合金的发展，越来越多的人开始关注稀土元素在钛合金中的应用。国外含稀土钛合金只有 Ti-1100 等少数几种，而我国研制的含有稀土钛合金有 Ti-55，7715C，Ti633G，Ti-60，Ti600 等多种，形成一系列具有中国特色的含微量稀土元素的高温钛合金。

钼和稀土一样是一种重要的不可再生的稀缺战备资源。稀土钼合金既可用作结构材料，又可用作新型功能材料。稀土在钼合金中以氧化物的形式存在，目前稀土氧化物掺杂是钼合金主要的强韧化技术之一。

二、本学科领域近年的最新研究进展

（一）生物稀土镁合金

耐腐蚀性能一直是镁合金应用的短板，而当前医学界倡导生物型可吸收植入材料，使得镁合金的缺点转变为优势，成为心血管支架和骨植入物中具有竞争力的新材料。

2009年，ERINC等人[1]提出了镁合金作为生物用可降解植入材料的一系列性能指标：用于骨板等内固定受力件的合金在体内要保证90～180天有效服役期，合金的屈服强度大于200MPa，伸长率大于10%；用于心血管支架的合金，因为要在血栓处撑开血管壁，对塑性有较高的要求，合金的伸长率大于20%，屈服强度高于200MPa，并在血管重建修复期的大约6～12个月内保证有效支撑。最先德国Biotronik公司在WE43基础上开发的新型稀土镁合金支架Absorbable Metal Stent（AMS），经过十几例临床实验证明了可降解镁合金的可行性。其中一例将支架植入新生患儿体内，4个月后复查发现支架完全降解，患儿未见不良反应，表明人体对镁合金的降解过程是可以承受的[2]。但降解速度过快，支架过早失去支撑力，仍然是生物用镁合金的主要缺陷。

我国上海交通大学[3]开发了Mg-3Nd-0.2Zn-0.4Zr等系列合金。针对骨内植物研发的中等塑性生物镁合JDBM-1，拉伸屈服强度320～380MPa，伸长率8%～18%。针对可降解血管类支架研发的高塑性生物镁合金JDBM-2，拉伸屈服强度180～280MPa，伸长率20%～32%。将挤压态AZ31和JDBM-1裸金属同时植入白兔体内，90天后AZ31合金在体内大部分降解，180天后完全消失。而JDBM-1在体内90天后基本完好，180天后降解量小于40%，可以满足骨内固定受力件的降解速率要求。

郑州大学的王俊等人[4]采用亚快速凝固技术制备Mg-2Zn-0.46Y-0.5Nd合金。在该凝固速度下，ZnY原子比为6∶1时，合金中会出现准晶I相。准晶相具有较低的腐蚀电位和低界面能，有利于第二相在基体中弥散分布，腐蚀方式为均匀腐蚀，具有较低的腐蚀速率。加入稀土元素Nd可以改善准晶相的脆性，提高合金的塑性。孟健等人[5]研发了Mg-Y-Zn-Zr合金，其力学性能和延伸率基本能够满足内植入物的要求。刘小丽等[6]利用郑州大学开发的血管支架用Mg-2Zn-0.5Y-0.5Nd合金进行大量的体内外生物相容性实验，检验合金的安全性和有效性。由于合金成分主要为轻稀土且含量较少，与现有WE43合金相比，支架对身体组织的影响较小。通过定轴反复冷拔等技术细化晶粒，具有更好的室温塑性，而且合金中析出相少，减少了点腐蚀等不利因素，抗降解性能更佳。

除了Mg-Zn-Nd合金，Mg-Zn-Er、Mg-Zn-Gd等合金也被作为生物镁合金进行研究。Jinghuai Zhang[7]采用直冷半连续组合工艺制备了具有纳米层错结构的Mg-8Er-1Zn合金，被层错贯穿的晶粒看起来更像是纳米级的共晶体。合金的拉伸强度318MPa，屈服强度207MPa，延伸率21%。合金的年降解率为0.34mm，是具有潜力的新型可降解镁合金材料。

冯晓伟等[8]采用 Gd 作为生物医用镁合金添加元素研究 Mg-xZn-yGd 合金，元素 Zn 可以提高镁合金的耐蚀性，元素 Gd 使合金的腐蚀速率加快。Hort 等人[9]研究含 Mg-Gd 合金可被用作骨植入物，主要因为元素 Gd 的含量可以在很宽的范围内进行调整，如 Mg-Gd 合金的屈服强度可以在 33 ~ 200MPa 之间变化，而抗拉强度可以在 79 ~ 250MPa 之间变化。当 Gd 为 10wt% 时，Mg-Gd 合金的腐蚀速率最低。

目前，可降解医用植入材料是稀土镁合金商业化最有前景的产品，与其他领域所使用的镁合金不同的是该产品对材料性能要求高，因此产品的附加值也高。

（二）稀土镁合金的变形机制

高强度的稀土镁合金往往常温塑性较低并且难于变形加工，为了克服强度与塑性之间的矛盾，人们希望对稀土与镁合金变形机制进行深入的研究。通过大量研究发现稀土对镁合金的变形机制有重要影响。

1. 减弱形变织构

镁合金为密排六方结构，c/a 轴比为 1.62，晶体结构对称性低，因此有一个特殊方向的晶面——基面，对应于其他方向的晶面称为非基面（一般不包括柱面）。镁合金基面滑移的临界剪切应力远小于其他滑移面，容易产生基面织构。织构引起材料的各向异性，随着变形的加剧织构和各向异性相互加强[10; 11]，在微观结构上表现为变形组织的不均匀性，变形剧烈的区域容易产生裂纹，引起断裂降低合金塑性。KOIKE 提出一个模型[12]，如图 1 所示，两相邻晶粒承受单向拉应力，其基面相互垂直且都与拉应力方向呈 45° 角，在此状态下基面滑移系将首先启动，如果没有其他平面滑移，两晶粒之间会发生分离。为了满足晶粒变形过程中的连续性，则会在晶界处会产生附加的剪切应力，并激活非基面滑移。这个模型说明，镁合金的连续变形需要基面与非基面滑移的共同参与，否则就会发生开裂，而且非基面滑移往往是受迫激发的。

加入稀土可以使镁合金变形时更容易产生非基面滑移，使合金的塑性大幅度提高，而且添加 Gd 和 Y 等重稀土元素要比加入轻稀土元素效果好。加入稀土后变形组织的织构得

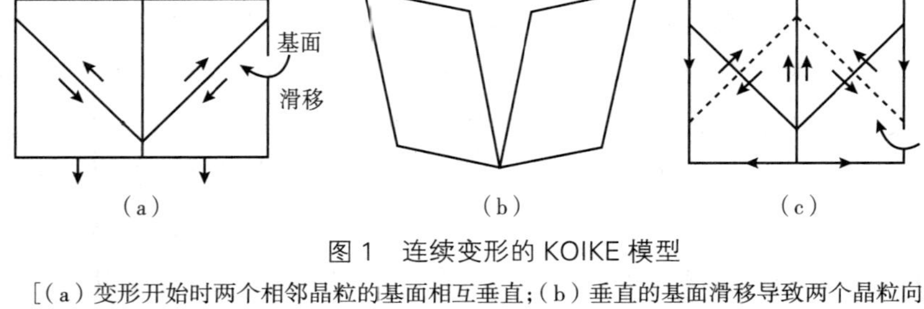

图 1　连续变形的 KOIKE 模型

[（a）变形开始时两个相邻晶粒的基面相互垂直；（b）垂直的基面滑移导致两个晶粒向相反方向旋转；（c）为保持连续变形必须启动相应的非基面滑移]

到改善，轧制后的基面极图，单极结构被分裂成两极，总体织构强度下降[13]。Sandlöbes, S. 等[14]在纯镁中加入 3% 的 Y，合金的延伸率提高近 5 倍。通过微观组织观察发现，纯镁中 c 轴应变主要由孪生后孪晶的基面滑移提供，由于孪生需要较严格的位向关系，孪晶分布很不均匀，个别孪晶承受较大的应变，容易产生裂纹和剪切带。而 Mg-3Y 中产生大量非基面滑移，即〈c+a〉位错，〈c+a〉位错与孪晶一起使晶粒均匀变形，在较大变形量下不产生应变集中，从而提高材料的延伸率。陈荣石等人[15]开发的 Mg-3Gd-1Zn 合金具有非常好的常温塑性，采用常规轧制技术生产的板材伸长率可达 43%。孟健等人[16]发明了一种高强高韧可焊的稀土镁合金。实验表明稀土原子不但能够弱化镁合金的基面织构并使其非基面化，还可以显著提高其高温轧制效率。

2. 影响再结晶

稀土在镁合金中具有较大原子尺寸失配度，稀土元素容易产生偏析。在 400℃时，这些稀土元素在晶界的浓度处至少是基体的两倍。例如，在 Mg-Gd 合金的变形组织含有许多纳米级晶粒，在这些纳米晶粒之间存在着由周期性间隔的位错阵列组成的小角晶界，Gd 原子在晶界处偏聚[17; 18]，并总是占据位错核心的拉伸区，这样可以减少晶界上的局部应力。轻稀土和重稀土对合金的再结晶过程会产生不同影响。加入轻稀土 Ce 的镁合金，再结晶晶粒的取向相近，Ce 主要以第二相形式存在，对层错能和晶界的影响较小，再结晶晶粒取向与母相基本一致，生长阻力小，高温时晶粒很快长大。加入重稀土 Gd 的镁合金，再结晶晶粒的取向随机分布，高温时晶粒长大相对缓慢。从固溶角度考虑，Gd 固溶后降低了非基面层错能，促使〈c+a〉位错密度增加形成小角晶界，小角晶界不断迁移改变晶粒取向，相邻晶粒间取向差增加，又由于 Gd 原子在晶界处的偏聚，产生一个溶质拖曳阻力。稀土元素产生拖曳阻力比 Al 和 Zn 原子大几个数量级，这种拖曳阻力虽然不足以阻止静态再结晶，但可以抑制晶界运动，阻碍动态再结晶和晶粒长大[19]。稀土溶质在晶界偏聚对改善镁合金的再结晶织构起到重要作用[20; 21]。

3. 抑制孪晶

稀土沉淀相具有抑制孪晶的作用，孪晶很难通过高密度分布的稀土沉淀相来迁移孪晶界面。稀土镁合金固溶时效后有大量片状 β′析出，晶粒内部很难发现孪晶，位错滑移成为主要的变形机制。当孪晶和〈c+a〉位错都可以提供 c 轴应变分量时，两者在变形过程中是既合作又竞争的关系。当孪生变形机制失效，稀土镁合金中〈c+a〉位错的 c 轴变形分量不能满足变形需要时，应力集中在晶界，晶粒会发生转动并与其他晶粒挤压扭转，导致应变集中，严重的会形成孔洞，造成稀土镁合金的非连续变形。EBSD 原位观察 Mg-Gd-Y-Zr 合金的拉伸过程，观察区域没有出现孪晶，变形主要是基面滑移，并有少量的非基面滑移，当变形量增加时非基面滑移启动有限，根据 KOIKE 的模型，应力集中在晶界处[22; 23]。晶粒间的挤压扭转造成晶界处表面凸凹不平（见图 2b），随着变形量的增加在三角晶界处形成孔洞（见图 2d）。孔洞沿晶界扩展并与其他空洞连接，最终形成裂纹致使材料断裂。由此可见，Mg–Gd–Y–Zr 合金中稀土析出相有效阻止孪晶的形成，并提高基面滑移的临界剪切应力，但该实验合金对〈c+a〉位错激活能力不足，导致晶粒被迫转动以适应环境压力，这种非连续变形机制是材料断裂的主要原因。

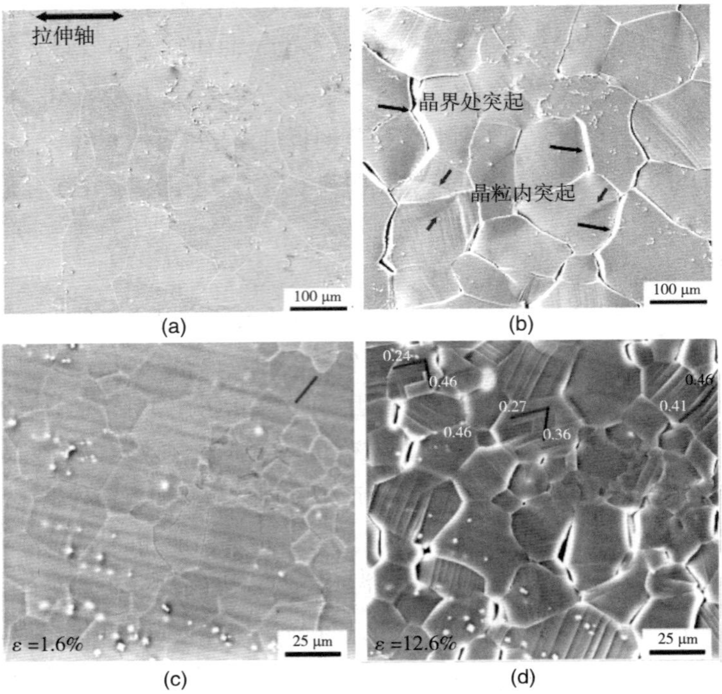

图 2 Mg–10Gd–3Y–0.5Zr 合金的原位拉伸的 SEM 照片

[（铸态 T6 处理后 325℃拉伸[23]，晶界处表面凸凹不平：（a）拉伸之前；（b）应力 117MPa，应变 16%；挤压态 T5 处理后 250℃拉伸[24]，晶界处出现许多三角孔洞（c）拉伸之前；（d）应变 12.6%）]

（三）稀土铝合金

1. 稀土的微合金化作用

稀土在铝中的固溶度很低，一般采用微量方式加入到铝合金中。研究显示，某些元素即使只有微量加入铝合金中也会显著影响铝合金的综合性能，称之为微合金化。微合金化的作用有两类：一类是通过改变主合金元素析出相的析出过程和结构来调整合金性能；另一类是通过自身形成析出相来影响合金的性能。微合金化作用显著的稀土元素有 Sc、Er、Yb 等，它们能析出弥散共格的第二相，提高合金强度和耐热性能。

为了提高微合金化的效果，研究者采用复合添加的方法。Riddle Y. W. 等人[25]将 Sc 和 Zr 复合添加到 Al–Mg 合金中，基体中形成 Al_3（ScZr）相可以更有效地提高强度和耐热性能。观察显示 Al_3（ScZr）相是一种核壳结构，核心为 Sc 原子，外层为 Zr 原子。由于 Zr 的扩散系数比 Sc 的小，Zr 与基体的错配度比 Al3Sc 小，表面能低，第二相的界面更稳定，因此复合相对合金的抗蠕变性能有较大提高。文胜平[26]等在Al-Mg-Mn-Er-Zr合金中也发现了这样的核壳结构。合金通过470℃ 20h均匀化退火，同时有Al_3Er和Al_3（ErZr）粒子析出。复合粒子中Er原子主要分布在粒子心部，Zr原子分布在粒子的外层。Al_3（ErZr）析出相具有非常好的热稳定性，将合金在510℃保温500h，析出相的平均直径保持在70nm左右。在470℃退火时Al_3(ErZr）粒子的粗化速率低于460℃退火的Al_3(ScZr）粒子，说明Al_3（ErZr）粒子具有更好的热稳定性。

稀土元素在不同的铝合金体系中微合金化的作用不同。在Al-Zn合金中元素Er可以缩短了合金的峰值时效时间[27]，提高时效硬度。而在Al-Cu合金中元素Er优先与Cu结合生成低熔点Al_8Cu_4Er共晶相，没有Al_3Er相的析出强化效果，并且消耗Cu原子对合金的强度和高温性能不利。稀土Yb属于第一类微合金化元素。在Al-Zn-Mg-Cu合金中Yb可以促进共格相的弥散析出[28]；在Al-Cu-Mg合金中Yb可以促进Ω相和θ′相的析出[29]。

2. 电工稀土铝合金

20世纪70年代末，我国开始进行电工用稀土铝合金的开发，当时由于铝液的熔炼工艺水平不足，铝杆中的硅含量容易超标，通过加入稀土可以净化基体提高导电率。但是现在铝合金的杂质含量已经大大降低，用稀土除硅已经没有必要。随着时代发展，电工用铝及铝合金种类日渐增多，有铝导杆、铝合金导杆、铝导体、铝合金导体、铝合金导线、铝合金电缆等。有些电工铝合金为了提高强度，硅含量也远远超出以前的许可范围。例如6201铝合金被用作高强度导电棒材与线材，硅含量在0.6%左右。雷文魁等[30]在6201电工铝合金加入0.5%混合稀土，6201铝合金的电导率、抗拉强度和伸长率分别为55.7%IACS，236MPa和16.7%，与未添加混合稀土相比分别提高了5.69%，11.32%和15.37%。J.P.Hou等[31]采用含有镧铈稀土的6201铝合金，在轧制和拉拔两道工艺中间加入人工时效，在基体中获得了弥散的纳米析出相，合金的抗拉强度达到352.3MPa，导电率为56.0%IACS，而传统工艺处理的导线抗拉强度只有342.3MPa，导电率为49.3%IACS。

添加微量稀土Er对铝合金的导电率影响很小，张宋等人[32]在纯铝中分别添加0.04%、0.1%、0.2%稀土Er，发现其电阻率基本不变。考虑到加入少量的Cu、Mg等元素铝合金的电导率仅小幅下降，刘同辉等[33]制备了Al-Cu-Er、Al-Mg-Er等合金。由于合金中Cu和Er的含量都非常低，因此没有形成Al_8Cu_4Er相，退火过程中基体析出为Al_2Cu相和Al_3Er相。Al_3Er相的析出提高了合金轧态组织的热稳定性，而Al_2Cu相的析出使合金的电导率升高。但是由于Er和Cu的析出温度区间相差较大，无法同时得到细小析出相，张二庆等[34]采用双级退火工艺300℃/2h+200℃/20h，退火后合金的电导率为62.3%IACS，高出单级退火最高电导率2%IACS。双级退火后的硬度为70.5HV，与冷轧态的硬度相比仅仅下降1.5HV。

8030铝合金主要用于建筑导线，与传统电工铝合金相比具有良好的强度及抗蠕变性能，合金中Fe含量较高0.7%左右。曾鹏等[35]在8030铝合金中加入LaCe混合稀土，导电率能提高到 62.31%IACS，抗拉强度提高到 233MPa。Z.M.Shi 等[36]揭示了稀土对 Al–Fe 合金的变质作用。

3. 稀土变质 Al–Si 合金

稀土在铸造 Al–Si 合金中主要起变质作用，变质能力随这原子半径的增大而增加，在稀土元素中 Eu 的变质能力最强，其次是 La、Ce 等[37]。但是稀土的变质效果会受在 Al–Si 合金中其他元素的影响，尤其在两种变质剂合用的情况下。SalehA.Alkahtani 等[38]对 A356 研究发现稀土的加入对 Al–Si 共晶温度或共晶 Si 颗粒的变质没有显著影响。因为稀土 La 和 Ce 都与另一种变质剂 Sr 发生了反应。La 超过 1.5% 时 Si 颗粒可以发生变质，但过量的 La 导致金属间化合物增加，对合金性能产生不利影响。稀土与想要的凝固工艺相结合可产生更好的变质效果。张嘉艺等[39]将半固态的 A356–Yb 合金于 620℃浇注后，再经过频率为 30Hz 电磁搅拌 15s，并在 590℃保温 10min，获得更为细小圆整的初生相组织，其平均等积圆直径为 62.3μm。

随着发动机性能的不断提高，共晶型铝硅合金活塞已不能满足使用性能要求。国外广泛使用的过共晶型铝硅合金活塞含硅量高达 17% ~ 26%，具有更低的合金密度，更小的线膨胀系数，更好的抗磨性及体积稳定性。未经变质处理的过共晶型铝硅合金无法直接使用的，而稀土是其高效变质剂之一。Q Li 等[40]采用稀土 Ce 将 Al–20%Si 合金中初级 Si 颗粒的尺寸从 94μm 变质到 33μm，形态从粗星状和多边形状转变为细杆状。由于晶粒细化和组织改性使合金的拉伸强度和延伸率都有明显的提高，当 Ce 含量增加到 1.0%，强度提高了 63.2%，伸长率提高了 58.1%。王东涛等[41]研究了压铸速度和铈镧稀土元素对 Al–23%Si 合金组织和性能的影响。加入稀土后共晶组织明显细化，第二相由层片状转变为短杆状，抗拉强度从 115.6MPa 提高至 132.5MPa。

（四）稀土钛合金

高温钛合金加入少量稀土元素，可以细化钛合金的微观组织，在粉末烧结时通过内氧化来净化基体，生成的稀土氧化物在高温下稳定，可以阻碍晶界长大和位错滑移，提高合金的蠕变性能。王晓轩[42]采用快速凝固粉末冶金工艺解决稀土相形核率低、形核位置不均匀的问题。Ti–5.8Al–4.8Sn–2Zr–1Mo–0.35Si–0.70Nd 合金粉末经过 700 ~ 1000℃短时 HIP 成形后，析出大量弥散分布的稀土相，尺寸在 50 ~ 250nm 之间。同样条件下经过高温 1200℃长时间（3h）HIP 处理后的试样其晶粒尺寸没有发生明显长大，表明稀土相具有良好的高温稳定性。王文焱等[43]采用冷等静压 – 真空烧结法制备 Ti–6Al–4V–2Cr–1Nd 合金，添加稀土 Nd 元素可有效细化晶粒，主要析出相为 Nd_2O_3 和少量的 $Nd_2Ti_4O_{11}$ 相，通过最小错配度理论计算出 Nd_2O_3 析出相对 α–Ti 的错配度为 6.11%，而其与 β–Ti 的错配度为 11%，表明 Nd_2O_3 析出相可以更有效地细化 α 相。

稀土还能够改善钛合金的耐腐蚀性能，宋秀等[44]采用真空悬浮铸造法熔炼在 Ti–

29Nb-13Ta-4.6Zr（TNTZ）合金中添加不同含量的稀土 Y_2O_3，弥散分布 Y_2O_3 作为阴极耐蚀相可以起到保护基体的作用；但随着 Y_2O_3 颗粒增加会与基体间形成局部的电偶腐蚀，加速基体的腐蚀。当 Y 质量分数为 0.10% 时，TNTZ 合金耐腐蚀性能的改善最明显。

TiAl 基合金是新一代高温材料的代表，其耐热性能高于普通钛合金，韧性又高于陶瓷，在 900℃以下可取代传统镍基高温合金。但是 TiAl 基合金的室温脆性大，800℃以上高温抗氧化能力的不足制约了 TiAl 基合金的发展。周玉俊[45]采用水冷铜坩埚高真空悬浮熔炼制备了添加稀土 Y 元素的 Ti-48Al-2Nb-2Cr-0.3Y 合金，发现 Y 的添加有效细化了树枝晶尺寸，改善了压缩性能，更为重要的是 Y 提高了合金抗氧化性能。750 与 850℃两种温度下都有效减少了氧化增重，氧化层与基体结合紧密。活性稀土元素促使在疏松的 TiO_2 表层下形成一层连续致密的 Al_2O_3 层，即防止氧的内扩散又阻碍 Ti 的外扩散，具有很好防止氧化的能力。张冬冬[46]在 Ti-48Al-2Cr-2Nb 合金添加 Y 元素和纳米 Y_2O_3 粉作为对比，发现添加纳米 Y_2O_3 颗粒的 TiAl 基合金的强度和塑性一般好于加入等量 Y 元素。虽然结果都是以 Y_2O_3 的形式存在于基体中，但形成机制不同，前者是通过溶解再析出机制生长，析出物增强了基体的强度；后者只是通过 Y 元素与 Al_2O_3 反应生成 Y_2O_3。

稀土对钛合金的表面渗硼技术也有帮助，朱延松等[47]对齿轮用 TC21-DT 钛合金表面进行稀土 - 硼共渗强化。加入稀土后得到了更好的渗层。魏宝敏等[48]采用固体粉末法对 TC4 钛合金进行硼稀土共渗处理，认为是稀土加速渗剂的分解，促进活性 B 原子的析出，并在钛合金表面形成许多活性中心，为硼原子向基体内扩散提供条件。

（五）稀土钼合金

钼在具有良好的高温性能的同时，低温下表现出严重的脆性，这对钼合金产品的深加工不利。近几年采用稀土氧化物掺杂的方法提高钼合金的塑强性得到很快发展，并形成了所谓 ODS 钼合金（稀土氧化物第二相弥散强化钼合金）。ODS 钼合金通常采用粉末冶金法制备，主要有固 - 固掺杂、固 - 液掺杂、液 - 液掺杂，常用的稀土添加剂有 La_2O_3、Y_2O_3、Nd_2O_3、Gd_2O_3、Sm_2O_3 等。研究表明，稀土不但可以细化晶粒还能够弥散分布在基体中起到第二相强化作用，改善合金的低温塑性，提高合金的再结晶温度和高温性能。例如何欢承等[49]采用固 - 固掺杂的方式在 TZM 板材（含有 Ti、Zr 的 Mo 合金）加入 La_2O_3，发现掺镧的 TZM 合金比普通的 TZM 合金的晶粒更加细小。晶界处形成含 La 的细小弥散的第二相，有效阻碍晶界迁移，抑制晶粒长大，提高基体的再结晶温度。

采用固 - 固掺杂和固 - 液掺杂的稀土氧化物易偏聚在晶界上，难以进入晶粒内部，这样存在两个不利因素：第一，晶界处的氧化物容易引起裂纹的萌生；第二，氧化物在晶界处容易移动长大，这都对合金的塑性不利，液 - 液掺杂可以有效解决这些问题。G Liu 等[50]把镧和钼离子在液态下混合，然后以含镧离子为晶核诱导钼离子异相形核长大，再经过还原得到钼合金粉。这样 La_2O_3 被包裹在钼合金粉末中，形成核壳结构，其中 La_2O_3 的直径只有几十纳米，而固–固掺杂和固–液掺杂的稀土氧化物直径一般都在几百纳米。经过烧结、加工变形后制成纳米稀土氧化物掺杂细晶钼合金（NS 钼合金），La_2O_3 相一部分分布在晶界上，一部分分布在晶粒内部，防止第二相在晶界处过度偏聚带来的危害，同时具有细晶强化作用和第二相弥散强化作用。NS 钼合金同时具有高强度和高塑性。屈服强度可达到 810MPa，其断裂伸长率高达近 40%，与传统方法制备的 ODS 钼合金相比，屈服强度提高了约 15%，拉伸延伸率提高了 160%。稀土氧化物液–液掺杂技术使得钼合金的塑性大幅度提高，有效改善了钼合金的深加工能力，但其成本较高，应用上可与固–液掺杂、液–液掺杂法制成的稀土钼合金相互补充。稀土钼合金可以制成钼丝、钼杆和钼板，用作电光源的灯丝和高温炉的发热体，无缝钢管的热穿孔顶头等。稀土钼合金可在原有钼合金基础上显著提高成形性和加工性，并提高材料的使用寿命[51]。

三、国内外研究进展比较

生物全降解支架（BDS）属于第四代血管支架。德国 Biotronik 公司是最早研发的金属可降解支架的企业。其研发的 DREAMS 系列稀土镁合金全降解支架在 2016 年获得 CE 认证。我国现有镁合金支架有上海交通大学开发的 JDBM，优点是比聚合物支架回撑力强，但降解速度过快，需要用表面涂层来控制降解的速度。目前，在国家重点研发计划的推动下，赛诺医疗科技公司与上海交通大学、北京大学、郑州大学等单位合作，开发具有我国自主知识产权的全降解镁合金药物洗脱支架，计划实现支架在血管内有效支撑时间大于 4 个月，2 年内完全降解，届时将彻底解决镁合金降解过快的问题。

用作航空航天材料的高性能稀土镁合金，其开发模式正在发生转变。研发不再是某个研究机构的单独工作，而被整合进入更大的研究发展框架。例如美国建立了国家制造创新网络（NNMI），并成立了美国轻质材料制造创新研究所（ALMMII），研究所利用各种行业之间的协同效应，增加产品创新的机会，为商业部门提供服务，并与国家和高校实验室合作，共同开发各种项目[52]。欧盟在 2005—2009 年期间组织了两个镁合金研究项目，一个名为“变形镁合金在航空航天器的应用（AEROMAG）”的研究项目共有 20 个单位参与，其中有 3 个飞机制造商、2 个研究院、7 所大学、8 个镁材生产企业，另一个为“航空工业镁合金的成形新技术研究（MAGFORMING）”共有 12 个单位参与了该项目[53]。大型联合式开发意味着合金研究的每一个环节都成为整个项目的一个节点，研究者需要不断根据总体需求调整合金性能，同时项目也会根据合金性能调整总体设计。虽然开发的复杂度增加，但避免了设计出来的材料不能用或者无处可用的困境和研发资源的浪费。

我国也在加大资源整合，把研究、生产、市场调研和使用部门联合起来，完成镁合金从初级产品到应用，从废品回收到循环再利用，实现全周期绿色开发。近期青海省投资上百亿元的金属镁一体化项目，就是提升资源综合利用水平、打造循环经济最好例证。稀土镁合金的发展，不仅要从原料价格考虑，更要从节能减排、材料回收、环境治理等多方面综合考虑材料使用成本，这样才能降低使用门槛。

我国在新能源汽车开发方面走在世界前列。2016 年中国汽车工程学会年会上发布了《节能与新能源汽车技术路线图》(下面简称为《路线图》)。《路线图》指出到 2030 年我国乘用车新车油耗预计达到 3.2L/100km，新能源汽车销量占汽车总体销量的比例预计达到 40% 以上，单车使用镁合金预计达到 45kg。据统计，2015 年我国单车使用镁合金重量为 6.08kg，而日本每辆汽车使用镁合金重量约为 9.3kg，欧洲个别车辆使用镁合金可达到 14kg。随着我国节能减排政策的施行和新能源汽车的发展，镁合金的潜在需求巨大，但《路线图》的规划与我国目前镁合金的使用情况差距较大，故机遇和挑战并存。

韩国的经验可以为我们提供有益参考[54]。浦项钢铁顺应市场发展趋势，于 2007 年开始研发镁合金板材的制造加工技术，并推广在汽车中的应用，并为保时捷 911-GT3-RS 生产镁合金的车顶，这是镁合金首次用于汽车车身并且进行量产。浦项还为 LG 电子超轻笔记本供应镁板材，2015 年，浦项开发出能大幅改善加工性能的镁合金——常温成型性的“E-Form”镁合金，用于笔记本底板外壳材料。浦项开发的一种合金可以在挤压速度为 24m/min 时不形成任何表面缺陷，而另一种合金体系抗拉强度可达 450MPa，伸长率 13%，更重要的是没有拉压不对称性。这些材料已经成功地被锻造成各种汽车零件，如悬挂臂、连杆和保险杠。

近期，美国联邦航空管理局（FAA）取消了飞机上不准使用镁合金的禁令，允许商用运输机使用镁合金座椅，下一步测试在飞机内饰上的应用[55]。相对而言我国高铁产业具有发展优势，许多企业和研究单位准备将镁合金应用到高铁列车上，并且为中车集团提供样品测试，产品包括座椅臂、阅读灯支架、座椅骨架等[56, 57]。

四、本学科发展趋势与展望

生物可降解合金、汽车用压铸合金、强韧性合金等的设计和开发已经成为稀土镁合金的重要研究方向。其发展的关键在于在寻找有效的稀土强韧化相、利用稀土改善和控制镁合金的变形机制、降低合金的腐蚀速率等基础性关键问题上，综合研究合金成分、微观结构、晶体缺陷和稀土析出相在不同温度和应力条件下的交互作用机理，为研究和开发满足产业需要的高性能镁合金提供有效的理论指导。

从近年论文发表数量看，关注稀土镁合金变形机制的文章增多。一些研究者通过计算机模拟和实验观察相结合的方法探索稀土元素对变形机制的影响，解释孪晶和织构等微观变形过程。这种将合金的原子运动模拟、微观的结构观察、宏观的性能改进联系起来的研究方法为稀土镁合金的发展提供了深层次动力。目前，研究者通过新型电镜技术可以看到原子尺度的位错核心和沉淀相结构[58]，但对位错运动和沉淀相的时效析出的动力学过程还不清楚，对位错、孪晶与沉淀相的交互作用也少有深入的分析[59]。为了揭示稀土镁合金强化和变形机制，还原动态的相变和形变过程，需要发展出更多新的模拟计算理论与方法[60]。

微合金化是研发新一代铝合金的重要手段，通过添加微量稀土元素改善铝合金性能是提高铝合金综合性能的有效途径。目前，对稀土微合金化作用的研究还不全面，主要集中在 Sc、Er、La、Ce 等少数几个元素上，对于其他稀土的微合金化作用了解较少，对多种微量元素产生复杂的合金化作用研究还不够。但随着对微合金化机制认识的愈加深入，众多的稀土元素让研究者有更多的选择机会改进传统铝合金的性能，开发出更先进的铝合金产品。

稀土元素对高温钛合金的发展具有促进作用，在细化晶粒、提高疲劳性能、改善热稳定性等方面也发挥了重要的作用。在钛合金中，稀土部分固溶于合金基体中，部分以氧化物颗粒的形式分布在晶内和晶界处，其余以金属间化合物的方式存在。其中，稀土氧化物的存在形式最为重要，在分布不均聚集成团的情况下，会降低钛合金可焊性和疲劳强度。因此，研究稀土元素加入方式和在基体中的分散效果对疲劳裂纹萌生和扩展行为具有十分重要的意义。稀土掺杂是 TiAl 基合金改性的研究热点，掺杂能够改善合金的组织结构和表面氧化膜的黏附性，提高氧化膜的抗剥落能力，对提高耐热性能和抗氧化性能起到重要作用。但是，关于稀土掺杂强韧化机理的研究还不充分，不同稀土元素的影响程度研究也不完整，因此，稀土掺杂钛合金具有很大的研究和发展空间。

稀土掺杂钼合金通过液–液掺杂制备方法解决了混料均匀性的问题。但该方法成本较高，下一步实现大规模应用，还需要研制可以实现工业化生产的工艺方法来降低成本。TZM 钼合金是应用最广泛的钼合金，用其制作的发动机涡轮盘，所用钼量占总钼用量的 15%。新型的 NS 钼合金采用液–液掺杂技术析出具有核壳结构的纳米稀土氧化物，不但可以提高合金强度和塑性，还具有高温稳定性，性能接近并有望代替 TZM 等实用钼合金，广泛应用于不同领域。

参考文献

[1] Erinc M，Sillekens W H，Mannens R，et al. Applicability of existing magnesium alloys as biomedical implant materials [J]. The Materials Society Annual Meeting. San Francisco: N.p., 2009：209–214.

[2] 谭志刚，周倩，蒋宇钢. 生物可降解镁合金血管支架：缺点及未来研究趋势 [J]. 中国组织工程研究，2015，19（8）：1284–1288.

[3] 袁广银，章晓波，牛佳林，等. 新型可降解生物医用镁合金 JDBM 的研究进展 [J]. 中国有色金属学报，2011，21（10）：2476–2488.

[4] 王俊. 可降解血管支架用 Mg–Zn–Y–Nd 合金组织及性能研究 [D]. 郑州：郑州大学，2010.

[5] Jun Fan, Xin Qiu, Xiaodong Niu, Zheng Tian, Wei Sun, Xiaojuan Liu, Yangde Li, Weirong Li, Jian Meng, Microstructure, mechanical properties, in vitro degradation and cytotoxicity evaluations of Mg-1.5Y-1.2Zn-0.44Zr alloys for biodegradable metallic implants [J]. Mater. Sci. Eng. C, 33, 2345-2352, 2013.

[6] 刘小丽. 血管支架用 Mg-Zn-Y-Nd 合金的体外生物相容性及表面改性研究 [D]. 北京：北京科技大学, 2015.

[7] Zhang J, Xu C, Jing Y, et al. New horizon for high performance Mg-based biomaterial with uniform degradation behavior: Formation of stacking faults [J]. Scientific Reports, 2015, 5: 13933.

[8] 冯晓伟, 戚文军, 黎小辉, 等. 生物医用挤压态 Mg-Zn-Gd 镁合金的组织与耐电化学腐蚀性能 [J]. 中国腐蚀与防护学报, 2016, 36 (3): 267-272.

[9] Hort N, Huang Y, Fechner D, et al. Magnesium alloys as implant materials--principles of property design for Mg-RE alloys [J]. Acta Biomaterialia, 2010, 6 (5): 1714.

[10] 丁文江, 靳丽, 吴文祥, 等. 变形镁合金中的织构及其优化设计 [J]. 中国有色金属学报, 2011, 21 (10): 2371-2381.

[11] Fanqiang Bu, Qiang Yang, Kai Guan, Xin Qiu, Deping Zhang, Wei Sun, Tian Zheng, Xiaopeng Cui, Shicheng Sun, Zongmin Tang, Xiaojuan Liu and Jian Meng. Study on the mutual effect of La and Gd on microstructure and mechanical properties of Mg-Al-Zn extruded alloy [J]. Journal of Alloys and Compounds, 2016, 688, 1241.

[12] Koike J, Kobayashi T, Mukai T, et al. The activity of non-basal slip systems and dynamic recovery at room temperature in fine-grained AZ31B magnesium alloys [J]. Acta Materialia, 2003, 51 (7): 2055-2065.

[13] Imandoust A, Barrett C D, Al-Samman T, et al. A review on the effect of rare-earth elements on texture evolution during processing of magnesium alloys [J]. Journal of Materials Science, 2017, 52 (1): 1-29.

[14] Sandlöbes S, Zaefferer S, Schestakow I, et al. On the role of non-basal deformation mechanisms for the ductility of Mg and Mg-Y alloys [J]. Acta Materialia, 2011, 59 (2): 429-439.

[15] Luo J, Yan H, Chen R S, et al. Effects of Gd concentration on microstructure, texture and tensile properties of Mg-Zn-Gd alloys subjected to large strain hot rolling [J]. Materials Science & Engineering A, 2014, 614 (4): 88-95.

[16] J.Meng, D.Q.Fang, D.P.Zhang, D.X.Tang, H.Y.Lu, L.S.Zhao, W.Sun, X.Qiu and H.J.Zhang, High-strength, high-toughess, weldable and deformable rare earth magnesium alloy [P]. US Patent No.7708937.

[17] Zhu Y M, Bian M Z, Nie J F. Tilt boundaries and associated solute segregation in a Mg-Gd alloy [J]. Acta Materialia, 2017, 127: 505-518.

[18] Nie J F, Zhu Y M, Liu J Z, et al. Periodic segregation of solute atoms in fully coherent twin boundaries [J]. Science, 2013, 340 (6135): 957-60.

[19] Robson J D. Effect of Rare-Earth Additions on the Texture of Wrought Magnesium Alloys: The Role of Grain Boundary Segregation [J]. Metallurgical & Materials Transactions A, 2014, 45 (8): 3205-3212.

[20] Basu I, Al-Samman T. Twin recrystallization mechanisms in magnesium-rare earth alloys [J]. Acta Materialia, 2015, 96: 111-132.

[21] Zijian Yu, Chao Xu, Jian Meng, Xuhu Zhang, Shigeharu. Kamado, Effects of pre-annealing on microstructure and mechanical properties of as-extruded Mg-Gd-Y-Zn-Zr alloy [J]. Journal of Alloys and Compounds, 2017, 729, 627-637.

[22] Sun J, Jin L, Dong J, et al. Microscopic deformation compatibility during monotonic loading in a Mg-Gd-Y alloy [J]. Materials Characterization, 2016, 119: 195-199.

[23] Wang H, Boehlert C J, Wang Q, et al. Analysis of Slip Activity and Deformation Modes in Tension and Tension-Creep Tests of Cast Mg-10Gd-3Y-0.5Zr (Wt Pct) at Elevated Temperatures Using In Situ, SEM Experiments [J]. Metal-

lurgical & Materials Transactions A, 2016, 47（5）：2421–2443.
［24］Wang H，Boehlert C J，Wang Q D，et al. In–situ analysis of the tensile deformation modes and anisotropy of extruded Mg–10Gd–3Y–0.5Zr（wt.%）at elevated temperatures［J］．International Journal of Plasticity，2016，84：255–276.
［25］Riddle Y W，Jr T H S. A study of coarsening，recrystallization，and morphology of microstructure in Al–Sc–（Zr）–（Mg）alloys［J］．Metallurgical & Materials Transactions A，2004，35（1）：341–350.
［26］文胜平，林双平，宫博，等．含铒 Al–4.5Mg–0.7Mn–0.1Zr 合金中 Al3Er 相的形成及微观结构［J］．稀有金属，2010，34（6）：14–18.
［27］聂祚仁，文胜平，黄晖，等．铒微合金化铝合金的研究进展［J］．中国有色金属学报，2011，21（10）：2361–2370.
［28］Zhang Z，Chen K H，Fang H C，et al. Effect of Yb addition on strength and fracture toughness of Al–Zn–Mg–Cu–Zr aluminum alloy［J］．中国有色金属学报（英文版），2008，18（5）：1037–1042.
［29］Xiao D H，Huang B Y. Effect of Yb addition on precipitation and microstructure of Al–Cu–Mg–Ag alloys［J］．中国有色金属学报（英文版），2007，17（6）：1181–1185.
［30］雷文魁，王顺成，郑开宏，等．La，Ce 混合稀土对 6201 电工铝合金组织性能的影响［J］．材料研究与应用，2015，9（1）：20–24.
［31］Hou J P，Wang Q，Zhang Z J，et al. Nano–scale precipitates：The key to high strength and high conductivity in Al alloy wire［J］．Materials & Design，2017.
［32］张宋．加 Er 耐热导电铝合金研究［D］．郑州：郑州大学，2013.
［33］刘同辉，文胜平，李健飞，等．退火工艺对冷轧 Al–Er–Cu 合金电导率和硬度的影响［J］．材料热处理学报，2017，38（6）：31–35.
［34］张二庆，文胜平，李健飞，等．高强度高导电率 Al–Er–Cu 合金的双级退火工艺研究［J］．热处理技术与装备，2017，38（3）：12–16.
［35］曾鹏，张迅，曾华荣，等．稀土对 8030 铝合金组织和性能的影响［J］．轻金属，2017，（2）：47–50.
［36］Shi Z M，Gao K，Shi Y T，et al. Microstructure and mechanical properties of rare–earth–modified Al–1Fe binary alloys［J］．Materials Science & Engineering A，2015，632（14）：62–71.
［37］Nogita K，Mcdonald S D，Dahle A K. Eutectic modification of Al–Si alloys with rare earth metals［J］．2004，45（2）：537–537.
［38］Alkahtani S A，Elgallad E M，Tash M M，et al. Effect of Rare Earth Metals on the Microstructure of Al–Si Based Alloys［J］．Materials，2016，9（1）.
［39］张嘉艺，刘政，沈俊波．不同温度场下半固态铝 – 稀土合金初生相形貌［J］．中国有色金属学报，2016，26（2）：272–279.
［40］Li Q，Xia T，Lan Y，et al. Effect of rare earth cerium addition on the microstructure and tensile properties of hy–pereutectic Al–20%Si alloy［J］．Journal of Alloys & Compounds，2013，562（1）：25–32.
［41］王东涛，张海涛，韩星，等．铸造速度和混合稀土对 Al–23%Si 合金组织和性能的影响［J］．东北大学学报（自然科学版），2017，38（4）：507–511.
［42］王晓轩．Ti–5.8Al–4.8Sn–2Zr–1Mo–0.35Si–0.70Nd 合金中富钕稀土相研究［J］．稀有金属材料与工程，2015，44（1）：243–246.
［43］王文焱，黄文君，邵昌，等．添加 Nd 元素对 Ti–6Al–4V–2Cr 合金组织细化的影响［J］．粉末冶金材料科学与工程，2016，21（5）：760–766.
［44］宋秀，王磊，新家光雄，等．稀土 Y2O3 添加对医用 β 型钛合金腐蚀行为的影响［C］．全国钛及钛合金学术交流会，2013.
［45］周玉俊．稀土 Y 对 Ti–48Al–2Nb–2Cr 合金组织及性能的影响［D］．南京：南京理工大学，2014.

［46］张冬冬．Y 对铸造 Ti-48Al-2Cr-2Nb 合金组织和室温性能的影响［D］．哈尔滨：哈尔滨工业大学，2016.
［47］朱延松．齿轮用 TC21-DT 钛合金表面稀土 - 硼共渗强化及其磨削加工研究［D］．南京：南京航空航天大学，2015.
［48］魏宝敏，台立民，迟长志．TC4 钛合金固体粉末法渗硼工艺研究［J］．热加工工艺，2015，（4）：201-204.
［49］何欢承，王快社，胡平，等．掺杂稀土元素镧对 TZM 合金板材再结晶行为的影响［J］．稀有金属材料与工程，2015，44（5）：1291-1300.
［50］Liu G，Zhang G J，Jiang F，et al. Nanostructured high-strength molybdenum alloys with unprecedented tensile ductility［J］．Nature Materials，2013，12（4）：344.
［51］郭磊，宋瑞，淡新国，等．稀土钼合金制备工艺及强韧化机理研究现状［J］．中国钼业，2017，（2）：45-51.
［52］Salvatore A. Reducing weight for transportation applications：Technology challenges and opportunities［M］. Springer International Publishing，2015：1-3.
［53］吴国华，陈玉狮，丁文江．镁合金在航空航天领域研究应用现状与展望［J］．载人航天，2016，22（3）：281-292.
［54］Kim N J. Korea's R&D Activities Towards the Application of Wrought Mg Alloys［M］// Magnesium Technology 2016. Springer International Publishing, 2016：9-10.
［55］Davis B. The Application of Magnesium Alloys in Aircraft Interiors—Changing the Rules［M］．Springer International Publishing，2015：5-5.
［56］Nyberg E，Peng J，Neelameggham N R. Development of Magnesium Alloys for High Speed Trains in China［M］. Springer International Publishing，2016：7-8.
［57］权高峰，李瑞淳，孟健，赵明花，任瑞敏，张英波，杨超凡．轨道客车镁合金通风窗及其制造工艺［P］．中国发明专利 201010100394，2012-12-05
［58］Zheng J X，Li Z，Tan L D，et al. Precipitation in Mg-Gd-Y-Zr Alloy：Atomic-scale insights into structures and transformations［J］．Materials Characterization，2016，117：76-83.
［59］Zheng J，Xu X，Zhang K，et al. Novel structures observed in Mg-Gd-Y-Zr during isothermal ageing by atomic-scale HAADF-STEM［J］．Materials Letters，2015，152：287-289.
［60］Lv Shuhui，Li Yanwei，Meng Fanzhi，Duan Qian，Yang Qiang，Liu Xiaojuan，Meng Jian，Thermodynamic stability of Al11RE3intermetallic compounds from first-principles calculations［J］．Computational Materials Science，2017，131，28-34.

撰稿人：孙　伟　孟　健　邱　鑫　田　政　张德平　牛晓东

特殊稀土化合材料研究

一、引言

稀土化合物包括稀土氧化物、稀土氯化物、稀土碳酸物、稀土硝酸盐、稀土卤化物等。特殊稀土化合物中稀土发热材料、稀土助剂、稀土基靶材和稀土抛光材料是近年来研究与应用较广泛的稀土化合物材料。本专题将重点介绍这四种特种稀土化合物的最新研究进展、国内外比较以及发展趋势和展望。

发热材料通常指利用电热效应产生热能的一类材料，要求在高温时具有良好的稳定性，抗氧化性及足够高的高温强度。稀土发热材料以稀土为主成分或添加稀土元素改性，广泛应用于机械、冶金、化工、食品等领域的电加热元件材料[1]。

稀土助剂是指改善或提升某些主体材料某一特定性能的稀土化合物，通常是指在高分子材料中能够起到某些功能性作用或在某些性能方面具有协同效应的一种稀土化合物或稀土复合物。其表现为加入量少而效能大。有时，人们容易把助剂与催化剂列为依从关系，事实上稀土助剂与稀土催化剂的本质区别就是看稀土化合物或稀土复合物是否跟随进入主体物料中。因此，稀土助剂与稀土催化剂是用途不同相互独立的两种稀土物料。

由于稀土元素在电学、磁学、热学、光学等方面的独特性能，广泛应用于高性能功能薄膜的制备，如大规模集成电路、信息记录与存储、表面防护、平板显示及材料的表面包覆改性等领域都用到稀土基靶材。

氧化铈基稀土抛光材料的主要成分是氧化铈，因其具有独特的物理和化学性质，近50年来被广泛地应用于玻璃盖板、精密光学、硬盘盘基片和集成电路等抛光领域。近几年，随着苹果、三星和华为等为代表的手机通讯巨头的崛起，稀土氧化铈抛光磨料的需求急剧增加，相比氧化硅磨料，氧化铈具有更高的磨削效率。

二、本学科领域近年来的最新研究进展

（一）稀土发热材料

发热材料按照材质分为三类：①金属类；②非金属类；③其他类。发热材料的分类及特性见表1。

表1　发热材料的种类及特性

发热材料－类别		主要成分		允许最高温度（℃）	特点及使用范围
金属类	高熔点金属	W		2300~2500	价格高，必须在真空或保护气氛中使用
		Mo		1600~2000	
		Ta		2500	
		Nb		2230	
		Pt		1400	价格昂贵，可在氧化气氛中使用
	铁铬铝合金	Cr13Al4	稀土添加 0.2% ~ 0.6%	950	电阻率比镍基类高，抗氧化性好，比重轻，价格较低，有磁性，高温强度不及镍基合金
		Cr13Al6Mo2		1250	
		Cr21Al6Nb		1350	
		Cr27Al7Mo2		1400	
	镍铬合金	Cr15Ni60	稀土添加 0.2%	1150	高温强度高，加工性好，无磁性，价格较高，耐温较低
		Cr20Ni80		1200	
		Cr30Ni70		1250	
非金属类		SiC		1350	价格低廉，使用范围广
	MoSi$_2$		1600	价格较高，可用于多种气氛，高温强度低，高温易软化	
	LaCrO$_3$（主成分是稀土，占原料的65%）		1900	价格较低，仅可以在氧化气氛下使用，应用范围广，国产元件性能达到国际先进水平	
	ZrO$_2$		2000	需要辅助加热至1500℃开始工作，理论使用温度高，市场上未见成熟产品	
其他类		远红外线辐射体		300~600	使用温度低，制备成本较高
	钛酸钡				
	薄膜电阻				

从表 1 可以看出，稀土发热材料包含铁铬铝合金、镍铬合金和铬酸镧三种材料。

Fe–Cr–Al 电热合金是我国应用最广泛的金属电热材料之一。但是 Fe–Cr–Al 合金高温下易氧化、高温强度低、使用寿命短，虽价格低廉却耗费大[2]。因此，近年来的研究主要在粉末冶金法制造 Fe–Cr–Al 电热合金以提高高温强度，并用添加稀土的方式改善高温氧化皮组成及结构，阻缓高温氧化行为以提高其使用寿命[3]。研究证明，向 Fe–Cr–Al 合金中添加微量稀土 Y、La 等元素，可以显著提高合金的抗氧化性、工作温度和使用寿命等综合性能。

Ni–Cr 基电热合金在使用性能上有很多优点，如高温强度高、热辐射率高、无磁性、耐腐蚀性好。稀土元素加入后，可减缓合金在高温下晶粒长大，提高合金的塑性，改善拉拔性能，夹杂物尺寸减小，改善 1100℃以下的抗氧化性能，从而提高了合金的快速寿命值，当使用温度超过 1100℃，稀土元素对合金的抗氧化性能产生不利影响。研究表明，Ni–Cr 基电热合金的最佳稀土添加量在 0.2% 左右，添加稀土的种类以稀土硅铁、La 和 Ce 为主。

Fe–Cr–Al 电热合金和 Ni–Cr 基电热合金稀土添加用量极少，仅占总质量的 0.2% 左右，而铬酸镧发热材料（$LaCrO_3$）主成分是稀土氧化物 – 氧化镧（La_2O_3），占原料的 65%，本文从发展稀土电热材料的角度出发，所以以下重点阐述铬酸镧材料的发展现状及未来发展趋势。铬酸镧陶瓷发热材料是一种钙钛矿型（ABO_3）复合氧化物，具有熔点高（2490℃），大气中最高使用温度可达 1900℃，稳定炉温可达 1800℃，是一种新型的高温电炉用加热元件。1973 年日本工业技术研究院用铬酸镧电热元件组装成高温电炉，能够在 1800 ~ 1850℃的氧化介质中工作，可用于高熔点单晶的培育、高温材料的烧结、冶金及矿渣的熔炼、金属热处理等方面。国内能够生产铬酸镧发热元件的厂家较少，包头稀土研究院生产的铬酸镧发热元件产品一致性和电热性能优良，经鉴定达到国际先进水平。近年来，国家和地方投入了相当大的资金对稀土钙钛矿型发热材料进行研发。国家自然科学基金、“863”和“973”计划中都有相关项目，使这类材料的潜能得到了深入挖掘。

（二）稀土助剂

我国稀土资源丰富，储量产量世界最大。但由于稀土资源利用的不平衡，使镧、铈等高丰度轻稀土造成大量积压，阻碍了稀土产业的健康发展。因此，利用稀土元素的特殊结构和配位原理，制作成无机、有机配体的各种物质，赋予高分子材料的某些特殊功能，开发出具有环保、高效的稀土助剂能够提高稀土的使用价值，促进稀土产业健康有序发展。近年来由于稀土选冶技术及深加工技术的提高，使下游稀土的应用得到了拓展。在国家科技项目及各级政府科技项目的支持下，以镧、铈等轻稀土为主要原料的新型稀土功能助剂研究取得了长足进步。稀土助剂研究展现出新的活力，不断涌现出新的稀土化合物构成的稀土助剂，在改进高分子材料的加工和应用性能方面赋予高分子材料新功能的独特效果，逐步显现出其高效、环保作用。因此，稀土助剂在高分子材料中的应用已经成为一个极具生机的研究领域。稀土助剂在聚氯乙烯、天然橡胶、聚氨酯橡胶、尼龙、涂料等高分子材料中获得多项具有中国特色的原创性自主知识产权，有的研究成果已经实现产业化。打破了某些高端化工助剂由国外垄断的局面，有望形成具有鲜明中国特色的稀土精细化工新材料产业链，为相关行业提供技术支撑。

1. PVC 热稳定剂

由于 PVC 结构的特殊性，分子链存在结构缺陷[4]，加热至 110℃时会脱出 HCl，而放出的 HCl 又会加速 PVC 的分解，严重影响 PVC 树脂的性能[5]。而 PVC 的加工温度一般在 160℃以上，为了将 PVC 变成制品，PVC 的加工过程中通常添加热稳定剂，与树脂组成有协同作用的热稳定体系，防止 PVC 在加工过程中由于受到机械剪切作用和受热而引起的降解，提高 PVC 的热分解温度，扩大其应用范围。

目前世界已经商品化的 PVC 热稳定剂主要有铅盐稳定剂[6]、金属皂复合稳定剂[7]、有机锡稳定剂[8]、稀土稳定剂[9]和有机辅助热稳定剂五大类。

世界产量最大的仍是传统的铅盐类稳定剂和金属皂复合稳定剂，我国则以铅盐类稳定剂为主，金属皂复合稳定剂正在逐步扩大。稀土类热稳定剂具有优异的热稳定功能、透明性。稀土元素可吸收 230 ~ 320nm 的紫外线[10]，紫外线是 PVC 老化的因素之一，所以，稀土稳定剂具有其他热稳定剂少有的耐候性，适合于型材等户外制品。稀土离子极可能同时与两个 PVC 链上的不稳定氯原子形成配位键，因而提高使 PVC 分子间作用力，使塑化成型时剪切力的传递增强，促进了塑化，并增加了制成品的韧性。同时，稀土离子[11]与填充剂 $CaCO_3$ 等含氧的金属硬碱中的氧有很强的络合能力，因而能提高 PVC 中对填料 $CaCO_3$ 的亲和力，发挥偶联剂作用。

包头稀土研究院研发的制备的镧、铈稀土 PVC 热稳定剂，RoHS 有毒有害物质未检出，REACH168 种高关注物质（SVHC）均未检出，绿色环保；其中稀土含量（折合氧化物）>5%，加热减量 0.42%，刚果红时间为 32min，200℃烘箱热老化时间≥ 95min。能够替代进口钙锌稳定剂应用于型材中，提高可焊接性 11.37%、耐候性能△ E1.2；应用于板材中，提高最大负荷 17.31%、弹性模量 14.62%、弯曲强度 19.68%；应用于管材中，提高爆破压力 0.1 ~ 0.2MPa、保压时间 20 ~ 57min。

2. PVC 改性剂

现阶段 PVC 的应用主要集中在管材、板材、型材、薄膜及装饰材料等低端制品行业，极少应用在高端领域，这是由于 PVC 本身质量特性的缺点所决定的。因此，人们总是尝试寻找既保留 PVC 现有性能，又具有良好的物理化学特性且价格低廉的产品。近年来，对 PVC 改性方面的研究及应用得到了快速的发展，尽管大多数工作仍停留在实验室或小型试验阶段，但从发展趋势看，加强对 PVC 性能改进并形成规模化应用将会有效推进 PVC 的发展。

PVC 改性分为化学改性和物理改性。化学改性多以第二单体与 VCM 进行共混聚合来达到对其改性的目的，包括共聚改性、接枝反应改性、氯化反应改性。改性后的材料既具有第二单体的部分优良特性，又兼有 PVC 的部分特性。

根据实际应用情况，化学改性受到规模、改性配方以及反应控制等方面的制约，发展缓慢。物理改性易于实现，可操作性强，同时不存在化学反应工艺条件的诸多技术难题，近年来受到了高度的重视。尤其是人工合成稀土改性剂对 PVC 进行改性的研发工作得到了快速的发展，在国内许多著名院校都设有专业性的课题组，并取得了较好的成绩。这主要得益于我国稀土资源丰富，随着对其分离纯度的进一步提高，通过稀土对 PVC 改性还将有助于开辟轻质稀土新的应用领域。[12]

将钛酸酯偶联剂改性后的微晶白云母（质量分数为 10%）加入 PVC 基体中能有效提高其拉伸强度和冲击强度。用稀土表面改性剂处理过的玻璃纤维填充 PVC，制得的多层复合材料具有优良的摩擦性能和冲击性能，同时拉伸性能也得到明显提高。PVC 的强度、韧性的改性常常是此消彼长，在实验室中通常采用熔融法制备有机稀土化合物，采用共沉淀法制备无机稀土化合物。通过元素分析、FTIR、DSC、XRD、SEM 等测试方法，可表征所合成的稀土化合物的物理化学性质。通过复合调配技术合成具有增韧、耐老化等多功能的 PVC 稀土改性助剂。采用微机控制电子万能试验机测试其强度及增韧性能。

稀土离子的 4f 能级在紫外、可见、红外光区均有吸收，作为填充材料可吸收大部分的自然光，使 PVC 的光降解延缓发生，从而大大提高其耐候性能，这方面的研发工作仍在进行当中。[13]

包头稀土研究院研制的稀土 PVC 改性剂，能够提高 PVC 的抗冲击性能、拉伸伸长率、热老化性能，并且均可提高 15% 以上。

3. 稀土橡胶助剂

在橡胶制品生产中需要添加多种助剂，如促进剂、硫化剂、防老剂、加工助剂和功能性助剂等。虽然助剂用量不大，但对橡胶加工性能和产品性能具有重要影响。[14] 稀土元素具有独特的电子结构，利用稀土元素的多配位能力和有机配体结构上的多样性，合成高效、多功能、无害无毒的新型稀土橡胶助剂，是适应橡胶高性能化和功能复合化发展的需要。

（1）硫化促进剂

研究发现，稀土配合物（如镧、钕、铕等配合物）具有促进橡胶硫化作用，能够改善橡胶加工安全性、提高橡胶物理性能，是应用前景广阔的新型促进剂品种。杨树颜，贾志欣等[15] 合成了一种新型稀土多功能助剂—谷氨酸二硫代氨基甲酸镧（La-GDTC），La-GDTC 是一种具有二硫代氨基甲酸根和羧基与金属镧离子进行配位作用化学结构的化合物。随着 La-GDTC 含量的增加，SBR/La-GDTC 混炼胶的正硫化时间缩短，表明了 La-GDTC 具有良好的硫化促进功能。此外，林国良和郑玉婴[16] 以氯化镧和柠檬酸为原料，合成柠檬酸镧，并将合成的柠檬酸镧添加到 SBR 混炼胶中，研究其对混炼胶的硫化特性和硫化胶物理机械性能的影响；研究结果表明，柠檬酸镧可提高混炼胶的硫化性能、硫化胶物理机械性能及抗硫化还原性。因此，柠檬酸镧可以作为 SBR 橡胶硫化剂的一种补充。

（2）防老剂

开发高效环保、多功能化和低成本的新型橡胶防老剂对我国橡胶工业发展具有重要意义。研究发现，稀土元素对 NR 的热氧化有很强的防护作用。研究表明，稀土元素的大量空轨道具有很强的与游离基结合的能力，可使链式反应终止，有效抑制氧化作用。在胶料热氧老化前，稀土元素的络合作用形成一些络合结构，阻碍了氧化过程的进行。热氧化后产生的烯酸、烯酮等也会与稀土形成络合物，阻碍氧化过程的继续进行。施其锋等[17]合成了一种新型多功能的稀土配合物橡胶防老剂—水杨酸镧（La–SA），研究结果表明，水杨酸镧能缩短 NR/SiO_2 和 SBR/SiO_2 两种复合材料混炼胶的正硫化时间，起到明显的硫化促进作用。并能同时提高 NR/SiO_2 和 SBR/SiO_2 复合材料的拉伸强度和撕裂强度，改变了两种复合材料的物理机械性能，可见稀土配合物能提高橡胶的网络结构。杨昌金，罗勇悦[18]等采用皂化方法制备硬脂酸镧（LaSt），以 LaSt 作为环氧化天然橡胶（ENR）的防老剂，实验表明添加 LaSt 有助于提高 ENR 的热稳定性，同时添加 LaSt 的 ENR 的结构稳定性均显著优于传统防老剂（RD，4010NA，4020，MB）。

（3）补强剂

李志强[19]等在天然橡胶（NR）中添加未改性氧化铈（CeO_2）和三种偶联剂改性的氧化铈（CeO_2），系统的研究了 CeO_2 对 NR 性能的影响。结果表明，CeO_2 经过三种不同的偶联剂改性后，在 CeO_2 颗粒表面形成了一层偶联剂分子膜。偶联剂改性 CeO_2 的效果较好，偶联剂的用量为 CeO_2 用量的 2% ~ 5%，改性后的 CeO_2 由亲水性变为亲油性。三种偶联剂的改性效果：钛酸酯偶联剂改性 > 铝酸酯偶联剂改性 > 硅烷偶联剂改性。橡胶试样在老化后，添加钛酸酯偶联剂改性 CeO_2 的橡胶试样的力学强度也最高，在 NR 中添加铝酸酯偶联剂改性 CeO_2 的橡胶样品稳定性能较好。

此外，包头稀土研究院研制的轮胎用稀土橡胶助剂，不仅能够提高轮胎橡胶的热老化性能 12% 以上，还能够降低 15% 的轮胎橡胶磨耗量。

4. 在纺织品中的应用

王晓，张国生等[20]采用稀土助剂进行羊毛低温染色实验，并将染色结果与羊毛常规染色结果进行对比，羊毛稀土助剂低温染色工艺能够明显降低染色温度，在减轻纤维强力损伤的同时，降低了能源消耗，具有节能环保的优势。

谷春燕等[21]制备了一系列高填充的稀土 /PP 复合防护纤维，稀土含量分别为 23%、33%、43%、50%、55%、60%。采用红外光谱、差热扫描、X 射线衍射、扫描电镜、透射电镜及铅当量等测试详细研究了复合防护纤维的结构性能，并将短纤维层压作防辐射测试，研究了稀土添加量与防辐射性能之间的关系，发现随着稀土含量的增加，防护性能增强。

5. 在涂料中的应用

金属材料的腐蚀不仅带来巨大的经济损失，同时还导致生态环境的破坏。电弧喷涂长效防腐是目前最受重视的热喷涂技术之一，有着重要的应用领域[22]。目前铝涂层和锌涂层是金属构件腐蚀防护的主要材料之一，它作为牺牲阳极，起到阴极保护作用。而且能使金属制品与外围腐蚀介质隔离，防止腐蚀发生。

通过对含有稀土元素的几种铝和铝合金材料的电弧喷涂层的防腐性能进行测试，表明加入稀土可以有效地改善涂层的性能。这主要是由于稀土不仅可以细化晶粒，改善合金的抗蚀能力。而且可以提高涂层结合强度，降低孔隙率，使孔隙变细小。涂层孔隙率的降低对提高涂层的耐腐蚀能力有重要的作用[23]。实际应用中，涂层孔隙的存在减弱了涂层的隔离作用。腐蚀介质会从孔隙穿过涂层到达基体，发生涂层下腐蚀[24]。

陈佳等[25]利用硅烷偶联剂 KH560 改性 CeO_2，实验结果表明，表面改性的 CeO_2 在环氧树脂基体中具有更好的分散性；改性后 CeO_2 和 SiO_2 添加到环氧树脂中制备的稀土防腐防污涂层，表现出较好的疏水性能，涂层防污性能提升明显。

6. 在其他高分子材料中的应用

蓝平，乔磊磊等[26]，研究发现异辛酸镧能与全水发泡半硬质聚氨酯泡沫体系中的聚氨酯组合料发生反应，引起 γN–H 区的红外吸收峰迁移，致使形成新的结构。不同质量份的异辛酸镧对全水发泡半硬质聚氨酯泡沫的形态有很大的影响。异辛酸镧的加入，可以与发泡体系中的其他组分发生协同作用，使泡沫的泡孔尺寸更加均匀，改善泡沫的形态。在全水发泡半硬质聚氨酯泡沫体系中添加异辛酸镧，可以明显改变泡孔的形态并使发泡体系发生显著的变化，此研究成果可以为稀土制备新型的聚氨酯泡沫制品提供一定的依据。

（三）稀土基靶材

随着电子信息产业的飞速发展，薄膜技术应用日益广泛。精密性、稳定性、可靠性和使用寿命是功能薄膜器件的重要衡量指标。作为物理气相沉积制备各种功能薄膜器件的关键材料，靶材的性能直接影响着薄膜器件的精度、稳定性和可靠性，进而制约着相关薄膜技术产业的发展。随着技术不断进步和相关产业转型升级，溅射靶材需求量与日俱增，对靶材的纯度、相对密度、组织性能控制及靶材组件整体品质等方面提出更高要求。

1. 大规模集成电路用稀土基靶材

集成电路用稀土基靶材占据较大市场份额，其应用领域主要包括介质膜、电阻膜等。

（1）介质膜

随着超大规模集成电路的快速发展，互补金属氧化物半导体（CMOS）器件特征尺寸进入纳米量级，CMOS 器件的栅介质氧化层厚度需要不断变小，以此提高器件开态饱和电流和栅控能力。针对 22nm 及以下技术节点的 CMOS 器件，栅介质氧化层厚度需要缩小至 0.7nm 以下。这个尺寸下，传统 SiO_2 栅介质膜极易产生量子隧穿效应，引起栅漏电流指数增加，MOS 器件关态功耗增加，微纳电子器件的稳定性、可靠性及使用寿命下降，最终导致器件失效。使用高介电常数（K）介质膜代替传统 SiO_2 作栅介质，可以在保证具有相同的等效栅介质氧化层厚度（EOT）前提下增大栅介质层物理厚度，从而有效降低或消除由量子隧穿效应产生的栅漏电流。

稀土化合物（Y_2O_3，La_2O_3，CeO_2，Nd_2O_3，Sm_2O_3，Gd_2O_3，Tm_2O_3 及其复合氧化物 $REScO_3$（RE=La，Gd，Tb，Sm），$LaLuO_3$，$LaAlO_3$ 等[27-35]）介电常数 K 值高、禁带宽度大、导带偏移量大、重结晶温度高、抑制氧扩散能力强、与衬底接触时具有良好的热稳定性。采用稀土基靶材制备高 K 非晶介质膜代替传统 SiO_2 作 CMOS 栅介质，可以显著增加禁带宽度和导带偏移量，有效阻止低 K SiOx 界面层的形成，将 MOS 管栅漏电流降至 $10^{-6}A/cm^2$ 量级[29, 30]，界面缺陷态密度（Dit）降至 $10^{11}eV^{-1}cm^{-2}$ 量级[32]，热载流子稳定性优异，是很有应用前景的栅介质膜，也是集成电路发展的必然选择。

随着集成电路的快速发展，势必会加剧 MOS 管栅介质膜用稀土化合物（或金属）靶材需求量。包头稀土研究院相继进行了 La，Ce，Pr，Nd，Gd，Y_2O_3，La_2O_3，Gd_2O_3 等稀土靶材试制工作。靶材品质好，无明显缺陷。其中 Gd 靶的最大横向尺寸大于 500mm，最小纵向尺寸小于 0.2mm。北京有色金属研究总院、有研稀土新材料股份有限公司、湖南稀土金属材料研究院、北京大学等单位在“十二五”期间，突破了绝对纯度为 4N 级的超高纯稀土金属提纯技术，为微纳电子靶材原材料的供应提供了重要保障。有研稀土新材料股份有限公司和有研亿金新材料有限公司共同开发了 Zr-Co-RE 吸气薄膜用靶材、铝 - 高熔点稀土合金（Al-Sc、Al-Y、Al-Er 等）靶材、300mm 晶圆制造用高纯氧化镧靶材，以 60 种杂质计靶材纯度 >4N、最大尺寸 >500mm，纵向 / 径向最小尺寸 <1mm、晶粒尺寸 <100μm、致密度 >99%、机加工精度达到尺寸公差 ±0.1mm、表面粗糙度≤ 0.8μm，表面清洁度符合电子级要求。有研稀土新材料股份有限公司与湖南稀土金属材料研究院等单位共同开展了微纳电子制造用靶材高洁净铸锭技术、熔铸一体化技术、变形加工技术、靶材机加工及后处理技术，开发出 Dy、Tb、La、Y、Gd、Yb、Sc 等靶材，部分产品实现规模化应用，高端靶材产品已实现出口，应用于手机、智能穿戴类电子产品生产。

（2）电阻膜

电阻膜主要用于制备金属膜电阻器，金属氧化膜电阻器，集成电路布线和传感器等，是薄膜混合集成电路中用量最多的电子元器件。目前通用技术是采用 NiCrSi 高阻溅射靶材沉积而成。研究表明 NiCrSi 高阻靶材的成分配比（包括 Ni、Cr、Si 主合金元素配比及辅合金元素添加种类及配比）直接影响着电阻膜的性能，制约着电子元器件的精度、稳定性和可靠性。国外 NiCrSi 高阻靶材制造商主要集中在日本、韩国、美国等先进国家，电阻膜精度高、阻值稳定，100kΩ 电阻在不同高、低温使用条件下，阻值相差在 10ppm/℃以下（国内超过 30ppm/℃）。但这些国家对靶材成分配比、制作技术及镀膜工艺等关键技术进行技术封锁，很难采购，制约了我国电子工业的可持续发展。

吴等[36]提出了一种含混合稀土元素的 Ni-Cr-Si-RE 四元合金高阻溅射靶材，得到的新型靶材具有高精密性、稳定性、可靠性和良好的通用性。包头稀土研究院近年来一直致力于 NiCrSi 高阻靶材制备工艺技术研究。详细研究了稀土元素添加种类对 NiCrSi 高阻靶材组织演变规律的影响[37]，确定了稀土掺杂 NiCrSi 高阻靶材成分配比。同时针对现有 NiCrSi 高阻靶材出现的脆性较高，容易开裂，导致成品率低等问题，提出了一种高阻靶材制造方法[38]，提高了靶材成品率。应用该方法制造的靶材外观平整，无裂纹和隐裂等宏观缺陷，表面光滑无麻点；相对密度高、组织内部无孔隙；晶粒尺寸细小，大小均一；相组分分布均匀性好。靶材性能经广东风华高新科技股份有限公司检测，其溅射沉积的电阻膜的电阻温度系数、短期耐湿、短时过载及耐焊接热性能均达到使用要求，其中稀土掺杂后 NiCrSi 高阻靶材的电阻温度系数在高低温区相差最低到 20ppm/℃。

2. 信息记录与存储用稀土基靶材

信息记录与存储用稀土基靶材应用领域主要包括 Tb-Fe-Co、Dy-Fe-Co、Nd-Dy-Fe-Co、Gd-Tb-Fe-Co 等稀土—过渡族金属间化合物磁光记录靶材，$Re_{1-X}MMnO_3$（M=Ca、Sr、Ba）稀土锰氧化物巨磁电阻靶材，NdFeB，SmCo 等超高密度磁记录靶材，Y_2O_3，La_2O_3，CeO_2，Sm_2O_3，Eu_2O_3，Gd_2O_3，Dy_2O_3，TbO_x，HoO_x，Yb_2O_3 等阻变存储靶材[39–41]。

3. 表面防护用稀土基靶材

表面防护用稀土基靶材应用领域主要包括用于聚变堆电绝缘涂层、耐液态钚腐蚀层和阻氚渗透涂层的 Er_2O_3 靶材，辐射防热涂层用 EB-PVD La-CeO_2 靶材，涡轮发动机用稀土基热障涂层陶瓷靶材，耐电化学腐蚀涂层用 Al-Zn-Si-RE（RE=La，Ce，Pr，Nd）靶材等。

近年来国内外学者相继报道了 Y_2O_3 稳定 ZrO_2（YSZ），稀土锆酸盐 $Ln_2Zr_2O_7$（Ln=RE），稀土磷酸盐 LnPO4（Ln=RE），稀土硅酸盐氧基磷灰石 $Re_{9.33}(SiO_4)_6O_2$，层状钙钛矿结构 $BaLn_2Ti_3O_{10}$（Ln=La，Nd，Sm），磁铁铅矿型六方铝酸镧 $LnMeAl_{11}O_{19}$（Ln=Re；Me= 碱土金属，Mn，Zn），高氧缺陷铝酸盐 $Ba_2LnAl_{11}O_5$（Ln=Dy，Er，Yb），混合稀土氧化物及金属 - 玻璃复合材料[42–49]等热障涂层材料。

包头稀土研究院近年来相继试制了 YSZ，Ln_2O_3-Ta_2O_5-Y_2O_3-ZrO_2，$LaMgAl_{11}O_{19}$ 等热障涂层陶瓷靶材。其中 YSZ 靶材达到中试规模量产水平，性能与乌克兰的水平相当。同时完成了 Al-Zn-Si-La 防腐涂层用靶材研制，相继解决了靶材组织内部气孔及内部夹杂等缺陷，靶材经中科院力学所检测评价，满足磁控溅射使用要求。北京矿冶研究总院承担了国家“863”项目，开发成功无相变稀土多组元高温隔热涂层材料隔热性能：1400℃，隔热 120℃；涂层相稳定性：1400℃，保温 100h，不发生相转变；抗等离子冲蚀高纯稀土氧化物涂层材料，形成规模生产及应用。

4. 表面包覆改性用稀土基靶材

表面包覆改性用稀土基靶材主要应用领域为采用 Dy，Tb 金属或 DyTb、DyFe、TbFe、DyTbFe 合金靶材或 Dy_2O_3、Tb_2O_3 靶材经物理气相沉积技术在 NdFeB 磁体、薄带或粉体表面沉积重稀土粒子[50-52]，后经烧结、回火工艺将重稀土粒子扩散到 NdFeB 晶界或晶粒中，以此在不降低剩磁和最大磁能积的基础上，提高磁体的矫顽力，制备高性能 NdFeB 磁体。包头稀土研究院相继开展了高纯 Dy、Tb 金属靶材坯锭熔铸工艺和机加工技术，所制备靶材致密度 >98%，机加工精度达到尺寸公差 ±0.2mm；有研稀土开发出多种应用于高性能钕铁硼磁体的 Dy，Tb 及其合金靶材，实现规模生产并大量出口。

5. 其他方面

稀土基靶材在其他领域也有广泛应用，如手机 AMOLED 屏用 Yb 金属靶材，光学镀膜用 $LaAlO_3$ 靶材，红外增透膜层用 Y_2O_3 靶材等。

包头稀土研究院采用微负压真空烧结技术制备了高纯金属 Yb 靶材。靶材纯度大于 99.95%，稀土及非稀土杂质量小于 0.05%；靶材外观平整无缺陷，组织致密无孔隙。

（四）稀土抛光材料

氧化铈是一种非常有效的抛光化合物，在水介质中，它既有化学溶解又有机械研磨的抛光作用。氧化铈抛光浆使玻璃表面变成水合软化层，该层很容易被抛光粉擦除。典型的玻璃抛光浆是用过滤的自来水或去离子水与固体抛光粉混合成的，其固体抛光粉的浓度为 2% ~ 20%（重量）[53]。伴随着液晶显示和面板科技的发展，发展 2.5D 和 3D 的显示产品已成为行业必然，相比平面盖板，它具有可弯曲、一体化程度高、高集成性和高触摸灵敏性等多重优异特性；由于抛光粉自身的使用局限性，其市场需求量会面临大幅度下降，为了跟上信息产业步伐，提早实现产品的更新换代，延伸抛光粉下游应用，铈基抛光液是发展的必然，它可以实现曲面抛光，同时结合氧化铈抛光液的独特属性，故其在 3D 盖板、光学、半导体和集成电路等抛光领域具有不可替代性，因此，开发具有自主知识产权的稀土基纳米抛光液产品具有重要现实意义。铈基抛光磨料的颗粒尺寸及尺寸分布对抛光性能有重要影响。对于组分和加工工艺一定的稀土抛光磨料，平均颗粒尺寸越大，则磨削速率和表面粗糙度越大。相反地，如果抛光磨料颗粒平均尺寸较小，则磨削量减少，磨削速率降低，表面平整度越高。高质量的抛光磨料均具有较窄的粒度分布，太细和太粗的颗粒很少。大颗粒影响表面质量，而细颗粒影响磨削速率。氧化铈抛光磨料的质量对现代大规模生产的抛光过程影响很大，对玻璃表面残留的缺陷率、清除玻璃表面磨料的难易程度及抛光粉悬浮和回收再利用的难易程度等均有较大影响。化学机械抛光（CMP）是精密光学器件制造业中运用最广泛的一种表面平坦化技术，其主要是应用抛光液为媒介利用抛光机对抛光对象进行抛光，而抛光液中研磨粒子（磨料）的化学组成和物理性质对 CMP 过程有十分重要的影响。因此，制备高效的磨料成为研究的热点，根据抛光对象的不同，稀土基抛光磨料主要有纯铈、镧 – 铈、镧 – 铈 – 镨、硅 – 铈、锆 – 铈等单一或复合磨料。抛光过程主要分为精抛和粗抛两个阶段，在粗抛阶段，主要的影响参数是去除率，而在精抛阶段，主要的影响参数是表面划痕，故若制备符合精抛阶段的研磨粒子，需要在满足去除率的前提下，更要满足表面划痕的要求，为此，制备具有小粒径、粒度分布窄等物理特性的纳米氧化铈粒子亦成为科研工作者研究的重点。稀土抛光材料不仅是中国稀土功能材料应用的主要领域之一，也是实现稀土资源尤其是镧铈资源高值化重要的途径之一，为中国稀土产业的发展奠定了基础。

1. 稀土抛光材料应用领域

随着我国稀土抛光应用市场的发展成熟和生产企业的技术进步，稀土抛光行业将呈现行业间的细分。由于不同应用领域对稀土抛光材料性能指标的要求明显分化，根据不同的质量要求和价格承受力，稀土抛光行业将细分为玻璃饰品、液晶显示玻璃、触控玻璃、光学玻璃和电子元器件等领域。

（1）玻璃饰品

由于玻璃工艺品大量的出现及对成色要求的提高，氧化铝抛光后的产品成品率不高，效率低且容易影响成品的品级，故其对稀土抛光粉的需求急剧提升。由于 2011 年稀土抛光粉价格大幅度上涨，导致抛光粉在玻璃工艺品应用上的数量在 2013 年有一个持续下降。但随着稀土抛光粉的价格大幅度下降，在 2015 年和 2016 年稀土抛光粉在玻璃工艺品的应用已出现持续回暖。

（2）液晶显示玻璃

液晶显示器的 TFT–LCD，因体积小、工作电压低、无辐射、无闪烁、屏幕反应速度快等优势，迅速成为笔记本电脑、台式电脑、各类监视器和数字彩电等应用最多的液晶显示设备，其对抛光粉的需求量也急剧增加，占到整个稀土抛光粉市场的 40% 左右，但随着 LED 技术的发展，LED 液晶显示屏需求量逐渐增大，与 LCD 相比，LED 液晶显示器由发光二极管发光，具有色域饱和度更高、色彩更准，并且耗电量更低的优势，故液晶显示器已逐渐由 LCD 转向 LED 发展。2005 年我国面板全球占有率不足 1%，到 2012 年已经达到 10%，2015 年达到 20%，2016 年还在持续增长，形成了环渤海、长三角、珠三角以及川渝四大平板产业集群。

（3）触控玻璃

光电行业的技术革新突飞猛进，技术更新换代的时间越来越短，智能手机，平板电脑，超薄电视的普及，影响着各行各业的发展。Cover lens 是光电行业抛光粉用量最大的领域，这主要得力于智能触屏手机的迅猛发展，但 TP 技术与玻璃生产技术等快速发展也考验着抛光粉市场；首先是玻璃生产技术的提高，2011 年前针对 cover lens 的抛光主要是减薄工艺，耗费量大。随着康宁，旭硝子等公司玻璃生产技术的突破，玻璃厚度已经能做到 0.5mm，大量使用抛光粉已经成为历史，取而代之的是返修工艺，光电行业虽在应用方面发展迅速，但在抛光粉用量方面却呈下降趋势；但在技术要求方面，已由批量粗抛时代转向要求更高的精抛时代。

（4）光学玻璃

光学行业是对抛光粉要求最高的行业，不仅是由于精度要求方面，更多的是来自光学玻璃本身由于应用领域广泛，玻璃种类复杂，加工工艺更是千差万别。

过去光学行业主要采购的是国外进口抛光粉如法国罗地亚，日本的昭和电工，三井等，在经历2010—2011年市场大幅度动荡之后，国产抛光粉开始大量进入光学中端市场，甚至少数高端市场。但国产抛光粉相对进口抛光粉在精度与稳定性方面确实存在一定差距，这为稀土抛光材料的从业人员提出了更高的要求。

（5）电子元器件

用于抛光硬盘盘基片和集成电路等电子元件的铈基抛光粉尽管消费量比较少，但需求增长率最高，随着国家“中国制造2025”战略的提出，大批的集成电路企业陆续建成投产，其对高端抛光粉和抛光液的需求急剧增大。由于稀土抛光粉在化学成分上与玻璃类似，同时许多电子元件表面是以玻璃为基地，例如玻璃存储硬盘基片、多层集成电路及它的中间层表面的化学机械抛光的开发，纳米技术的开发应用均需要生产尺寸范围很窄的纳米氧化铈颗粒。韩国和日本已成为化学机械抛光液的主要生产国，目前，全球电信与计算机产业对纳米氧化铈抛光粉/液的需求已经出现明显的增长态势。

2. 稀土抛光材料的基础研究

（1）制备方法的研究进展

纳米 CeO_2 磨料因对抛光表面具有高表面光洁度、平整粗糙度和明显降低表面损伤的优势[54-57]，故合成小粒径、窄粒径分布、均匀且有规则形貌的纳米 CeO_2 是当前新型抛光材料研究的一个重要方面。目前制备具有高抛光性能的纳米 CeO_2 方法主要有：液相反应法、固相反应法和气相法。

液相法制备 CeO_2 具有操作简单，粒径容易控制的特点，通过调节原料组成、配比以及实验条件，可以制备出形貌粒径均可控的纳米材料，是在科研中经常使用的制备方法。其中主要包括化学沉淀法、水热法、溶胶-凝胶法、喷雾热解法、微乳液法、模板法、电化学合成法和自组装法等；Tsai 等[58]通过控制金属钟盐反应物的浓度、反应温度、反应时间以及调节溶液等因素和采用均匀释放沉淀剂如尿素、六次甲基四胺以及酒石酸钱络合剂等’进行均匀沉淀反应，可以有效控制晶核成核速度高于晶核生长速度并抑制晶核聚集速度；Zhou 等[59]采用 $Ce(NO_3)_3 \cdot 6H_2O$ 为原料和 PVP 为表面活性剂，在140℃通过水热反应便得到粒径为10nm的 CeO_2 球，通过调整 PVP 表面活性剂的浓度可以控制纳米 CeO_2 球的大小；水热法制得的粒子纯度高，分散性好，结晶完整，但该法对设备要求苛刻，投资大。Yu 等[60]采用 Sol-gel 法合成纳米 CeO_2 粒子，CeO_2 粒子为立方形状，并在 STI-CMP 中表现出对 SiO_2/Si_3N_4 有很高的抛光选择性。近年来，溶胶-凝胶法又有了很多新的发展和改进，并发展了胶溶法、凝胶法、配合物型 Sel-gel 法以及 Pechini 法；Pechini 法是一种高分子聚合法制备超细/纳米材料的方法，最常用的是以聚乙二醇为聚合剂，与金属离子结合并聚合成高分子凝胶，再经煅烧后得到产物。Quinelato 等[61]以此法制备了一次粒子粒径为 6 ~ 15nm，比表面积达 97m²/g 的超细铈锆复合氧化物。溶胶 – 凝胶法具有反应温度低、产物粒度小、粒度分布窄、易于实现高纯化，但成本相应较高、凝胶过程所需时间较长，同时在热处理过程中由于纳米粒子比表面积大，易板结。Feng 等[62]采用喷雾燃烧法制备其内部为无棱角的球形单晶氧化铈核而外壳包一层厚度为 1 ~ 2nm 的无定形氧化钛膜的纳米 CeO_2 复合氧化物粒子，粒径为 7 ~ 8nm。Xia 等[63]在喷雾热分解法所用的前驱体溶液中加入惰性盐如 NaCl，它明显阻止一次纳米 CeO_2 粒子间团聚，所得粒径大约 10 ~ 30nm 纳米 CeO_2 球状粒子。Mei 等[64]用阳离子表面活性剂十六烷基三甲基溴化铵和丁醇、环已胺制成的微乳液，通过硝酸亚铈与氨水溶液的反应，合成了单分散的纳米 CeO_2 粉末。模板法是利用纳米多孔材料的纳米孔或纳米管道为模板，使前驱体进入后自己反应或者与管壁反应生成纳米颗粒、纳米棒或纳米管等。Wu 等[65]利用纳米多孔氧化铝膜为模板，采用改进的溶胶 – 凝胶法，将模板浸入到硝酸亚铈与尿素的混合溶液，80℃恒温 96h 形成溶胶，干燥经 600℃焙烧制备出均匀排列的 CeO_2 纳米线，线径约为 70nm，采用该方法可大量生产。利用聚合物的长链结构为模板也可以制备纳米 CeO_2 粒子。杨儒等[66]以非表面活性剂三乙胺和聚乙二醇为模板剂，合成了具有立方莹石晶相结构的介孔 CeO_2 材料，经 600℃焙烧 3h 的样品，其中介孔孔径为 5nm 左右，微孔孔径在 1 ~ 2nm 之间，比表面积大于 200m²/g。此外，还有电化学合成法[67]、自组装法[68]等。

固相反应法主要是利用金属无机盐的热分解来制备金属氧化物纳米颗粒，金属无机盐的热分解存在粒子粒度分布不均匀和粒子团聚严重等缺点，而采用金属有机化合物热分解能弥补上述缺点，因为金属有机化合物煅烧过程，会迅速产生大量的二氧化碳等气体能有效地阻止形成的纳米粒子颗粒之间团聚，能得到分散好的纳米粒子。例如 Li 等[69]利用丙酸溶解碳酸铈得到丙酸铈前驱体，通过直接煅烧丙酸铈前驱休制备出平均粒径为 30 ~ 50nm 的纳米 CeO_2 粉末。Kim 等[70]以 $Ce_2(CO_3)_3$ 为原料采用固相置换反应制备 CeO_2 粒子，研究发现，在前驱体焙烧过程中氧气分压浓度对 CeO_2 粒子的晶体结构形貌有很大影响，近年来固相反应法得到了较大的发展，并日益受到研究者的重视。

Jia 等[71]首先发现用室温或低热固相反应可以一步合成各种单组分纳米粉，开拓了固相反应制备纳米材料这一崭新研究领域。Gopalan 等[72]以 CaO 和无水 $CeCl_3$ 为原料，在球磨机中通过机械化学反应法制得了粒径为 19nm 的纳米 CeO_2 粉末。机械化学法具有处理时间短，反应过程易控制，可连续批量生产等优点，但能耗较高而且易造成无机粒子的晶型破坏、包覆不均等缺陷。

气相法是指将两种或两种以上的化合物在气相状态下混合，经过高温处理发生化学反应生成纳米粒子的方法。一般情况下，由气相法生成的纳米粒子纯度相对较高，团聚很少，但是，气相法所使用的设备相对比较昂贵。气相法一般包括蒸发凝聚法和气相反应法。蒸发凝聚法是指将原料在惰性气体中高温加热，然后在气体介质中冷凝形成超微粒子。而气相反应法是指将金属化合物蒸发，然后通过化学反应制备超微粒子。其优点是设备简单，容易控制，粒径分布窄，颗粒纯度高，可连续稳定生产[73]。

（2）抛光材料组成抛光性能研究[74-77]。

1）化学组成。稀土抛光粉主要是由铈基抛光粉组成，其中，CeO_2 是主要抛光成分。以前通常认为铈纯度越高，抛光能力越强。因此，常根据其 CeO_2 含量的高低将铈抛光粉分为高铈抛光粉（CeO_2/TERO ≥ 80%）和低铈抛光粉（CeO_2/TERO ≤ 80%，一般在 50% 左右，或者低于 50%，其余由 La_2O_3，Nd_2O_3，Pr_6O_{11} 等组成）。实际上，抛光粉性能还受煅烧温度和粒度分布的影响。

对于高铈抛光粉来讲，氧化铈的品位越高，抛光能力越大，使用寿命也增加，特别是硬质玻璃长时间循环抛光时（石英、光学镜头等），以使用高品位的铈抛光粉为宜。低铈抛光粉一般含 50% 左右的 CeO_2，其余 50% 为 $La_2O_3 \cdot SO_3$、$Nd_2O_3 \cdot SO_3$、$Pr_6O_{11} \cdot SO_3$ 等碱性无水硫酸盐或 LaOF、NdOF、PrOF 等碱性氟化物，此类抛光粉的特点是：①成本低；②初始抛光能力与高铈抛光粉比几乎没有两样，因而广泛用于平板玻璃、显像管玻璃、眼镜片等的玻璃抛光，但使用寿命比高铈抛光粉低。

2）抛光粉颗粒硬度与化学活性。抛光粉体的化学活性主要是由晶格缺陷引起，内部晶格缺陷多的抛光粉体化学活性高。因而可通过某些手段增加抛光粉晶格缺陷以提高其抛光能力，如在煅烧后对抛光材料急冷可以使晶体内部产生较多的点阵错乱，提高化学活性，而且急冷时晶体不再继续长大，而是产生破裂造成结构缺陷，使之具有较多的不规则晶体，能增强抛光粉的机械研磨作用，提高抛光速率。但并不是缺陷越多抛光能力越大，抛光粉体的表面硬度也要达到一定的要求。因此，抛光能力随煅烧温度的变化往往呈峰形，有一个极大值。温度过低，抛光粉粒子偏软，致使抛光粉机械研磨力减弱，抛光速度小；而煅烧温度过高，致使抛光粉粒子太硬，研磨中不易破碎，不易暴露颗粒新鲜面，晶格有序排列增强，晶格缺陷减少，活性下降，只能对玻璃表面起机械研磨作用，抛光速率也会降低。

3）粒度。粒度和粒度分布是影响抛光性能的另一主要因素。随着抛光粉粒度减小，表面积增大，抛光粉会表现出许多不同的特性，如：体积效应和表面效应等。对于玻璃抛光，相同成分的抛光粉，平均粒度大的切削力强，适合高速抛光，抛光表面平整度低；平均粒度小的切削力弱，适合低速抛光，抛光表面平整度高。因此，应针对不同抛光要求来选择合适粒度的抛光粉，如平板玻璃和彩电玻壳的表面光洁度要求不高，所用抛光粉的粒度可以大一些（1 ~ 4pm），而光学玻璃抛光所需抛光粉的粒度就要严些，若用聚氨酯高速抛光，对粒度和悬浮性要求更高。

目前，纳米级稀土抛光粉体也已经问世，随着现代科学技术的发展，其应用前景不可预测，但目前其市场份额还很小，尚属于研发阶段。

4）悬浮性。抛光浆液的悬浮性对其抛光效果有很大影响。悬浮性差，抛光粉颗粒易发生聚沉，一方面使抛光浆液中颗粒分布不均匀，产生团聚颗粒，使加工表面出现划痕，影响抛光表面的质量。另一方面，也使实际参与抛光的粒子数减少，降低了抛光速率。抛光浆料中固含量浓度、分散相（抛光粒子）颗粒大小是影响其悬浮液分散性及稳定性的主要因素，此外还与分散剂的种类和用量、温度有关。超细和纳米抛光粉由于表面积大，表面能高，在液相介质中受范德华力作用易发生团聚，当固含量高时，颗粒间平均距离下降，颗粒因碰撞而团聚的概率大增加。分散性加入量过多时，离子强度过高，压缩双电层，会减小颗粒间的静电斥力，同时过量的自由高分子链也容易发生桥连或空缺絮凝，使抛光浆液稳定性下降。而且分散剂浓度越低，抛光浆液的稳定性对温度越敏感。

5）酸碱度和电解质。玻璃抛光过程中，玻璃不断暴露出的新鲜表面容易发生水解，在表面形成一层硅胶膜。抛光粉表面沉积了过多的硅胶层时将使其抛光效果下降，改变抛光浆液的 HP 值可以改善粉体性质，减少硅胶对抛光粉表面的覆盖，从而起到协同作用的效果，对提高抛光粉性能有很大的作用。例如：在以氧化铈为磨料时加入可溶性的铈盐可以提高其抛光效率，而加入铁、铬盐则会降低抛光效率，添加硫酸铵有利于得到所需的光滑表面。因此，酸碱度和电解质对抛光性能的影响非常复杂，其机理还尚待研究，一般认为与它们对玻璃表面和抛光粉粒子的表面性质的影响相关。

3. 新型稀土抛光材料

（1）稀土抛光液的研究

随着液晶显示技术的发展，苹果、三星和华为等国内外通讯巨头公司正在将 3D 玻璃逐渐取代平面盖板玻璃，光学玻璃用稀土抛光液和集成电路用稀土抛光液急剧增加。目前，我国的集成电路生产所采用的抛光液全部为进口，国内几乎没有生产。进口抛光液在国内的售价非常昂贵，增加了芯片的生产成本。抛光液根据抛光对象的不同，组成也不同。通常而言，包括磨料、氧化剂、腐蚀剂、缓蚀剂等成分，具体组成各个公司都作为商业秘密或者专利保护，少有文献发表。 目前抛光液的磨料主要以纳米 SiO_2 为主，而纳米 CeO_2 磨料由于具有更加优异的平坦化能力，以及优异的对氧化硅和氮化硅的抛光速率选择比，所以更适合做化学机械抛光的抛光液的抛光磨料，国内包头稀土研究院抛光液课题组对 3D 盖板和集成电路用抛光液进行了系统研究，制备出满足不同条件抛光的抛光液产品。开发 D50 在 0.1μm、0.2μm、0.5μm、0.8μm 和 1.0μm 等不同型号的精细抛光粉体，同时开发出 D50 为 0.08μm 的高端精密抛光液，满足集成电路的抛光需求。

（2）硅 – 铈复合磨料的研究

相比单一磨料氧化铈，复合磨料的制备更为复杂，尤以硅–铈复合磨料为甚。陈扬等[78]采用无皂乳液聚合方法制备了以聚苯乙烯微球为内核，硝酸铈为铈源，六亚甲基四胺为沉淀剂制备了复合抛光粉，表现出较高的去除速率，并改善了抛光质量。肖保其等[79]以尿素、硝酸铈铵和二氧化硅为原料，采用均相沉淀法制备了新型纳米 SiO_2/CeO_2 复合磨粒，并进行了抛光试验，降低了玻璃基片的表面粗糙度。

（3）含镁稀土抛光粉及绿色环备技术的研究

针对目前采用草酸或者碳酸氢铵沉淀制备抛光粉产生大量草酸废水和氨氮废水，北京有色金属研究总院黄小卫团队研发出以碳酸氢镁为沉淀剂制备稀土抛光粉的绿色制备技术[80, 81]，从源头消除了草酸和氨氮废水污染，同时通过引入的微量镁元素，可有效提高抛光粉的抛光性能，改善了抛光粉的悬浮性能，避免抛光浆液中颗粒分布不均匀、产生团聚颗粒等。

三、国内外研究进展比较

（一）稀土发热材料

铬酸镧用作高温电热元件具有以下特点：①比重大；②发热体表面常用温度为1900℃，使用温度高；③属耐热氧化物半导体，所以在高温氧化气氛下是稳定的；④表面负荷密度可以设计得较高；⑤在高温下电阻温度系数近于零，使用中由于老化引起的电阻变化很小；⑥尽管是氧化物，在室温下可直接通电；⑦黑色氧化物表面辐射率高，热效率非常高；⑧抗热震性较好，可允许在短时间内升温。

$LaCrO_3$ 在掺杂 Ca 或 Sr 等二价碱土金属后成为一种 p 型半导体，且高温下具有很好的电性能和物理化学稳定性。目前材料的烧结温度均在 1600℃以上，相对密度 >94%，而膨胀系数 $>10\times10^{-6}$。表 2 所示为铬酸镧材料的基本物理性能。

表 2　铬酸镧材料的基本物理性能

项　　目	性能数据
熔点（℃）	2510，2490
密度（g/cm^3）	6.74
热导率［W/（m·K）］200℃	5
热导率［W/（m·K）］1000℃	4
热膨胀系数［10^{-6}/（cm·K）］25 ~ 240℃	6.7
热膨胀系数［10^{-6}/（cm·K）］240 ~ 1000℃	9.2
标准生成焓（kJ/mol），La_2O_3 和 Cr_2O_3	−67.7
标准生成熵［J/（mol·K）］，La_2O_3 和 Cr_2O_3	10
弯曲强度（MPa），25℃	200
弯曲强度（MPa），1000℃	100
摩尔热容［J/（mol·K）］，27℃	110.53
弹性模量（GPa）	60

为满足作为发热元件使用，铬酸镧材料的研究主要集中在以下两个方面。

1. 铬酸镧粉体的合成

铬酸镧粉体的制备工艺主要有固相法、溶胶－凝胶法及燃烧合成等。其中固相法已经在工业化生产中使用。纯铬酸镧（$LaCrO_3$）在室温导电性较差，需要进行 A 位置换二价碱土金属离子（Ca^{2+}、Sr^{2+} 等），使之成为 $La_{1-X}M_XCr^{3+}{}_{1-X}Cr^{4+}{}_XO_3$（M：Ca、Sr 等，X：掺杂的离子数）后，以 p 型半导体的方式导电。

固相反应属于非均相反应，反应需要经过扩散－反应－成核－生长四个阶段，并且以上阶段都有可能成为影响最终的产物形态。以掺杂（Ca）铬酸镧粉体的固相合成为例，通过球磨、干燥、煅烧等工艺合戒所需材料。相对于液相、气相反应，固相反应制备微纳米粉体具有高转化率、易提纯、方法简单易于大规模生产等优点，但存在高能耗的缺点，并且难于控制所制备的微纳米粉体的粒径大小、分布以及形态。固相反应式：

$$\left(\frac{1-x}{2}\right)La_2O_3+xCaO+\frac{1}{2}Cr_2O_3+\frac{x}{4}O_2=La_{1-x}Ca_xCr^{3+}_{1-x}Cr^{4+}_xO_3$$

溶胶－凝胶法是以金属的有机物或无机化合物为原料，将其均匀溶解于一定的溶剂中，形成金属化合物的溶液，在催化剂和添加剂的作用下，经过水解、缩聚反应，生成溶胶，溶胶经过加热、搅拌和水解缩聚等反应，形成凝胶。溶胶－凝胶法可以在胶体层次上使组分混合得到高均匀性和高比表面凝胶，从而获得高纯度、尺寸极小的粒子，而且粒度分布很窄、烧结活性良好的陶瓷粉末。

燃烧合成法，又称为自蔓延高温合成法，是利用放热反应自身产生的热来维持合成反应的方法，燃烧合成反应必须是一个放热反应，并且反应热生成的速率要大于反应体系热散失的速率，否则反应将不能持续下去。影响燃烧反应过程（如燃烧速率、反应最高温度等）的因素皆能影响最终产物的固态微观结构和形态。

2. 铬酸镧元件成型与烧结工艺

元件的成型工艺和烧结制度直接影响其密度、电性能、力学性能、热膨胀性能等关键因素，决定了元件能否满足高温大气环境的使用要求。所以，铬酸镧元件的成型工艺与烧结工艺的研究是其长远发展的关键。

铬酸镧元件的成型工艺主要有模压成型、冷等静压成型、注射成型、挤出成型等。挤出成型工艺由于其速度快、效率高、可连续生产，尤其适用于生产形状复杂构件等优点成为工业生产的主要工艺。挤出成型是塑性成型的一种，在各种陶瓷成型工艺中是最合适生产等截面制品的低成本工艺。该工艺可以在低温、低压条件下将陶瓷粉体混合物挤出得到较长的等截面线材、管材或片材。近年来，对于挤出成型的研究进展，主要集中在对挤压浆料的制备技术、挤压新工艺的研发，以及对挤压过程的理论分析进而指导工艺和设备开发工作等方面。

铬酸镧元件的烧结制度影响最终元件的密度、电性能、力学性能、热膨胀性能等关键因素。常用烧结方法有常压烧结、液相烧结、热压烧结、热等静压烧结、微波烧结、放电等离子烧结等。工业化生产铬酸镧电热元件一般采用常压烧结，在大气环境下，烧结温度1700℃，烧结时间 15h 以上。而国内外现有发热体能使炉内温度达到 1700℃的只有铬酸镧发热元件，这样就要求以铬酸镧发热元件组装电炉来烧结铬酸镧发热材料。在这里需要说明的是，在真空或气氛保护环境下，铬酸镧发热元件无法烧结，部分氧原子会逃逸导致材料的电阻极大，无法正常使用。反应式如下：

$$La_{1-x}Ca_xCr^{3+}_{1-x}Cr^{4+}_xO_3 \rightarrow La_{1-x}Ca_xCr^{3+}_{1-x+26}Cr^{4+}_{x-26}O_{3-6}+\left(\frac{6}{2}\right)O_2$$

从以上的分析可以看出，适用于工业化量产铬酸镧发热元件的制粉方式为固相合成法，成型方式采用挤出成型，烧结工艺是大气环境下 1700℃烧结 15h 以上。

（二）稀土助剂

近年来，国外相关研究未见报道，可能是资源问题，也未见商品化稀土稳定剂问世。而我国的相关研究，由于稀土化合物无毒、高效、价格适宜，已成为稳定剂行业研究和发展的主要热点之一。稀土稳定剂商业化产品的应用研究、推广力度也越来越大，出现了性价比较高的新型稀土 PVC 热稳定剂。

1. 商品化稀土稳定剂的特点

所选稀土为轻稀土即 La、Ce、Pr、Nd 中的一种或两种以上的混合物与一种或多种有机阴离子化合而成，再与有效物质复配成最终产品。稀土化合物就其本身而言是无毒化合物，稀土复合稳定剂可以做到低铅或无铅，但目前市售产品普遍为稀土含量低或含铅产品[82]。

稀土热稳定剂在高剪切力和 250℃高温下相对稳定自身不会分解成能促进 PVC 分解的物质。稀土复合稳定剂具有优异的热稳定效能，兼具促进熔融、耦联、内增塑增韧以及增艳等功能[83]。

2. 稀土热稳定剂 PVC 制品的优点

稀土原子的特殊结构和实际应用结果表明，稀土复合稳定剂能使 PVC 混合料塑化均匀，提高塑化速率改善物料的流动性，挤出加工工艺性好，产品质量稳定性。

由于稀土原子可与多种有机物及无机物结合并能使树脂紧密包裹 $CaCO_3$，故能使型材的冲击强度和门窗的焊角强度明显提高[84]。

由于稀土原子具有吸收紫外光放出可见光的特性，所以进一步减少了紫外光对树脂分子的破坏能改善制品的户外老化性能。

基于稀土热稳定剂具有上述多功能特性，应用稀土稳定剂可以降低 PVC 制品的综合成本并使其制品具有较高的性能价格比。但应强调的是稀土复合稳定剂合成技术的不同产品中阴阳离子、协效剂的种类、配比选择不同，其最终产品的性能不同，因此应用过程中应给予充分注意。目前市售稀土复合稳定剂普遍存在的问题是稀土含量低或含铅，对稀土稳定剂的真正作用造成了一定的负面影响。

3. 稀土改性剂研制

新型加工改性剂是针对聚氯乙烯树脂特别是硬聚氯乙烯（U-PVC）加工性能差而开发的一种改性助剂，目前所知的商品化加工助剂主要是一类丙烯酸酯类的高分子聚合物。早在 20 世纪 30 年代美国 RhomandHaas 公司[24]就开始研究并于 1955 年开发第一种商品名称为 Aryloid（简称 ACR）。到 20 世纪 70 年代美国的 Amoco 公司又开发出另一类加工助剂聚 α-甲基苯乙烯称为 Resin18（国内称为 M80）。其他如 MBSABSEVA、ACR 等抗冲改性剂也有加工助剂的功效，但稀土偶联剂及多向配位剂利用丰富的资源在无机刚性粒子增韧理论和界面诱导理论的指导下通过采用先进的表面活化处理技术和共混技术，对聚烯烃 / 复合材料的发展起到了重要的作用。近年来，国内外关于这方面的技术成果和产品应用成果不断涌现。中科院化学所、清华大学等单位的技术成果处于国际先进或领先的地位，但主要是针对聚烯烃、工程塑料体系开展工作。包头稀土研究院近年在 PVC、橡胶等高分子材料中的应用研究已收到初步成效，正在进行扩大试验及规模化应用试验。

（三）稀土基靶材

随着相关应用领域的不断延伸，稀土基靶材的市场规模日益扩大，对其性能要求也提出更高要求，靶材尺寸要求越来越大，这就对大尺寸块体材料组织均匀性控制、高精密加工成型技术提出挑战。全球高端稀土基靶材制造商主要集中于美国、日本、德国等地，所制造靶材纯度高、密度大、微观组织结构精细、批次一致性好，可靠性高，占领着全球相关行业用稀土基靶材的主要市场。国内稀土资源丰富，稀土元素分离、提纯具备一定基础，但稀土基靶材开发滞后于产业发展需求，迫切需要开展稀土基靶材的精细化加工技术，实现大尺寸稀土基靶材微观组织精细化调控，提升整体品质。

（四）稀土抛光材料

国外稀土抛光材料的研究起步较早，下游技术也较国内更为先进和成熟，这一点与抛光材料的市场需求相吻合，目前，稀土抛光粉的生产厂家主要集中在日本、美国、英国、法国等，产能达到 10000t 左右。日本是目前稀土抛光粉生产和应用技术水平最高的国家，同时也具备用于半导体晶片、高精密光学镜头、电子显示面板及硬盘驱动器等抛光的纳米半导体抛光液产业化技术，其中，稀土抛光粉占到其消费总量的 90% 左右。

表 3 国外主要稀土抛光粉生产企业

单位：吨 / 年

序 号	企 业 名 称	国 家	规 模
1	日本清美化学工业公司	日 本	1600
2	日本三井化学株式会社	日 本	2000
3	日本昭和电工	日 本	1800
4	法国罗地亚电子与催化材料公司	法 国	2000
5	英国 OST 公司	英 国	1000
6	福禄公司	美 国	1000
7	特利巴赫公司	奥地利	600
合 计			10000

我国从 1958 年开始研制氧化铈抛光粉，包头稀土研究院、北京有色金属研究总院和上海光学等单位都进行了研究，并取得了一些成果，为国内稀土抛光粉的产业化与应用奠定了基础。从 2010 年以后，随着显示技术的发展，市场对小粒径、窄分布的高端粉体需求旺盛，同时，满足 3D 抛光需求的稀土抛光液也逐渐增加，包头稀土研究院在此方面进行了系统的研究和产业化开发，目前取得了较好的进展。

由于资源优势和发展不平衡，我国各省（区、市）稀土抛光粉的生产发展也不均衡，目前有 40 多家稀土抛光粉生产企业，主要分布在内蒙古、山东、甘肃、上海、江西和湖南等地，总的生产能力达到 6.58 万吨 / 年。从图 1 可以看到，内蒙古是稀土抛光粉的主要生产基地，产能占全国的 38%，达到 25000t，其次是山东和甘肃等省。

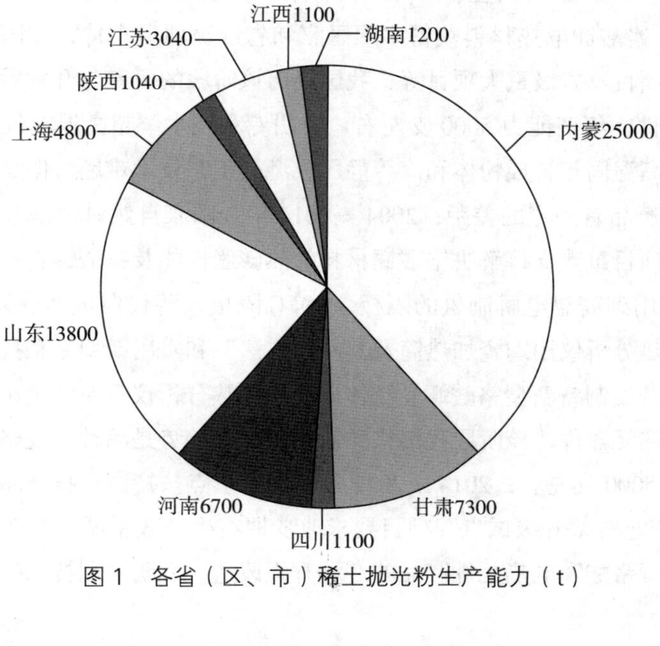

图 1 各省（区、市）稀土抛光粉生产能力（t）

四、学科发展趋势与展望

（一）稀土发热材料

就电加热领域来说，炉温越来越高，发热元件的寿命越来越长是其发展的必然趋势。在应用到氧化气氛的高温非金属电热材料中，碳化硅（SiC）材料最高温度 1400℃[85]，二硅化钼（$MoSi_2$）材料最高温度 1600℃[86]，而铬酸镧（$LaCrO_3$）可应用到 1800℃以上。铬酸镧元件将加热温区提高到 1600℃～1800℃这一区间，并且，铬酸镧元件的低温（1600℃以下）寿命达数万小时，与硅碳棒和硅钼棒相比具有不可替代的优势。

铬酸镧发热元件问世以来，经过研究人员的努力，先后经历了哑铃型、螺纹型等直径型的换代过程。作为一种电热材料，铬酸镧在使用性能方面有很大潜力，无论工艺还是组织结构都有待于进一步提高。日本及俄罗斯等国在 20 世纪 90 年代就已能批量生产铬酸镧直棒式发热体，产品的电一致性很好，其性能可以满足电炉生产技术的要求。国外对我国高度技术封锁，通过教育部科技查新工作站（L23）对铬酸镧电热元件生产的公开专利进行检索，国外未见相关专利。

国内铬酸镧电热元件的产量和销量最大的单位是包头稀土研究院。该院生产的产品性能达到国际先进水平，并且每年在产品的转型升级上投入百万以上的研发经费，拥有 6 项专利，起草了我国首部关于铬酸镧电热材料的国家标准（GB/T 18113-2010《铬酸镧高温电热元件》），还承担了国家“863”项目、国家自然科学基金等重大项目的研发，产品的性能及生产工艺技术水平居于国内领先。

1999 年，“中小企业创新基金项目”开启了铬酸镧电热元件的研发和应用热潮；2000—2004 年，铬酸镧电热材料获得多项国家和省部级项目支持，如国家“863”项目、国家重点新产品项目及省级重大项目等，我国经历该阶段的研究与开发后，能够小批量生产铬酸镧电热元件，年产能力 5000 支左右，发明专利技术“超高温电致热陶瓷发热体制造方法”解决了高温固相合成粉体和冷等静压成型等工艺技术难题，但是产品的一致性无法保证，与国外产品有一定的差距；2004—2014 年，国家自然科学基金、科研院所专项基金和专利转化项目重点支持解决铬酸镧材料的热膨胀性能及铬酸镧新产品开发方面，国产铬酸镧材料应用到高温电解制氢的隔板、SOFC 隔板及替代白金加热元器件相关产品。发明专利技术“热分析仪用陶瓷加热筒及其制作方法”和实用新型专利技术“复合导电陶瓷加热片”就是开发制备新型铬酸镧发热体以应用到热分析仪等空间狭小的区域，替代现有贵金属白金加热元器件。该阶段我国铬酸镧材料发展趋势是品种和规格呈现多样化，年产能力仍保持在 5000 支左右；2014—2017 年，国家重点扶持高科技产品的产业转化与转型升级，“稀土产业转型升级试点”项目要求改变原有生产效率低、生产成本高及价格高的局面，着重进行铬酸镧电热元件产品的产业升级改造，发明专利技术“一种铬酸镧电热体的制造方法”和“一种铬酸镧高温发热元件的接线方法”为工业化生产铬酸镧元件的成型和烧结方面给予了技术支撑，预计至2017年年底，我国铬酸镧元件年产能力达到10万支。届时，建成稀土电热材料产业基地的同时，开发与稀土电热材料相关的电加热实验室设备及工业用途的超高温加热装备，形成我国特色的氧化气氛超高温加热材料与装备制造产业，更好地服务于我国经济建设。

我国自20世纪80年代起研究与应用铬酸镧电热材料，工艺技术方面经历了跟踪国外先进技术到自主研发，最终性能超越国外产品；在产业方面，我国经历了从工艺基础研究发展到小试、中试，最后至产业化应用的产业链全过程。

根据国家去落后产能和产品产业转型升级的时代要求，铬酸镧电热材料将着重从以下3个方面发展：①工业化生产铬酸镧元件，并投入到电热市场批量应用。提高生产效率，简化了操作工序，降低了生产成本，拓宽稀土元素镧（La）的应用领域；②进一步提高铬酸镧电热元件的使用温度，拓展至1900℃温区附近，满足超高温电加热领域需求，整体提升我国电加热设备的烧结与测试能力；③铬酸镧电热元件的产品一致性和稳定性进一步提高，中低温区（1500℃以下）能够超长寿命使用，与传统电热元件碳化硅（SiC）和二硅化钼（$MoSi_2$）相比性价比更高，逐步占领中低温电热材料市场。

（二）稀土助剂

大量研究表明，稀土化合物不仅具有热稳定剂的作用，而且还表现出偶联剂、加工改性剂等作用。国内较早就有人开始了光功能农膜的研究，如在农膜生产时添加稀土荧光助剂可有效提高其透光率，并可延长其使用寿命。利用混合镧系元素取代铅以弥补铅的弱吸收区，制得了稀土弹性体复合材料。其物理性能优异，在与铅制品具有同样防护能力的情况下密度更小。研究表明，某些特殊形貌结构的稀土无机化合物及有机化合物，对聚氨酯橡胶、天然橡胶、尼龙等高分子材料耐热、耐磨、增强、润滑、抗老化具有明显作用。正是基于稀土助剂对高分子材料优异的多功能性，表现出其极大的市场潜力。在现有研发的基础上，已初步通过轻稀土多功能改性材料的研发并实现了产业化的应用。随着更多的稀土无机、有机化合物的合成，稀土助剂必将在高分子材料中显示出更大的效能。

2015年，我国PVC产量1600多万吨，加工配方中稳定剂用量按4%计（质量分数），则年需求量达60万吨。假如稀土稳定剂占有率达到20%，便可实现年产值24亿元；天然橡胶用量300多万吨，聚氨酯橡胶用量80多万吨，当然还有其他好多的高分子材料。如果我们开发出更多环保、高效的稀土助剂适用其中，必将发挥出不可估量的作用，用量也将是一个天文数字。因此，稀土助剂用于高分子材料中的功效正在显现，前景广阔。

（三）稀土基靶材

稀土基靶材因其独特的理化性能，广泛应用在功能薄膜器件中，是保证薄膜器件性能稳定及相关产业技术发展和升级换代的关键材料。稀土基靶材的发展趋势在于：研究制造稀土基靶材用超高纯稀土材料特定痕量元素控制技术，突破超高纯稀土材料制备技术及装备；研究稀土基靶材坯料超纯净加工成型及微观组织控制技术，保证靶材微观特征；开发超高纯大尺寸稀土基靶材精密加工及表面磨抛等关键技术，保证靶材宏观品质；靶材表面结构优化设计，提升靶材利用率和使用寿命；根据稀土基靶材坯料特性和溅射工艺要求，优选背板材料和连接方式，解决靶材与背板间因物性差异较大而出现变形甚至开裂问题。

需要指出的是，作为物理气相沉积功能薄膜器件镀膜源，单纯研究靶材制造工艺毫无意义。需要将靶材研究与功能薄膜应用结合起来，建立靶材性能品质与薄膜性能质量之间的对应关系，开发满足不同类型功能薄膜器件要求的稀土靶材专用制造技术。

“维纳电子制造用超高纯稀土金属及靶材”被列为国家 2017 年度重点专项，是关系国民经济和社会发展的具有基础性和先导性的战略性支撑产业。薄膜技术产业的不断升级换代为稀土基靶材产业的发展提供了机遇。加快国内靶材开发速度能够带动上游传统产业结构升级，实现材料的高附加值、高效利用；同时能够促使下游电子行业快速、稳定、健康发展。这对满足新一代信息技术领域对战略性先进电子材料的迫切需求，提升国产电子装备整体水平，降低国产电子装备产品价格，摆脱高性能功能薄膜器件受制于日、韩、美等先进国家的现状，支撑“中国制造 2025”、“互联网 +”等国家重大战略目标具有重要现实意义。

（四）稀土抛光材料

1. 将触摸面板功能与液晶面板一体化的研究成为今后触摸屏领域发展的重点

触摸面板和液晶面板的一体化包括“In–cell”方法和“On–cell”方法。In–cell 是指将触摸面板功能嵌入到液晶像素中的方法。On–cell 是指将触摸面板功能嵌入到彩色滤光片基板和偏光板之间的方法。因此，发展满足触控领域用的稀土抛光材料是重中之重。

2. 发展满足高精度光学镜头、精密电子元器件、集成电路、LED 芯片等细分领域市场需求的稀土抛光材料

用于抛光电子和计算机元件的铈基抛光粉体需求增长率逐年提高，稀土抛光粉之所以能在电子和计算机元件上获得新应用，主要是因为化学成分上与玻璃类似的许多电子元件表面需要高质量的抛光，例如玻璃存储硬盘基片、多层集成电路及它的中间层表面的抛光；机械一化学抛光的开发，纳米技术的开发应用需要生产尺寸范围很窄的纳米颗粒。随着全球电信与计算机产业对纳米氧化铈抛光粉的需求呈现复苏的迹象，高端氧化铈抛光粉在这一领域具有较好的应用前景[87]。

3. 纳米二氧化铈抛光液（CMP）的国产化是今后的发展重点

伴随着 2.5D、3D 玻璃盖板的持续应用和集成电路国产化步伐的加快，与之相配套的抛光液的需求急剧增加，开发具有自主知识产权的铈基抛光液迫在眉睫。

另外，纳米氧化铈除了作为抛光磨料外，在催化、抗紫外等方面也得到了广泛的应

用，随着更小粒径氧化铈粒子的相继问世，其更多、更优异的理化特性也会被人们所熟知，纳米氧化铈的应用领域将会有更大的拓展。

参考文献

[1] 徐栋，白加海，杨东亮，等. 陶瓷电热材料的研究与应用［J］. 山东陶瓷，2007，30（3）：28-32.

[2] 陈伟庆. 冶金工程实验技术［M］. 北京：冶金工业出版社，2004：22.

[3] 刘祥荣，张树增，姜锦程. FeAl 基合金的高温抗氧化性能分析［J］. 热加工工艺，2009，38（20）：38-40.

[4] Ponce-Ibarra V H，Benavides R，Cadenas-Pliego G，et al. Thermal degradation of poly（vinyl chloride）synthesized with a titanocene catalyst［J］. Polymer Degradation and Stability，2006，91：499-503.

[5] 李晶，吴晓东，翁端. 聚氯乙烯塑料稀土稳定剂的研究开发现状和发展趋势［J］. 稀土，2004，25（2）：54-58.

[6] Radka K，Miroslava N，Zdenek V.Investigation of thermal stabilization of poly（vinyl chloride）by lead stearate and its combination with synthetic hydrotalcite［J］. Polymer degradation and stability，2004，85：903-909.

[7] Liu Y B，Liu W Q，Hou M H.Metal dicarboxylates as thermal stabilizers for PVC［J］. Polymer degradation and stability，2007，92：1565-1571.

[8] Arkls E，Balkose D. Thermal stabilization of poly（vinyl chloride）by organotin compounds［J］. Polymer degradation and stability，2005，88：46-51.

[9] 王月欣，王志岭，张倩，等. 含稀土的 N－环己基马来酰亚胺耐热改性剂在 PVC 中的应用［J］. 高分子材料科学与工程，2008，24（11）：149-152.

[10] 李杰，郑德. 塑料助剂与配方设计技术［M］. 北京：化学工业出版社，2005：92-121.

[11] 康永，柴秀娟. PVC 稀土热稳定剂的性能特征以及发展趋势［J］. 精细化工原料及中间体，2011，（2）：24-26.

[12] 赵峰，张玉玺，等. PVC 稀土改性剂的研究与应用［J］. 聚氯乙烯，2016，（2）：27-32.

[13] 赵峰. 稀土材料用于 PVC 树脂改性的前景分析［J］. 聚氯乙烯，2016，（1）：11-14.

[14] 崔小明. 稀土化合物在橡胶领域中的应用研究进展［J］. 橡胶科技，2015，（9）：11-16.

[15] 杨树颜，贾志欣，等 . 多功能稀土促进剂（La-GDTC）的制备及其硫化性能研究［J］. 中国稀土学报，2014，（5）：611-618.

[16] 林国良，郑玉婴. 柠檬酸镧的合成及其对 SBR 橡胶硫化性能的影响［J］. 中国稀土学报，2015，（1）：101-105.

[17] 施其锋 . 水杨酸稀土配合物橡胶防老剂的制备－结构及其在橡胶中的应用［D］. 广州：华南理工大学，2015：5-7.

[18] 杨昌金，罗勇悦，等. 硬脂酸镧作为防老剂的 ENR 硫化胶的热稳定性［J］. 中国稀土学报，2015，（4）：475-479.

[19] 李志强. 偶联剂改性氧化铈补强天然橡胶的研究［D］. 包头：内蒙古科技大学，2015：3-4.

[20] 王晓，张国生，等. 羊毛稀土助剂低温染色工艺探讨［J］. 纺织报导，2016，（10）：122-124.

[21] 谷春燕. 防 X 射线稀土 / 聚合物复合纤维的制备及性能研究［D］. 北京：北京服装学院，2015：1-4.

[22] 刘广海. 第一届中日热喷涂技术研讨会论文集［M］. 北京：中国农业大学出版社，1994：67-71.

[23] 黄拿灿，胡社军. 稀土化学热处理与稀土材料表面改性［J］. 稀土，2003，24（3）：59－63.

[24] 郃晓曦，皮丕辉等. 稀土在涂料中的应用研究［J］. 涂料工业，2009，（8）：55-58.

[25] 陈佳. 稀土防腐防污涂料的制备与性能研究 [D]. 重庆：重庆大学，2015：1-4.

[26] 蓝平，乔磊磊等. 异辛酸镧对半硬质聚氨酯泡沫材料的影响 [J]. 塑料，2015，(5)：116-119.

[27] J. Gao, G. he, Z.B. Fang, ea al. Interface quality modulation, band alignment modification and optimization of electrical properties of HfGdO/Ge gate stacks by nitrogen incorporation [J]. Journal of Alloys and Compounds, 2017, 695, 2199-2206.

[28] A Ablat, M Mamat, Y Ghupur, et al. Electronic structure of La_2O_3/Si interface by in situ photoemission spectroscopy [J]. Materials, 2017, In Press.

[29] D Q Xiao, G He, J G Lv, et al. Interfacial modulation and electrical properties improvement of solution-processed ZrO_2 gate dielectrics upon Gd incorporation [J]. Journal of Alloys and Compounds, 2017, 699, 415-420.

[30] M M V Chong, P S Lee, A.I.Y. Tok. Physical and electrical properties of bilayer CeO_2/TiO_2 gate dielectric stack [J]. Materials Science and Engineering: B, 2016, 210, 57-63.

[31] K H Goh, A S M A Hasseeb, Y H Wong. Physical and electrical properties of thermal oxidized Sm_2O_3gate oxide thin film on Si substrate: Influence of oxidation durations [J]. Thin Solid Films, 2016, 606, 80-86.

[32] C. Zimmermann, O. Bethge, K. Winkler, et al. Improving the ALD-grown Y_2O_3/Ge interface quality by surface and annealing treatments [J]. Applied Surface Science, 2016, 369, 377-383.

[33] B Yao, Y Y Zhu, Z B Fang, et al. Energy band diagram of metal/Tm_2O_3/Si stack structure acquired from the study of leakage current mechanisms [J]. Thin Solid Films, 2016, 611, 52-55.

[34] J M J Lopes, E Durgun Ozben, M Roeckerath, ea al. Amorphous ternary rare-earth gate oxides for future integration in MOSFETs [J]. Microelectronic Engineering, 2009, 86 (7-9) 1646-1649.

[35] H Wong, B L Yang, K Kakushima, et al. Properties of CeOx/La_2O_3 gate dielectric and its effects on the MOS transistor characteristics [J]. Vacuum, 2012, 86 (7) 990-993.

[36] 吴建生，毛大立，王家敏. 含混合稀土元素的高阻溅射靶材及其生产工艺. 中国：CN 1121507C [P]. 2003.

[37] 鲁飞，刘树峰，李慧，等. 稀土对 NiCrSi 高阻靶材组织结构的影响 [C]. 第十一届内蒙古自治区自然科学学术年会优秀论文集，2016.

[38] 刘树峰，鲁飞，李慧，等. 一种高阻靶材制造方法. 中国：CN 106244988A [P]. 2016.

[39] M Ismail, A M Rana, I Talib, et al. Room-temperature fabricated, fully transparent resistive memory based on ITO/CeO_2/ITO structure for RRAM applications [J]. Solid State Communications, 2015, 202, 28-34.

[40] 于军洋. 基于 Dy_2O_3 阻变存储器的制备及性能研究 [D]. 北京：北京有色金属研究总院，2016.

[41] T M Pan, C H Lu. Structural properties and electroforming-free resistive switching characteristics of GdOx, TbOx, and HoOx memory devices [J]. Materials Chemistry and Physics, 2013, 139, 437-442.

[42] F Z Zhou, Y Wang, Z Y Cui, et al. Thermal cycling behavior of nanostructured 8YSZ, SZ/8YSZ and 8CSZ/8YSZ thermal barrier coatings fabricated by atmospheric plasma spraying [J]. Ceramics International, 2017, 43, 4102-4111.

[43] L Guo, M Z Li, S X He, et al. Preparation and hot corrosion behavior of plasma sprayed nanostructured $Gd_2Zr_2O_7$-$LaPO_4$ thermal barrier coatings [J]. Journal of Alloys and Compounds, 2017, 698: 13-19.

[44] X Zhou, L M He, X Q Cao, et al. $La_2(Zr_{0.7}Ce_{0.3})_2O_7$ thermal barrier coatings prepared by electron beam-physical vapor deposition that are resistant to high temperature attack by molten silicate [J]. Corrosion Science, 2017, 115: 143-151.

[45] 吴瑞芬. 低热导率稀土硅酸盐氧基磷灰石的研究 [D]. 北京：清华大学，2011.

[46] L Guo, H B Guo, G H Ma, et al. Phase stability, microstructural and thermo-physical properties of $BaLn_2Ti_3O_{10}$ (Ln=Nd and Sm) ceramics [J]. Ceramics International, 2013, 39, 6743-6749.

[47] J J Cui, J H Ouyang, Z G Liu, et al. Hot corrosion behavior of $LaMgAl_{11}O_{19}$ ceramic coated with molten CMAS

deposits at temperature of 1250℃ in air［J］. Journal of Alloys and Compounds，2016，685：316-321.
［48］C L Wan，Z X Qu，H Yong，et al. Ultralow thermal conductivity in highly anion-defective aluminates［J］. Physical Review Letters，2008，101，085901-085904.
［49］曹学强. 热障涂层材料［M］. 科学出版社，2007.
［50］闫文龙，李宗安，于敦波，等. 一种钕铁硼磁体的制备方法. 中国：CN102103916B［P］. 2009.
［51］李海晞，丁勇，吕向科，等. 一种提高烧结钕铁硼薄片磁体性能的方法. 中国：CN103366943B［P］. 2013.
［52］徐锋，陈光，卢国文，等. 一种低镝含量高性能烧结钕铁硼的制备方法. 中国：CN102280240B［P］. 2011.
［53］李学舜. 稀土抛光粉的生产及应用［J］. 中国稀土学报，2002，20（5）：392-397.
［54］傅毛生，李永绣，邓苏君，等. 纳米 CeO：及其复合氧化物的制备方法研究进展［J］. 材料导报，2008，22（8）：44-47.
［55］Sinha A，Suzuki K. Paration and charaeterization of novel mesoporous ceria-titania［J］. J. Phys.Chem.B，2005，109：1708-1714.
［56］宋晓岚，李宇焜，江楠，等. 化学机械抛光技术研究进展［J］. 化工进展，2008，27（1）：26-31.
［57］Feng X D，Sayle D C，Wang Z L，et al. Converting ceria polyhedral nanoparticles into Single-rystalnanosPheres［J］. Scienee，2006，312（5779）：1504-1508.
［58］Tsai M S. Powder synthesis of nano grade cerium oxide via homogenous precipitation and its polishing performance［J］. Materials Science and Engineering B，2004，110：132-134.
［59］Zhou F，Ni X M，Zhang Y F，et al. Size-controlled synthesis and electrochemical characterization of spherical CeO2crystallites［J］. Journal of Colloid and interface Science，2007，307：135-138.
［60］Yu T K，Park Y，Kang M C，et al. Large-scale synthesis of water dispersible ceria nanocrystals by a simple sol-gel process and their sse as a chemical mechanical planarization slurry［J］. Eur.J.Inorg.Chem，2008，855-858.
［61］Quinelato A L，Longo E，et al. Synthesis and sintering of ZrO2-CeO2 powder by use of polymeric precursor based on Pechini process［J］. Materi.Sci.，2001，36：3825-3830.
［62］Feng X D，Sayle D C，Wang Z L，et al. Converting ceria polyhedral nanoparticles into single-crystal nanospheres［J］. Science，2006，312（5779）：1504-1508.
［63］Xia B，lenggoro L W，Kikuo O. Novel route to nanoparticle synthesis by salt-assisted aerosol decomposition［J］. Adv.Mater.，2001，13（20）：1579-1582.
［64］Mei Y，Han Y，Li Y，et al. Measurement of microemulsion zone and preparation of monodispersed cerium oxide nanoparticles by W/O microemulsion method［J］. Materials Letters，2006，60：3068-3072.
［65］WU G S，Xie T，Yuan X T，et al. An improved sol-gel template synthetic route to large-scale CeO2 nanowires［J］. Materials Research Bulletin，2004，368：145-148.
［66］杨儒，刘建红，李敏. 非表面活性剂合成 CeO_2 介孔材料［J］. 中国稀土学报，2004，22（6）：739-744.
［67］张风林，潘湛昌，张环华，等. 电化学法和沉淀法制备的纳米结构 CeO_2 的微观结构比较［J］. 稀有金属，2003，27（3）：33-37.
［68］Kuiry S C，Patil S D，Deshpand S，et al.Spontaneous self-assembly of cerium oxide nanoparticles to nanorods through supraaggregate formation［J］. J Phys. Chem. B，2005，109（15）：6936-6939.
［69］Hu J D，Li Y X，Zhou X Z，et al. PreParation and eharacterization of ceria nanoparticles Using erystalline hydrate cerium ProPionateas Preeursor［J］. Materials Letters，2007，61：4989ee4992.
［70］Kim S K，Kim Y H，Paik U，et al. Influence of crystalline structure of ceria on the remaining particles in the STI CMP［J］. Jonal of the Electrochemical Society，2007，154（7）：H642-H646.
［71］Ye X R，Jia D Z，Yu J Q，et al. One step solid-state reaction at ambient temperature：A novel approach to

nanocrystal synthesis [J]. Adv.Mater., 1999, 11 (11): 941–942.

[72] Gopalan S, Singhal S C. Mechanochemical synthesis of nano–sized CeO_2 [J]. Scripta Mater., 2000, 42 (10): 993–996.

[73] 王垒. 不同形貌氧化铈的制备与性能研究 [D]. 兰州: 兰州大学, 2012: 8–9.

[74] 李永绣. 稀土产品的物性控制与稀土产业的发展 [J]. 稀土, 1999, 20 (4): 73.

[75] 徐光宪. 稀土 [M] · 第二版 · 北京: 冶金工业出版社, 1995: 377–387.

[76] 李进. 超细 CeO 的制备、改性、抛光能力及相关的界面相互作用 [D]. 南昌: 南昌大学, 2003.

[77] 郝仕油. 超细稀土复合氧化物粉本的制备及其抛光性能 [D]. 南昌: 南昌大学, 2002.

[78] 陈杨, 隆仁伟, 陈志刚, 等. 核—壳结构 PS/CeO_2 复合磨粒的制备及其氧化物化学机械抛光性能 [J]. 摩擦学学报, 2010, 30 (1): 9–14.

[79] 肖保其, 雷红. 纳米 SiO_2/CeO_2 复合磨粒的制备及其抛光特性研究 [J]. 摩擦学学报, 2008, 28 (2): 103–107.

[80] 于瀛, 黄小卫, 龙志奇, 等. 一种铈基抛光粉的制备工艺. 中国: CN103805067B [P]. 2015.

[81] 黄小卫, 于瀛, 龙志奇, 等. 一种氧化铈基复合抛光粉及其制备方法. 中国: CN10338236913B [P]. 2015.

[82] 郑德. 稀土助剂在塑料中的应用研究进展 [J]. 国外塑料, 2004, (7): 45–50.

[83] 王小涓, 周澜. 稀土复合物在塑料改性中的应用 [J]. 塑料, 2004, (4): 13–19.

[84] 杨永清, 齐暑华, 等. 稀土在高分子材料中的应用 [J]. 中国塑料, 2011, (6): 87–91.

[85] 杨金成, 强军锋. 多热源碳化硅合成炉热源参数与产率关系的研究 [J]. 西安科技大学学报,2006.26 (4): 502–505.

[86] 冯培忠, 王晓虹. 二硅化钼发热元件的多样化及其发展趋势 [J]. 工业加热, 2007.36 (3): 62–64.

[87] 陈伟凡. 超细和纳米氧化饰的机械固相化学反应法制备和表征 [D]. 南昌: 南昌大学, 2004.

撰稿人: 稀土发热材料: 孙良成　王　峰

稀土助剂: 张玉玺　曹鸿璋　于晓丽　曹露雅

稀土基靶材: 孙良成　鲁　飞

稀土抛光材料: 陈传东

ABSTRACTS

Comprehensive Report

Advances in Rare Earth Science and Technology

In the past few years, great progresses in rare earth science and technology have been achieved. This comprehensive report, which is organized and edited by the Chinese Rare Earth Society, summarizes the recent development in rare earth science and technology achieved by Chinese scientists, and it consists of thirteen special topic reports.

In this comprehensive report, the main achievements and breakthroughs in the rare earth science and technology are reviewed. The main contents and some examples are described briefly as follows.

(1) Rare earth Minerals

Rare earth ore can be classified into mineral type rare earth ore and weathered crust rare earth ore. Weathered crust rare earth ore is rich in medium and heavy rare earths, and it is the main source of medium and heavy rare earths in the world. This paper reviews the occurrence and evolution behaviors of rare earths in the weathering system during the migration and enrichment processes, the mineralization characteristics of the deposits, and the variation of rare earths partition during the metallogenic processes. Technology development for the leaching of rare earths from weathered crust rare earth ore, leaching kinetics and mass transfer mechanism of rare earths are also summarized. Furthermore, this paper mainly summarizes the following points. Development of the injection well location, the injection methods, the seepage process and the stability of ore body during leaching. Technology development of impurities removal and rare earths recovery from the leaching solutions by solvent extraction. Based on the analysis of the problems raised in the in-situ leaching process, the future directions are pointed out. Further researches should be focused on the metallogenic law of rare earths during the migration and enrichment processes, the seepage mechanism during the in-situ leaching process, and the reduction of the stability ore bodies and the landslide mechanism, thereby promoting the development for the green and efficient mining of weathered crust rare earth ore and providing rare earth resources with higher quality for the world.

(2) Rare earths metallurgy

Resources and environmental issues have become increasingly obvious during the large-scale exploitation and utilization of rare earth resources. Therefore, to develop green chemistry for rare earth separation and industrial technologies for rare earth metallurgy and separation and improve the resource utilization efficiencies and environmental protection level are the only way to fulfil the balanced utilization of rare earth resources with high value-added and consolidate the international status of the rare earth industry in China. This review gives an overview of the important progresses in the environment-friendly separation of rare earths and industrial application in China in recent years. These achievements have already incurred worldwide impacts, and possess profound significance in supporting and further directing the rare earth industry in China. Based on the development of the rare earth industry, comprehensive utilization and cleaner production should still be on the main directions in the future, to support the sustainable development of the rare earth industry.

(3) Rare earth chemical analysis

In the last five years, the rare earth analytical chemistry has made progresses in the following fields: the application of advanced mass spectral technology in rare earth metallurgical analysis, the rare earths on-line analysis, the rare earth waste analysis, the analytical standard methods, the pre-treatment and rare earth analysis of biological & environmental samples, the relationship between rare earths and mental sickness, and the rare earth labelling of bio-marker to sickness.

(4) Rare earth permanent magnet materials (REPMs)

The REPMs industry is not only the fastest growing and largest in the rare earth industry, but also the largest rare earth consumption area. In recent years, with the rapid growth of production capacity of China's REPMs, as well as the increasing demand for REPMs, the demand and supply of rare earth resources becomes imbalance. Reasonable and balanced use of rare earth resources is a sustainable development strategy of China's rare earth industry, and the development of resource-saving super-high performance rare earth materials has become the key point for the rapid development of China's REPMs industry. According to the advantages of China's resources, the development of high abundance of rare earth elements instead of neodymium has also shown rapid development, and has begun to take shape in Ningbo region, Zhejiang province. According to statistics, the production of cerium-bearing REPMs was about 35 thousand tons in 2016.

With the application requirements of sintered Nd-Fe-B magnets in the wind power generation, hybrid cars / pure electric cars and energy-efficient appliances and rapidly increased low carbon economy, double-high magnets (high energy product and high coercivity) and low cost are the main direction for the development of the magnet, to meet the new situation application of REPMs in emerging areas and the rising prices of raw materials, but also to promote efficient use of rare earth resources. In recent years, great progresses have been made in the fields of high-performance REPMs, heavy rare earth reduction technology, hot pressing and deformation technology, waste magnet recycling, etc.

(5) Other rare earth magnetic materials

In recent years, magnetostrictive materials have been widely concerned, as a key energy conversion material used in sensors, generators, linear motors, actuators, valve components, displacement devices and underwater scanning sonar. Researches should not only continue to pay attention to improve the performance of the existing magnetostrictive materials, but also focus on the development of novel materials with large low field magnetostrictive effect, low price, high mechanical strength and narrow hysteresis.

It has become an urgent problem to find a new type of refrigeration technology, which is environmentally friendly and energy efficient. Magnetic refrigeration technology, which is based on the magnetocaloric effect of the magnetic materials, is a new technology with important application prospect, which captures extensive attentions of the researches around the world

High frequency soft magnetic materials are a kind of important functional materials, which are widely used in the fields of information and energy technology. With rapid development of information technology, soft magnetic materials are required to work with higher frequency from kHz to MHz, even over GHz. The requirements for materials are also extended from traditional thick and heavy blocks to light and thin structured composites. However, most of the existing materials are still ferrites since the high frequency soft magnetic material has just been discovered, which could not meet the requirements of the information industry. Therefore, it is urgent to develop high performance soft magnetic materials with high resistance and low power consumption, to solve the key problem in the development of soft magnetic materials.

(6) Rare earth catalytic materials

Rare earths are excellent catalytic promoter in petroleum cracking process and purification of vehicles exhaust due to their unique 4f electrons, which help to reduce the use of noble metals and enhance the catalytic performance. Putting an emphasis on the investigation of rare earth catalytic mechanism and expanding the applications of light rare earth such as La, Ce in the petrochemical industry and environmental governance are beneficial not only to the efficient use of rare earth resources and the structural optimization of rare earth industry, but also to the alleviation of increasingly striking contradiction between supply and demand of noble metals, which brings prospects for the new catalytic materials. This report illustrates the latest technical progresses in rare earth catalytic materials and industrial development in the years of 2015—2016, including vehicles exhaust purification, VOCs, catalytic combustion of natural gas, petroleum refining, de-NO_x in stationary emission and so on. The development of the fundamental research of rare earth catalytic materials, catalyst products and industrial development are analyzed, and all the three aspects are compared with abroad, and a development target for rare earth catalytic materials in the future is proposed.

(7) Rare earth optical functional materials

Rare earth optical functional materials is the core or important materials of the current strategic new industries such as advanced lighting and displays and the hot issues such as solar spectrum conversion materials and bioimaging nano-probes. This topic is first focused on the problems or technology bottleneck of semiconductor lighting and display including white light LED and laser LD as well as solar spectrum conversion material and biological persistent nano-probes. Then the main progresses on rare earth optical funcational materials for the above applications are contrastively summarriezed in detail from materials design, synthesis, new research methods, optical performance optimization and new application exploration, etc. Finally, the future development trends of rare earth function materials are proposed.

(8) Rare earths hydrogen storage materials

The storage and transportation of H_2 are the most important link in the process of hydrogen energy. The research of hydrogen storage material with high efficiency and low cost is the key point to solve the large-scale utilization of H_2. Rare earth hydrogen storage alloys have excellent dynamic performance and stability as well as high hydrogen storage capacity. It is an ideal hydrogen storage medium. This topic summarizes the research progresses of AB_5 type rare earth hydrogen storage alloy in reducing cost, improving the magnification performance and widening the using temperature range in the past two years, summarizes the studies on the relationship of structure and performance on the rare earth-magnesium-nickel based $AB_{3-3.8}$ rare earth hydrogen storage alloy and the cost reduction of the alloy by reducing Pr and Nd contents, summarizes the research on improving the dynamic performance and hydrogen storage density of magnesium based rare earth hydrogen storage through the method of alloy composition optimization and nanocrystallization. The development of new components and new structures of rare earth hydrogen storage materials is an important way to expand the application of materials. The rare earth hydrogen storage alloys without Mg and the exploration of Y-Fe alloy with new structure are introduced. Different applications need differentiated rare earth hydrogen storage materials and corresponding application technology. The research and development of rare earth hydrogen storage materials in different application directions are introduced.

(9) Rare earth ceramics materials

Based on the unique physical and chemical properties of the lanthanides, especially for optics and magnetism, rare earth ceramics is an important functional material for laser, scintillation, luminescence, illumination, superconduction, magnetization, photoelectric modulation and other extent applications. The development on the synthesis and fabrication of rare earth ceramics is introduced, including several advanced sintering approaches obtainable and suitable for particular ceramics production, more for transparent ceramics. Three dimensional electron diffraction technology and synchrotron source based measurements are then taken as the samples for modern pioneering characterizations. The most important subject in modern material research is computational calculation and simulation and their applications. Nano-technology, grain engineering for ceramics are improved for the development of rare earth ceramic materials. At present, the scintillator of rare-earth doped garnet has been rapidly used for the advanced medical equipment. Percentages of home-made parts for rare-earth doped zirconia ceramics are increased in the fields both of optical fiber plug and dental materials.

(10) Rare earth superconducting materials

Rare earth barium copper oxide high temperature superconducting tape, also called the second generation of high temperature superconducting tape or coated conductor, the production costs are declined with the industrialization of technology gradually becomes mature. R&D applications are rapid developed. Rare earth oxide high temperature superconductivity single domain bulk material has the ability to capture or freeze the external magnetic field. Magnetic support, high speed magnetic bearing and other technical fields have important application prospects. In order to develop the large-scale application based on the rare earth superconducting materials, the preparation cost of materials should be reduced. To fulfil the above objects, the technical maturity needs to be further improved, the scale of industrial capacity needs to be enhanced, and the overall performance of materials needs to be further improved.

(11) Rare earths cast iron materials

The recent development on application of rare earth in cast iron such as nodular graphite iron and compact graphite iron has been summarized in this topic, and the basic research progresses are introduced. The characteristics and differences of rare earth cast iron in China and abroad are compared. This topic points out the distance in the application of rare earth cast iron between China and the foreign countries. Prediction and prospect in the development of rare earth cast iron materials has been made.

(12) Rare earth in non-ferrous alloys

The application of rare earths in non-ferrous alloys involves in various fields of the metal processing and manufacturing. The design and development of biodegradable alloys, automotive die casting alloys and obdurability alloys have become an important research direction for rare earth magnesium alloys. Microalloying is an important route to develop a new generation of aluminum alloy. Improving the performance of aluminum alloy by means of adding trace amouts of rare earth elements is an effective way to improve the comprehensive performance of aluminum alloy. Rare earth doped in TiAl-based alloy can improve the microstructure of the alloy and the adhesion of the surface oxide film and improve the anti-stripping ability of the oxide film, which can play an important role in improving the heat resistance and the oxidation resistance. Rare-earth doped in molybdenum alloy solution, through the liquid - liquid doping method, solves the problem of mixing uniformity, which not only can improve the strength and plasticity of the alloy but also has high temperature stability.

(13) Rare earths compounds

The research and development status of electrothermal materials, rare earth additives, rare earth base target and polishing material are summarized. The types, preparation methods and applications of chromic lanthanum high-temperature electrothermal materials are mainly introduced. The research and application of rare earth additives in polymer materials are presented. The application area of rare earth base target is mainly introduced. The preparation methods of nano cerium oxide, the technical parameters, the industry standard and its application in the field of polishing are reviewed. The main existing problems and prospects are addressed.

Reports on Special Topics

Advances in Rare Earth Minerals

Rare earth ores can be divided into mineral type and weathering type. According to the characteristics of rare earth resources, there are three major kinds of rare earth minerals used in industry, including bastnaesite, monazite and weathered crust elution-deposited rare earth ores. The representative mineral rare earth ores in the world contain Bayan Obo Mixed Rare Earth Ores, Panxi Bastnaesite Rare Earth Ores and Weishan Bastnaesite Rare Earth Ores in China, and Mountain Pass Bastnaesite Rare Earth Ores in US, as well as Coastal Placer Rare Earth Ores in Australia, India and China. Due to the complex composition, the Bayan Obo Mixed Rare Earth Ores and Coastal Placer Rare Earth Ores are difficult to separate, whereas the Bastnaesite Rare Earth Ores are easy to separate. The mineral rare earth ores are the main source of light rare earth and their partition belongs to light rare earth. Weathered crust elution-deposited rare earth ores, which are rich in middle and heavy rare earth, are the main source of middle-heavy rare earth in global. They are widely distributed in seven provinces of Jiangxi, Guangdong, Fujian, Guangxi, Yunnan, Hunan and Hainan in the south of China. Recently, they have also been successively discovered in Brazil, Chile, Madagascar and Myanmar. For weathered crust elution-deposited rare earth ores, the rare earth elements are adsorbed on the clay minerals in the forms of hydrated or hydroxyl hydrated ions, which can be exchanged into solution with electrolyte solution by ion exchange method. Aimed at the weathered crust elution-deposited rare earth ores, the migration enrichment of rare earth, the features of ore and deposit, the variation laws of rare earth partitioning, the metallogenic regularities, the development of three generations leaching technology, the selection of leaching agent, the kinetics and mass transfer mechanism in the leaching process were reviewed. Especially, the development on new technology of the arrangement of liquid injection wells and liquid injection method, the seepage of leaching process and the stability of ore body, as well as impurity removal and rare earth recovery were concluded in detail. The problems in the in-situ leaching technology were analyzed and the research directions in future were also determined. The metallogenic regularities of migration enrichment of rare earth, the seepage mechanism of in-situ leaching, the reduction of orebody stability, the mechanism of landslide, the novel compound leaching agent prevented the swelling of the clay minerals, the improvement and promotion of rare earth extraction technology were suggested to pay more attention. All of them can promote the efficient green development of weathered crust elution-deposited rare earth ore and provide high quality of rare earth resources for the world.

Advances in Rare Earth Metallurgy

Rare earth elements are world recognized stratigic resources, and they are indispensible for the development of high-tech and advanced technologies for national defense as well as the reformation of traditional industry. China is the global leader of rare earth reserves. In the last 60 years, a series of advanced processes and technologies for the rare earth metallurgy have been developed in China according to the characteristics of the rare earth resources and widely used in industrial practise. Also, an integrated industrial system for rare earths has been constructed in China. This makes China a leading role in rare earth manufacturing, export and consumption around the world. Since more great breakthroughs have been made in the development and application of rare earths in high-tech fields, the application of rare earth materials has become wider, and the demands of rare earth compounds, rare earth metals and alloys for high-tech and strategic emerging industries are increasing. However, resources and environmental issues have become increasingly obvious during the large-scale exploitation and utilization of rare earth resources. Therefore, to develop green chemistry for rare earth separation and industrial technologies for rare earth metallurgy and separation and improve the resource utilization efficiencies and environmental protection level are the only way to fulfil the balanced utilization of rare earth resources with high value-added and consolidate the international status of the rare earth industry in China.

This Review gives an overview of the important progresses in the rare earth environment-friendly separation and industrial application, achieved in recent years, by Chemists in China. These achievements have already incurred worldwide impacts, which possess profound significance in supporting and further directing the rare earth industry in China. Based on the development of the rare earths industry, comprehensive utilization and cleaner production should still be focused on in the future, to support the sustainable development.

Advances in Rare Earth Chemical Analysis

In recent 5 years, the rare earth analytical chemistry subject have made progress in these fields such as the application of advanced mass spectral technics in rare earth metallurgical analysis, rare earth on-line analysis, rare earth waste analysis, analytical method standard, pre-treatment of biological & environmental samples and rare earth analysis in these samples, relationship between rare earth and mental sickness, and rare earth labelling of bio-marker to sickness.

LA-ICP-MSand GDMS, belonging to direct solid sampling techniques, are being applied in the analysis of rare earth ores and oxides. ICP-MS/MS resolves the problem of interference from multi rare earth atomic ions. These advanced mass spectral techniquesfurther enhance the analyzable rare earth purity.

The high resolution energy dispersion X-ray fluorescence spectrometry with electroluminescence has the advantages of direct sampling of rare earth extraction liquid, low cost, multiple element simultaneous determination, non-destructive and rapid analysis. This technique achieves the rare earth composition on-line analysis in the rare earth separation technology.

The rare earth in rare earth solid waste can be refined and recovered in scale production. The correspondent analytical methods for waste NdFeB, waste phosphor powder and waste polishing powder are mature and some of them have been standardized.

In China, the rare earth analytical standards have entire contents and systematic structure to cover the rare earth ores and all kinds of rare earth products. However, there are no enough rare earth RMs in quantities and varieties to meet the needs of analysis quality control. The fund input in rare earth RM research is increasingly needed. Internationally, ISO rare earth standardization has just broken the ice.

Environmental and biological sample involves water, soil, air, fossil and geological and biological samples. The trace rare earth analysis research in these samples is focused on the sample pretreatment such as MSPE, CME, LPME and CPE, in which the functional nanometer materials play the important role. The orientation of this field is the miniaturization, automation and integration of extraction instrument in order to minimize the damage to environment and operator.

As an element-labeling, Rare earth complex is applied in the ICP-MS quantitative determination of bio-molecule, especially the bio-marker to sickness. It opens a new way for rare earth bio-analysis.

Advances in Rare Earth Permanent Magnetic Materials

Rare earth permanent magnet materials (REPMs) have been widely used in the energy industry, information and communication industry, automobile industry, electrical engineering, biomedical engineering and other fields. China has become the world's largest production base and application market of REPM, and has achieved great leap from the big country of rare earth resources to the production of REPM products. In 2016, China's production of REPM green compacts amounted to 140 thousand tons, of which 26 thousand and 900 tons of exports. China's REPM industry has become one of the few industries with important status and great influence in the world.

The REPM industry is not only the fastest growing and largest industry in the field of rare earth application, but also the largest rare earth consumption area. In recent years, with China's REPM with the rapid growth of production capacity, as well as abroad of REPM demand increasing rapidly, resulting in rare earth resources and demand imbalance. Reasonable and balanced use of rare earth resources is the sustainable development strategy of China's rare earth industry, and the development of resource-saving super high performance rare earth materials has become the key to China's REPM industry to achieve rapid development. According to the advantages of China's resources, the development of high abundance of rare earth elements instead of neodymium has also shown rapid development, and has begun to take shape in Zhejiang and Ningbo region. According to statistics, in 2016, the production of REPMs containing cerium was about 35 thousand tons.

With the application requirements of sintered Nd-Fe-B magnets in wind power generation, hybrid cars / pure electric cars and energy-efficient appliances and low carbon economy in the field of rapid increase, double-high magnets (high energy product and high coercivity) and low cost are the main direction of development of the magnet, to meet the new situation application of REPMs in emerging areas and the rising prices of raw materials, but also to promote efficient use of rare earth resources. In recent years, great progress has been made in the field of high-performance REPMs, heavy rare earth reduction technology, hot pressing and deformation technology, waste magnet recycling and so on.

Advances in Other Rare Earth Magnetic Materials

Special rare earth-based magnetic materials can be divided into three types, namely magnetostrictive materials, magnetic refrigeration materials and high frequency soft magnetic materials.

Magnetostrictive effect is an elastic deformation of the ferromagnetic materials after a magnetic field is applied. In recent years, magnetostrictive materials have been widely concerned, as a key energy conversion material used in sensors, generators, linear motors, actuators, valve components, displacement devices and underwater scanning sonar. TbDyFe alloy is a typical representative magnetostrictive material with very large magnetostrictive effect at room temperature. But this material is too brittle and expensive to limit its wide range of applications. Therefore, in recent years, research on the one hand, continues to pay attention to improve the performance of the existed magnetostrictive materials, on the other hand the development of novel materials with large low field magnetostrictive effect, low price, high mechanical strength and narrow hysteresis is imminent.

At present, the commonly used refrigeration technology is the traditional vapor compression refrigeration with a high energy consumption. One of the key problems is that the working gas is halogenated hydrocarbons of light hydrocarbons such as ammonia, carbon dioxide and Freon. The Freon refrigerant has a strong effect of ozone depletion, and the synthetic alternative refrigerants usually have a strong greenhouse effect. It has become an urgent problem to find a new type of refrigeration technology, which is environmentally friendly and energy efficient. Magnetic refrigeration technology, which is based on the magnetocaloric effect of the magnetic materials, is a new technology with important application prospect, which captures extensive attentions of the researches around the world

High frequency soft magnetic materials are a kind of important functional materials, which are widely used in the field of information and energy technology fields. With the rapid development of information technology, the soft magnetic materials are required to work with higher frequency from kHz to MHz, even over GHz. The requirements for materials are also extended from traditional thick and heavy blocks to light and thin structured composites. However, the present major materials are still ferrites since the high frequency soft magnetic material was discovered, which could not meet the requirements of the information industry. Therefore, it is urgent to develop high performance soft magnetic materials with high resistance and low power consumption, to solve the key problem in the development of soft magnetic materials.

Advances in Rare Earth Catalytic Materials

Catalytic technology can produce significant benefits both for economics and society. It is estimated that it contributed the global GDP of 20%-30% directly or indirectly. There are four counter measures relating to catalytic technology in the seven social challenges listed in the "horizon 2020" project proposed by European Union. Noble metal has attracted much attention as the main active components due to its excellent activity, selectivity and stability, and extensively applied to petroleum chemical industry, environmental protection and new energy and other fields. According to statistics, more than 70% of the global noble metals are used in automobile and petrochemical catalysts. However, noble metals are expensive, and they are relatively poor resources in our country, thus how to reduce the demand of noble metal has become one of the urgent practical problems in our catalytic industry. We have abundant rare earths resources, of which about 60% were light rare earths such as La, Ce, Pr, and along with the increasing demand of heavy rare earths year by year, abundant light rare earths such as La, Ce were backlogged greatly, caused the serious imbalance of rare earth industrial structure and resource loss. The rare earths are excellent catalytic promoter in petroleum cracking process and purification of vehicles exhaust due to their unique 4f electrons, which saved noble metals and enhanced the catalytic performance. Putting an emphasis on the investigation of rare earth catalytic mechanism and expanding the applications of light rare earth oxides such as La, Ce in petrochemical industry and environmental governance are beneficial not only to the efficient use of rare earth resources and the optimization of rare earth industrial structure, but also to the alleviation of increasingly striking contradiction between supply and demand of noble metals, which brings prospects for the new catalytic materials. This report illustrated the latest technical progress in rare earth catalytic materials investigation and industrial development in 2015-2016, including vehicles exhaust purification, VOCs, catalytic combustion of natural gas, petroleum refining, de-NOx in stationary emission and so on, and we analyzed the development of the fundamental research of rare earth catalytic materials, catalyst products and industrial development, compared all three aspects with abroad, and proposed a development target for our rare earth catalytic materials in the future.

Advances in Rare Earth Optical Functional Materials

Rare earth optical functional materials is the core or important materials of the current strategic new industries such as advanced lighting and displays and the hot issues such as solar spectrum conversion materials and bioimaging nano-probes. This part will initiallyfocus the problems or technology bottleneck of semiconductor lighting and display including white light LED and laser LD as well as solar spectrum conversion material and biological persistent nano-probes. Then the main progresses on rare earth optical funcational materials for the above applications will be contrastivelysummarriezed in detail from materials design, synthesis, new research methods, optical performance optimization and new application exploration, etc.Finally, the future development trends of rare earth function materials were proposed.

Advances in Rare Earth Hydrogen Storage Materials

With the depletion of non-renewable resources, such as oil and natural gas, hydrogen as a clean and efficient renewable energy has the advantages of abundant reserves and burning heat. It has been a great concern, especially in the application of nickel-metal hydride batteries. The storage and transportation of H_2 are the most important link in the process of hydrogen energy. The research of hydrogen storage material with high efficiency and low cost is the key to solve the large-scale utilization of H_2. Rare earth hydrogen storage alloys have excellent dynamic performance and stability as well as high hydrogen storage capacity. It is an ideal hydrogen storage medium.

After years of systematic creation, composition optimization, structural modulation and surface modification studies, the performance of rare earth hydrogen storage materials has been increasing year by year, and has been widely used in electrochemical hydrogen storage and gas solid phase hydrogen storage. In the new energy, new energy vehicles and energy saving environmental protection, rare earth hydrogen storage materials have received increasing attention. This topic summarizes the research progress of AB_5 type rare earth hydrogen storage alloy in reducing cost, improving the magnification performance and widening the using temperature range in the past two years, summarizes the studies on the relationship of structure and performance on the rare earth-magnesium-nickel based $AB_{3-3.8}$ rare earth hydrogen storage alloy and the cost reduction of the alloy by reducing Pr and Nd contents, summarizes the research on improving the dynamic performance and hydrogen storage density of magnesium based rare earth hydrogen storage through the method of alloy composition optimization and nanocrystallization. The development of new components and new structures of rare earth hydrogen storage materials is an important way to expand the application of materials. The rare earth hydrogen storage alloys without Mg and the exploration of Y-Fe alloy with new structure are introduced.

In the application of rare earth hydrogen storage alloy, the low self-discharge nickel-metal hydride secondary battery technology progresses year by year, the growth of hybrid vehicle sales volume leads to the growth of the yield of rare earth hydrogen storage material, wind energy and other intermittent new energy storage, fuel cell high-density hydrogen source, and solar thermal power generation heat storage are gradually becoming the focuses of rare earth hydrogen storage materials. Different applications need differentiated rare earth hydrogen storage materials and corresponding application technology. The research and development of rare earth hydrogen storage materials in different application directions are introduced.

Advances in Rare Earth Ceramics Materials

Based on lanthanide unique physical and chemical properties, especially for optics and magnetism, rare earth ceramics is an important functional material for laser, scintillation, luminescence, illumination, superconduction, magnetization, photoelectric modulation and other extent applications. Following this is the development on synthesis and fabrication, which introduces several advanced sintering approaches obtainable and suitable for particular ceramics production, more for transparent ceramics. Then three dimensional electron diffraction technology and synchrotron source based measurements are taken as the samples for modern pioneering characterizations.

The most important subject in modern material research, computational calculation and simulation and their applications, Nana-technology, Grain Engineering for ceramics are improved to the development of rare earth ceramic materials. At the preset, the scintillator of Rare-earth Doped Garnet is rapidly use for the advanced medical equipment.

Percentages of home-made parts for Rare-earth Doped Zirconia ceramics are increased in the fields both of Optical fiber plug and dental materials.

Advances in Rare Earth Superconducting Materials

Rare earth superconducting material is rare earth barium copper oxide-based superconducting material (RE (Y) $Ba_2Cu_3O_{7-\delta}$, where RE is Gd, Sm, Dy and other rare earth elements, referred to as REBCO) . Rare earth superconducting material is a practical superconducting material, which is an irreplaceable practical high temperature superconducting material, especially at the high magnetic fields.

Rare earth barium copper oxide high temperature superconducting tape, also called the second generation of high temperature superconducting tape or coated conductor, the production costs are declined with the industrialization of technology gradually mature. R & D applications are rapid developed. Rare earth oxide high temperature superconductivity single domain bulk material has the ability to capture or freeze the external magnetic field. Magnetic support, high speed magnetic bearing and other technical fields have important application prospects.

In the aspect of industrialization of fabrication of long-length the second generation of high-temperature superconducting tape, the United States, Japan, Korea and Europe are still advanced. The recent update results showed that South Korea's SuNAM company has achieved a piece of 1000 meters long GdBCO superconducting tape, with an average critical currenthigher than 800 A / cm by the end of 2016.

In Shanghai Creative Superconductor Technologies Co. Ltd., by using magnetron sputtering + ion beam assisted deposition (IBAD) + pulsed laser deposition (PLD) technology, a good textured buffer layers with in-plane texture quality of 2.9° can be fabricated on the Hastelloy C276 tape, comparable with the single crystal. On the IBAD buffered tape, the second generation high temperature superconducting tapes with a critical current of 780A/cm-width (77K, 0T) can be prepared repeatedly. Shanghai Creative Superconductor Technologies Co. Ltd. adopts chemical solution deposition method (MOD) to fabricate the high orientation and continuous stability of oxide buffer layer and high temperature superconducting layer. The superconducting tape is 1050 meters long. The critical current of the second generation high temperature superconducting tape produced is 365A / cm-width, and the out-of-plane texture is less than 1.5°. Metal Organic Chemical Vapor Deposition (MOCVD) methods have been used to fabricated REBCO long tape by Suzhou Advanced Material Research Institute. The nearest result of critical current for 1130 meters long REBCO tape is 244A/4mm-width (77K, 0T) obtained in March 2017. The homogeneity of critical current is better than 3.6%. These three companies have the ability to develop long-length high-temperature superconducting tapes with high performance.

High performance and large size superconductivity single domain bulks have been researched in some institute and university, such as Shanghai University, Beijing General Research Institute for Nonferrous Metals, especially in the batch preparation of the diameter of 30 - 50mmY-Ba-Cu-O superconducting bulks. The 75mm diameter single seed grain YBaCuO single domain bulk materials and 93mm diameter multi-seeded YBaCuO single domain bulk materials were successfully prepared by using the top-seeded melt-textured growth technique in Shanghai University. The trapped flux density of the diameter of 30mmYBaCuO was increased to 1.2T (77K) by using modified precursor pellets technique with the cold seeded melt-textured growth mechanism. The average trapped flux density of 0.9T (77K) has been obtained.

In order to develop the large-scale application based on the rare earth superconducting materials, the cost of materials prepared should be reduced. This will need to further improve the technical maturity, enhance the scale of industrial capacity, and further improve the overall performance of materials.

Application of Rare Earth in Cast Iron

The recent development on application of Rare Earth in cast iron such as nodular graphite iron and compact graphite iron was summarized in this report. And the basic research progress was introduced in this field. The characteristics and differences of rare earth cast iron were compared between abroad and domestic. The report pointed out the distance between our country and foreign in applied research. It has made the prediction and prospect in development of this discipline.

Applications of Rare Earth in Non-ferrous Metals

The application of rare earth in non-ferrous alloys involves in various fields of the metal processing and manufacturing. The design and development of biodegradable alloys, automotive die casting alloys and obdurabilityalloys have become an important research direction for rare earth magnesium alloys. Microalloying is an important means to develop a new generation of aluminum alloy. Improving the performance of aluminum alloy by means of adding trace rare earth elements is an effective way to improve the comprehensive performance of aluminum alloy. The rare earth doped in TiAl-based alloy can improve the microstructure of the alloy and the adhesion of the surface oxide film and improve the anti-stripping ability of the oxide film, which can play an important role in improving the heat resistance and the oxidation resistance. Rare-earth doped in molybdenum alloy solution, through the liquid - liquid doping method, solves the problem of mixing uniformity, which not only can improve the strength and plasticity of the alloy but also has high temperature stability.

Advances in Special Rare Earth Compounds

The research and development status of electrothermal materials, rare earth additives, rare earth base target and polishing material were summarized. The types, preparation methods and applications of chromic lanthanum high-temperature electrothermal materials were mainly introduced. The research and application of rare earth additives in polymer materials were presented. The application area of rare earth base target was mainly introduced. The preparation methods of nano cerium oxide, the technical parameters, the industry standard and its application in the field of polishing are reviewed. The main existing problems and prospects are addressed.

索　引

Z